全国计算机技术与软件专业技术资格（水平）考试参考用书

程序员考试同步辅导
——考点串讲、真题详解与强化训练
（第3版）

初耀军 袁 琴 主 编
吴亚军 郭传奇 副主编

U0361822

清华大学出版社
北京

内 容 简 介

本书是按照最新颁布的全国计算机技术与软件专业技术资格(水平)考试大纲和指定教材编写的考试用书。全书分为 14 章,包括计算机系统基础知识、操作系统基础知识、程序设计语言基础知识、数据结构与算法、软件工程基础知识、数据库基础知识、网络与信息安全基础知识、标准化和知识产权、C 语言程序设计、C++程序设计、Java 程序设计、计算机专业英语、计算机应用基础知识和考前模拟卷等内容。除最后一章外,每章分为备考指南、考点串讲、真题详解和强化训练四大部分,帮助读者明确考核要求,把握命题规律与特点,掌握考试要点和解题方法。

本书紧扣考试大纲,具有应试导向准确、考试要点突出、真题分析详尽、针对性强等特点,非常适合参加程序员考试的考生使用,也可作为高等院校相关专业或培训班的教材使用。

图书在版编目(CIP)数据

程序员考试同步辅导——考点串讲、真题详解与强化训练/初耀军,袁琴主编. —3 版. —北京:清华大学出版社,2018(2024.1 重印)

全国计算机技术与软件专业技术资格(水平)考试参考用书

ISBN 978-7-302-50696-6

Ⅰ. ①程… Ⅱ. ①初… ②袁… Ⅲ. ①程序设计—资格考试—自学参考资料 Ⅳ. ①TP311.1

中国版本图书馆 CIP 数据核字(2018)第 163092 号

责任编辑:魏　莹　李玉萍
装帧设计:常雪影
责任校对:王明明
责任印制:丛怀宇

出版发行:清华大学出版社
　　　　网　　址:https://www.tup.com.cn, https://www.wqxuetang.com
　　　　地　　址:北京清华大学学研大厦 A 座　　　　邮　　编:100084
　　　　社 总 机:010-83470000　　　　邮　　购:010-62786544
　　　　投稿与读者服务:010-62776969, c-service@tup.tsinghua.edu.cn
　　　　质量反馈:010-62772015, zhiliang@tup.tsinghua.edu.cn
印 装 者:三河市铭诚印务有限公司
经　　销:全国新华书店
开　　本:185mm×260mm　　　　印　　张:28.75　　　字　　数:700 千字
版　　次:2011 年 6 月第 1 版　　2018 年 9 月第 3 版　　印　　次:2024 年 1 月第 9 次印刷
定　　价:85.00 元

产品编号:070739-02

前　言

　　全国计算机技术与软件专业技术资格(水平)考试是我国人力资源和社会保障部、工业和信息化部领导下的国家考试，其目的是科学、公正地对全国计算机与软件专业技术人员进行职业资格、专业技术资格认定和专业技术水平测试。它自实施起至今已经历了20多年，其权威性和严肃性得到了社会及用人单位的广泛认同，并为推动我国信息产业特别是软件产业的发展和提高各类IT人才的素质作出了积极的贡献。

　　本书第1版自2011年、第2版自2014年出版以来，被众多考生选用为考试参考书，多次重印，深受广大考生好评。为了更好地服务于考生，引导考生尽快掌握计算机的先进技术，并顺利通过程序员考试，根据计算机新技术的发展，本书对第2版同名书进行了修订。

　　本书具有如下特色。

　　(1) 全面揭示命题特点。通过分析研究最近几年考题，统计出各章所占的分值和考点的分布情况，引导考生把握命题规律。

　　(2) 突出严谨性与实用性。按照最新考试大纲和《程序员教程(第5版)》编写，结构与官方教程同步，内容严谨，应试导向准确。

　　(3) 考点浓缩，重点突出。精心筛选考点，突出重点与难点，针对性强。同时对于考试中出现的而指定教材没有阐述的知识点进行了必要的补充。

　　(4) 例题典型，分析透彻。所选例题出自最新真题，内容权威，例题分析细致深入，解答准确完整，以帮助考生增强解题能力，突出实用性。

　　(5) 习题丰富，附有答案。每章提供了一定数量的习题供考生自测，并配有参考答案与解析，有利于考生巩固所学知识，提高解题能力。

　　(6) 全真试题实战演练。提供两套考前模拟试卷供考生进行考前实战演练。试题题型、考点分布、题目难度与真题相当，便于考生熟悉考试方法、试题形式，全面了解试题的深度和广度。

　　本书特别适合参加全国计算机技术与软件专业技术资格(水平)考试的考生使用，也可作为相应培训班的教材，以及大、中专院校师生的教学参考书。

　　本书由初耀军、袁琴担任主编，吴亚军、郭传奇担任副主编，参与本书组织、编写和资料收集的还有肖文、吴刚山、吴敏、赵毅、钟彩华、傅伟玉、高洁、李静、杨宏、周瑜龙、赵明、汤小燕、何光明等，在此一并表示感谢。同时在编写本书的过程中，还参考了许多相关的书籍和资料，在此也对这些参考文献的作者表示感谢。

　　由于作者水平有限，书中难免存在错漏和不妥之处，敬请读者批评指正。

编　者

目　　录

第 1 章
计算机系统基础知识

1.1 备考指南

1.1.1 考纲要求

根据考试大纲中相应的考核要求，在"计算机系统基础知识"模块中，要求考生掌握以下几方面的内容。

(1) 计算机的类型和特点，包括微机(PC)、工作站、服务器、主机、大型计算机、巨型计算机、并行机。

(2) 中央处理器 CPU，包括 CPU 的组成，常用的寄存器、指令系统、寻址方式、指令执行控制、中断控制、处理机性能。

(3) 主存和辅存，包括存储介质、高速缓存(Cache)、主存设备、辅存设备。

(4) I/O 接口、I/O 设备和通信设备，包括 I/O 接口、I/O 设备(类型、特性)，通信设备(类型、特性)，I/O 设备、通信设备的连接方法和连接介质类型。

(5) 数制及其转换，包括二进制、十进制和十六进制等常用数制及其相互转换。

(6) 数据的表示，包括数的表示(原码、反码、补码表示，整数和实数的机内表示方法，精度和溢出)、非数值数据的表示(字符、汉字、声音和图像的机内表示方法)。

(7) 算术运算和逻辑运算，包括计算机中二进制数的运算方法、逻辑代数的基本运算。

1.1.2 考点统计

"计算机系统基础知识"模块在历次程序员考试试卷中出现的考核知识点及分值分布情况如表 1-1 所示。

表 1-1　历年考点统计表

年　份	题　号	知　识　点	分　值
2017 年 下半年	上午题：6~11、 20~22	寄存器、I/O 控制方式、中央处理器 CPU、主存和辅存、数制及其转换、数据表示、编码、校验码、显示器刷新率等	9 分
	下午题：无		0 分
2017 年 上半年	上午题：6~11、 19~22	中央处理器 CPU、流水线、总线、Cache、主存和辅存、分辨率、浮点数、编码等	10 分
	下午题：无		0 分
2016 年 下半年	上午题：6~11、 19~22	寄存器寻址方式、主存和辅存、程序计数器、中断、浮点数、编码、数据表示等	10 分
	下午题：无		0 分
2016 年 上半年	上午题：6~11、 19~22	中央处理器 CPU、指令集、总线、主存和辅存、显示器刷新率、计算机性能、数据表示等	10 分
	下午题：无		0 分
2015 年 下半年	上午题：6~9、 19~22	主存和辅存、数据表示、算数运算和逻辑运算、寻址方式、系统性能等	8 分
	下午题：无		0 分

1.1.3　命题特点

纵观历年试卷，本章知识点是以选择题的形式出现在试卷中的。本章知识点在历次考试"综合知识"试卷中，所考查的题量为 8～12 道选择题，所占分值为 8～12 分(约占试卷总分值 75 分中的 10.67%～16%)。大多数试题偏重于理论知识，检验考生是否理解并掌握相关的理论知识点，考试难度中等。

1.2　考点串讲

1.2.1　计算机系统的基本组成

一、计算机系统的基本组成结构

计算机系统由硬件系统和软件系统两大部分组成，其基本组成结构如图 1-1 所示。

1. 硬件系统

计算机硬件系统是由运算器、控制器、存储器、输入设备和输出设备五大部分及总线组成，如图 1-2 所示。

运算器是计算机中进行数据加工的部件，主要完成算术运算和逻辑运算。

控制器是计算机中控制执行指令的部件，其主要功能如下。

● 　正确执行每条指令。首先是获得一条指令，按硬件逻辑分析这条指令，再按指令格式和功能执行这条指令。

● 保证指令按规定序列自动连续地执行。

● 对各种异常情况和请求及时响应和处理。

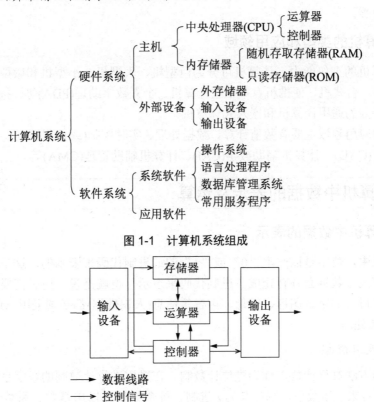

图 1-1　计算机系统组成

图 1-2　计算机硬件结构

存储器是存放程序和工作数据的地方，分为内部存储器(或称主存储器)和外部存储器(或称辅助存储器)，分别简称为内存(或称主存)和外存(或称辅存)。内存速度快容量小，外存速度慢容量大。寄存器是 CPU 中的记忆设备，用来临时存放指令和数据，其速度比内存更快。

一般把 CPU 和主存储器的组合称为主机。输入/输出(I/O)设备位于主机之外，是计算机与外界交换信息的装置。

2. 软件系统

计算机软件是指为管理、运行、维护及应用计算机所开发的程序和相关文档的集合。其中，程序是让计算机硬件完成特定功能的指令序列，数据是程序处理的对象。计算机软件通常分为系统软件和应用软件。

1) 系统软件

系统软件是指那些为计算机所配置的、用于完成计算机硬件资源的控制与管理，以及为用户提供操作界面和为专业人员提供开发工具与环境的软件，如操作系统、程序设计语言及处理程序、数据库管理系统、实用程序与软件工具。

2) 应用软件

应用软件是指用于解决各种不同具体应用问题的专门软件。应用软件可以分为通用软件和定制软件，如文字处理软件、电子表格软件、图形图像软件、网络通信软件、简报软件、统计软件等。

二、计算机的类型和应用领域

按照计算机的工作能力，计算机可分为巨型机、大型机、小型机和微型机。微型机又可分为工作站、台式机、便携机、掌上型计算机、个人数字助理(PDA)等。按照功能是否专一，计算机可分为通用计算机和嵌入式计算机。

计算机的应用领域主要有数值计算、数据处理、实时控制(或过程控制)、人工智能、计算机辅助设计(CAD)、计算机辅助教学(CAI)、计算机辅助管理(CMA)等。

1.2.2 计算机中数据的表示及运算

一、计算机中数据的表示

在计算机中，数字是以一串"0"或"1"的二进制代码来表示的，这是计算机唯一能识别的数据形式。数据必须转化成二进制代码来表示，也就是说，所有需要计算机加以处理的数字、字母、文字、图形、图像、声音等信息(人识数据)都必须采用二进制编码(机识数据)来表示和处理。

1. 数制及其转换

按进位的方法进行计数，称为进位计数制。在采用进位计数制的数字系统中，如果只用 r 个基本符号来表示数值，则称其为 r 进制。每个数都可以用基数、系数和位数的形式来表示，即

$$N = m_{n-1}K^{n-1} + m_{n-2}K^{n-2} + \cdots + m_0K^0 + m_{-1}K^{-1} + m_{-2}K^{-2} + \cdots$$

- 基数(K)：最大进位数(进制数)，数制的规则是逢 K 进 1。例如，十进制基数为 10，六十进制(时间)的基数为 60 等。
- 系数(m)：每个数位上的值，取值范围 $0\sim k$-1。例如，234 中百位系数为 2，十位系数为 3，个位系数为 4。
- 位数(n)：各种进制数的个数。例如，十进制数 234 的位数为 3，二进制数 11010011 的位数为 8。

例如：$(234)_{10}=2\times10^2+3\times10^1+4\times10^0$(式中：$m_2=2$，$m_1=3$，$m_0=4$；$K=10$；$n=3$)

显然，一个任意进制的数都可以按上述方法表示为其他进制的数。表 1-2 列出了计算机中常用的几种数制的对应关系。

数制转换主要有如下几种。

1) r 进制转换成十进制

方法：

$a_n\cdots a_1a_0a_{-1}\cdots a_{-m}\,(r) = ar^n +\cdots+ ar^1 + ar^0 +ar^{-1}+\cdots+ar^{-m}$

例如：

$10101(B)=1\times2^4+1\times2^2+1\times2^0=21$

$101.11(B) = 1 \times 2^2 + 1 \times 2^0 + 1 \times 2^{-1} + 1 \times 2^{-2} = 5.75$

$101(O) = 1 \times 8^2 + 1 \times 8^0 = 65$

$71(O) = 7 \times 8^1 + 1 \times 8^0 = 57$

$101A(H) = 1 \times 16^3 + 1 \times 16^1 + 10 \times 16^0 = 4122$

表 1-2　计算机中常用数制的对应关系

十进制(D)	二进制(B)	八进制(O)	十六进制(H)	十进制(D)	二进制(B)	八进制(O)	十六进制(H)
0	0	0	0	8	1000	10	8
1	1	1	1	9	1001	11	9
2	10	2	2	10	1010	12	A
3	11	3	3	11	1011	13	B
4	100	4	4	12	1100	14	C
5	101	5	5	13	1101	15	D
6	110	6	6	14	1110	16	E
7	111	7	7	15	1111	17	F

2)　十进制转换成 r 进制

方法：

- 整数部分：除以 r 取余数，直到商为 0，余数从右向左排列。
- 小数部分：乘以 r 取整数，整数从左向右排列。

例如：

① $100.345(D) = 1100100.01011(B)$

```
2 | 100     0      0.345
2 |  50     0    ×     2
2 |  25     1      0.690
2 |  12     0    ×     2
2 |   6     0      1.380
2 |   3     1    ×     2
2 |   1     1      0.760
      0          ×     2
                   1.520
                 ×     2
                   1.04
```

② $100(D) = 144(O) = 64(H)$

```
8 | 100     4
8 |  12     4
8 |   1     1
      0

16 | 100    4
16 |   6     6
       0
```

3)　八进制和十六进制转换成二进制

方法：

- 每一个八进制数对应二进制的 3 位。
- 每一个十六进制数对应二进制的 4 位。

例如：

$7123(O) = \underline{111}\,\underline{001}\,\underline{010}\,\underline{011}(B)$ 　　　　$144(O) = \underline{001}\,\underline{100}\,\underline{100}(B)$
　　　　　　7　　1　　2　　3　　　　　　　　　　　1　　4　　4

$2C1D(H) = \underline{0010}\,\underline{1100}\,\underline{0001}\,\underline{1101}(B)$ 　　$64(H) = \underline{0110}\,\underline{0100}(B)$
　　　　　　2　　C　　1　　D　　　　　　　　　　6　　4

4) 二进制转换成八进制和十六进制

方法：

- 整数部分：从右向左进行分组。
- 小数部分：从左向右进行分组。
- 转换成八进制每 3 位一组，不足补 0。
- 转换成十六进制每 4 位一组，不足补 0。

例如：

$$\underline{1}\ \underline{101}\ \underline{101}\ \underline{110}.\underline{110}\ \underline{101}(B)=1556.65(O)$$
$$1\quad 5\quad 5\quad 6\quad 6\quad 5$$

$$\underline{11}\ \underline{0110}\ \underline{1110}.\underline{1101}\ \underline{01}(B)=36E.D4(H)$$
$$3\quad 6\quad E\quad D\quad 4$$

2. 二进制运算规则

- 加法：1+0=1；0+1=1；0+0=0；1+1=0(有进位)。
- 减法：1-0=1；1-1=0；0-0=0；0-1=1(有借位)。
- 乘法：0×0=0；1×0=0；0×1=0；1×1=1。
- 除法：乘法的逆运算。

3. 机器数和码制

各种数据在计算机中的表示形式被称为机器数，其特点是采用二进制计数制，数的符号用 0、1 来表示，小数点则隐含表示而不占位置。真值是机器数所代表的实际数值。

机器数分无符号数和带符号数两种。无符号数表示正数，没有符号位。对于无符号数，若约定小数点的位置在机器数的最低位之后，则是纯整数；若约定小数点的位置在最高位之前，则是纯小数。对于带符号数，最高位是符号位，其余位表示数值。对于带符号数，若约定小数点的位置在机器数的最低位之后，则是纯整数；若约定小数点的位置在最高数值位之前(符号位之后)，则是纯小数。

为方便运算，带符号的机器数可采用原码、反码和补码等不同的编码方法，这些编码方法被称为码制。真值的符号数字化：我们用"+"和"-"来表示正负数，而计算机则在二进制数的最高位设置成符号位，通常用"0"表示正数，"1"表示负数。

1) 原码

规则：最高位为符号位，"0"表示正数，"1"表示负数。对数 0 则有"+0"和"-0"两种表示。

- 当 $0 \leqslant X$ 时，$[X]_原=0X$ 例如，+7：00000111   +0：00000000
- 当 $0 \geqslant X$ 时，$[X]_原=1|X|$ 例如，-7：10000111   -0：10000000

对 $n+1$ 位字长用以表示整型数值的范围：$-2^n+1 \leqslant X \leqslant 2^n-1$。

2) 反码

规则：最高位为符号位，"0"表示正数，"1"表示负数。正数与原码相同，负数则要将除符号位的其他位按位取反。对数 0，则有"+0"和"-0"两种表示。

- 当 $0 \leqslant X$ 时，$[X]_反=0X$ 例如，+7：00000111   +0：00000000
- 当 $0 \geqslant X$ 时，$[X]_反=1|\overline{X}|$ 例如，-7：11111000   -0：11111111

对 $n+1$ 位字长用以表示整型数值的范围：$-2^n+1 \leq X \leq 2^n-1$。

3) 补码

规则：最高位为符号位，"0"表示正数，"1"表示负数。正数与原码相同，负数则要将除符号位的其他位按位取反后加1。对数0，只有"0"一种表示。

- 当 $0 \leq X$ 时，$[X]_补=0X$ 例如：+7：00000111   +0：00000000
- 当 $0 > X$ 时，$[X]_补=1|\bar{X}|+1$ 例如：−7：11111001   −128：10000000

对 $n+1$ 位字长用以表示整型数值的范围：$-2^n \leq X \leq 2^n-1$。

补码运算的优点：将减法运算变成加法运算(因为运算器中只有加法器)。

例如：96−20=76

$$\begin{array}{ll} 0110\ 0000 & \leftarrow [+96]_补 \\ +\ 1110\ 1100 & \leftarrow [-20]_补 \\ \hline 1\ 0100\ 1100 & \rightarrow 76 \qquad 最高位的进位1则自然丢失 \end{array}$$

4) 移码

规则：最高位为符号位，"1"表示正数，"0"表示负数。

当 $-2^n \leq x < 2^n$ 时，$[x]_移 = 2^n+x$。

数值范围：$-2^n \leq x \leq 2^n-1$。

特点：保持了数据原有的大小顺序，便于进行比较操作。

以上介绍的四种编码方法(设字长为4位，最高位为符号位)的对应关系如表1-3所示。

表1-3 符号数的四种编码表示

$x_0x_1x_2x_3$	原 码	反 码	补 码	移 码	$x_0x_1x_2x_3$	原 码	反 码	补 码	移 码
0000	0	0	0	−8	1000	−0	−7	−8	0
0001	+1	+1	+1	−7	1001	−1	−6	−7	1
0010	+2	+2	+2	−6	1010	−2	−5	−6	2
0011	+3	+3	+3	−5	1011	−3	−4	−5	3
0100	+4	+4	+4	−4	1100	−4	−3	−4	4
0101	+5	+5	+5	−3	1101	−5	−2	−3	5
0110	+6	+6	+6	−2	1110	−6	−1	−2	6
0111	+7	+7	+7	−1	1111	−7	−0	−1	7

4. 定点数和浮点数

1) 定点数

(1) 定点小数的表示。

小数点设在符号位(S)之后，其表示格式如下。

S								

设字长为 $n+1$ 位，定点小数的数值表示范围如下。

- 原码表示：$-(1-2^{-n}) \sim +(1-2^{-n})$。
- 反码表示：$-(1-2^{-n}) \sim +(1-2^{-n})$。
- 补码表示：$-1 \sim +(1-2^{-n})$。

例如,$(-0.25)_{10} \rightarrow (-0.01)_2$,以原码定义表示为 10100000。

(2) 定点整数的表示。

定点整数分为(有)符号数和无符号数两种表示格式。

① (有)符号数:小数点在符号位最末有效位之后。其表示格式如下。

S							

设字长为 $n+1$ 位,符号数的数值表示范围如下。

- 原码表示: $-(2^n-1) \sim +(2^n-1)$。
- 反码表示: $-(2^n-1) \sim +(2^n-1)$。
- 补码表示: $-2^n \sim +(2^n-1)$。

例如,$(-10)_{10} \rightarrow (-1010)_2$,以原码定义表示为 10001010。

② 无符号数:不设符号位,小数点在符号位最末有效位之后。其表示格式如下。

设字长为 $n+1$ 位,无符号数的数值表示范围为 $0 \leq N \leq 2^{n+1}-1$。

例如,$(255)_{10} \rightarrow (11111111)_2$,以原码定义表示为 11111111。

2) 浮点数

构成:阶码 E,尾数 M,符号位 S,基数 R。

$$N = (-1)^S \times M \times R^E$$

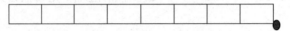

(1) 规格化:为了在尾数中表示最多的有效数据位,也为了数据表示的唯一性而定义的规则。如将尾数的绝对值限制在区间[0.5, 1]中,当尾数(M)用补码表示时,有以下两种情况。

- $M \geq 0$ 时,尾数规格化的形式: $M=0.1X \cdots X$。
- $M < 0$ 时,尾数规格化的形式: $M=1.0X \cdots X$。

(2) 浮点数的表示范围:尾数的位数决定数的精度,阶码的位数决定数的范围。而表示范围与机器的具体表示方法及字长有关,下面举例说明。

例:以 R 为基数,有 p 位阶码和 m 位二进制尾数代码的浮点数,阶码采用二进制正整数编码表示,求数值的表示范围。

解:最小规格化尾数: $1/R$

最大规格化尾数: $1-2^{-m}$

最大阶码: 2^p-1

最小阶码: 0

最小值: $1/R$

最大值: $R^{2^p-1}(1-2^{-m})$

> **注**:本例中没有符号位,也没有考虑阶码为负的情况。如果考虑这些因素就要考虑阶码和尾数的编码方式。

(3) 浮点数的溢出:当运算的结果超出该机器浮点数可表示的范围时,则产生浮点数溢出,浮点数可表示的范围如图 1-3 所示。上例中,当浮点数的运算结果小于 $1/R$[或大于 $R^{2^p-1}(1-2^{-m})$]时,则产生正下溢(或正上溢)。

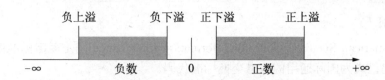

图 1-3   浮点数的表示范围

(4) 浮点数的实例。设浮点数格式如下：

阶符	阶码	数符	尾数

则数 110.011(B)=+0.110011×2+11(规格化尾数)=0 110011×20 11(机器数格式)可表示为：

0	11	0	110011

3)   浮点数工业标准 IEEE 754

规格化数格式如下：

$$(-1)^s \times 1.f \times 2^E$$

其中，1 位数符(s)：正数为 0，负数为 1；除去了最高位的尾数(f)为原码表示；阶码(E)为特殊移码表示。

IEEE 754 浮点数的范围如表 1-4 所示。

表 1-4   IEEE 754 浮点数的表示范围

格　式	最　小　值	最　大　值
单精度	$E=-126$，$f=0$，$1.0×2^{-126}$	$E=127$，$f=11\cdots1$，$1.11\cdots1×2^{127}=2^{127}×(2-2^{-23})$
双精度	$E=-1022$，$f=0$，$1.0×2^{-1022}$	$E=1023$，$f=11\cdots1$，$1.11\cdots1×2^{1023}=2^{1023}×(2-2^{-52})$

例：将 IEEE 754 标准的精度浮点数 0 10000110 01100000001000000000000 转换为真值。

解：将特殊移码表示阶码转换为真值阶码，因为 E=10000110−01111111=00000111，所以 E=7；因为 f=01100000001000000000000，所以 1.f=1.01100000001；将 1.f 右移 7 位(因为 E=7)=(10110000.0001)$_2$=176.0625。

5. 十进制数与字符的编码表示

数值、文字和英文字母等字符在进入计算机时，都必须转换成二进制表示形式，称为字符编码。

用 4 位二进制代码表示 1 位十进制数，称为十进制编码，简称 BCD 编码。常用的十进制数的编码有 8421 BCD 码、格雷码、余 3 码。

上述三种编码与十进制数的对应关系如表 1-5 所示。

表 1-5   常用编码与十进制数的对应关系

十进制数	BCD 码	格 雷 码	余 3 码	十进制数	BCD 码	格 雷 码	余 3 码
0	0000	0000	0011	5	0101	1110	1000
1	0001	0001	0100	6	0110	1010	1001
2	0010	0011	0101	7	0111	1000	1010
3	0011	0010	0110	8	1000	1100	1011
4	0100	0110	0111	9	1001	0100	1100

6. ASCII 码

ASCII(American Standard Code for Information Interchange)码是美国标准信息交换码的简称，该编码已成为国际通用的信息交换标准代码。

ASCII 码采用 7 个二进制位对字符进行编码，其格式为每 1 个字符有 1 个编码。每个字符占用 1 个字节，用低 7 位编码，最高位为 0。其共有 128 个编码，编码从 0~127，如表 1-6 所示，其中 H 表示高 3 位，L 表示低 4 位。

表 1-6　ASCII 码表

H \ L	000	001	010	011	100	101	110	111
0000	NUL	DLE	SP	0	@	P	`	p
0001	SOH	DC1	!	1	A	Q	a	q
0010	STX	DC2	"	2	B	R	b	r
0011	ETX	DC3	#	3	C	S	c	s
0100	EOT	DC4	$	4	D	T	d	t
0101	ENG	NAK	%	5	E	U	e	u
0110	ACK	SYN	&	6	F	V	f	v
0111	BEL	ETB	'	7	G	W	g	w
1000	BS	CAN	(	8	H	X	h	x
1001	HT	EM	)	9	I	Y	i	y
1010	LF	SUB	*	:	J	Z	j	z
1011	VT	ESC	+	;	K	[	k	{
1100	FF	FS	,	<	L	\	l		
1101	CR	GS	–	=	M	]	m	}
1110	SO	RS	.	>	N	↑	n	~
1111	SI	US	/	?	O	←	o	DEL

7. 汉字编码

汉字处理包括汉字的编码输入、汉字的存储和汉字的输出等环节。汉字处理的各阶段分为外部(输入)码、(机)内码、交换码(国标码)和字形(输出)码，各种码对应的处理过程如下：

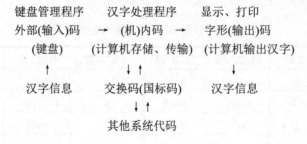

1) 输入码

数字编码：用数字串代表一个汉字的输入。国标区位码等便是这种编码法。

拼音编码：是以汉语拼音为基础的输入方法。由于汉字同音字太多，输入重码率很高，因此，按拼音输入后还必须进行同音字选择，影响了输入速度。全拼、双拼、微软拼音等便是这种编码法。

字形编码：是以汉字的形状确定的编码。汉字总数虽多，但都是由一笔一画组成，全部汉字的部件和笔画是有限的，因此，把汉字的笔画部件用字母或数字进行编码，按笔画书写的顺序依次输入，就能表示一个汉字。五笔字型、表形码等便是这种编码法。这种方法的缺点是需要记忆很多的编码。

2)　内部码

汉字内部码(简称内码)是汉字在信息处理系统内部存储、处理、传输汉字时用的代码。国家标准局 GB 2312—1980 规定的汉字国标码中，每个汉字内码占两个字节，每个字节最高位置"1"，作为汉字机内部码的标识。以汉字"大"为例，国标码为 3473H，两个字节的最高位为"1"，得到的汉字机内部码为 B4F3H。例如：

汉字	国标码	汉字机内部码
沪	2706(00011011 00000110B)	10011011 10000110B
久	3035(00011110 00100011B)	10011110 10100011B

3)　字形码

汉字字形码是表示汉字字形的字模数据，通常用点阵、矢量函数等方式来表示。字形码也称为字模码，它是汉字的输出形式，随着汉字字形点阵和格式的不同，汉字字形码也不同。常用的字形点阵有 16×16 点阵、24×24 点阵、48×48 点阵等。

字模点阵的信息量是很大的，占用的存储空间也很大，以 16×16 点阵为例，每个汉字占用 32(16×16/8=32)个字节，两级汉字大约占用 256KB。因此，字模点阵只能用来构成"字库"，而不能用于机内存储。字库中存储了每个汉字的点阵代码，当显示输出时才检索字库，输出字模点阵得到字形。

汉字的矢量表示法是将汉字看作由笔画组成的图形，提取每个笔画的坐标值，这些坐标值就可以确定每个笔画的位置，所有的坐标值组合起来就是该汉字字形的矢量信息。每个汉字矢量信息所占的内存大小是不一样的。

二、校验码

计算机系统运行时，在各个部件之间经常需要进行数据交换，为保证数据传送过程的正确无误，必须引入差错检查机制对数据进行校验，以检测是否有数据传送错误。其基本原理是：在编码中引入一定的冗余位，当被传送的编码中出现错误时就使之成为非法代码而被检测出。

1. 奇偶校验码

奇偶校验码用于并行码的检错。其原理是：在 k 位数据码之外增加 1 位校验位，使 $k+1$ 位码字中取值为 1 的位数总保持为偶数(偶校验)或奇数(奇校验)。

(1)　水平校验：设最高位为校验位。

原有数字位	生成新的码字：	偶校验	奇校验
0001		10001	00001
0101		00101	10101

(2)　垂直校验：设 4 个字节的数据为一组进行垂直奇校验。

第一字节数据：　10110011

第二字节数据：　11011001

第三字节数据：　01010101

第四字节数据：　10001100

垂直校验位：　　01001100

(3) 垂直水平校验：设4个字节的数据为一组进行垂直水平奇校验。

　　　　　　　　　　　　水平校验位

第一字节数据：　10110011　　　0

第二字节数据：　11011001　　　0

第三字节数据：　01010101　　　1

第四字节数据：　10001100　　　0

垂直校验位：　　01001100

2．海明码

海明码用于多位并行数据检错纠错处理。

实现：为 k 个数据位设 r 个校验位，使 $k+r$ 位的码字(即海明码)能发现 k 位中任何一位出错且可以纠正。

其数据位 k 和校验位 r 必须满足如下关系式：

$$2^r \geqslant k+r+1$$

1) 海明码的编码规则

设 r 个校验位 $P_r P_{r-1} \cdots P_1$，k 个数据位 $D_{k-1} D_{k-2} \cdots D_0$，产生的海明码为 $H_{r+k} H_{r+k-1} \cdots H_1$，则有如下规则。

- 规则1：P_i 在海明码的 2^{i-1} 位置，即 $H_j = P_i$，$j = 2^{i-1}$；数据位则依序从低到高占据海明码中的其他位置。
- 规则2：海明码中的任意位都是由若干校验位来校验的。其对应关系是：被校验的海明码的下标等于所有参与校验该位的校验位的下标之和，而校验位则由其自身来校验的。

2) 海明码校验

下面以 $k=8$ 对纠1位错的海明码的编码及校验原理给予说明。

(1) 确定 r 的位数。

当 $r=4$ 时，有 $2^4 \geqslant 8+4+1$，可以满足 $2^r \geqslant k+r+1$。

(2) 确定海明码的位置。

由规则1，P_i 对应 H_j 的位置。

例如，确定 P_4 的位置，因 $j=2^{i-1}=2^{4-1}=8$，则有 P_4 在 H_8 的位置。同理得到以下位置的对应关系：

$$H_{12} \ H_{11} \ H_{10} \ H_9 \ H_8 \ H_7 \ H_6 \ H_5 \ H_4 \ H_3 \ H_2 \ H_1$$
$$D_7 \ D_6 \ \ D_5 \ \ D_4 \ P_4 \ D_3 \ D_2 \ D_1 \ P_3 \ D_0 \ P_2 \ P_1$$

(3) 确定编码方案。

由规则2，编码方案如下。

形成 H_i 与 P_1 相关的数据位有：$S_1 = D_0 \oplus D_1 \oplus D_3 \oplus D_4 \oplus D_6$

形成 H_i 与 P_2 相关的数据位有：$S_2 = D_0 \oplus D_2 \oplus D_3 \oplus D_5 \oplus D_6$

形成 H_i 与 P_3 相关的数据位有：$S_3 = D_1 \oplus D_2 \oplus D_3 \oplus D_7$

形成 H_i 与 P_4 相关的数据位有：$D_7 \oplus D_6 \oplus D_5 \oplus D_4$

得校验关系：$S_4 = D_4 \oplus D_5 \oplus D_6 \oplus D_7$

(4) 确定纠错译码方案。

设 $G_1 = S_1 \oplus P_1$；$G_2 = S_2 \oplus P_2$；$G_3 = S_3 \oplus P_3$；$G_4 = S_4 \oplus P_4$。若采用偶校验则 $G_4 \sim G_1$ 的值全为 0 时数据正确，反之有错。用对出错位取反方法即可实现纠错。

例如，$G_4 \sim G_1 = 0111$，其值为 7，对应于 $H_7(D_3$ 的位置)。将 D_3 的值取反就实现了纠错。

3. 循环冗余校验码(CRC)

利用生成多项式为 k 个数据位产生 r 个校验位进行编码，其编码长度为 $k+r$。CRC 的代码格式为：

n	$n-1$	...	$r+1$	r	$r-1$	...	2	1

数据位　　　　　　　　　　校验位

由此可知，循环冗余校验码由两部分组成，左边为信息码，右边为校验码，若信息码占 k 位，则校验码就占 $n-k$ 位，所以又称为 (n, k) 码。

三、逻辑代数及逻辑运算

在逻辑代数中，逻辑值只有两个，即"T"与"F"(或"Y"与"N")。我们知道，二进制数也只有两个值"1"与"0"，所以可用二进制数表示逻辑值，并充分利用逻辑运算的特点，进行信息的处理。

注意： 运算按位进行，没有进位和借位。

1. 基本的逻辑运算

1) "与"运算(逻辑乘运算)

与逻辑：决定事件发生的各条件中，所有条件都具备，事件才会发生(成立)。

两个逻辑变量的与逻辑关系表达式：$Y = A \cdot B$(或 $Y = A \wedge B$，也可简写为 $Y = AB$)。

两个逻辑变量的与逻辑真值表：

A	B	Y
0	0	0
0	1	0
1	0	0
1	1	1

与运算规则：

$$0 \cdot 0 = 0 \qquad 0 \cdot 1 = 0 \qquad 1 \cdot 0 = 0 \qquad 1 \cdot 1 = 1$$
$$A \cdot 0 = 0 \qquad A \cdot 1 = A \qquad A \cdot A = A \qquad \overline{A} \cdot A = 0$$

例如：
```
  1100 1000
· 1011 0101
  1000 0000
```

与门逻辑符号如表 1-7 所示。

表 1-7　各种门电路符号及逻辑表达式

门　电　路	符　　号	表　达　式
与门	$\begin{matrix} A \\ B \end{matrix}$ —|&|— Y	$Y = AB$
或门	$\begin{matrix} A \\ B \end{matrix}$ —|≥1|— Y	$Y = A + B$
非门	A —|1|○— Y	$Y = \overline{A}$

2)　"或"运算(逻辑加运算)

或逻辑：决定事件发生的各条件中，有一个或一个以上的条件具备，事件就会发生(成立)。

两个逻辑变量的或逻辑关系表达式：$Y=A+B$(或 $Y=A \vee B$)。

两个逻辑变量的或逻辑的真值表：

$$
\begin{array}{ccc}
A & B & Y \\
0 & 0 & 0 \\
0 & 1 & 1 \\
1 & 0 & 1 \\
1 & 1 & 1
\end{array}
$$

或运算规则：

$$0+0=0,\ 0+1=1,\ 1+0=1,\ 1+1=1$$
$$A+0=A,\ A+1=1,\ A+A=A,\ A+\overline{A}=1$$

例如：
$$
\begin{array}{r}
1100\ 1000 \\
+\quad 1011\ 0101 \\
\hline
1111\ 1101
\end{array}
$$

或门逻辑符号如表 1-7 所示。

3)　"非"运算(取反运算)

非逻辑：决定事件发生的条件只有一个，条件不具备时事件发生(成立)，条件具备时事件不发生。

非逻辑关系表达式：$Y=\overline{A}$。

非逻辑的真值表：

$$
\begin{array}{cc}
A & Y \\
0 & 1 \\
1 & 0
\end{array}
$$

非运算规则：

$$\overline{0}=1 \qquad \overline{1}=0 \qquad \overline{\overline{A}}=A$$

例如：$\overline{1100 1000}=0011\ 0111$

非门逻辑符号如表 1-7 所示。

2. 常用的逻辑公式

- 交换律：$A+B=B+A$
- 结合律：$A+B+C=(A+B)+C=A+(B+C)$ $ABC=(AB)C=A(BC)$ $AB=BA$
- 分配律：$A(B+C)=AB+AC$ $A+BC=(A+B)(A+C)$
- 原变量吸收律：$A+AB=A$
- 反变量吸收律：$A+\overline{A}B=A+B$ $\overline{A}+AB=\overline{A}+B$
- 反演律(德摩根定理)：$\overline{AB}=\overline{A}+\overline{B}$ $\overline{A+B}=\overline{A}\cdot\overline{B}$
- 互补律：$\overline{A}+A=1$ $\overline{A}\cdot A=0$

3. 逻辑表达式及其化简

1) 逻辑表达式与真值表

逻辑表达式是用逻辑运算符把逻辑变量(或逻辑常量)连接在一起表示某种逻辑关系的表达式。把变量和表达式的各种取值都一一对应列举出来，称为真值表。

例：证明 $\overline{A}\,\overline{B}+B\cdot C+A\cdot\overline{B}=\overline{B}+C$。

解：对 A、B、C 的所有逻辑取值，如表 1-8 所示，两个逻辑表达式的函数值相等，证毕。

表 1-8 真值表求证逻辑表达式

A	B	C	$\overline{A}\cdot\overline{B}+B\cdot C+A\cdot\overline{B}$	$\overline{B}+C$	A	B	C	$\overline{A}\cdot\overline{B}+B\cdot C+A\cdot\overline{B}$	$\overline{B}+C$
0	0	0	$\overline{0}\cdot\overline{0}+0\cdot0+0\cdot\overline{0}=1$	$\overline{0}+0=1$	1	0	0	$\overline{1}\cdot\overline{0}+0\cdot0+1\cdot\overline{0}=1$	$\overline{0}+0=1$
0	0	1	$\overline{0}\cdot\overline{0}+0\cdot1+0\cdot\overline{1}=1$	$\overline{0}+1=1$	1	0	1	$\overline{1}\cdot\overline{0}+0\cdot1+1\cdot\overline{0}=1$	$\overline{0}+1=1$
0	1	0	$\overline{0}\cdot1+1\cdot0+0\cdot\overline{1}=0$	$\overline{1}+0=0$	1	1	0	$\overline{1}\cdot1+1\cdot0+1\cdot\overline{1}=0$	$\overline{1}+0=0$
0	1	1	$\overline{0}\cdot1+1\cdot1+0\cdot\overline{1}=1$	$\overline{1}+1=1$	1	1	1	$\overline{1}\cdot1+1\cdot1+1\cdot\overline{1}=1$	$\overline{1}+1=1$

2) 逻辑表达式的化简

利用逻辑运算规律可以对逻辑表达式进行化简。

例：化简 $\overline{A}\,\overline{B}+BC+A\overline{B}$。

解：$\overline{A}\,\overline{B}+BC+A\overline{B}$

$=((\overline{A}+A)\overline{B}+BC)$ (结合律、分配律)

$=(\overline{B}+BC)$ (互补律)

$=\overline{B}+C$ (吸收律)

四、机器数的运算

1. 机器数的加减运算

在计算机中，通常只设置加法器，减法运算要转换为加法运算来实现。机器数的加、减法运算一般用补码来实现，其运算方法如下：

$$X\pm Y\rightarrow[X]_{补}+[\pm Y]_{补}$$

例如(采用 8 位定点整数)：

$8-5\rightarrow(+1000)_2+(-101)_2\rightarrow(+00001000)+(-00000101)\rightarrow(00001000)_{补}+(11111011)_{补}=100000011$

运算结果中的后 8 位的真值为+3，是正确的。

当运算的结果超过了字长的表示范围时，则产生溢出。双符号位方法是常用的溢出判别方法。在 CPU 中的加法器前设 1 位寄存器 S_0，运算时接收来自最高位(符号位 S)的进位。运算前 S_0、S 被设为一操作数的符号，运算后对其进行判别，则有以下逻辑关系：当运算后 $S_0 \oplus S=1$，则溢出；当运算后 $S_0 \oplus S=0$，则无溢出。

例如，8 位定点整数的最大正数是 127→(01111111)。若再加 1 则为 10000000，按机器的表示格式，这个值被认为是-128，显然是不正确的，也就是说产生了溢出问题。下面用上述的双符号位方法完成此题的计算和判别。

127+1→$(1111111)_2$+$(1)_2$→转为机器数→(01111111)+(000000001)

运算过程：

$$
\begin{array}{r}
0\ 1\ 1\ 1\ 1\ 1\ 1\ 1 \\
+\ \boxed{0\ 0}\ 0\ 0\ 0\ 0\ 0\ 0\ 1 \\
\hline
\boxed{0\ 1}\ 0\ 0\ 0\ 0\ 0\ 0\ 0 \\
S_0\ S
\end{array}
$$

因为 $S_0 \oplus S=0 \oplus 1=1$，表示运算结果溢出。

2. 机器数的乘除运算

在计算机中实现乘除运算，主要有以下三种方法。

- 纯软件方案，乘除运算通过程序来完成。该方法速度很慢。
- 通过增加少量的实现左右移位的逻辑电路来实现。
- 通过专用的硬件阵列乘法器(或除法器)来实现。

3. 浮点运算

1) 浮点加减运算

完成浮点数加减法有五个基本步骤：对阶、尾数加减、规格化、舍入和检查溢出。

例：两浮点数 $x = 2^{01} \times 0.1101$，$y = 2^{11} \times (-0.1010)$。假设尾数在计算机中以补码表示，可存储 4 位尾数，2 位符号位，阶码以原码表示，求 $x+y$。

解：将 x、y 转换成浮点数据格式

$[x]_浮 = 00\ 01，00.1101$

$[y]_浮 = 00\ 11，11.0110$

具体的步骤如下。

① 对阶，阶差为 11-01=10，即 2，因此将 x 的尾数右移两位，得：

$[x]_浮 = 00\ 11，00.001101$

② 对尾数求和，得：

$[x+y]_浮 = 00\ 11，11.100101$

③ 由于符号位和第一位数相等，不是规格化数，向左规格化，得：

$[x+y]_浮 = 00\ 10，11.001010$

④ 舍入，得：

$[x+y]_浮 = 00\ 10，11.0010$

⑤ 数据无溢出，因此结果为：

$x+y = 2^{10} \times (-0.1110)$

2)　浮点乘除运算

浮点数相乘，其积的阶码等于两乘数的阶码之和，尾数等于两乘数的尾数之积，数符由两乘数的数符按逻辑异或求出。

浮点数相除，其商的阶码等于被除数的阶码减去除数的阶码，尾数等于被除数的尾数除以除数的尾数、数符由两除数的数符按逻辑异或求出。

1.2.3　计算机的基本组成及工作原理

一、总线的基本概念

1. 总线的定义与分类

总线是连接多个设备的信息传送通道，是一组信号线。总线一般可分为以下几类。

- 芯片内总线：集成电路芯片内部各部分的连接。
- 元件级总线：一块电路板内各元器件的连接。
- 内总线(又称系统总线)：计算机各组成部分(CPU、内存和外设接口)间的连接。
- 外总线(又称通信总线)：计算机对外的接口，可直接与相应的外设连接或与其他计算机相连接。

2. 内总线

内总线有专用内总线和标准内总线之分。常见的内总线标准有以下几种。

- ISA 总线(Industry Standard Architecture)(PC/AT)：工业标准体系结构，ISA 总线是具有开放式结构的总线。ISA 总线为 62+36 线，数据线 16 位，地址线 24 位。
- EISA 总线(Enhanced Industry Standard Architecture)：EISA 总线是 ISA 总线的扩展，现用在服务器上。EISA 总线的数据线 32 位，与 ISA 总线兼容。
- PCI 总线(Peripheral Computer Interconnect)：PCI 总线是目前微型机上广泛采用的内总线。PCI 总线有两种标准：适用于 32 位机的 124 个信号的标准和适用于 64 位机的 188 个信号的标准。PCI 总线的传输率至少为 133Mb/s，64 位的传输率为 266Mb/s。PCI 总线的工作与处理机的工作是并行的。PCI 总线上的设备是即插即用的。

3. 外总线

通用串行总线 USB(Universal Serial Bus)：USB 接口提供电源。最大数据传输率为 12Mb/s。USB 设备可以通过集线器 Hub 进行树状连接，最多可达五层，连接显示器和键盘等外设(最多 127 个)。USB 2.0 的传送速率为 480Mb/s，支持即插即用功能。

SCSI 总线(Small Computer System Interface)：SCSI 总线是从通道发展而来的，其特点是设备独立性强；传输速度快，16 位的 Ultra2 SCSI 数据传输率为 80Mb/s。目前传输率高达 320Mb/s；灵活性好(适用于各种外设)，最多可接 63 种外设，传送距离可达 20m。

IEEE 1394(Firewire)：IEEE 1394 总线可连接的设备数多，最多可接 63 部；传输速度快，可达 400Mb/s；安装步骤简单，可以"点对点"或以"集线器"等方式串接；支持即插即用。

串行总线接口(RS-232)：RS-232 是国际通用的一种串行通信接口标准。串行通信物理连接方式如下。

- 单工：单向传输。
- 全双工：可同时双向传输。
- 半双工：可双向传输，但同一时刻只能单向传输。

二、中央处理单元(CPU)

1. CPU 的功能

CPU 的基本功能如下。

- 程序控制：CPU 通过执行指令来控制程序的执行顺序。
- 操作控制：一条指令功能的实现需要若干操作信号来完成，CPU 产生每条指令的操作信号并将其送往不同的部件，控制相应部件的操作。
- 时序控制：CPU 通过时序电路产生的时钟信号进行定时，可以控制各种操作按指定时序进行。
- 数据处理：完成对数据的加工处理。

2. CPU 的组成

CPU 包括运算器、控制器、寄存器三大部分，一般被集成在一个大规模集成芯片上，是计算机的核心部件，具有计算、控制、数据传送、指令译码及执行等重要功能，它直接决定了计算机的主要性能。其主要功能部件包括以下各部分。

1) 运算器

运算器主要完成算术运算、逻辑运算和移位操作，主要部件有算术逻辑单元 ALU、累加器 ACC、标志寄存器、寄存器组、多路转换器和数据总线等。

2) 控制器

控制器实现指令的读入、寄存、译码和在执行过程中有序地发出控制信号。其主要部件如图 1-4 所示。

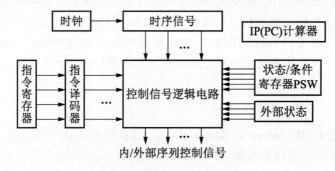

图 1-4 控制器的主要部件

- 程序计数器(PC)：当程序顺序执行时，每取出一条指令，PC 内容自动增加一个值，指向下一条要取的指令。
- 指令寄存器：用于寄存当前正在执行的指令。
- 指令译码器：用于对当前指令进行译码。
- 状态/条件寄存器(PSW)：用于保存指令执行完成后产生的条件码，另外还保存中断和系统工作状态等信息。

- 时序部件：用于产生节拍电位和时序脉冲。

3) 寄存器

寄存器用于暂存寻址和计算过程的信息。CPU 中的寄存器通常分为存放数据的寄存器、存放地址的寄存器、存放控制信息的寄存器、存放状态信息的寄存器和其他寄存器等类型。

三、存储系统

1. 存储器的分类

存储器的分类主要有以下几种。

- 按存储器所处的位置分为内存和外存。
- 按构成存储器的材料分为磁存储器、半导体存储器和光存储器。
- 按工作方式分为只读存储器和读写存储器。
- 按访问方式分为按地址访问的存储器和按内容访问的存储器。
- 按寻址方式分为随机存储器、顺序存储器和直接存储器。

2. 主存储器

主存储器简称为主存或内存。

1) 主存的种类

主存一般有 RAM 和 ROM 两种工作方式的存储器,其绝大部分存储空间由 RAM 构成。

2) 主存的组成

主存一般由地址寄存器、数据寄存器、存储体、控制线路和地址译码电路等部分组成,如图 1-5 所示。

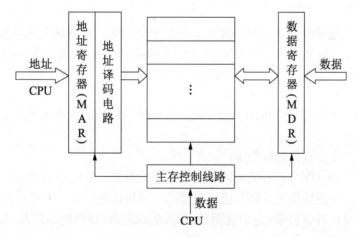

图 1-5　主存储器结构

- 地址寄存器(MAR): 用来存放要访问的存储单元的地址码,其位数决定了其可寻址的存储单元的个数 M, 即 $M=2^N$。
- 数据寄存器(MDR): 用来存放要写入存储体中的数据或从存储体中读取的数据。
- 存储体: 存放程序和数据的存储空间。
- 控制线路: 根据读写命令控制主存储器各部分的相应操作。
- 地址译码电路: 根据地址译码器中的地址码在存储体中找到相应的存储单元。

3) 主存储器的性能指标

● 容量: 存储器芯片的容量是以存储 1 位二进制数(bit,比特)为单位的,因此存储器的容量即指每个存储器芯片所能存储的二进制数的位数。它可由以下公式求得:

存储器芯片容量=单元数×数据线位数

● 存取周期: 存储器芯片的存取周期是用存取时间来衡量的。它是指从 CPU 给出有效的存储器地址到存储器给出有效数据所需要的时间。存取时间越少,则速度越快。存取周期一般在 20～300ns,记作 T_m。

● 存储器带宽: 每秒钟能访问的比特数,记作 B_m。设每个存取周期存取数据位为 W_b,则 $B_m=W_b/T_m$。

3. 高速缓冲存储器

高速缓冲存储器(Cache)所用芯片都是高速的,其存取速度可与微处理器相匹配,容量由几万字节到几十万字节,通常用来存储当前使用最多的程序或数据。Cache 位于 CPU 与主存储器之间,是对程序员透明的一种高速小容量存储器。所谓透明,是指程序员不必自己去加以操作和控制,而由硬件自动完成。每次访问存储器时,都先访问高速缓存,若访问的内容在高速缓存中,访问到此为止;否则,再访问主存储器,并把有关内容及相关数据块取入高速缓存。这样,如果大部分针对高速缓存的访问都能成功,那么在主存储器容量保持不变的情况下,访存速度可接近高速缓存的存取速度,这无疑可提高微机的运行速度。

高速缓冲存储器主要由两部分组成:控制部分和存储器部分。

4. 外存储器

外存储器具有存储容量大、价格便宜、信息不易丢失、存取速度比内存慢、机械结构复杂、只能与主存储器交换信息而不能被 CPU 直接访问等特点,属于输入/输出设备。外存储器的这些特点正好与主存储器互为补充,共同支撑着整个计算机存储体系高效地运转。

1) 磁盘存储器

磁盘存储器是外存中最常用的存储介质,存取速度较快且具有较大的存储容量,分为软盘和硬盘存储器。

磁盘存储器的主要技术指标如下。

(1) 道密度:沿盘面半径方向单位长度内磁道的数目,单位是道/毫米。

(2) 位密度:磁道圆周上单位长度内存储的二进制位的个数,单位是位/毫米。

(3) 存储容量:存储容量=总的盘面数×每面的磁道数×每道的扇区数×每个扇区存储的字节数。

(4) 平均访问时间:平均访问时间=平均寻道(址)时间+平均等待时间。

● 平均寻道(址)时间表示从当前道移至目标道的平均时间,反映了磁头的移动定位速度。

● 平均等待时间:磁头到目标道后,等待到达目标扇区的平均时间。

(5) 数据传输率:单位时间内写入或读出的字节数。数据传输率=每道扇区数×每个扇区包括的字节数×磁盘的转数。

(6) 软盘:软盘存储器是由软盘片、软盘驱动器和软盘驱动器适配器三个部分组成的,其中，软盘片是存储介质，软盘驱动器是读写装置，适配器是通过总线与 CPU 相连的接口。

(7) 硬盘：微机的硬盘存储器是一个密封式的不可拆卸的、被固定安装在主机箱内的设备。大型计算机的硬磁盘(磁盘阵列)通常有单独的机柜。硬磁盘容量大(存储单位为 GB)、信息传送速度(平均访问时间在几毫秒到十几毫秒之间)远远高于软盘，是计算机系统中最重要的一种外围存储设备。

2) 光盘存储器

光盘存储器的特点是存储量大、价位低、可靠性高、寿命长，特别适用于图像处理、大型数据库系统、多媒体教学等领域。光盘有音频光盘、视频光盘和计算机用数字光盘。光盘按其功能的不同，可分为 CD-ROM(只读型光盘)、WORM(可写一次性光盘)和可重写型光盘。

3) USB 移动硬盘和 USB 闪存盘

USB 移动硬盘容量大，支持热插拔，即插即用。USB 闪存盘又称为 U 盘，是使用闪存作为存储介质的一种半导体存储设备，采用 USB 接口标准。根据不同的使用要求，U 盘还有基本型、加密型、启动型等类型。

四、输入/输出技术

1. 接口的功能及分类

1) 接口

接口又称为界面，是指两个相对独立的子系统之间的相连部分。用于连接主机和 I/O 设备的转换机构就是 I/O 接口电路。I/O 接口的主要功能如下。

- 地址译码功能。
- 在主机和 I/O 设备间交换数据、控制命令及状态信息等。
- 支持主机采用程序查询、中断、DMA 等访问方式。
- 提供主机和 I/O 设备所需的缓冲、暂存、驱动功能。
- 进行数据的类型、格式等方面的转换。

2) 接口的分类

接口主要有以下三种分类方式。

- 按数据的传送格式分为并行接口和串行接口。
- 按主机访问 I/O 设备的控制方式，可分为程序查询接口、中断接口、DMA 接口以及通道控制器、I/O 处理机等。
- 按时序控制方式可分为同步接口和异步接口。

2. 主机和外设间的连接方式

主机和外设间的连接方式常见的有总线型、星型、通道方式和 I/O 处理机等，其中总线型方式是基本方式。

总线是一组能为多个部件分时共享的信息传送线，用来连接多个部件并为之提供信息的交换通路。共享是指连接到总线上的所有部件都可以通过它传递信息。分时性是指某一时刻只允许一个部件将数据发送到总线上。因此共享是利用分时实现的。

要实现分时共享，必须制定相应的规则，称为总线协议。总线协议一般包括：信号线定义、数据格式、时序关系、信号电平、控制逻辑等。

3. I/O 接口的编址方式

1) 与内存单元统一编址

将 I/O 接口中有关的寄存器或存储器部件看作存储器单元,与主存中的存储单元统一编址。这种编址方法的优点是原则上用于内存的指令全都可以用于接口;缺点是地址空间被分成两部分,会导致内存地址不连续。

2) I/O 接口单独编址

通过设置单独的 I/O 地址空间,为接口中的有关寄存器或存储部件分配地址码,需要设置专门的 I/O 指令进行访问。这种编址的优点是不占主存的地址空间;缺点是用于接口的指令太少。

4. CPU 与外设之间交换数据的方式

1) 直接程序控制

- 程序查询方式: 在这种方式下,CPU 通过执行程序查询外设的状态,判断外设是否准备好进行数据传送。程序查询方式的传输过程,如图 1-6 所示。

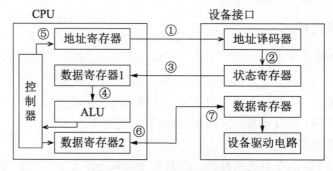

图 1-6 程序查询方式的传输过程

- 立即程序传送方式: 在这种方式下,I/O 接口总是准备好接收来自主机的数据,或随时准备向主机输入数据,CPU 无须查看接口的状态,就执行输入/输出指令进行数据传送。这种方式又称为无条件传送或同步传送。

2) 中断方式

中断是在发生了一个外部事件时调用相应的处理程序(或称服务程序)的过程。中断服务程序与中断时 CPU 正在运行的程序是相互独立的,相互不传递数据。

(1) 中断处理中要解决的问题。

- 中断处理程序入口地址的形成(称为中断响应过程): 由硬件中断机构根据中断源引出中断向量表,其步骤是关中断(屏蔽中断)→保存现场→识别中断→形成服务程序入口地址→执行服务程序→恢复现场→开中断。
- 中断屏蔽: 由硬件中断屏蔽寄存器实现多重中断(中断嵌套),即中断服务程序也可以被中断。多重中断的过程如图 1-7 所示。

(2) 实现中断屏蔽的两种方法。

- 在 CPU 内设置一个中断屏蔽寄存器,通过指令设置该寄存器关(或开),用以屏蔽(或不屏蔽)对外部所有的中断请求,常在保存(或恢复)现场时使用。
- 采用中断屏蔽寄存器,每位对应一个中断源,用软件灵活地设置屏蔽寄存器的内容就可改变优先级，其原理如图 1-8 所示。

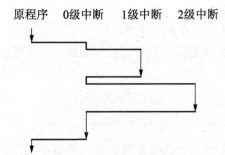

图 1-7　多重中断的过程示意图

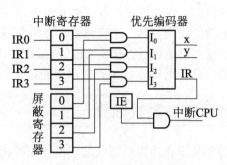

图 1-8　中断屏蔽的原理

(3) 中断的三种类型。

● 内部中断(异常处理)：算术操作异常、非法指令、越权指令。
● 外部中断(可屏蔽，不可屏蔽)：键盘、鼠标、电源。
● 软件中断：系统功能调用。

3) DMA 方式

目的：减少大批量数据传输时 CPU 的开销。

方法：采用专用部件生成访存地址并控制访存过程。

传输过程：预处理，数据传输，后处理。

DMA 方式用于高速外围设备与内存之间批量数据的传输，其使用一个专门的 DMA 控制器来完成内存与设备之间的直接数据传送，而不用 CPU 干预。当本次 DMA 传送的数据全部完成时，才产生中断，请求 CPU 进行结束处理。DMA 控制器与其他部件的关系如图 1-9 所示，其控制流程如图 1-10 所示。

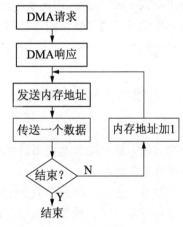

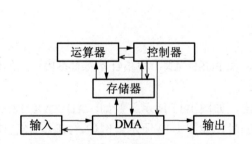

图 1-9　DMA 控制器与其他部件的关系　　　图 1-10　DMA 控制器的控制流程

因为 CPU 与 DMA 都要访问内存，所以会出现访存冲突，一般的解决方法如下。

● CPU 等待 DMA。
● DMA 在存储器空闲时访问存储器(周期挪用)。
● CPU 与 DMA 交替访问存储器(透明方式)。

4) 通道方式

通道是一个用来控制外围设备工作的专用处理机。它对外围设备实现统一管理，代替

CPU 对 I/O 操作进行控制，从而使 I/O 操作可以与 CPU 并行工作。通道是实现计算和传输并行的基础，通道的应用可以提高整个系统的效率。

通道的类型包括：选择通道、数组多路通道、字节多路通道。

通道的功能包括：接受 CPU 的指令；读取并执行通道程序；控制数据传送；读取外设的状态信息，提供给 CPU；发出中断请求。

1.2.4 指令系统简介

指令是指让计算机完成某个操作而发出的命令。一条指令对应着一种基本操作，计算机所能执行的全部指令，就是计算机的指令系统。指令系统的设计原则为：完备性、正交性、规整性、可扩充性、有效性及兼容性。

一、指令格式

1. 指令的基本格式

指令的基本格式： 操作码 | 操作数项

● 操作码：表示指令的操作性质，如加、减。

● 操作数项：是操作过程中涉及的数据来源，一般由目标数据项和源数据项两项组成，表示两个参与运算的数据。每项都可用各种寻址方式得到。根据指令中操作数项的数量，指令格式中的操作数项可分为下述几种：零操作数项、一操作数项、二操作数项、三操作数项。

2. 指令的执行方式

顺序执行：PC 寻址，即按指令的长度递增。

非顺序执行无条件转移指令：指令的操作数给出下条指令的地址。

非顺序执行条件转移指令：以条件状态(如 8086 中 N、Z、V、C、P)和指令的操作数来确定下条指令的地址。

二、寻址方式和数据类型

1. 寻址方式

隐含寻址方式：隐含地指出目标操作数，如 PUSH AX，栈指针寄存器(SP)指示的地址为目标操作数的地址。

立即数寻址方式：源操作数在指令中给出，如图 1-11 所示。例如，ADD AX, 12。

寄存器寻址方式：操作数项给出寄存器编号，如图 1-12 所示。例如，ADD AX, BX。

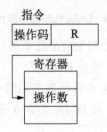

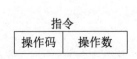

图 1-11 立即数寻址方式　　　　　图 1-12 寄存器寻址方式

直接内存寻址方式：操作数项给出内存地址编号，如图 1-13 所示。例如，ADD AX, [200]。

存储器间接寻址方式：指令操作数项指示的地址中的内容是操作数的地址，如图 1-14 所示。

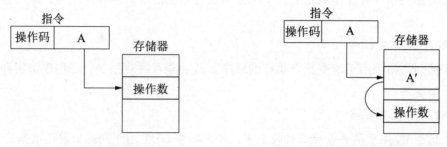

图 1-13 直接内存寻址方式　　　　图 1-14 存储器间接寻址方式

- 寄存器相对寻址方式：指令地址码部分给出的是一个偏移量，操作数地址等于本条指令的地址加上该偏移量，如图 1-15 所示。例如，MOV AX，8[R]。

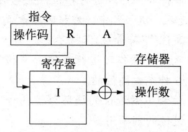

图 1-15 寄存器相对寻址方式

- 变址和基址寻址方式：操作数地址等于变址寄存器的内容加偏移量。例如，MOV AX，[BX][DI]。
- 相对变址和基址寻址方式：操作数地址等于一个基址寄存器的值和一个变址寄存器的值以及本条指令中的 8 位/16 位偏移量之和。例如：MOV AX，8[BX][DI]。

2. 数据类型

计算机指令处理的基本数据类型有以下四种。

- 地址型：无符号的整型。
- 数值型：整型(字节、字、双字)、浮点数(单精度、双精度)。
- 字符型：以字节为单位的 ASCII 码字符串。
- 逻辑型：按二进制位进行逻辑运算的数据。

三、指令的种类

1. 数据传送类指令

数据传送类指令主要有数据传送指令和数据交换指令等。其功能是将原始数据、中间结果、最终结果，以及其他各种数据在 CPU 的寄存器和存储器之间传送。

2. 算术运算类指令

CPU 能够对字节、字或双字进行算术运算，包括加法、减法、乘法、除法、求补、加

1、减 1、比较等。

3. 逻辑运算类指令

逻辑运算类指令对操作数中的各个位分别进行相应的逻辑运算,如与、或、异或、取反指令。

4. 程序控制类指令

程序控制类指令用于改变指令执行的顺序。其主要有跳转指令、子程序调用和返回指令、陷阱指令等。

5. 输入输出类指令

输入指令 IN 用于从外设端口接收数据,输出指令 OUT 用于向端口发送数据。

6. 移位操作指令

移位操作可以对操作数向左或向右移动若干位。一般分为以下三种类型。

- 算术移位:该指令对带符号操作数进行移位,左移时从最低位依次向最高位移动,最低位补 0,最高位进入"进位"中;右移时从最高位向最低位依次移动,最低位进入"进位",而最高位(即符号位)保持不变。
- 逻辑移位:该指令对无符号操作数进行移位,左移时和算术左移相同,右移时和算术右移不同,是用 0 补充最高位的。
- 循环移位:分为带进位和不带进位的循环移位两种,带进位的移位时要把进位带入移位运算中,不带进位的则不用。

7. 字符串操作类指令

字符串操作类指令的操作对象不只是单个的字节或字,而是内存中地址连续的字节串或字串。它主要包括:串传送指令、串比较指令、串搜索指令、串替换指令、串转换指令、串抽取指令等。

8. 处理机控制类指令

处理机控制类指令用于对 CPU 实现控制,例如,对 PSW 中的标志实现置位或清零指令、停机指令、开中断指令、关中断指令、空操作指令等。

9. 数据转换类指令

在功能较强的计算机中会有数据转换类指令。例如,将十进制数转换为二进制数、二进制数转换为十进制数、定点数和浮点数的相互转换等。

四、指令的执行过程

通常一条指令的执行可分为以下步骤。

(1) 按指令指针计数器(IP)中的地址从内存读得一条指令存入 CPU 中的指令寄存器。

(2) 指令寄存器的指令经译码(与时序电路配合)有序地发出步骤(3)~步骤(6)的控制信号。

(3) 计算操作数的地址。

(4) 从该地址读出操作数。

(5) 执行本指令的运算操作。

(6) 保存结果。

(7) 计算下条指令的地址并存入指针计数器(IP)，转到步骤(1)进行下条指令的执行过程。

1.2.5 多媒体系统简介

媒体是指承载信息的载体，可分为感觉媒体、表示媒体、显示媒体、存储媒体和传输媒体五种，其中表示媒体是核心。多媒体和媒体的主要区别是多媒体具有交互性，媒体不具有交互性。

多媒体技术是利用计算机技术把文本、图形、图像、声音、动画和电视等多种媒体集合成一体的技术，它具有如下主要特征。

(1) 交互性。增加了人们的参与感，为人们提供发挥创造力的环境。

(2) 多样性。主要表现在信息媒体的多样化。

(3) 集成性。主要表现在多媒体集成和操作这些媒体信息的设备和软件的集成。

(4) 实时性。指人在有感官系统允许的情况下进行多媒体处理和交互。

(5) 非线性。此特点将改变人们传统循环性的读写模式。

(6) 信息使用的方便性。用户可以按照自己的需要来使用信息。

(7) 信息结构的动态性。用户可以按照自己的目的和认知特征重新组织信息。

一、音频

1. 声音信号

声音是通过空气传播的一种连续的波，称为声波。声波在时间和幅度上都是连续的模拟信号，通常称为模拟声音(音频)信号。

1) 声音的三个指标

声音主要有音量、音调和音色三个指标。

- 音量(也称响度)：声音的强弱程度，取决于声音波形的幅度，即取决于振幅的大小和强弱。
- 音调：人对声音频率的感觉表现为音调的高低，取决于声波的基频。基频越低，给人的感觉越低沉，频率高则声音尖锐。
- 音色：人们能够分辨具有相同音高的不同乐器发出的声音，就是因为它们具有不同的音色。一个声波上的谐波越丰富，则音色越好。

2) 声音信号的带宽

对声音信号的分析表明，声音信号由许多频率不同的信号组成，通常称为复合信号，而把单一频率的信号称为分量信号。声音信号的一个重要参数就是带宽(Bandwidth)，它用来描述组成声音的信号的频率范围。PC 机处理的音频信号主要是人耳能听得到的音频信号(Audio)，它的频率范围是 20Hz～20kHz。可听声音包括如下内容。

- 话音(也称语音)：人的说话声，频率范围通常为 300Hz～3400Hz。
- 音乐：由乐器演奏形成(规范的符号化声音)，其带宽可达到 20Hz～20kHz。
- 其他声音：如风声、雨声、鸟叫声、汽车鸣笛声等，它们起着效果声或噪声的作用，其带宽范围也是 20Hz～20kHz。

3) 幅度和频率

声音信号的两个基本参数是幅度和频率。幅度是指声波的振幅，通常用动态范围来表示，一般用分贝(dB)为单位来计量。频率是指声波每秒钟变化的次数，用 Hz 表示。

2. 声音信号的数字化

声音信号的数字化即用二进制数字的编码形式来表示声音。最基本的声音信号数字化方法是采样—量化法，可以分成以下三个步骤。

1) 采样

采样是把时间连续的模拟信号转换成时间离散、幅度连续的信号。在某些特定时刻获取的声音信号幅值叫作采样，由这些特定时刻采样得到的信号称为离散时间信号。一般都是每隔相等的一小段时间采样一次，其时间间隔称为采样周期，它的倒数称为采样频率。为了不产生失真，采样频率不应低于声音信号最高频率的两倍。因此，语音信号的采样频率一般为 8kHz，音乐信号的采样频率则应在 40kHz 以上。采样频率越高，可恢复的声音信号的分量越丰富，其声音的保真度越好。

2) 量化

量化处理是把在幅度上连续取值(模拟量)的每一个样本转换为离散值(数字量)来表示，因此量化过程有时也称为 A/D 转换(模数转换)。量化后的样本是用二进制数来表示的，二进制数位数的多少反映了度量声音波形幅度的精度，称为量化精度，也称为量化分辨率。例如，每个声音样本若用 16 位(2B)表示，则声音样本的取值范围是 0～65536；精度是 1/65536；若只用 8 位(1B)表示，则样本的取值范围是 0～255，精度是 1/256。量化精度越高，声音的质量越好，需要的存储空间也越多；反之亦然。

3) 编码

为了便于计算机的存储、处理和传输，按照一定的要求对采样和量化处理后的声音信号进行数据压缩和编码，即选择某一种或者几种方法对它进行数据压缩，以减少数据量，再按照某种规定的格式将数据组织成为文件。

3. 声音的表示

计算机中的数字声音有两种不同的表示方法：一种称为波形声音(也称为自然声音)，通过对实际声音的波形信号进行数字化(采样和量化)而获得，能高保真地表示现实世界中任何客观存在的真实声音，波形声音的数据量比较大；另一种是合成声音，它使用符号(参数)对声音进行描述，然后通过合成的方法生成声音。

波形声音信息是一个用来表示声音振幅的数据序列，它是通过对模拟声音按一定间隔采样获得的幅度值，再经过量化和编码后得到的便于计算机存储和处理的数据格式。

未经压缩的数字音频数据传输率可按下式计算：

$$数据传输率(b/s)=采样频率(Hz)×量化位数(bit)×声道数$$

数据传输率以每秒比特(b/s)为单位；采样频率以 Hz 为单位；量化以比特(b)为单位。

波形声音经过数字化后所需占用的存储空间可用如下公式计算：

$$声音信号数据量=数据传输率×持续时间/8(B)$$

数字语音的数据压缩方法主要有如下三种。

①　波形编码。波形编码是一种直接对取样量化后的波形进行压缩处理的方法。其特点是通用性强,不仅适应于数字语音的压缩,还对所有使用波形表示的数字声音都有效,可获得高质量的语音,但很难达到很高的压缩比。

②　参数编码。参数编码(也称为模型编码)是一种基于声音生成模型的压缩方法,从语音波形信号中提取生成的话音参数,使用这些参数通过话音生成模型重构出话音。它的优点是能达到很高的压缩比,缺点是信号源必须已知,而且受声音生成模型的限制,质量还不理想。

③　混合编码。波形编码虽然可提供高质量的语音,但数据率比较高,很难低于16Kb/s;参数编码的数据率虽然可降低到3Kb/s甚至更低,但它的音质根本不能与波形编码相比。混合编码是上述两种方法的结合,它既能达到高的压缩比,又能保证一定的质量。

数字语音压缩编码有多种国际标准,如 G.711、G.721、G.726、G.727、G.722、G.728、G.729A、G.723.1、IS96(CDMA)等。

在国际标准 MPEG 中,先后为视频图像伴音的数字宽带声音制定了 MPEG-1 Audio、MPEG-2 Audio、MPEG-2AAC、MPEG-4 Audio 等多种数据压缩编码的标准。MPEG 处理的是 10～20 000Hz 频率范围的声音信号,数据压缩的主要依据是人耳的听觉特性,特别是人耳存在着随声音频率变化的听觉域,以及人耳的听觉掩蔽特性。

4. 声音合成

由计算机合成的声音,包括语音合成和音乐合成。

1) 语音合成

语音合成目前主要指从文本到语音的合成,也称为文语转换。语音合成从合成采用的技术讲可分为发音参数合成、声道模型参数合成和波形编辑合成,从合成策略上讲可分为频谱逼近和波形逼近。

①　发音参数合成。发音参数合成对人的发音过程进行直接模拟,它定义了唇、舌、声带的相关参数,如唇开口度、舌高度、舌位置、声带张力等。由这些发音参数估计声道截面积函数,进而计算声波。由于人发音生理过程的复杂性,理论计算与物理模拟之间的差异,合成语音的质量暂时还不理想。

②　声道模型参数合成。声道模型参数合成基于声道截面积函数或声道谐振特性合成语音,如共振峰合成器、LPC 合成器。国内外也有不少采用这种技术的语音合成系统。这类合成器的比特率低,音质适中。为改善音质,发展了混合编码技术,主要手段是改善激励,如码本激励、多脉冲激励、长时预测规则码激励等,这样,比特率有所增大,同时音质得到提高。作为压缩编码算法,参数合成广泛应用于通信系统和多媒体应用系统中。

③　波形编辑语音合成。波形编辑语音合成技术是指直接把语音波形数据库中的波形级联起来,输出连续语流。这种语音合成技术用原始语音波形替代参数,而且这些语音波形取自自然语音的词或句子,它隐含了声调、重音、发音速度的影响,合成的语音清晰自然。其质量普遍高于参数合成。

2) 音乐合成

音乐是用乐谱进行描述并由乐器演奏而成的。乐谱的基本组成单元是音符(Notes),最基本的音符有七个,所有不同音调的音符少于 128 个。

音符代表的是音乐,音乐与噪声的区别主要在于它们是否有周期性。音乐的要素有音调、音色、响度和持续时间。

- 音调指声波的基频,基频低,声音低沉;基频高,声音高昂。
- 响度即声音的强度。
- 一首乐曲中每一个乐音的持续时间是变化的,从而形成旋律。
- 音乐可以使用电子学原理合成出来(生成相应的波形),各种乐器的音色也可以进行模拟。

电子乐器由演奏控制器和音源两部分组成。

① 演奏控制器。演奏控制器是一种输入和记录实时乐曲演奏信息的设备。它的作用是像传统乐器那样用于演奏,驱动音源发声,同时它也是计算机音乐系统的输入设备。其类型有键盘、气息(呼吸)控制器、弦乐演奏器等。

② 音源。音源是具体产生声音波形的部分,即电子乐器的发声部分。它通过电子线路把演奏控制器送来的声音合成起来。最常用的音源有以下两类。

- 数字调频合成器(FM):FM 是使高频振荡波的频率按调制信号规律变化的一种调制方式。
- PCM 波形合成器(波表合成法):这种方法把真实乐器发出的声音以数字的形式记录下来,将它们放在一个波形表中,合成音乐时以查表匹配方式获取真实乐器波形。

5. MIDI

MIDI 是音乐与计算机结合的产物。MIDI(Musical Instrument Digital Interface)是乐器数字接口的缩写,泛指数字音乐的国际标准。

MIDI 消息实际上就是乐谱的数字表示。与波形声音相比,MIDI 数据不是声音而是指令,因此它的数据量要比波形声音少得多。例如,30 分钟的立体声高品质音乐,用波形文件无压缩录制,约需 300MB 的存储空间;而同样的 MIDI 数据,则只需 200KB,两者相差 1500 倍之多。另外,对 MIDI 的编辑很灵活,可以自由地改变曲调、音色等属性,波形声音就很难做到这一点。波形声音与设备无关,MIDI 数据是与设备有关的。

6. 声音文件格式

1) Wave 文件(.WAV)

WAV 是微软公司的音频文件格式,它来源于对声音模拟波形的采样。用不同的采样频率对声音的模拟波形进行采样可以得到一系列离散的采样点,以不同的量化位数(8 位或 16 位)把这些采样点的值转换成二进制数,然后存入磁盘,这就产生了声音的 WAV 文件,即波形文件。利用该格式记录的声音文件能够和原声基本一致,质量非常高,但文件数据量大。

2) Module 文件(.MOD)

MOD 格式的文件里存放乐谱和乐曲使用的各种音色样本,具有回放效果优异,音色种类无限等优点。

3) MPEG 音频文件(.MP3)

MP3 是现在最流行的声音文件格式,因其压缩率大,在网络可视电话通信方面应用广泛,但和 CD 唱片相比,音质不能令人非常满意。

4)　RealAudio 文件(.RA)

RA 格式具有强大的压缩量和较小的失真，它也是为了解决网络传输带宽资源而设计的，因此主要目标是压缩比和容错性，其次才是音质。

5)　MIDI 文件(.MID/.RMI)

MID 是目前较成熟的音乐格式，实际上已经成为一种产业标准，General MIDI 就是最常见的通行标准，文件的长度非常小。RMI 可以包括图片标记和文本。

6)　Voice 文件(.VOC)

VOC 是 Creative 公司波形音频文件格式，也是声霸卡(Sound Blaster)使用的音频文件格式。每个 VOC 文件由文件头块(Header Block)和音频数据块(Data Block)组成。文件头包含一个标识版本号和一个指向数据块起始的指针。数据块分成各种类型的子块。

7)　Sound 文件(.SND)

Sound 文件是 NeXT Computer 公司推出的数字声音文件格式，支持压缩。

8)　Audio 文件(.AU)

Audio 文件是 Sun Microsystems 公司推出的一种经过压缩的数字声音文件格式，是互联网上常用的声音文件格式。

9)　AIFF 文件(.AIF)

AIF 是 Apple 计算机的音频文件格式。利用 Windows 自带的工具可以把 AIF 格式的文件转换成 Microsoft 的 WAV 格式的文件。

10)　CMF 文件(.CMF)

CMF 是 Creative 公司的专用音乐格式，与 MIDI 差不多，在音色、效果上有些特色，专用于 FM 声卡，兼容性较差。

二、图形和图像

1. 彩色的基本概念

彩色三要素是亮度、色调和饱和度。

①　亮度。亮度是描述光作用于人眼时引起的明暗程度感觉，是指彩色明暗深浅程度。

②　色调。色调是当人眼看到一种或多种波长的光时所产生的彩色感觉，它反映颜色的种类，是决定颜色的基本特性。如红色、绿色等都是指色调。

③　饱和度。饱和度是指颜色的纯度，即掺入白光的程度，或者说是指颜色的深浅程度。对于同一色调的彩色光，饱和度越深，颜色越鲜明，或越纯。

通常把色调、饱和度称为色度，上述内容可以总结为：亮度表示某彩色光的明亮程度，而色度则表示颜色的类别与深浅程度。

1)　三基色(RGB)原理

自然界常见的各种颜色光，都可由红(R)、绿(G)、蓝(B)三种颜色按不同比例相配制而成，同样绝大多数颜色光也可以分解成红、绿、蓝三种色光，这就是色度学中最基本的三基色原理，当然三基色的选择并不是唯一的，也可以选择其他三种颜色为三基色；但是，三种颜色必须是相对独立的，即任何一种颜色都不能由其他两种颜色合成。由于人眼对红、绿、蓝三种色光最敏感，因此由这三种颜色相配所得的彩色范围也最广，所以一般都选用这三种颜色作为基色。把三种基色按不同比例相加称为相加混色，由红、绿、蓝三基色进行相加混色的情况如下：红色+绿色=黄色；红色+蓝色=品红；绿色+蓝色=青色；红色+绿色+蓝色=白色；红色+青色=绿色+品红=蓝色+黄色=白色。如果两种色光混合而成白光，则这两种色光互为补色。

2) 彩色空间

彩色空间指彩色图像所使用的颜色描述方法，也称为彩色模型。

① RGB 彩色空间。在多媒体计算机技术中，用得最多的是 RGB 彩色空间表示，因为计算机的彩色监视器的输入需要 R、G、B 三个彩色分量，通过三个分量的不同比例，在显示屏幕上可以合成所需要的任意颜色，所以不管多媒体系统中采用什么形式的彩色空间表示，最后的输出一定要转换成 RGB 彩色空间表示。

② YUV 彩色空间。三管彩色摄像机或彩色 CCD 摄像机能把摄得的彩色图像经过处理得到 RGB 三基色，再经矩阵变换亮度信号 Y、色差信号 U 和 V，最后通过发送端发送出去。这就是 YUV 彩色空间。

③ CMY 彩色空间。根据三基色原理，油墨或颜料的三基色是青(Cyan)、品红(Magenta)和黄(Yellow)，可以用此三种颜色的颜料混合成其他颜色，这就是 CMY 彩色空间。

2. 图形与图像信息的表示

(1) 矢量图形。矢量图形是用一系列计算机指令来描述和记录的一幅图的内容，即通过指令描述构成一幅图的所有直线、曲线、圆、圆弧、矩形等图元的位置、维数和形状，也可以用更为复杂的形式表示图像中的曲面、光照、材质等效果。矢量图法实质上是用数学的方式(算法和特征)来描述一幅图形图像。

编辑矢量图的软件通常称为绘图软件，如适用于绘制机械图、电路图的 AutoCAD 软件等。

(2) 位图图像。位图图像是指用像素点来描述的图。图像一般是用摄像机或扫描仪等输入设备捕捉实际场景画面，离散化为空间、亮度、颜色(灰度)的序列值，即把一幅彩色图或灰度图分成许许多多的像素(点)，每个像素用若干二进制位来指定该像素的颜色、亮度和属性。位图图像在计算机内存中由一组二进制位(bit)组成，这些位定义图像中每个像素点的颜色和亮度。屏幕上一个点称为一个像素，显示一幅图像时，屏幕上的一个像素也就对应于图像中的某一个点。根据组成图像的像素密度和表示颜色、亮度级别的数目，又可将图像分为二值图(黑白图)和彩色图两大类，彩色图还可以分为真彩色图、伪彩色图等。

3. 图像的获取

图像的获取方法主要有如下三种。

1) 利用数字图像库

可以根据需要从 CD-ROM 光盘和互联网上选择图像。

2) 利用绘图软件创建图像

可以利用系统自带的或专业的绘图软件绘制图像。特别是专业的绘图软件能够绘出比较有创意的图像。

3) 利用数字转换设备采集图像

数字转换设备获取图像的过程实质上是信号扫描和数字化的过程，它的处理步骤分为采样、量化和编码。

4. 图像的属性

图像的属性主要有分辨率、图像深度、真/伪彩色、图像的表示法和种类等。

1) 分辨率

分辨率有显示分辨率和图像分辨率两种。

① 显示分辨率。

显示分辨率是指显示屏上能够显示出的像素数目。例如，显示分辨率为 800×600(像素)表示显示屏分成 600 行(垂直分辨率)，每行(水平分辨率)显示 800 个像素，整个显示屏就含有 480000 个显像点。屏幕能够显示的像素越多，说明显示设备的分辨率越高，显示的图像质量也越高。

② 图像分辨率。图像分辨率是指组成一幅图像的像素密度，也用水平和垂直的像素表示，即用每英寸多少点(dpi)表示数字化图像的大小。不同的分辨率会造成不同的图像清晰度。

图像分辨率与显示分辨率是两个不同的概念。图像分辨率确定的是组成一幅图像的像素数目，而显示分辨率确定的是显示图像的区域大小。

2) 图像深度

图像深度是指存储每个像素所用的位数，也用于量度图像的色彩分辨率。图像深度确定彩色图像的每个像素可能有的颜色数，或者确定灰度图像的每个像素可能有的灰度级数。它决定了彩色图像中可出现的最多颜色数，或灰度图像中的最大灰度等级。如一幅图像的图像深度为 n 位，则该图像的最多颜色数或灰度级为 2^n 种。

3) 真彩色和伪彩色

真彩色(True Color)是指组成一幅彩色图像的每个像素值中，有 R、G、B 三个基色分量，每个基色分量直接决定显示设备的基色强度，这样产生的彩色称为真彩色，通常把 RGB 8：8：8 方式表示的彩色图像称为真彩色图像或全彩色图像。

为了减少彩色图形的存储空间，在生成图像时，对图像中不同的色彩进行采样，产生包含各种颜色的颜色表，即彩色查找表。图像中每个像素的颜色不是由三个基色分量的数值直接表达，而是把像素值作为地址索引，以便在彩色查找表中查找这个像素实际的 R、G、B 分量，人们将图像的这种颜色表达方式称为伪彩色。

> **注意：** 伪彩色图像的数据除了保存代表像素颜色的索引数据外，还要保存一个彩色查找表(调色板)。彩色查找表可以是一个预先定义的表，也可以是对图像进行优化后产生的色彩表。常用的 256 色的彩色图像使用了 8 位的索引，即每个像素占用一个字节。

5. 图形图像转换

图形和图像之间在一定的条件下可以转换，如采用光栅化(点阵化)技术可以将图形转换成图像；采用图形跟踪技术可以将图像转换成图形。一般可以通过硬件(输入输出设备)或软件实现图形和图像之间的转换。

1) 图形和图像的硬件转换

如果用绘图软件制作好了一张图，可以用绘图仪或打印机将其输出，如果用打印机必须先将图像转换为打印机的扫描线，这个过程就是图形转换为图像的过程。

2) 图形和图像的软件转换

图形和图像都是以文件形式存放在计算机存储器中的,可以通过应用软件实现文件格式之间的转换,达到图形和图像之间的转换。CorelDRAW 软件是较好的格式转换软件,它几乎提供所有常用图形图像文件格式之间的转化。

6. 图像的压缩编码

图像占有一定的数据量,其计算公式如下:

$$图像数据量=图像的总像素×图像深度/8(B)$$

其中图像的总像素为图像的水平方向像素数乘以垂直方向像素数。

例如,一幅 640×480(像素)的 256 色图像,其文件大小约为:640×480×8/8 ≈300KB,可见,数字图像的数据量也很大,需要很大的存储空间存储数据图像,在使用中需要压缩。数据压缩可分成两类:一类是无损压缩;另一类是有损压缩。无损压缩利用数据的统计冗余进行压缩,可以保证在数据压缩和还原过程中,图像信息没有损耗或失真,图像还原(解压缩)时,可完全恢复,即重建后的图像与原始图像完全相同。在多媒体应用中常用的编码有行程长度编码(RLC)、增量调制编码(DM)、霍夫曼(Huffman)编码、LZW 编码等。

7. 图像数据压缩编码的国际标准

有关图像压缩编码的国际标准主要有 JPEG 标准、JPEG 2000 标准、MPEG-1 标准、MPEG-2/H.262 标准、MPEG-4 标准、H.261、H.263。

8. 图形图像文件格式

以下通过图形文件的特征后缀名来逐一介绍图形文件格式。

1) BMP

BMP(Bitmap Picture)是 PC 机上最常见的位图格式,有压缩和不压缩两种形式,它的诞生得益于 Windows、OS/2 操作系统。BMP 格式是 Windows 中附件内的绘画小应用程序的默认图形格式,一般 PC 图形(图像)软件都能对其进行访问。BMP 格式存储的文件容量较大。该格式可表现 2~24 位的色彩,分辨率也可为 480 像素×320 像素~1024 像素×768 像素。该格式在 Windows 环境下相当稳定,所以在对文件大小没有限制的场合中运用最为广泛。

2) DIB

DIB(Device Independent Bitmap)描述图像的能力基本与 BMP 相同,并且能运行于多种硬件平台,只是文件较大。

3) PCX

PCX(PC paintbrush)是由 ZSoft 公司创建的一种经过压缩且节约磁盘空间的 PC 位图格式,最高可表现 24 位图形(图像)。

4) DIF

DIF(Drawing Interchange Format)是 AutoCAD 中的图形文件,它以 ASCII 方式储存图形,表现图形在尺寸大小方面十分精确,可以被 CorelDRAW、3DS 等软件调用编辑。

5) WMF

WMF(Windows Meta Fileformat)是 Microsoft Windows 图元文件,具有文件短小、图案造型化的特点,整个图形内容常由各独立组成部分拼接而成。但该类图形比较粗糙,并只能在 Microsoft Office 中调用编辑。

6)　GIF

GIF(Graphics Interchange Format)是在各种平台的各种图形处理软件上均可处理的经过压缩的图形格式。它是可以在 Macintosh、Amiga、Atati、IBM 机器间进行移植的标准位图格式。该格式由 Compuserver 公司创建,存储色彩最高只能达到 256 种。由于存在这种限制,除了二维图形软件 AnimatorPro 和 Web 网页还在使用它外,其他场合已很少使用了。

7)　JPEG

JPEG(Joint Photographics Expert Group)格式可以大幅度地压缩图形文件。同样一幅画面,用 JPEG 格式储存的文件是其他类型图形文件的 1/10～1/20,一般文件大小只有几十KB 或一二百 KB,而色彩数最高可达到 24 位,所以它被广泛运用于 Internet 上,以节约网络传输资源。同样,为了在一张光盘上储存更多的图形(图像),CD 出版商也多采用 JPEG 格式。JPEG 文件之所以较小,是以损失图像质量为代价的。不过,因为 JPEG 的压缩算法比较合理,它对图形(图像)的损失影响并非很大。即便在 Internet 上 VRML 三维图形(图像)技术日益成熟的今天,在表达二维图像方面,JPEG 仍有强大的生命力。

8)　TIFF

TIFF(Tagged Image File Format)文件体积庞大,但储存信息量也巨大,细微层次的信息较多,有利于原稿色彩的复制。该格式有压缩和非压缩两种形式。Macintosh 机和 PC 均支持该格式,在这两种硬件平台上移植 TIFF 图形(图像)十分便捷。该格式最高支持的色彩数可达 16 位。

9)　EPS

EPS(Encapsulated PostScript)是用 PostScript 语言描述的 ASCII 图形文件,在 PostScript 图形打印机上能打印出高品质的图形(图像),最高能表示 32 位图形(图像)。该格式分为 Photoshop EPS 格式和标准 EPS 格式,其中标准 EPS 格式又可分为图形格式和图像格式。在 Photoshop 中只能打开图像格式的 EPS 文件。EPS 格式在 Macintosh 机和 PC 上均常用。

10)　PSD

PSD(Photoshop Standard)是 Photoshop 中的标准文件格式,是 Photoshop 的专用格式。

11)　CDR

CDR (Corel Draw)是 CorelDRAW 的文件格式。另外,CDX 是所有 CorelDRAW 应用程序均能使用的图形(图像)文件,是发展成熟的 CDR 文件。

12)　TGA

TGA(Targe Image Format)是 Truevision 公司为其显卡开发的图形文件格式,创建时期较早,最高色彩数可达 32 位。VDA、PIX、WIN、BPX、ICB 等均属其旁系。

另外,Macintosh 机专用的图形(图像)格式还有 PNT、PICT、PICT2 等。

三、动画和视频

1. 动画的基本概念

动画是将静态的图像、图形及图画等按一定的时间顺序显示出来的,从而形成连续的动态画面。动画的本质是运动。根据运动的控制方式可将计算机动画分为实时动画和矢量动画两种。根据视觉空间的不同,计算机动画又有二维动画和三维动画之分。

1)　实时动画

实时动画采用各种算法来实现运动物体的运动控制。采用的算法有运动学算法、动力学算法、反向运动学算法、反向动力学算法、随机运动算法等。

2)　矢量动画

矢量动画是由矢量图衍生出的动画形式。矢量图利用数学函数来记录和表示图形线条、颜色、尺寸、坐标等属性，矢量动画通过各种算法实现各种动画效果，如位移、变形、变色等。也就是说，矢量动画是通过计算机的处理，使矢量图产生运动效果而形成的动画。矢量动画采用实时绘制的方式显示一幅矢量图，当图形放大或缩小时，都保持光滑的线条，不会影响质量，也不会改变文件的容量。

3)　二维动画

二维动画不仅具有模拟传统动画制作的功能，还可以发挥计算机所特有的功能，如生成的图像可以复制、粘贴、翻转、放大缩小、任意移位以及自动计算等。

4)　三维动画

三维动画中的景物有正面、侧面和反面，调整三维空间的视点，能看到不同的内容，它与二维动画的区别主要在于采用不同的方法获得动画中景物的运动效果。

2．模拟视频

模拟视频(Analog Video)是一种传输图像和声音的连续的变动电信号。电视传播的信号是模拟信号。电视信号记录的是连续的图像或视像以及伴音(声音)信号。电视信号通过光栅扫描的方法显示在荧光屏(屏幕)上，扫描从荧光屏的顶部开始，一行一行地向下扫描，直至荧光屏的最底部，然后返回到顶部，重新开始扫描。这个过程产生的一个有序的图像信号的集合，组成了电视图像中的一幅图像，称为一帧，连续不断的图像序列就形成了动态视频图像。水平扫描线所能分辨出的点数称为水平分辨率，一帧中垂直扫描的行数称为垂直分辨率。一般来说，点越小，线越细，分辨率越高。每秒钟所扫描的帧数称作帧频，一般在每秒 25 帧时人眼就不会感觉到闪烁。彩色电视系统采用相加混色，使用 RGB 作为三基色进行配色，产生 R、G、B 三个输出信号。RGB 信号可以分别传输，也可以组合起来传输。根据亮色度原理，任何彩色信号都可以分解为亮度和色度。

世界上现行的彩色电视制式主要有 NTSC 制、PAL 制和 SECAM 制三种。美国、加拿大、日本、韩国、中国台湾、菲律宾等国家和地区采用 NTSC 制式；中国、德国、英国、中国香港、新西兰等国家和地区采用 PAL 制式；法国、东欧、中东一带采用 SECAM 制式。

3．数字视频

视频与动画一样，是由一幅幅帧序列组成的，这些帧以一定的速率播放，使观看者得到连续运动的感觉。数字视频(Digital Video，DV)是定义压缩图像和声音数据记录及回放过程的标准。

1)　数字视频标准

为了在 PAL、NTSC 和 SECAM 电视制式之间确定共同的数字化参数，国家无线电咨询委员会(CCIR)制定了广播级质量的数字电视编码标准，称为 CCIR 601 标准。

2)　视频压缩编码

在视频压缩中常用到以下的一些基本概念。

①　有损和无损压缩。在视频压缩中有损(Lossy)和无损(Lossless)的概念与静态图像中基本类似。无损压缩，即压缩前和解压缩后的数据完全一致。

②　帧内和帧间压缩。帧内压缩也称为空间压缩，由于帧内压缩时各帧之间没有相互关系，所以压缩后的视频数据仍可以以帧为单位进行编码，但帧内压缩一般压缩率不高。帧间压缩也称为时间压缩，帧差值算法是一种典型的时间压缩法，通过比较邻帧之间的差异，仅记录差值，这样可以大大减少数据量。

③　对称和不对称编码。对称性(Symmetric)是压缩编码的一个关键特征。对称意味着压缩和解压缩占用相同的计算处理能力和时间，对称算法适合于实时压缩和传送视频，例如，视频会议应用就以采用对称的压缩编码算法为好。而在电子出版和其他多媒体应用中，一般是把视频预先压缩处理好，而后再播放，因此可以采用不对称(Asymmetric)编码。不对称或非对称意味着压缩时需要花费大量的处理能力和时间，而解压缩时则能较好地实时回放，即以不同的速度进行压缩和解压缩。一般来说，压缩一段视频的时间比回放(解压缩)该视频的时间要多得多。例如，压缩一段 3 分钟的视频片段可能需要 10 多分钟的时间，而该片段实时回放时间只有 3 分钟。

目前有多种视频压缩编码方法，但其中最有代表性的是 MPEG 数字视频格式和 AVI 数字视频格式。

4．视频文件格式

1)　Quicktime

Quick Time 是 Apple 公司开发的一种音频、视频文件格式，用于保存音频和视频信息，具有先进的视频和音频功能，提供跨平台支持。Quick Time 支持 RLE、JPEG 等数据压缩技术。目前的 Quick Time 进一步扩展了原有功能，能够通过 Internet 提供实时的数字化信息流、工作流与文件回放功能。此外，Quick Time 还采用了 Quick Time VR(QTVR)技术的虚拟现实技术。Quick Time 以其领先的多媒体技术和跨平台特性、较小的存储空间要求、技术细节的独立性以及系统的高度开放性，得到广泛的认可和应用。

2)　AVI

微软公司的音频视频交错(AVI)也是一种桌面系统上的低成本、低分辨率的视频格式，类似于 QuickTime，只不过 QuickTime 是操作系统的一部分，而 AVI 则设计为与系统分离的分层模块。

3)　MPEG

采用国际标准 MPEG 对音视频数据进行压缩和组织的文件，能支持多种分辨率、多种帧速率的视频图像编码，MPEG 的平均压缩比为 50∶1，最高可达 200∶1，压缩效率非常高，同时图像和音响的质量也非常好，并且在 PC 机上有统一的标准格式，兼容性相当好。

4)　RM

RM 是 Real Networks 公司的一种视频流媒体格式，采用 Real Networks 公司所制定的音频视频压缩规范。

5)　ASF

ASF 是微软公司开发的一种视频流媒体文件格式。它的视频部分采用了 MPEG-4 压缩算法，音频部分采用了压缩格式 WMA；它是一个开放标准，能依靠多种协议在多种网络环境下支持数据的传送；其内容既可以是普通文件，又可以是一个由编码设备实时生成的连续的数据流,所以 ASF 既可以传送人们事先录制好的节目,又可以传送实时产生的节目。ASF 最适合于通过网络发送多媒体流,也同样适合在本地播放。

6) GIF 文件

GIF(Graphics Interchange Format)是 CompuServe 公司推出的一种高压缩比的彩色图像文件。GIF 格式采用无损压缩方法中效率较高的 LZW 算法,主要用于图像文件的网络传输。考虑到网络传输的实际情况,GIF 图像格式除了一般的逐行显示方式之外,还增加了渐显方式,也就是说,在图像传输过程中,用户可以先看到图像的大致轮廓,然后随着传输过程的继续而逐渐看清图像的细节部分,从而适应了用户的观赏心理。目前因特网上大量采用的彩色动画文件多为这种 GIF 格式。

7) Flic 文件

Flic(FLI/FLC)是 Autodesk 公司在其出品的 Autodesk Animator/Animator Pro/3D Studio 等 2D/3D 动画制作软件中采用的彩色动画文件格式。Flic 文件采用行程编码(RLE)算法和 Delta 算法进行无损数据压缩,具有较高的数据压缩率。

1.3 真题详解 ■■■

综合知识试题

试题 1 (2017 年下半年试题 6)

CPU 设置了多个寄存器,其中___(6)___用于保存待执行指令的地址。

(6) A. 通用寄存器   B. 程序计数器   C. 指令寄存器   D. 地址寄存器

参考答案: (6) B

要点解析: 寄存器是 CPU 中的一个重要组成部分,它是 CPU 内部的临时存储单元。寄存器既可以用来存放数据和地址,也可以存放控制信息或 CPU 工作时的状态。

累加器在运算过程中暂时存放操作数和中间运算结果,不能用于长时间保存数据。标志寄存器也称为状态字寄存器,用于记录运算中产生的标志信息。指令寄存器用于存放正在执行的指令,指令从内存取出后送入指令寄存器。数据寄存器用来暂时存放由内存储器读出的一条指令或一个数据字;反之,当向内存写入一个数据字时,也暂时将它们存放在数据缓冲寄存器中。

程序计数器的作用是存储待执行指令的地址,实现程序执行时指令执行的顺序控制。

试题 2 (2017 年下半年试题 7)

在计算机系统中常用的输入/输出控制方式有无条件传送、中断、程序查询和 DMA 等。其中,采用___(7)___方式时,不需要 CPU 控制数据的传输过程。

(7) A. 中断   B. 程序查询   C. DMA   D. 无条件传送

参考答案: (7) C

要点解析: 无条件传送:在此情况下,外设总是准备好的,它可以无条件地随时接收 CPU 发来的输出数据,也能够无条件地随时向 CPU 提供需要输入的数据。

程序查询方式：在这种方式下，利用查询方式进行输入输出，就是通过 CPU 执行程序查询外设的状态，判断外设是否准备好接收数据或准备好了向 CPU 输入的数据。

中断方式：由程序控制 I/O 的方法，其主要缺点在于 CPU 必须等待 I/O 系统完成数据传输任务，在此期间 CPU 需要定期地查询 I/O 系统的状态，以确认传输是否完成。因此整个系统的性能严重下降。

直接主存存取(Direct Memory Access，DMA)是指数据在主存与 I/O 设备间的直接成块传送，即在主存与 I/O 设备间传送数据块的过程中，不需要 CPU 作任何干涉，只需在过程开始启动(即向设备发出，传送一块数据的命令)与过程结束(CPU 通过轮询或中断得知过程是否结束和下次操作是否准备就绪)时由 CPU 进行处理，实际操作由 DMA 硬件直接完成，CPU 在传送过程中可做别的事情。

试题 3　(2017 年下半年试题 8)

以下存储器中，需要周期性刷新的是　__(8)__ 。

(8)　A. DRAM　　　　B. SRAM　　　　C. FLASH　　　　D. EEPROM

参考答案：(8) A

要点解析：RAM(随机存储器)：既可以写入也可以读出，断电后信息无法保存，只能用于暂存数据。RAM 又可以分为 SRAM 和 DRAM 两种。

SRAM：不断电情况下信息一直保持而不丢失。

DRAM：信息会随时间逐渐消失，需要定时对其进行刷新以维持信息不丢失。

试题 4　(2017 年下半年试题 9)

CPU 是一块超大规模集成电路，其主要部件有　__(9)__ 。

(9)　A. 运算器、控制器和系统总线　　　B. 运算器、寄存器组和内存储器

　　　C. 控制器、存储器和寄存器组　　　D. 运算器、控制器和寄存器组

参考答案：(9) D

要点解析：CPU 主要由运算器、控制器、寄存器组和内部总线等部件组成。

试题 5　(2017 年下半年试题 10)

显示器的　__(10)__ ，显示的图像越清晰，质量也越高。

(10)　A. 刷新频率越高　　　　　　　B. 分辨率越高

　　　 C. 对比度越大　　　　　　　　D. 亮度越低

参考答案：(10) B

要点解析：本题考查计算机性能方面的基础知识。

显示分辨率是指显示屏上能够显示出的像素数目。例如，显示分辨率为 1024×768 表示显示屏分成 768 行(垂直分辨率)，每行(水平分辨率)显示 1024 个像素，整个显示屏就含有 786432 个显像点。屏幕能够显示的像素越多，说明显示设备的分辨率越高，显示的图像越清晰，质量也越高。

试题 6　(2017 年下半年试题 11)

在字长为 16 位、32 位、64 位或 128 位的计算机中，字长为　__(11)__ 的计算机数据运算精度最高。

(11) A. 16　　　　　　B. 32　　　　　　C. 64　　　　　　D. 128

参考答案: (11) D

要点解析: 本题考查考生计算机性能方面的基础知识。

字长是计算机运算部件一次能同时处理的二进制数据的位数,字长越长,数据的运算精度也就越高,计算机的处理能力就越强。

试题7 (2017年下半年试题19)

将二进制序列 1011011 表示为十六进制,为___(19)___。

(19) A. B3　　　　　　B. 5B　　　　　　C. BB　　　　　　D. 3B

参考答案: (19) B

要点解析: 101,1011 每四位转化为一位十六进制,转化后为5B。

试题8 (2017年下半年试题21)

采用模2除法进行校验码计算的是___(21)___。

(21) A. CRC 码　　　B. ASCII 码　　　C. BCD 码　　　D. 海明码

参考答案: (21) A

要点解析: CRC 表示循环冗余检验码。模2除法与算术除法类似,但每一位除的结果不影响其他位,即不向上一位借位,所以实际上就是异或。在循环冗余校验码(CRC)的计算中有应用到模2除法。

试题9 (2017年下半年试题22)

以下关于海明码的叙述中,正确的是___(22)___。

(22) A. 校验位随机分布在数据位中
B. 所有数据位之后紧跟所有校验位
C. 所有校验位之后紧跟所有数据位
D. 每个数据位由确定位置关系的校验位来校验

参考答案: (22) D

要点解析: 海明码通过在传输码列中加入冗余位(也称纠错位)可以实现前向纠错。但这种方法比简单重传协议的成本要高。海明码利用奇偶块机制降低了前向纠错的成本。其位置关系存在一个规律,即 $2^P \geq P+D+1$,其中 P 代表海明码的个数,D 代表数据位的个数。

试题10 (2017年上半年试题6)

以下关于 CPU 的叙述中,正确的是___(6)___。

(6) A. CPU 中的运算单元、控制单元和寄存器组通过系统总线连接起来
B. 在 CPU 中,获取指令并进行分析是控制单元的任务
C. 执行并行计算任务的 CPU 必须是多核的
D. 单核 CPU 不支持多任务操作系统而多核 CPU 支持

参考答案: (6) B

要点解析: 本题考查中央处理器的知识。

试题11 (2017年上半年试题7)

计算机系统采用　(7)　技术执行程序指令时，多条指令执行过程的不同阶段可以同时进行处理。

(7) A. 流水线 　　　 B. 云计算 　　　 C. 大数据 　　　 D. 面向对象

参考答案：(7) A

要点解析：流水线(Pipeline)技术是指在程序执行时多条指令重叠进行操作的一种准并行处理实现技术。

试题12 (2017年上半年试题8)

总线的带宽是指　(8)　。

(8) A. 用来传送数据、地址和控制信号的信号线总数

　　 B. 总线能同时传送的二进制位数

　　 C. 单位时间内通过总线传输的数据总量

　　 D. 总线中信号线的种类

参考答案：(8) C

要点解析：总线带宽是指单位时间内过总线传输的数据总量。

试题13 (2017年上半年试题9)

以下关于计算机系统中高速缓存(Cache)的说法中，正确的是　(9)　。

(9) A. Cache 的容量通常大于主存的存储容量

　　 B. 通常由程序员设置 Cache 的内容和访问速度

　　 C. Cache 的内容是主存内容的副本

　　 D. 多级 Cache 仅在多核 CPU 中使用

参考答案：(9) C

要点解析：高速缓冲存储器是存在于主存与 CPU 之间的一级存储器，由静态存储芯片(SRAM)组成，容量比较小但速度比主存高得多，接近于 CPU 的速度。Cache 通常保存着一份内存储器中部分内容的副本(拷贝)，该内容副本是最近曾被 CPU 使用过的数据和程序代码。

试题14 (2017年上半年试题10)

　(10)　是计算机进行运算和数据处理的基本信息单位。

(10) A. 字长 　　　 B. 主频 　　　 C. 存储速度 　　　 D. 存取容量

参考答案：(10) A

要点解析：计算机中最基本的单位是字长。

试题15 (2017年下半年试题11)

通常，用于大量数据处理为主的计算机对　(11)　要求较高。

(11) A. 主机的运算速度、显示器的分辨率和 I/O 设备的速度

　　 B. 显示器的分辨率、外存储器的读写速度和 I/O 设备的速度

　　 C. 显示器的分辨率、内存的存取速度和外存储器的读写速度

　　 D. 主机的内存容量、内存的存取速度和外存储器的读写速度

参考答案：(11) D

要点解析：显示器的分辨率主要是针对图像的清晰程度，与数据处理的效率无关。

试题 16 (2017 年下半年试题 20)

已知某字符的 ASCII 码值用十进制表示为 69，若用二进制形式表示并将最高位设置为偶校验位，则为 (20) 。

(20) A. 1100 0101　　　　B. 0100 0101　　　　C. 1100 0110　　　　D. 0110 0101

参考答案：(20) A

要点解析：69=64+4+1，表示为 1000101。偶校验是指数据编码(包括校验位)中"1"的个数应该是偶数。因此，若除去校验位，编码中"1"的个数是奇数时，校验位应设置为 1；否则，校验位应设置为 0。本题"1000101"中有三个"1"，所以最高位增加一个偶校验位后为"11000101"。

试题 17 (2013 年上半年试题 21~22)

设机器字长为 8，对于二进制编码 10101100，如果它是某整数 x 的补码表示，则 x 的真值为___(21)___，若它是某无符号整数 y 的机器码，则 y 的真值为___(22)___。

(21) A. 84　　　　B. -84　　　　C. 172　　　　D. -172

(22) A. 52　　　　B. 84　　　　C. 172　　　　D. 204

参考答案：(21) B　(22) C

要点解析：反码为：10101011，原码为：11010100。则转化为十进制为-84。

10101100 化为无符号整数为：128+32+8+4=172。

试题 18 (2016 年上半年试题 6)

CPU 是一块超大规模的集成电路，主要包含___(6)___等部件。

(6) A. 运算器、控制器和系统总线

　　B. 运算器、寄存器组和内存储器

　　C. 运算器、控制器和寄存器组

　　D. 控制器、指令译码器和寄存器组

参考答案：(6) C

要点解析：CPU 是计算机工作的核心部件，用于控制并协调各个部件。CPU 主要由运算器(ALU)、控制器(Control Unit，CU)、寄存器组和内部总线组成。

试题 19 (2016 年上半年试题 7)

按照___(7)___，可将计算机分为 RISC(精简指令集计算机)和 CISC(复杂指令集计算机)。

(7) A. 规模和处理能力　　　　　　　　　B. 是否通用

　　C. CPU 的指令系统架构　　　　　　　D. 数据和指令的表示方式

参考答案：(7) C

要点解析：按照 CPU 的指令系统架构，计算机分为复杂指令系统计算机(Complex Instruction Set Computer，CISC)和精简指令系统计算机(Reduced Instruction Set Computer，RISC)。

CISC 的指令系统比较丰富，其 CPU 包含有丰富的电路单元，功能强、占用面积多、功耗大，有专用指令来完成特定的功能，对存储器的操作较多。因此，处理特殊任务效率较高。RISC 设计者把主要精力放在那些经常使用的指令上，尽量使它们具有简单高效的特点，并尽量减少存储器操作，其 CPU 包含有较少的单元电路，因而面积小、功耗低。对于常用的功能，常通过组合指令来完成。因此，在 RISC 机器上实现特殊功能时，效率可能较低，但可以利用流水技术和超标量技术加以改进和弥补。

试题20 (2015年下半年试题15)

通常所说的"媒体"有两重含义，一是指__(15)__等存储信息的实体；二是指图像、声音等表达与传递信息的载体。

(15) A. 文字、图形、磁带、半导体存储器

　　 B. 磁盘、光盘、磁带、半导体存储器

　　 C. 声卡、U 盘、磁带、半导体存储器

　　 D. 视频卡、磁带、光盘、半导体存储器

参考答案： (15) B

要点解析： 本题考查的是多媒体的基本概念。

媒体有两层含义，一是承载信息的物体，即存储信息的实体，如手册、磁盘、光盘、磁带；二是指储存、呈现、处理、传递信息的实体，如文字、声音、图像、动画、视频等。

试题21 (2013年上半年试题13)

将声音信号数字化时，__(13)__不会影响数字音频数据量。

(13) A. 采样率　　　　B. 量化精度　　　　C. 波形编码　　　　D. 音量放大倍数

参考答案： (13) D

要点解析： 本题考查的是影响数字音频质量的技术参数。

采样率是指一秒钟时间内采样的次数。量化精度是描述每个采样点样值的二进制位数。波形编码是利用采样和量化过程来表示音频信号的波形，使编码后的音频信号与原始信号波形尽可能匹配。这三个参数都会改变数字音频的数据量。只有音量放大倍数不会改变数字音频数据量。所以答案选 D。

试题22 (2013年上半年试题10、11)

显示器的性能指标主要包括__(10)__和刷新频率。若显示器的__(11)__，则图像显示越清晰。

(10) A. 重量　　　　　　B. 分辨率　　　　　C. 体积　　　　　　D. 采样速度

(11) A. 采样频率越高　　　　　　　　B. 体积越大

　　 C. 分辨率越高　　　　　　　　　D. 重量越重

参考答案： (10) B　 (11) C

要点解析： 本题考查的是计算机显示器的性能指标。

计算机显示器的主要性能指标有：响应时间，可视角度，点距，分辨率，刷新率，亮度，对比度等。其中显示器的分辨率影响着画面的清晰程度，分辨率越高，画面越清晰，颗粒感越小。

1.4 强化训练

1.4.1 综合知识试题

试题 1

微机系统中的系统总线(如 PCI)用来连接各功能部件以构成一个完整的系统,它需包括三种不同功能的总线,即 __(1)__ 。

(1) A. 数据总线、地址总线和控制总线

B. 同步总线、异步总线和通信总线

C. 内部总线、外部总线和片内总线

D. 并行总线、串行总线和 USB 总线

试题 2

以下关于 SRAM(静态随机存储器)和 DRAM(动态随机存储器)的说法中,正确的是 __(2)__ 。

(2) A. SRAM 的内容是不变的,DRAM 的内容是动态变化的

B. DRAM 断电时内容会丢失,SRAM 的内容断电后仍能保持记忆

C. SRAM 的内容是只读的,DRAM 的内容是可读可写的

D. SRAM 和 DRAM 都是可读可写的,但 DRAM 的内容需要定期刷新

试题 3

若显示器的 __(3)__ 越高,则屏幕上图像的闪烁感越小,图像越稳定,视觉效果越好。

(3) A. 分辨率　　　　B. 刷新频率　　　C. 色深　　　　D. 显存容量

试题 4

通常,以科学计算为主的计算机,对 __(4)__ 要求较高。

(4) A. 外存储器的读写速度　　　　　　B. I/O 设备的速度

C. 显示分辨率　　　　　　　　　　D. 主机的运算速度

试题 5

设机器字长为 8,则-0 的 __(5)__ 表示为 11111111。

(5) A. 反码　　　　B. 补码　　　　C. 原码　　　　D. 移码

试题 6

设有一个 64K×32 位的存储器(每个存储单元为 32 位),其存储单元的地址宽度为 __(6)__ 。

(6) A. 15　　　　B. 16　　　　C. 30　　　　D. 32

试题 7

计算机刚加电时, __(7)__ 的内容不是随机的。

(7) A. E²PROM　　　B. RAM　　　C. 通用寄存器　　D. 数据寄存器

试题 8

在指令中，操作数地址在某寄存器中的寻址方式称为__(8)__寻址。

(8) A. 直接　　　　B. 变址　　　　C. 寄存器　　　D. 寄存器间接

试题 9

采用虚拟存储器的目的是__(9)__。

(9) A. 提高主存的存取速度　　　　　B. 提高外存的存取速度
　　 C. 扩大用户的地址空间　　　　　D. 扩大外存的存储空间

试题 10

以下关于 SSD 固态硬盘和普通 HDD 硬盘的叙述中，错误的是__(10)__。

(10) A. SSD 固态硬盘中没有机械马达和风扇，工作时无噪音和振动
　　　 B. SSD 固态硬盘中不使用磁头，比普通 HDD 硬盘的访问速度快
　　　 C. SSD 固态硬盘不会发生机械故障，普通 HDD 硬盘则可能发生机械故障
　　　 D. SSD 固态硬盘目前的容量比普通 HDD 硬盘的容量大得多且价格更低

试题 11

计算机系统的工作效率通常用__(11)__来度量；计算机系统的可靠性通常用__(12)__来评价。

(11) A. 平均无故障时间(MTBF)和吞吐量
　　　 B. 平均修复时间(MTTR)和故障率
　　　 C. 平均响应时间、吞吐量和作业周转时间
　　　 D. 平均无故障时间(MTBF)和平均修复时间(MTTR)
(12) A. 平均响应时间　　　　　　B. 平均无故障时间(MTBF)
　　　 C. 平均修复时间(MTTR)　　　D. 数据处理速率

试题 12

表示定点数时，若要求数值 0 在机器中唯一地表示为全 0，应采用__(13)__。

(13) A. 原码　　　　B. 补码　　　　C. 反码　　　　D. 移码

试题 13

已知 x = -31/64，若采用 8 位定点机器码表示，则[x]原=__(14)__，[x]补=__(15)__。

(14) A. 01001100　　B. 10111110　　C. 11000010　　D. 01000010
(15) A. 01001100　　B. 10111110　　C. 11000010　　D. 01000010

试题 14

音频信息数字化的过程不包括__(16)__。

(16) A. 采样　　　　B. 量化　　　　C. 编码　　　　D. 调频

试题 15

多媒体技术中，图形格式一般有两类，即__(17)__和__(18)__。多媒体中的视频信息是

指 (19) 。

(17) A. 灰度 　　　 B. 位图 　　　 C. 函数 　　　 D. 高分辨率

(18) A. 彩色 　　　 B. 场 　　　 C. 矢量 　　　 D. 低分辨率

(19) A. 屏幕图像刷新频率 　　　 B. 图像输入频率

　　　 C. 动态图像 　　　 D. 静止图片

试题 16

在计算机图像处理时,图像的空间分辨率是指 (20) 。

(20) A. 灰度 　　　 B. 点阵大小 　　　 C. 反差 　　　 D. 亮度

1.4.2　综合知识试题参考答案

【试题 1】答案: (1) A

解析: 系统总线(System Bus)是微机系统中最重要的总线,对整个计算机系统的性能有重要影响。一般情况下,CPU 通过系统总线对存储器的内容进行读写,同样通过系统总线实现将 CPU 内数据写入外设,或由外设将数据读入 CPU。按照传递信息的功能来分,系统总线分为数据总线、地址总线和控制总线。

【试题 2】答案: (2) D

解析: 静态存储单元(SRAM)由触发器存储数据,其优点是速度快、使用简单、不需刷新、静态功耗极低,常用作高速缓存(Cache)。其缺点是元件数多、集成度低、运行功耗大。动态存储单元(DRAM)需要不停地刷新电路,否则内部的数据将会消失。刷新是周期性地给栅极电容补充电荷的操作。DRAM 的优点是集成度高、功耗低,价格也低。

【试题 3】答案: (3) B

解析: 刷新频率是指图像在显示器上更新的速度,也就是图像每秒在屏幕上出现的帧数,单位为"Hz"。刷新频率越高,屏幕上图像的闪烁感就越小,图像越稳定,视觉效果也越好。

【试题 4】答案: (4) D

解析: 计算机的用途不同,对其不同部件的性能指标要求也有所不同。用作科学计算为主的计算机,其对主机的运算速度要求很高;用作大型数据库处理为主的计算机,其对主机的内存容量、存取速度和外存储器的读写速度要求较高;对于用作网络传输的计算机,则要求有很高的 I/O 速度,因此应当有高速的 I/O 总线和相应的 I/O 接口。

【试题 5】答案: (5) A

解析: 数值 X 的原码记为[X]$_原$,如果机器字长为 n(即采用 n 个二进制位表示数据),则最高位是符号位,0 表示正号,1 表示负号,其余的 n-1 位表示数值的绝对值。n=8 时,数 [+0]$_原$=00000000,[-0]$_原$=10000000。

正数的反码与原码相同,负数的反码则是其绝对值按位求反。n=8 时,[+0]$_反$=00000000,[-0]$_反$=11111111。

正数的补码与其原码和反码相同,负数的补码则等于其反码在末尾加 1。在补码表示中,0 有唯一的编码:[+0]$_补$=00000000,[-0]$_补$=00000000。

【试题6】答案：(6) B

解析： 64K×32 位的存储器(每个存储单元含 32 位)有 64K 个存储单元，即 2^{16} 个存储单元，地址编号的位数为 16。

【试题7】答案：(7) A

解析： E^2PROM 是电可擦除可编程只读存储器的简称，其内容需提前设置好，可通过高于普通电压的作用来擦除和重编程(重写)。

E^2PROM 一般用于即插即用(Plug & Play)设备，也常用在接口卡中，用来存放硬件设置数据，以及用在防止软件非法拷贝的"硬件锁"上面。

RAM(随机存储器)是与 CPU 直接交换数据的内部存储器，也是主存(内存)的主要部分。在工作状态下 RAM 可以随时读写，而且速度很快，计算机刚加电时，其内容是随机的。

通用寄存器是 CPU 中的寄存器，一般用于传送和暂存数据，也可参与算术逻辑运算，并保存运算结果。

数据寄存器是通用寄存器的一种，或者是作为 CPU 与内存之间的接口，用于暂存数据。

【试题8】答案：(8) D

解析： 指令是指挥计算机完成各种操作的基本命令。一般来说，一条指令需包括两个基本组成部分：操作码和地址码。操作码说明指令的功能及操作性质。地址码用来指出指令的操作对象，它指出操作数或操作数的地址及指令执行结果的地址。

寻址方式就是如何对指令中的地址字段进行解释，以获得操作数的方法或获得程序转移地址的方法。

立即寻址是指操作数就包含在指令中。

直接寻址是指操作数存放在内存单元中，指令中直接给出操作数所在存储单元的地址。

寄存器寻址是指操作数存放在某一寄存器中，指令中给出存放操作数的寄存器名。

寄存器间接寻址是指操作数存放在内存单元中，操作数所在存储单元的地址在某个寄存器中。

变址寻址是指操作数地址等于变址寄存器的内容加偏移量。

【试题9】答案：(9) C

解析： 将一个作业的部分内容装入主存便可开始启动运行，其余部分暂时留在磁盘上，需要时再装入主存。这样就可以有效地利用主存空间。从用户角度看，该系统所具有的主存容量将比实际主存容量大得多，人们把这样的存储器称为虚拟存储器。因此，虚拟存储器是为了扩大用户所使用的主存容量而采用的一种设计方法。

【试题10】答案：(10) D

解析： SSD 固态硬盘工作时没有电机加速旋转的过程，启动速度更快。读写时不用磁头，寻址时间与数据存储位置无关，因此磁盘碎片不会影响读取时间。可快速随机读取，读取延迟极小。因为没有机械马达和风扇，工作时无噪音(某些高端或大容量产品装有风扇，因此仍会产生噪音)。内部不存在任何机械活动部件，不会发生机械故障，也不怕碰撞、冲击、振动。这样即使在高速移动甚至伴随翻转倾斜的情况下也不会影响到正常使用，而且在笔记本电脑发生意外掉落或与硬物碰撞时能够将数据丢失的可能性降到最小。典型的硬盘驱动器只能在 5℃~55℃范围内工作。而大多数固态硬盘可在-10℃~70℃范围内工作，一些工业级的固态硬盘还可在-40℃~85℃甚至更大的温度范围下工作。低容量的固态硬盘比同容量硬盘体积小、重量轻。

【试题 11】答案：(11) C　(12) B

解析：(11)的正确答案为 C。平均响应时间是指系统为完成某个功能所需要的平均处理时间；吞吐量指单位时间内系统所完成的工作量；作业周转时间是指从作业提交到作业完成所花费的时间。这三项指标通常用来度量系统的工作效率。

(12)的正确答案为 B。平均无故障时间(MTBF)，是指系统多次相继失效之间的平均时间，该指标和故障率用来衡量系统可靠性。平均修复时间(MTTR)是指多次故障发生到系统修复后的平均间隔时间，该指标和修复率主要用来衡量系统的可维护性。数据处理速率通常用来衡量计算机本身的处理性能。

【试题 12】答案：(13) B

解析：以字长为 8 为例，[+0]原=00000000，[-0]原=100000000；[+0]反=00000000，[-0]反=11111111；[+0]补=00000000，[-0]补=0000000；[+0]移=10000000，[-0]移=10000000。

【试题 13】答案：(14) B　(15) C

解析：$x = -\dfrac{31}{64} = -\left(\dfrac{1}{4} + \dfrac{1}{8} + \dfrac{1}{16} + \dfrac{1}{32} + \dfrac{1}{64}\right) = -0.0111110$

[x]原=10111110，[x]补=11000010

【试题 14】答案：(16) D

解析：声音信号的数字化即用二进制数字的编码形式来表示声音。最基本的声音信号数字化方法是采样—量化法，可以分成以下 3 个步骤：采样、量化、编码。

【试题 15】答案：(17) B　(18) C　(19) C

解析：多媒体技术中，图形格式一般有两类，即矢量图形和位图图像。

多媒体中的视频信息是指动态图像。

【试题 16】答案：(20) B

解析：空间分辨率，是指图像上能够详细区分的最小单元的尺寸或大小，是用来表征影像分辨目标细节的指标。通常用像元大小、解像率或视场角来表示。

第 2 章

操作系统基础知识

2.1 备考指南

2.1.1 考纲要求

根据考试大纲中相应的考核要求，在"操作系统基础知识"模块中，要求考生掌握以下几方面的内容。

(1) 操作系统基础知识，包括操作系统的类型、功能。

(2) 处理机管理，包括进程的基本概念，进程的控制，进程间的通信，进程调度，信号量与 P、V 操作，高级通信原语，死锁和线程的基本概念等。

(3) 存储管理，包括主存保护、分区存储管理、分页存储管理、分段存储管理和虚存管理等。

(4) 设备管理，包括设备的类型、与设备分配有关的调度算法、通道、DMA 与缓冲技术、假脱机和磁盘调度等。

(5) 文件管理，包括文件与文件系统的概念、文件的结构和组织等。

(6) 作业管理，包括作业管理的基本概念、作业调度及调度算法、评价作业调度算法应用的目的及对系统性能的影响。

(7) 图形用户界面和操作方法。

2.1.2 考点统计

"操作系统基础知识"模块在历次程序员考试试卷中出现的考核知识点及分值分布情况如表 2-1 所示。

表 2-1　历年考点统计表

年　份	题　号	知　识　点	分　值
2017 年下半年	上午题：25~27	信号量、存储管理、PV 操作等	3 分
	下午题：无		0 分
2017 年上半年	上午题：25~27	信号量、进程的三态模型、存储管理等	3 分
	下午题：无		0 分
2016 年下半年	上午题：24~27	操作系统基础知识、状态转换、信号量、存储管理等	4 分
	下午题：无		0 分
2016 年上半年	上午题：23~27	操作系统基础知识、信号量等	5 分
	下午题：无		0 分
2015 年下半年	上午题：26~27	进程的三态模型、信号量等	2 分
	下午题：无		0 分

2.1.3　命题特点

纵观历年试卷，本章知识点是以选择题的形式出现在试卷中的。本章知识点在历次考试的"综合知识"试卷中，所考查的题量为 2～3 道选择题，所占分值为 2～3 分(约占试卷总分值 75 分中的 2.67%～4.00%)。

2.2　考点串讲

2.2.1　操作系统概述

一、操作系统的定义

操作系统是计算机系统中最重要的系统软件，其他所有的软件都是建立在操作系统之上的，并在操作系统的统一管理和支持下运行。任何用户都是通过操作系统使用计算机的。

操作系统的定义为：操作系统(Operating System，OS)是计算机系统中的一个系统软件，它管理和控制计算机系统的硬件和软件资源，合理地组织计算机工作流程，以便有效地利用这些资源为用户提供一个功能强大、使用方便的工作环境，从而在计算机与用户之间起到接口的作用。

操作系统的主要任务是使硬件所提供的能力得到充分的利用，支持应用软件的运行并提供相应的服务。由于操作系统在计算机系统中占据着重要地位，所以它已经成为现代计算机系统中一个必不可少的关键组成部分。

二、操作系统的作用

(1) 通过资源管理，提高工作效率。

操作系统的主要作用就是通过 CPU 管理、存储管理、设备管理和文件管理，对各种资源进行合理的分配，改善资源的共享和利用程度，最大限度地发挥计算机系统的工作效率，提高计算机系统的"吞吐量"(即系统在单位时间内处理工作的能力)。

(2) 改善人机界面，提供友好的工作环境。

操作系统既是计算机硬件和各种软件之间的接口，又是用户与计算机之间的接口。安装操作系统后，用户面对的不再是笨拙的裸机、由 0 和 1 组成的代码及一些难懂的机器指令，而是操作便利、服务周到的操作系统，操作系统明显地改善了用户界面，提高了用户的工作效率。

三、操作系统的特征

操作系统主要有并发性、共享性、虚拟性和不确定性四个基本特征。

1) 并发性(Concurrency)

并发性是指在计算机系统中存在着许多同时进行的活动。对计算机系统而言，并发是指宏观上看系统内有多道程序同时运行，微观上看实际上是串行运行。

2) 共享性(Sharing)

共享性是指系统中各个并发活动要共享计算机系统中的各种软、硬件资源，因此操作系统必须解决在多道程序间合理地分配和使用资源。

3) 虚拟性(Virtual)

虚拟性是操作系统中的重要特征，所谓虚拟是指把物理上的一台设备变成逻辑上的多台设备。例如，我们将在本章后面介绍的假脱机(Spooling)技术，就是利用快速、大容量、可共享的磁盘作为中介，模拟多个非共享的低速的输入/输出设备，这样的设备称为虚拟设备。

4) 不确定性(Non-Determinacy)

通常一个程序的初始条件相同时，无论何时运行，结果都应该相同。但由于操作系统并发执行系统内的各种进程，与这些进程有关的事件如从外部设备来的中断、输入输出请求、各种运行故障、发生的时间等都不可预测，如果处理不当，将导致系统出错，这种不确定性所带来的错误是很难查找的。

四、操作系统的功能

1) 处理机管理

处理机是计算机系统的心脏，在单用户系统或单道系统中，处理机为一个用户或一个作业服务，其管理简单，但资源利用率低。为提高系统资源的利用率，引入了多道程序技术，即多个程序(作业)同时运行。在多道程序或多用户的情况下，要组织多个作业同时运行，对多个用户进行响应，就需要解决对处理机的分配、调度和资源回收等问题。处理机管理负责解决如何把 CPU 时间合理地、动态地分配给程序运行的基本单位——进程，使处理机得到充分的利用。许多操作系统是以作业和进程的方式进行管理的，实现作业和进程的调度，分配处理机，控制作业和进程的执行。现代的操作系统还引入了线程(Thread)作为分配处理机的基本单位。

由于操作系统对处理机的管理策略不同，其提供的作业处理方式也就不同，如批处理方式、分时处理方式和实时处理方式，从而呈现在用户面前的就有不同的操作系统。在操作系统中，最重要的资源是处理机，最重要的管理是处理机管理。

2) 存储管理

计算机系统中，存储器(一般称为主存或内存)是运行程序和存放工作数据的部件，存储管理的工作主要是对内存储器进行分配、扩充和保护。

- 内存分配：在内存中除了操作系统和其他系统软件外，还要有一个或多个用户程序。如何分配内存，以保证系统及各用户程序的存储区互相不冲突，是内存分配所要解决的问题。

- 存储保护：系统中有多个程序在运行，如何保证一道程序在执行过程中不会有意或无意地破坏另一道程序？如何保证用户程序不会破坏系统程序？这些就是存储保护问题。

- 内存扩充：当用户作业所需要的内存量超过计算机系统所提供的内存容量时，如何把内部存储器和外部存储器结合起来管理，为用户提供一个容量比实际内存大得多的虚拟存储器，使这个虚拟存储器和内存一样方便使用，这就需要使用内存扩充。

存储器是计算机系统中最重要的资源之一，因为任何程序和数据，以及各种控制用的数据结构，都必须占有一定的存储空间，因此，存储管理的目的就是尽量提高内存的使用效率。存储管理的好坏直接影响着系统性能。

3) 设备管理

现代计算机系统常常配置很多种类的输入/输出设备，它们的输入/输出速度差别很大。计算机系统常常采用通道、控制器和设备三级控制方法管理这些设备。设备管理的任务就是监视这些资源的使用情况，根据一定的分配策略，把通道、控制器和设备分配给请求输入/输出操作的程序，并启动设备完成所需的操作。为了发挥设备和处理机的并行工作能力，常常采用缓冲技术和虚拟技术。

由于输入/输出设备种类很多，使用方法各不相同，因此，设备管理应为用户提供一个良好的界面，使具体的设备特性透明化，以便用户能方便、灵活地使用这些设备。

4) 文件管理(信息管理)

文件管理是对系统软件资源的管理。对用户来说，文件系统是操作系统中最直观的部分。我们把程序和数据统称为信息或文件，当一个文件暂时不用时，就把它放到外部存储器(如磁盘、磁带和光盘等)上保存起来。对这些文件如果不能很好地进行管理，就会引起混乱，甚至使其遭受破坏。这就是文件管理需要解决的问题。

文件管理的功能包括：建立、修改和删除文件；按文件名进行访问；决定文件信息的存放位置、存放形式及存取权限；管理文件间的联系及提供对文件的共享、保护和保密等，允许多个用户协同工作又不引起混乱。

5)　用户接口(作业管理)

上述四项功能是操作系统对软、硬件资源的管理。除此以外，操作系统也必须为用户提供一个友好的用户接口——命令接口和图形接口。一般来说，用户通过两种命令接口请求操作系统的服务。一种用户接口是作业一级的接口，即提供一组控制操作命令，如 UNIX 的 Shell 命令语言或作业控制语言(JCL)让用户组织和控制自己作业的运行。作业控制又分成两类：联机控制和脱机控制。另一种用户接口是程序一级的接口(编程接口)，即提供一组广义指令(或称系统调用、程序请求)供用户程序和其他系统程序调用。当这些程序要求进行数据传输、文件操作或有其他资源要求时，通过这些广义指令向操作系统提出申请，并由操作系统代为完成。

操作系统对计算机的资源进行全面管理，它的基本特征是多任务并行和多用户资源共享。多任务并行是指操作系统可以支持用户同时提交多项任务，同时工作；资源共享是指系统中的资源为多个用户共同使用。

五、操作系统的类型

根据操作系统的使用环境和对作业的处理方式来划分，操作系统主要有以下几种基本类型。

1)　批处理操作系统

在批处理操作系统(Batch Processing Operating System)中，系统操作员将作业成批提交，由操作系统选择作业调入内存加以处理，最后由操作人员将运行结果交给用户。

批处理系统的特点：一是"多道"，是指系统内可同时容纳多个作业；二是"成批"，是指系统成批自动运行多个作业。批处理系统的目标是提高资源利用率和实现作业执行的自动化。

批处理操作系统分为单道批处理和多道批处理两种。

- 单道批处理操作系统：一次可提交多个作业，而不是单个作业。当一个作业运行结束后，随即自动调入同批的下一个作业运行，从而节省了作业之间的人工操作时间，提高了资源的利用率。早期单道批处理系统解决了作业自动转换的问题，从而减少了作业建立和人工操作的时间。单道批处理存在的主要问题是：CPU 和 I/O 设备使用忙闲不均(取决于当前作业的特性)，对以计算为主的作业，外设空闲；对以 I/O 为主的作业，CPU 空闲。

- 多道批处理操作系统：正是为了解决单道批处理操作系统存在的问题而产生了多道批处理操作系统。它除了保持作业自动转换的功能外，还能支持同一批中的多道用户程序在一个 CPU 上同时运行。作业调度程序从后备作业中选取多个作业进入主存，在任意一个时刻，每当运行中的一个作业因输入/输出操作而需要调用外部设备时，就把 CPU 及时交给另一道等待运行的作业，从而将主机与外部设备的工作方式由串行改为并行，进一步避免了因主机等待外设完成任务而白白浪费宝贵的 CPU 时间的情况。

2)　分时操作系统

分时操作系统(Time Share Operating System)是指一台计算机连接多个终端，系统把 CPU 时间分为若干个时间片，采用时间片轮转的方式处理用户的服务请求，对每个用户能保证及时响应,并提供交互会话能力。

分时操作系统具有下述特点。

- 多用户同时性:允许多个用户同时联机使用计算机。
- 交互性:每个用户可随时通过终端向系统提出服务请求,系统也可随时通过终端响应用户,从而加快了调试过程。
- 独立性:由于采用时间片轮转方式使一台计算机同时为多个用户服务,对于每个用户的操作命令又能快速响应,因此,用户彼此之间都感觉不到别人也在使用同一台计算机,如同自己独占计算机一样。
- 及时性:系统对用户的响应非常及时,不会让用户等待执行命令的处理时间过长。

分时操作系统的主要目标是保证用户响应的及时性。通常,计算机系统中往往同时采用批处理和分时处理方式来为用户服务,即时间要求不强的作业放入"后台"(批处理)处理,需频繁交互的作业放在"前台"(分时)处理。

3) 实时操作系统

实时操作系统(Real Time Operating System)是随着计算机应用于实时控制和实时信息处理而发展起来的。实时操作系统是指系统能够及时响应事件,并以足够快的速度完成对该事件的处理。实时操作系统包括实时控制系统和实时处理系统。实时控制系统是指生产过程控制(如炼钢、电力生产和数控机床)及武器控制等;实时处理系统是指实验数据采集和订票系统等。

实时操作系统的主要特点是及时性和高可靠性。

4) 网络操作系统

网络操作系统(Network Operating System)开发是在原来各自计算机操作系统的基础上,按照网络体系结构的协议、标准进行开发的,包括计算机网络管理、通信、资源共享、系统安全和多种网络应用服务等。其功能主要包括高效、可靠的网络通信;对网络中共享资源的有效管理;电子邮件、文件传输、共享硬盘、打印机等服务;网络安全管理;互操作能力。

5) 分布式操作系统

分布式操作系统(Distributed Operating System)与网络操作系统都是工作在一个由多台计算机组成的系统中,这些计算机之间可以通过一些传输设备进行通信和系统资源共享。分布式操作系统更倾向于任务的协同执行,并且各系统之间无主次之分,系统之间也无须采用标准的通信协议进行通信。分布式操作系统基本上废弃(或改造)了各单机的操作系统,整个网络设有单一的操作系统,由这个操作系统负责整个系统的资源分配和调度,为用户提供统一的界面。用户在使用分布式操作系统时不需要像使用网络操作系统那样,指明资源在哪台计算机上,因此分布式操作系统的透明性、稳固性、统一性及系统效率都比网络操作系统要强,但实现起来难度也大。分布式操作系统对于多机合作和系统重构、稳固性和容错能力有更高的要求,希望分布式操作系统有更短的响应时间、更大的吞吐量和更高的可靠性。

分布式操作系统与网络操作系统最大的差别是:网络操作系统的用户必须知道网址,而分布式操作系统的用户则不必知道计算机的确切地址;分布式操作系统负责全系统的资源分配,通常能很好地隐藏系统内部的实现细节,如对象的物理位置、并发控制、系统故障处理等对用户都是透明的。

6) 微机操作系统

微机操作系统(Microcomputer Operating System)是指配置在微型计算机上的操作系统。常用的微机操作系统有 DOS、Windows、OS/2、UNIX 和 Linux 等。其中，Microsoft 公司开发的单用户单任务操作系统 DOS 是首先在 IBM-PC 机上使用的微机操作系统。MS-DOS 操作系统是 16 位微机单用户单任务操作系统的标准。多任务操作系统 Windows 98/NT/2000/XP 是 Microsoft 公司开发的一系列图形用户界面的多任务、多线程的操作系统。

7) 嵌入式操作系统

嵌入式操作系统(Embedded Operating System)运行在嵌入式智能芯片环境中，对整个智能芯片及其控制的各种部件和装置等资源进行统一协调、处理、指挥和控制。

六、研究操作系统的观点

研究和分析操作系统，可以从资源管理观点和虚拟机观点出发。

1) 资源管理观点

引入操作系统是为了合理地组织计算机的工作流程，管理和分配计算机系统硬件和软件资源，使资源能为多个用户共享。因此，操作系统是计算机资源的管理者。

这里的资源是指计算机系统进行数值计算和数据处理所需的物质基础，通常分为系统硬件资源和软件资源。硬件资源是组成计算机和计算机操作所需的物理实体，它们是看得见、摸得着的设备，如处理机、存储器及输入/输出设备(键盘、显示器、打印机和磁盘等)。软件资源是依赖于一定的物理实体才能被人们所感知的一类资源，如程序和数据等，它们可经显示器或打印机等设备展现给用户。操作系统是控制和管理计算机系统资源的一组程序，其工作是当用户程序和其他程序争用这些资源时提供有序的和可控的分配。

我们通常将操作系统分为 CPU 管理、存储管理、设备管理、文件管理、用户与操作系统接口五个主要部分。它主要研究资源的使用情况、资源的分配策略及分配和回收资源。

2) 虚拟机观点

从服务用户的机器扩充的观点来看，操作系统为用户使用计算机提供了许多服务功能和良好的工作环境。用户不再直接使用硬件机器(称为裸机)，而是通过操作系统来控制和使用计算机，从而把计算机扩充为功能更强、使用更方便的计算机系统(称为虚拟计算机)。操作系统的全部功能，如系统调用、命令、作业控制语言等，称为操作系统虚拟机。

虚拟机观点从功能分解的角度出发，考虑操作系统的结构，将操作系统分成若干个层次，每一层次完成特定的功能，从而构成一个虚拟机，并为上一层次提供支持，构成它的运行环境。这样，通过逐个层次的功能扩充最终完成操作系统虚拟机，从而向用户提供各种服务，完成用户的各项任务。

2.2.2 进程管理

一、基本概念

在计算机系统上运行的程序是指令的集合，每一个程序完成特定的任务。在只允许一个程序运行的系统(称为单道系统)中，这个程序独占系统资源，而系统按程序的指令顺序运行, 程序的顺序执行有两个基本特征: 封闭性和可再现性。

● 封闭性: 指程序运行时独占系统资源, 只有程序本身能改变系统的状态。

● 可再现性: 指程序运行不受外部因素的影响, 只要初始条件相同, 运行结果就相同。

多道程序系统让多个程序在系统中轮流运行, 当一个程序不用处理机时, 另一个程序就使用。也就是说, 处理机在程序间来回切换, 从而获得宏观上的并行(微观上的串行), 以提高处理机的利用率。这种切换, 通常是由中断引起的。由于中断以不可预测的次序发生, 即程序的指令执行序列也以不可预测的次序前进, 这样就会产生操作系统的另一个特性——不确定性。即在多道程序系统中, 顺序程序的封闭性和可再现性消失了, 需要采用一个新的概念——进程来描述程序的执行。进程是运行中的程序, 是系统进行资源分配和调度的独立单位。

1. 进程及其组成

进程是一个程序关于某个数据集的一次运行。进程是一个动态的概念, 而程序是静态的概念, 是指令的集合。因此, 进程具有动态性和并发性。

进程通常由程序、数据和进程控制块(PCB)组成。程序是进程运行所对应的运行代码, 一个进程对应于一个程序, 一个程序可以同时对应于多个进程, 代码在运行过程中不会被改变的程序, 常称为纯码程序或可重入程序, 这类程序是可共享的程序。

进程控制块是进程动态特性的集中反映, 也是进程存在的唯一标志。在操作系统中, 进程是进行系统资源分配、调度和管理的最小单位。现代操作系统中还引入了线程, 线程是比进程更小的、能独立运行的基本单位, 在引入线程的操作系统中, 线程是进程中的一个实体, 是 CPU 调度和分派的基本单位, 是处理机分配的最小单位。

2. 进程的状态及其转换

在多道系统中, 进程的运行是走走停停的, 在处理机上的交替运行, 使它的运行状态不断变化。进程的状态主要有三态模型和五态模型。三态模型中最基本的状态有三种: 运行、就绪和阻塞。

● 运行(running): 正占用处理机。

● 就绪(ready): 只要获得处理机即可运行。

● 阻塞(blocked): 也称等待或挂起状态, 正等待某个事件(如 I/O 完成)的发生。

在进程运行的过程中, 由于自身进展情况及外界环境的变化, 这三种基本状态可以在一定的条件下相互转换, 进程的状态及转换如图 2-1 所示。

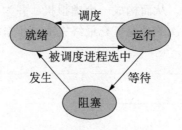

图 2-1 进程状态及其转换

五态模型比三态模型更加复杂, 在三态模型的基础上增加了新建态和终止态。新建态对应于进程刚刚被创建还没有被提交时的状态, 此时应在等待系统完成创建进程的所有必要信息。创建进程时分两个阶段：第一个阶段为一个新进程创建必要的管理信息；第二个阶段让该进程进入就绪状态。有了新建态，操作系统往往因系统的性能和内存容量的限制推迟新建态进程的提交。进程的终止态也可分为两个阶段：第一个阶段等待操作系统进行善后处理；第二个阶段释放内存。

二、进程的控制

进程的控制就是对系统中所有进程从创建到消亡的全过程实施有效的控制。不仅要控制正在运行的进程，而且还要能创建新的进程，撤销已完成的进程。进程的控制机构是由操作系统内核实现的。通常将与硬件密切相关的模块放在紧挨硬件的软件层中，并使它们常驻内存，以便提高操作系统的运行效率，通常将这部分称为操作系统的内核，它为系统对进程进行控制和对存储器进行管理提供了有效的控制机制。

1. 支撑功能

1) 中断处理

操作系统的各种重要活动最终都依赖于中断。例如，各种类型的系统调用、键盘命令的输入、设备驱动及文件系统等都依赖于中断。通常内核只对中断进行"有限次处理"，然后转入有关进程继续处理。这不仅可以减少中断处理的时间，还可以提高程序的并发性。

2) 时钟管理

操作系统的许多活动要用到时钟管理。如在分时系统时间片调度算法中，当时间片用完时，由时钟管理产生一个中断信号，通知调度程序重新调度。在实时系统中的截止时间控制、批处理系统中的最长运行时间的控制等都要用到时钟管理。

3) 原语操作

内核在执行某些基本操作时，往往是通过原语操作来实现的。原语是由若干条机器指令构成的，用于完成特定功能的一段程序。原语在执行的过程中是不可分割的。进程控制原语主要有：创建原语、撤销原语、挂起原语、激活原语、阻塞原语以及唤醒原语。

2. 资源管理功能

资源管理功能包括：进程管理、存储器管理和设备管理。

三、进程间的通信

1. 同步与互斥

在操作系统中，多个进程并发执行，因此进程间必然存在资源共享和相互合作的问题。

1) 进程间的同步

一般情况下，一个进程相对于另一个进程的速度是不可预测的，也就是说，进程之间是异步运行的。为了成功地协同工作，有关进程在某些确定的点上应当保持同步：一个进程到达了这些点后，除非另一进程已经完成了某个活动，否则就停下来，等待该活动结束。

同步是指进程之间的一种协同工作关系，使这些进程相互合作，共同完成一项任务。进程间的直接相互作用构成进程的同步。同步机制应满足的基本要求是：有描述能力，可以实现，效率高，使用方便。

2) 进程间的互斥

在多道系统中，各进程可以共享各类资源，但有些资源却一次只能供一个进程使用。

这种资源称为临界资源，如打印机、公共变量、表格等。互斥是要保证临界资源在某一时刻只被一个进程访问。

3) 临界区管理的原则

临界区是进程中对临界资源实施操作的那段程序。对互斥临界区管理的原则是：有空即进，无空则等，有限等待，让权等待。

2. 信号量机制

信号量机制是一种有效的进程同步与互斥工具，目前主要有：整型信号量、记录型信号量、信号量集机制。

1) 整型信号量与P操作和V操作

信号量是一个整型变量，根据控制对象的不同被赋予不同的值。信号量分为两类：公用信号量，实现进程间的互斥，初值为1或资源的数目；私用信号量，实现进程间的同步，初值为0或某个正整数。

信号量S的物理意义：$S \geq 0$表示某资源的可用数，若$S<0$，则其绝对值表示阻塞队列中等待该资源的进程数。

除了设置初值外，对信号量只能进行特殊的操作：P操作和V操作。P操作和V操作都是不可分割的原子动作，也称为原语，其中P操作表示申请一个资源，V操作表示释放一个资源。

P操作和V操作都是原语。利用信号量S的取值表示共享资源的使用情况。在使用时，把信号量S放在进程运行的环境中，赋予其不同的初值，并在其上实施P操作和V操作，以实现进程间的同步与互斥。

P操作和V操作的定义如下。

P(S)：①S=S-1；②若$S<0$，则该进程进入S信号量的队列中等待。

V(S)：①S=S+1；②若$S \leq 0$，则释放S信号量队列上的一个等待进程，使之进入就绪队列。

当$S>0$时，表示还有资源可以分配；当$S<0$时，其绝对值表示信号量等待队列中进程的数目。每执行一次P操作，意味着要求分配一个资源；每执行一次V操作，就意味着释放一个资源。

2) 利用P操作和V操作实现进程的互斥

令信号量mutex的初值为1，进入临界区时执行P操作，退出临界区时执行V操作，于是临界区就改写成下列形式的代码段：

```
P(mutex);
临界区
V(mutex);
```

由于mutex初值为1，P、V是原子操作，可以实现互斥。

3. 高级通信原语

P操作和V操作是用来协调进程间关系的，编程较困难、效率低，而且没有信息交换，故常称为低级通信原语。交换的信息量多时要引入高级通信原语，进程高级通信的类型主要有如下几种。

- 共享存储系统：相互通信的进程共享某些数据结构或存储区，以实现进程之间的通信。
- 消息传递系统：进程间的数据交换以消息为单位，程序员直接利用系统提供的一组通信命令(原语)来实现通信。如 Send(A)、Receive(A)。
- 管道通信：所谓管道，是指用于连接一个读进程和一个写进程，以实现它们之间通信的共享文件(pipe 文件)。向管道(共享文件)提供输入的发送进程(即写进程)，以字符流的形式将大量的数据送入管道；而接收进程可从管道接收大量的数据。由于通信是采用管道的方式，所以称为管道通信。

四、进程调度

进程调度即处理机调度，它的主要功能是确定在什么时候分派处理机，并确定分给哪一个进程。在一些操作系统中，一个作业从提交到完成需要经历高、中、低三级调度。

- 高级调度：又称"长调度""作业调度"或"接纳调度"，它决定处于输入池中的哪个后备作业可以调入主系统，以便做好运行的准备，成为一个或一组就绪进程。系统中一个作业只需经过一次高级调度。
- 中级调度：又称"中程调度"或"对换调度"，它决定处于交换区中的哪个就绪进程可以调入内存，以便直接参与对 CPU 的竞争。在内存资源紧张时，为了将进程调入内存，必须将内存中处于阻塞状态的进程调至交换区，以便为调入进程腾出空间。
- 低级调度：又称"短程调度"或"进程调度"，它决定处于内存中的哪个就绪进程可以占用 CPU，它是操作系统中最活跃、最重要的调度程序，对系统的影响很大。

1. 调度方式

调度方式是指当有更高优先级的进程到来时该如何分配 CPU。调度方式分为可剥夺式和不可剥夺式两种。可剥夺式是指当有更高优先级的进程到来时，强行将正在运行的进程所占用的 CPU 分配给高优先级的进程；不可剥夺式是指当有更高优先级的进程到来时，必须等待正在运行的进程自动释放占用的 CPU，然后将 CPU 分配给高优先级的进程。

2. 进程调度算法

常用的进程调度算法有：先来先服务、时间片轮转、优先级调度和多级反馈调度。

1) 先来先服务

先来先服务(FCFS)是按照作业提交或进程变为就绪状态的先后次序，分配 CPU。即每当进入进程调度时，总是将就绪队列队首的进程投入运行。FCFS 的特点比较有利于长作业，而不利于短作业；有利于 CPU 繁忙的作业，而不利于输入/输出繁忙的作业。

2) 时间片轮转

FCFS 算法主要用于宏观调度，时间片轮转算法主要用于微观调度，通过时间片轮转，提高进程并发性和响应时间，从而提高资源利用率。

时间片轮转的实现过程是将系统中所有的就绪进程按照 FCFS 原则，排成一个队列。每次调度时将 CPU 分派给队首进程，让其执行一个时间片。时间片的长度从几毫秒到几百毫秒。在一个时间片结束时，发生时钟中断，调度程序据此暂停当前运行进程的执行，将其送到就绪队列的末尾，并通过上下文切换执行当前的队首进程。进程可以未使用完一个时间片，就出让 CPU(如阻塞)。

时间片长度的确定主要考虑以下四个方面。

- 时间片长度变化的影响：时间片过长，退化为 FCFS 算法，进程在一个时间片内都执行完，造成响应时间长；时间片过短，用户的一次请求需要多个时间片才能处理完，上下文切换次数增加，系统效率降低，同样造成响应时间增长。
- 对响应时间的要求：T(响应时间)=N(进程数目)×q(时间片)。
- 就绪进程的数目：数目越多，时间片越小。
- 系统的处理能力：应当使用户输入在一个时间片内能处理完，否则会使响应时间、平均周转时间和平均带权周转时间延长。

3) 优先级调度

优先级调度分为静态优先级和动态优先级两种。

- 静态优先级：进程的优先级是在创建时就已确定好了，直到进程终止都不会改变。确定优先级的依据主要有进程类型(系统进程优先级较高)、对资源的需求(对 CPU 和内存需求较少的进程优先级较高)、用户要求(紧迫程度和付费多少)。
- 动态优先级：在创建进程时赋予一个优先级，在进程运行过程中还可以改变，以便获得更好的调度性能。进程每执行一个时间片，就降低其优先级，从而一个进程持续执行时，其优先级可能会降低到出让 CPU 为止。

4) 多级反馈调度

多级反馈调度算法是时间片轮转算法和优先级算法的综合与发展。其优点是：照顾了短进程，提高了系统吞吐量，缩短了平均周转时间；照顾输入/输出型进程，获得较好的输入/输出设备利用率和缩短响应时间；不必估计进程的执行时间，动态调节优先级。

五、死锁

1. 死锁的基本概念

当若干个进程竞争使用资源时，可能每个进程要求的资源都已被另一进程占用，于是也就没有一个进程能继续运行，这种情况称为死锁。例如，P1 进程占有资源 R1，P2 进程占有资源 R2，这时，P1 又需要资源 R2，P2 也需要资源 R1，它们在等待对方占有的资源时，又不会释放自己占有的资源，因而使双方都进入了无限等待状态。死锁是系统的一种出错状态，不仅浪费大量的系统资源，甚至还会导致整个系统的崩溃，所以死锁是应该尽量预防和避免的。

系统发生死锁时，死锁进程的个数至少为两个，所有死锁进程都有等待资源，其中至少有两个进程已占有资源。产生死锁的情况主要有：进程推进顺序不当；同类资源分配不当；PV 操作使用不当。

2. 产生死锁的四个必要条件

产生死锁的原因：一是系统提供的资源数量有限，不能满足每个进程的使用；二是多道程序运行时，进程推进顺序不合理。产生死锁必须同时具备下述四个条件。

- 互斥：进程互斥使用资源，任意时刻一个资源只为一个进程所独占，其他进程若请求一个已被占用的资源，只能等待占用者释放后才能使用。

- 不可剥夺(不可抢占): 进程所获得的资源在未使用完毕之前, 不能被其他进程强行剥夺, 而只能由获得该资源的进程自己释放。
- 请求保持: 进程每次申请它所需要的一部分资源, 在申请新的资源的同时, 继续占用已分配到的资源。零星地请求资源, 即已获得部分资源后再次请求资源时被阻塞。
- 循环等待: 在进程资源有向图中存在一个进程环路, 环路中每一个进程已获得的资源同时被下一个进程所请求。

进程资源有向图由方框、圆圈和有向边三个部分组成。其中, 方框表示资源, 圆圈表示进程。请求资源: ○→□, 箭头由进程指向资源; 分配资源: ○←□, 箭头由资源指向进程。

3. 解决死锁的方法

解决死锁的方法如下。

- 死锁的预防: 根据产生死锁的四个必要条件, 只要使其中之一不能成立, 死锁就不会出现。
- 死锁的避免: 最著名的死锁避免算法是 Dijkstra 提出的银行家算法。
- 死锁的检测: 采用合理的死锁检测算法确定死锁的存在, 并识别出与死锁有关的进程和资源, 以供系统采用适当的解除死锁的措施。
- 死锁的解除: 检测到死锁发生后, 常采用资源剥夺法和撤销进程法解除死锁。

六、线程

1. 线程的基本概念

线程是比进程更小的能独立运行的基本单位。在引入线程的操作系统中, 线程是进程中的一个实体, 是 CPU 调度和分派的基本单位。线程自己基本上不占用系统资源, 只占用一点儿在运行中必不可少的资源(如程序计数器、一组寄存器和栈), 但它可与同属一个进程的其他线程共享该进程所占用的全部资源。相应的, 线程也同样有就绪、等待和运行三种基本状态。在有的系统中, 线程还有终止状态。

2. 线程的属性

线程的属性如下。

- 每个线程都有一个唯一的标识符和一张线程描述表。
- 不同的线程可以执行相同的程序。
- 同一进程中的各个线程共享该进程的内存地址空间。
- 线程是处理机的独立调度单位, 多个线程是可以并发执行的。
- 线程在生命周期内会经历等待状态、就绪状态和运行状态等各种状态变化。

3. 引入线程的好处

传统的进程有两个基本属性: 可拥有资源的独立单位、可独立调度和分配的基本单位。由于在进程的创建、撤销和切换中, 系统必须为之付出较大的时空开销, 因此在系统中所设置的进程数目不宜过多, 进程切换的频率不宜太高, 这就限制了并发程度的提高。引入线程后, 将传统进程的两个基本属性分开, 将线程作为调度和分配的基本单位, 而将进程作为独立分配资源的单位。用户可以通过创建线程来完成任务,以减少程序并发执行时付出的时空开销。

引入线程的好处主要有如下几个方面。

- 创建一个新线程花费的时间少。
- 两个线程间切换花费的时间少。
- 由于同一进程内的线程共享内存和文件,线程之间相互通信无须调用内核,故不需要额外的通信机制,使通信更简便,信息传送速度也更快。
- 线程能独立执行,能充分利用和发挥处理机与外围设备并行工作的能力。

2.2.3 存储管理

一、基本概念

现代计算机系统中的存储系统通常是多级存储体系,至少有主存(内存)和辅存(外存)两级,有的系统有更多级。系统中主存的使用一般分成两部分:一部分为系统空间,存放操作系统本身及相关的系统数据;另一部分为用户空间,存放用户的程序和数据。提高主存的利用率,对主存信息实现有效保护是存储器管理的主要任务。

1. 存储器的结构

存储器的功能是保存数据,存储器的发展方向是高速度、大容量和小体积。一般存储器的结构有"寄存器-主存-外存"结构或"寄存器-缓存-主存-外存"结构。下面介绍几个与存储器相关的概念。

(1) 虚拟地址:数据的存放地址是由符号决定的,故又称为符号名地址,或者称为名地址,而把源程序的地址空间称为符号名地址空间或者名空间。它从 0 号单元开始编址,并顺序分配所有的符号名所对应的地址单元,所以它不是主存中的真实地址,故称为相对地址、程序地址、逻辑地址或虚拟地址。

(2) 地址空间:程序中由符号名组成的空间称为地址空间。源程序经过汇编或编译后再经过链接编辑程序加工形成程序的装配模块,即转换为相对地址编址的模块,它是以 0 为基址顺序进行编址的。相对地址也称为逻辑地址或虚拟地址,把程序中由相对地址组成的空间称为逻辑空间。相对地址空间通过地址重定位机构转换到绝对地址空间,绝对地址空间也称为物理地址空间。

(3) 存储空间:简单来说,逻辑地址空间(简称地址空间)是逻辑地址的集合,物理地址空间(简称存储空间)是物理地址的集合。

2. 地址重定位

地址重定位是指程序的逻辑地址被转换成主存的物理地址的过程。在可执行文件装入时需要解决可执行文件中地址(指令和数据)和主存地址的对应关系。由操作系统中的装入程序 Loader 和地址重定位机构来完成。地址重定位分为静态地址重定位和动态地址重定位。

(1) 静态地址重定位,是指在程序装入主存时已经完成逻辑地址到物理地址的转换,在程序的执行期间将不会再发生变化。其优点是:无须硬件地址转换机构的支持,只要求程序本身是可重定位的,它只对那些要修改的地址部分具有某种标识,由专门设计的程序来完成。

(2) 动态地址重定位，是指在程序运行期间完成逻辑地址到物理地址的转换。其实现机制要依赖硬件地址转换机构，如基地址寄存器 BR。其优点是：程序在执行期间可以被换入和换出主存，以解决主存紧张的问题；可以在主存中移动，把主存中的碎片集中起来，以充分利用空间；不必给程序分配连续的主存空间，以便较好地利用较小的主存块，可以实现共享。

3. 存储器管理的功能

存储器管理的功能如下。

- 主存储器的分配和回收。
- 提高主存储器的利用率：减少碎片(也称零头)，允许多道程序动态共享主存。
- 存储保护：任务是确保每道程序都在自己的主存空间运行，互不干扰。
- 主存扩充：主存扩充的任务是从逻辑上扩充主容量，使用户认为系统所拥有的主存空间远比其实际的主存空间(RAM)大得多。

二、分区存储管理

存储管理主要包括分区存储管理、分页存储管理、分段存储管理、段页式存储管理和虚拟存储管理。其中分区存储管理是把主存的用户区划分成若干个区域，每个区域分配给一个用户作业使用，并限定它们只能在自己的区域中运行。按划分方式的不同，它可分为固定分区、可变分区和可重定位分区。

- 固定分区。它是一种静态分区方式，在系统生成时已将主存划分为若干个分区，每个分区的大小可不等。
- 可变分区。它是一种动态分区方式，存储空间的划分是在作业装入时进行的，故分区的个数可变，分区的大小刚好等于作业的大小。
- 可重定位分区。它是解决碎片问题简单而又行之有效的方法。其基本思想是，移动所有已分配好的分区，使之成为连续区域。

分区划分完成后的问题就是如何进行分区的保护，通常采用上界和下界寄存器保护法以及基址和限长寄存器保护法。

采用上界和下界寄存器保护法时，上界寄存器中存放作业的装入地址，下界寄存器装入作业的结束地址。形成的物理地址必须满足：

$$上界寄存器 \leq 物理地址 \leq 下界寄存器$$

采用基址和限长寄存器保护法时，基址寄存器中存放作业的装入地址，限长寄存器中装入作业的长度，形成的物理地址必须满足：

$$基址寄存器 \leq 物理地址 \leq 基址寄存器 + 限长寄存器$$

三、分页存储管理

1. 纯分页存储管理

分页原理：将一个进程的地址空间划分为若干个大小相等的区域，称为页。相应的，将内存空间划分成与页相同大小的若干个物理块，称为块或页框。

地址机构：分页系统的地址机构如图 2-2 所示，由两部分组成，页号 P 和偏移量 W(即页内地址)。图中的地址长度为 32 位，其中 0～11 位为页内地址(每页大小为 4KB)，12～31

位为页号，所以允许的地址空间大小最多为1M个页。

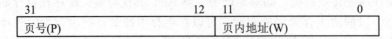

31	12	11	0
页号(P)		页内地址(W)	

图 2-2　分页系统的地址机构

系统将用户程序的逻辑空间按照同样大小也划分成若干页面，称为逻辑页面，有时也简称为页。程序的各个逻辑页面从 0 开始依次编号，称为逻辑页号或相对页号。每个逻辑页面内也从 0 开始编址，称为页内地址。用户程序的逻辑地址由逻辑页号和页内地址两部分组成。

页表：系统为每个进程建立一张页面映射表，简称页表。页表用于记录用户程序逻辑页面与内存物理页面之间的对应关系。页表的作用是实现从页号到物理块号的地址映射。

地址变换机构：其任务是利用页表把逻辑地址变换成内存中的物理地址。

2. 快表

在地址映射过程中，共需两次访问内存。第一次是访问页表，得到数据的物理地址，第二次才是存取数据。显然，这样就增加了访问的时间。在地址映射机制中增加一个小容量的联想寄存器(相联存储器)，它由高速寄存器组成一张快表，用来存放当前访问最频繁的少数活动页的页号及相关信息。

快表只存放当前进程最活跃的少数几页，随着进程的推进，快表内容动态更新。当某一用户程序需要存取数据时，根据该数据所在的逻辑页号在快表中找出对应的物理页号，然后拼接页内地址，以形成物理地址；如果在快表中没有相应的逻辑页号，则地址映射仍然通过内存中的页表进行。

四、分段存储管理

1. 基本原理

在分段存储管理方式中，作业的地址空间被划分为若干个段，每个段是一组完整的逻辑信息，如有主程序段、子程序段、数据段及堆栈段等，每个段都有自己的名字，都是从 0 开始编址的一段连续的地址空间，各段长度是不等的。

分段系统的逻辑地址由段号(名)和段内地址两部分组成。在该地址结构中，允许一个作业最多有 64K 段，每个段的最大长度为 64KB。

在分段式存储管理系统中，为每个段分配一个连续的分区，而进程中的各个段可以离散地分配到内存中不同的分区中。在系统中为每个进程建立一张段映射表，简称为"段表"。每个段在表中占用一个表项，在其中记录了该段在内存中的起始地址(又称为"基址")和段的长度。进程在执行中，通过查段表来找到每个段所对应的内存区。所以说，段表实现了从逻辑段到物理内存区的映射。

2. 段的动态链接和装配

所谓动态链接，是指在一个程序开始运行时，只将主程序装配好并调入内存，在运行过程中若访问一个新的模块时，再装配此模块，并与主程序链接起来。所以，动态链接是以段为基础的。

在可变分区分配方案中，主存中放置的程序常采用首次适应、最佳适应或最差适应算法实现，但运行的程序需连续存放在一个分区中，一个作业是由若干个具有逻辑意义的段(如主程序、子程序、数据段等)组成的。分段系统中，允许程序(作业)占据主存中若干分离的分区。每个分区存储一个程序分段。这样，每个作业需要几对界限地址，判定访问地址是否越界就困难了。在分段存储系统中常常利用存储保护键来实现存储保护。

五、虚拟存储器管理

1. 虚拟存储器的引入

1) 局部性原理

存储管理策略的基础是局部性原理——进程往往会不均匀地、高度局部化地访问主存。局部性表现为时间局部性和空间局部性两类。

- 时间局部性：是指最近被访问的存储位置，很可能不久的将来还要访问，如循环、栈等。
- 空间局部性：是指存储访问有成组的倾向，当访问了某个位置后，很可能还要访问其附近的位置，如访问数组、代码顺序执行等。

2) 虚拟存储器的定义

根据局部性原理，一个作业在运行之前，没有必要全部装入主存，而仅将当前要运行的那部分页面或段先装入主存启动运行，其余部分暂时留在磁盘上。

程序在运行时如果所要访问的页(段)已调入主存，便可继续执行下去；但如果所要访问的页(段)尚未调入主存(称为缺页或缺段)，程序应利用操作系统所提供的请求调页(段)功能，将它们调入主存，以使进程能继续执行下去。如果此时主存已满，无法再装入新的页(段)，则还要再利用页(段)的置换功能，将主存中暂时不用的页(段)调出至磁盘上，以便腾出足够的主存空间后，再将所要访问的页(段)调入主存，使程序继续执行下去。这样，便可使一个大的用户程序在较小的主存空间中运行，也可使主存中同时装入更多的进程并发执行。从用户角度看，该系统所具有的主存容量，将比实际主存容量大得多，人们把这样的存储器称为虚拟存储器。

虚拟存储器具有请求调入功能和置换功能，能仅把作业的一部分装入主存便可运行作业的存储器系统，能从逻辑上对主存容量进行扩充。

3) 虚拟存储器的实现

请求分页系统：在分页系统的基础上，增加了请求调页功能和页面置换功能所形成的页式虚拟存储系统。

请求分段系统：在分段系统的基础上，增加了请求调段功能和分段置换功能所形成的段式虚拟存储系统。

2. 请求分页中的硬件支持

请求分页是目前常用的一种虚拟存储器方式。

1) 请求分页的页表机制

请求分页的页表机制是在纯分页的页表机制上形成的，由于只将应用程序的一部分调入主存，但还有一部分仍在磁盘上，故需在页表中再增加若干项，如状态位、访问字段、辅存地址等供程序(数据)在换进、换出时引用。

2) 缺页中断机构

在请求分页系统中,每当所要访问的页面不在主存时,便要产生一个缺页中断,请求操作系统将所缺页调入主存。它与一般中断的主要区别在于:缺页中断在指令执行期间产生和处理中断信号,而一般中断在一条指令执行完后检查和处理中断信号;缺页中断返回到该指令的开始重新执行该指令,而一般中断则返回到该指令的下一条指令执行。

3) 地址转换机构

请求分页系统中的地址转换机构是在分页系统的地址转换机构的基础上,为实现虚拟存储器而增加了某些功能后形成的,如产生和处理缺页中断、从主存中换出一页等。

3. 页面置换算法

1) 最佳置换算法

最佳(Optimal)置换算法是一种理想化的算法,性能最好,但实际上难以实现,所以该算法通常用来评价其他算法。

2) 先进先出置换算法

先进先出(FIFO)置换算法总是淘汰最先进入内存的页面。其算法实现简单,是一种最直观,也是性能最差的算法。

3) 最近最久未使用置换算法

最近最久未使用(Least Recently Used,LRU)置换算法是选择最近最久未使用的页面予以淘汰,系统在每个页面设置一个访问字段,用以记录这个页面自上次被访问以来所经历的时间 T,当要淘汰一个页面时,选择 T 最大的页面。

4) 最近未用置换算法

最近未用(Not Used Recently,NUR)置换算法将最近一段时间未引用过的页面换出,是一种 LRU 的近似算法。

2.2.4　设备管理

一、设备管理概述

1. 设备的分类

1) 按设备上数据组织方式分类

- 块设备:指以数据块为单位组织和传送数据的设备,如磁盘、磁带等。
- 字符设备:指以单个字符为单位存取信息的设备,如终端、打印机等。

2) 按资源分配的角度分类

- 独占设备:对这类设备来说,在一段时间内最多只能有一个进程占有并使用它。低速 I/O 设备一般是独占设备,如打印机、终端等。
- 共享设备:这类设备允许多个进程共享,即多个进程的 I/O 传输可以交叉。
- 虚拟设备:在一类设备上模拟另一类设备的技术称为虚设备技术。通常是用高速设备来模拟低速设备,以此把原来慢速的独占设备改造成能为若干进程共享的快速共享设备。就好像把一台设备变成了多台虚拟设备,从而提高了设备的利用率。我们称被模拟的设备为虚设备。Spooling 技术就是一类典型的虚设备技术。

3) 按数据传输率分类

- 低速设备：指传输速率为每秒钟几个字节到数百个字节的设备。典型的设备有键盘、鼠标、语音的输入等。
- 中速设备：指传输速率在每秒钟数千字节至数万字节的设备。典型的设备有行式打印机、激光打印机等。
- 高速设备：指传输速率在数十万个字节至数兆字节的设备。典型的设备有磁带机、磁盘机、光盘机等。

4) 其他分类方法

按输入/输出对象的不同，设备可分为人机通信、机机通信设备。

按是否可交互，设备可分为非交互设备，如机机通信设备、外存、卡带机等；交互设备，如终端等。

2. 设备管理的目标和任务

1) 操作系统设备管理的目标

- 向用户提供使用外围设备的方便、统一的接口。
- 充分利用中断技术、通道技术和缓冲技术，提高 CPU 与设备、设备与设备之间的并行工作能力，提高外围设备的使用效率。
- 保证在多道程序环境下，当多个进程竞争使用设备时，按照一定的策略分配和管理设备，以使系统能有条不紊地工作。

2) 设备管理的任务

设备管理的任务是保证在多道程序环境下，当多个进程竞争使用设备时，按一定策略分配和管理各种设备，控制设备的各种操作，完成输入/输出设备与内存之间的数据交换。

设备管理的主要功能如下所述。

- 动态地掌握并记录设备的状态。
- 设备分配和释放。
- 缓冲区管理。
- 实现物理输入/输出设备的操作。
- 提供设备使用的命令接口和编程接口。
- 设备的访问和控制，包括并发访问和差错处理。
- 输入/输出缓冲和调度，目的是提高输入/输出的访问效率。

二、DMA 与缓冲技术

1. DMA 技术

DMA 技术基本思想是：在外围设备和主存之间开辟直接的数据交换通路。在内存与输入/输出设备间传送一个数据块的过程中，不需要 CPU 的任何干涉，只需要 CPU 在过程开始启动与过程结束时的处理，实际操作由 DMA 硬件直接执行完成。

2. 缓冲技术

缓冲是计算机系统中常用的技术。一般来说，凡是数据到达速度和离去速度不匹配的地方都可以采用缓冲技术。缓冲可以采用硬件缓冲和软件缓冲两种技术。硬件缓冲是利用专门的硬件寄存器作为缓冲区；软件缓冲是利用操作系统的管理，用主存中的一个或多个区域作为缓冲区，进而可以形成缓冲池。

3. Spooling 技术

Spooling 是外围设备联机操作(Simultaneous Peripheral Operations on Line)的缩写，常简称为 Spooling 系统或假脱机系统。假脱机技术实际上是用一类物理设备模拟另一类物理设备的技术，可以将低速的独占设备改造成一种可共享的设备，而且一台物理设备可以对应若干台虚拟的同类设备。Spooling 系统由"预输入程序""缓输出程序"和"井管理程序"以及"输入和输出井"组成。

Spooling 系统将一个作业从进入系统到完成后撤离系统的全过程，划分成输入、处理和输出三个并发执行的过程。当用户作业要进入系统时，由 Spooling 系统的预输入程序将作业信息从物理输入设备上送到磁盘上的指定区域(称为输入井)。输入井中的作业有四种状态。

- 输入状态。作业的信息正从输入设备上预输入。
- 收容状态。作业预输入结束但未被选中执行。
- 执行状态。作业已被选中并处于运行过程中，它可从输入井中读取数据信息，也可向输出井写信息。
- 完成状态。作业已经撤离，该作业的执行结果等待缓输出。

Spooling 系统的引入缓和了 CPU 与设备速度的不均匀性，提高了 CPU 与设备的并行程度。

三、磁盘调度

对磁盘的存取访问一般要有三部分时间。首先要将磁头移动到相应的磁道或柱面上，这个时间叫作寻道时间；一旦磁头到达指定磁道，必须等待所需要的扇区旋转到读/写头下，这个时间叫作旋转延迟时间；信息在磁盘和内存之间的实际传送时间叫作传送时间。磁盘调度的目的是使平均寻道时间最少。

1. 磁盘驱动调度

一般可采用以下四种磁盘优化调度算法。

1) 先来先服务算法

先来先服务算法(FCFS)即按照访问请求的次序为各个进程服务，这是最公平且最简单的算法，但是效率不高。

2) 最短寻道时间优先算法

最短寻道时间优先算法(SSTF)以寻道优化为出发点，优先为距离磁头当前所在位置最近的磁道(柱面)的访问请求服务。这种算法使每次的寻道时间最短，但也存在缺点：不能保证平均寻道时间最短。

3) 扫描算法

扫描算法(SCAN)也是一种寻道优化的算法，它克服了 SSTF 算法的缺点，既考虑访问磁道与磁头当前位置的距离，又考虑磁臂的移动方向，且以方向优先。这种算法比较公平，而且效率较高。这种算法因其基本思想与电梯的工作原理相似，故又称为电梯算法。

4) 单向扫描调度算法

单向扫描调度算法(CSCAN)存在这样的问题：当磁头刚从里向外移动过某一磁道时，恰有一进程请求访问此磁道，这时该进程必须等待磁头从里向外，然后再从外向里扫描完所有要访问的磁道后，才处理该进程的请求，致使该进程的请求被严重地推迟。为了减少这种延迟，CSCAN 算法规定磁头作单向移动。

2. 旋转调度算法

系统应该选择延迟时间最短的进程对磁盘的扇区进行访问。当有若干等待进程请求访问磁盘上的信息时，旋转调度应考虑以下三种情况。

- 进程请求访问的是同一磁道上的不同编号的扇区。
- 进程请求访问的是不同磁道上的不同编号的扇区。
- 进程请求访问的是不同磁道上具有相同编号的扇区。

2.2.5 文件管理

一、文件与文件系统

1. 文件

文件是具有符号名的，在逻辑上具有完整意义的一组相关信息项的集合。文件可以是有格式的，也可以是无格式的。

信息项是构成文件的基本单位，可以是一个字符，也可以是一个记录。一个文件包括文件体和文件说明。

2. 文件系统

操作系统的文件系统包括两个方面：一方面包括负责管理文件的一组系统软件；另一方面包括被管理的对象——文件。

文件系统的主要功能包括：按名存取、统一的用户接口、并发访问和控制、安全性控制、差错恢复等。

3. 文件类型

根据文件的性质和用途不同，文件有多种分类方法。

- 按文件的用途，文件可以分为系统文件、库文件和用户文件等。
- 按信息保存期限，文件可以分为临时文件、档案文件和永久文件。
- UNIX 系统将文件分为普通文件、目录文件和设备文件(特殊文件)等。
- 按文件的保护方式，文件可以分为只读文件、读写文件、可执行文件和不保护文件等。

目前常用的文件系统类型有：FAT、VFAT、NTFS、Ext2、HPFS 等。

文件分类的目的是对不同文件进行管理，提高系统效率和用户界面的友好性。

二、文件的结构和组织

文件的结构是指文件的组织形式，从用户角度所看到的文件组织形式，称为文件的逻辑结构；从实现角度考察文件在辅助存储器上的存放方式，常称为文件的物理结构。

1. 文件的逻辑结构

一般文件的逻辑结构可以分为两种：无结构的字符流文件和有结构的记录文件，后者也称为有格式文件。

记录文件可分为定长和不定长两类。

- 定长记录文件：指文件中所有记录的长度相同。
- 不定长记录文件：指文件中各记录的长度不相同。

在 UNIX 系统中，所有的文件都被看作流式文件，系统不对文件格式进行处理。

2. 文件的物理结构

文件的物理结构是指文件的内部组织形式，也就是文件在物理存储设备上的存放方法。常用的文件物理结构有以下三种。

1) 顺序结构

顺序结构又称连续结构。这是一种最简单的物理结构，它把逻辑上连续的文件信息依次存放在连续编号的物理块中。只要知道文件在存储设备上的起始地址(首块号)和文件长度(总块数)，就能很快地进行存取。这种结构的优点是访问速度快，缺点是很难增加文件的长度。

2) 链接结构

链接结构将逻辑上连续的文件分散存放在若干不连续的物理块中，每个物理块设有一个指针，指向其后续的物理块。只要指明文件的第一个块号，就可以利用链指针检索整个文件。这种结构的优点是文件长度容易动态变化，缺点是不适合随机存取访问。

3) 索引结构

采用索引结构时，系统为每个文件建立一张索引表，索引表中每一表项指出文件信息所在的逻辑块号和与之对应的物理块号。

对一些大的文件，索引表的大小超过一个物理块时，就会发生索引表的分配问题，一般采用多级(间接索引)技术。这时由索引表指出的物理块中存放的不是文件信息，而是存放文件信息的物理块地址。这样，如果一个物理块能存储 n 个物理块地址，则一次间接索引，可寻址的文件长度将变成 $n \times n$ 块。

UNIX 文件系统采用三级索引结构，文件系统中的 inode 是基本的构件，它表示文件系统树形结构的节点。UNIX 文件索引表项分为四种寻址方式：直接寻址、一级间接寻址、二级间接寻址和三级间接寻址。

三、文件目录

系统为每个文件设置一个描述性数据结构——文件控制块 FCB(File Control Block)，文件目录就是文件控制块的有序集合。

1. 文件控制块

文件控制块是系统为管理文件而设置的一个数据结构。FCB 是文件存在的标志，通常包含三类信息：基本信息类、存取控制信息类和使用信息类。

- 基本信息类：文件名、文件的物理位置、文件长度和文件块数等。
- 存取控制信息类：文件的存取权限。在 UNIX 系统中，将用户分成文件主、同组用户和一般用户三类，它们具有不同的操作权限。
- 使用信息类：建立文件的日期和时间、最后访问日期和时间、最后修改日期和当前使用的信息等。

为了实现文件目录的管理，通常将文件目录以文件的形式保存在外存空间，这个文件就被称为目录文件。目录文件是长度固定的记录式文件。

2. 目录结构

文件目录的组织与管理是文件管理中的一个重要方面，常见的目录结构有三种：一级目录结构、二级目录结构和多级目录结构。

多级目录结构像一棵倒置的有根树，所以也称为树形目录结构。从树根向下，每一个节点是一个目录，叶节点是文件。DOS 和 UNIX 等操作系统均采用多级目录结构。

在采用多级目录结构的文件系统中，用户要访问一个文件，必须指出文件所在的路径名。路径名包含从根目录开始到该文件的通路上所有各级目录名。各级目录名之间，目录名与文件名之间需要用分隔符隔开。例如，在 DOS 中分隔符为"\"，在 UNIX 中分隔符为"/"。绝对路径名是指从根目录开始的完整文件名，即由从根目录开始的所有目录名以及文件名构成的。

四、存取方法和存取控制

1. 文件的存取方法

文件的存取方法是指读写文件存储器上的一个物理块的方法，通常有顺序存取、随机存取和按键存取等方法。

1) 顺序存取

顺序存取就是按从前到后的次序依次访问文件的各个信息项。对于记录式文件，是按记录的排列顺序来存取的。对流式文件，顺序存取反映当前读写指针的变化，在存取完一段信息后，读写指针自动指出下次存取时的位置。

2) 随机存取

随机存取又称直接存取，即允许用户根据记录键存取文件的任意记录，或者是根据存取命令把读写指针移到指定处读写。

3) 按键存取

按键存取法是直接存取法的一种，它不是根据记录的编号或地址来存取文件中的记录，而是根据文件中各记录的某个数据项内容来存取记录的，这种数据项称之为"键"。因此，将这种存取法称为按键存取法。

2. 文件存储空间的管理

外存空间管理的数据结构通常称为磁盘分配表(Disk Allocation Table)。常用的空间管理方法有位示图、空闲区表、空闲块链和成组链接法。

1) 位示图

在外存上建立一张位示图(Bitmap)，记录文件存储器的使用情况。每一位对应文件存储器上的一个物理块，取值 0 和 1 分别表示空闲和占用。文件存储器上的物理块依次编号为 0，1，2，…，假如系统中字长为 32 位，那么在位示图中的第一个字对应文件存储器上的 0，1，

2，…，31 号物理块；第二个字对应文件存储器上的 32，33，34，…，63 号物理块；依次类推。这种方法的主要特点是位示图的大小由磁盘空间的大小(物理块总数)决定，位示图的描述能力强，适用于各种物理结构。

2) 空闲区表

将外存空间上一个连续未分配区域称为"空闲区"。操作系统为磁盘外存上所有空闲区建立一张空闲表，每个表项对应一个空闲区，空闲表中包含序号、空闲区的第一块号、空闲块的块数等信息。它适用于连续文件结构。

3) 空闲块链

每个空闲物理块中都有指向下一个空闲物理块的指针，所有空闲物理块构成一个链表，链表的头指针放在文件存储器的特定位置上(如管理块中)。

4) 成组链接法

在 UNIX 系统中，将空闲块分成若干组，每 100 个空闲块为一组，每组的第一个空闲块登记了下一组空闲块的物理盘块号和空闲块总数，假如一个组的第一个空闲块号等于 0 的话，意味着该组是最后一组，即无下一组空闲块。

五、文件的使用

操作系统在操作级(命令级)和编程级(系统调用和函数)向用户提供文件的服务。操作系统在操作级向用户提供的命令有目录管理类命令、文件操作类命令(如复制、删除和修改)、文件管理类命令(如设置文件权限)等。操作系统在编程级向用户提供的系统调用主要有以下六种。

- 创建文件：如 create(文件名，参数表)。
- 删除文件：如 delete(文件名)。
- 打开文件：如 open(文件名，参数表)。
- 关闭文件：如 close(文件名)。
- 读文件：如 read(文件名，参数表)。
- 写文件：如 write(文件名，参数表)。

六、文件的共享和保护

1. 文件的共享

文件共享是指不同用户进程使用同一文件。常见的文件链接有硬链接和符号链接两种。

1) 硬链接

文件的硬链接是指两个文件目录表目指向同一个索引节点的链接，该链接也称基于索引节点的链接。文件硬链接不利于文件主要删除它所拥有的文件，因为文件主要删除它所拥有的共享文件，必须首先删除(关闭)所有的硬链接，否则就会造成共享该文件的用户目录表目指针悬空。

2) 符号链接

符号链接是指建立的新的文件或目录与原来文件或目录的路径名映射。当访问一个符号链接时，系统通过该映射找到原文件的路径，并对其进行访问。符号链接的缺点：其他用户读取符号链接的共享文件和读取硬链接的共享文件相比，需要增加读盘操作的次数。

2. 文件的保护

文件系统对文件的保护常采用存取控制方式进行，所谓存取控制，就是不同的用户对文件的访问有不同的权限，以防止文件被未经文件主同意的用户访问。

1) 存取控制矩阵

理论上存取控制方法可采用存取控制矩阵实现，它是一个二维矩阵，一维列出计算机的全部用户，另一维列出系统中的全部文件，矩阵中每个元素 A_{ij} 是表示第 i 个用户对第 j 个文件的存取权限。通常存取权限有可读、可写、可执行以及它们的组合。

2) 存取控制表

存取控制表是按用户对文件的访问权限的差别对用户进行分类，由于某一文件往往只与少数几个用户有关，所以这种分类方法可使存取控制表大为简化。UNIX 系统使用的就是这种存取控制表方法。它把用户分成三类，包括文件主、同组用户和其他用户，每类用户的存取权限为可读、可写、可执行的组合。

3) 用户权限表

用户权限表是以用户或用户组为单位将用户可存取的文件集中起来存入表中，表中每个表目表示该用户对相应文件的存取权限，这相当于存取控制矩阵一行的简化。

4) 密码

在创建文件时，由用户提供一个密码，在文件存入磁盘时用该密码对文件内容进行加密。进行读取操作时，要对文件进行解密，只有知道密码的用户才能读取文件。

七、系统的安全与可靠性

1. 系统的安全

系统的安全涉及两类问题：一类涉及技术、管理、法律、道德和政治等问题；另一类涉及操作系统的安全机制。

一般从四个级别上对文件进行安全性管理：系统级、用户级、目录级和文件级。

文件级安全管理是通过系统管理员或文件主对文件属性的设置来控制用户对文件的访问。通常可设置的属性有：只执行、隐含、只读、读写、共享、系统。用户对文件的访问由用户访问权、目录访问权和文件属性三者的权限决定。

2. 文件系统的可靠性

文件系统的可靠性是指系统抵抗和预防各种物理性破坏和人为性破坏的能力。

1) 转储和恢复

常用的转储方法有：静态转储和动态转储、海量转储和增量转储。

2) 日志文件

在计算机系统工作的过程中，操作系统把用户对文件的插入、删除和修改的操作写入日志文件。一旦发生故障，可利用日志文件来进行系统故障的恢复。

3) 文件系统的一致性

影响文件系统可靠性的因素之一是文件系统的一致性问题。通常解决方案是采用文件系统的一致性检查，包括块的一致性检查和文件的一致性检查。

2.2.6 作业管理

一、作业管理概述

作业是系统为完成一个用户的计算任务(或一次事务处理)所做的工作总和。

1. 作业控制

用户可以采用脱机和联机两种控制方式来控制作业的运行。在脱机控制方式中,作业运行的过程是无须人工干预的,因此用户必须编写成作业说明书连同作业一起提交给计算机系统。在联机控制方式中,操作系统向用户提供了一组联机命令,用户可以通过终端输入命令,将自己的意图告诉计算机,以控制作业的运行过程。

作业由程序、数据和作业说明书三部分组成。作业说明书包括作业基本情况、作业控制、作业资源要求的描述。其中:作业基本情况包括用户名、作业名、编程语言、最大处理时间等;作业控制描述包括作业控制方式、作业步的操作顺序、作业执行的出错处理;作业资源要求描述包括处理时间、优先级、主存空间、外设类型和数量、实用程序要求等。

2. 作业状态

作业的状态分为四种:提交、后备、执行和完成。

- 提交:作业提交给计算机中心,通过输入设备送入计算机系统的过程所处的状态称之为提交状态。
- 后备:作业通过 Spooling 系统输入计算机系统的后备存储器(磁盘)中,随时等待作业调度程序调度时的状态。
- 执行:一旦作业被作业调度程序选中,为其分配了必要的资源,并为其建立相应的进程后,该作业便进入了执行状态。
- 完成:当作业正常结束或异常终止时,便进入完成状态。此时由作业调度程序对该作业进行善后处理。如撤销作业的作业控制块,收回作业所占的系统资源,将作业的执行结果形成输出文件放到输出井中,由 Spooling 系统控制输出。

3. 作业控制块(JCB)和作业后备队列

作业控制块是指记录与该作业有关的各种信息的登记表。作业控制块是作业存在的唯一标志。通常将作业控制块排成一个或多个队列,而这些队列通常称为作业后备队列,即作业后备队列是由若干个作业控制块组成的。

二、作业调度

作业调度主要是从后备状态的作业中挑选一个(或一些)作业投入运行。根据不同的调度目标,有不同的调度算法。

1. 调度算法的选择

调度算法的选择主要有以下五点原则:响应时间快;周转时间或加权周转时间短;均衡的资源利用率;吞吐量大;系统反应时间短。

2. 调度算法

作业调度算法有许多种,常见的有如下几种。

- 先来先服务(FCFS)：按作业到达的先后次序调度，它不利于短作业。
- 短作业优先(SJF)：按作业的估计运行时间调度，估计运行时间短的作业优先调度，它不利于长作业，可能会使一个估计运行时间长的作业迟迟得不到服务。
- 响应比高者优先(HRN)：综合上述两者，既考虑作业估计运行时间，又考虑作业等待时间，响应比是：

$$HRN=(估计运行时间+等待时间)/估计运行时间$$

- 优先级调度算法：根据作业的优先级别，优先级高者先调度。
- 均衡调度算法：根据系统运行情况和作业本身进行分类，调度程序从这些分类中轮流挑选作业执行。

3. 作业调度算法性能的衡量指标

在一个以批量处理为主的系统中，通常用平均周转时间或平均周转系数来衡量调度性能的优劣。假设作业 $J_i(i=1, 2, \cdots, n)$ 的提交时间为 t_{si}，执行时间为 t_{ri}，作业完成时间为 t_{oi}，则作业 J_i 的周转时间 T_i 和周转系数 W_i 分别定义为：

$$T_i=t_{oi}-t_{si} \quad (i=1, 2, \cdots, n)$$
$$W_i=T_i/t_{ri} \quad (i=1, 2, \cdots, n)$$

n 个作业的平均周转时间 r 和平均周转系数 W 分别定义为：

$$T=\frac{1}{n}\sum_{i=1}^{n}T_i, \qquad W=\frac{1}{n}\sum_{i=1}^{n}W_i$$

从用户的角度来说，总是希望自己的作业在提交后能立即执行，这就意味着当等待时间为 0 时作业的周转时间最短，即 $T_i=t_{ri}$。但是作业的执行时间 t_{ri} 并不能直观地衡量出系统的性能，而周转系数 W_i 却能直观地反映系统的调度性能。从整个系统的角度来说，不可能满足每个用户的这种要求，而只能是系统的平均周转时间或平均周转系数最小。

三、人机界面

人机界面是计算机中实现用户与计算机通信的软件和硬件部分的总称。人机界面也称为用户接口或用户界面。从计算机用户界面的发展过程来看，人机界面的发展可分为以下四个阶段。

(1) 控制面板式用户界面。
(2) 字符用户界面。
(3) 图形用户界面。
(4) 新一代用户界面。

2.3 真题详解

综合知识试题

试题 1 (2017 年下半年试题 23)

计算机加电自检后，引导程序首先装入的是___(23)___，否则，计算机不能做任何事情。

(23) A．Office 系列软件　　　　　　　B．应用软件

　　　 C．操作系统　　　　　　　　　　D．编译程序

参考答案：(23) C

要点解析：操作系统是在硬件之上，所有其他软件之下，是其他软件的共同环境与平台。操作系统的主要部分是被频繁用到的，因此是常驻内存的(Reside)。计算机加电以后，首先引导操作系统。不引导操作系统，计算机不能做任何事。

试题2 (2017年下半年试题25)

当一个双处理器的计算机系统中同时存在 3 个并发进程时，同一时刻允许占用处理器的进程数 __(25)__ 。

(25) A．至少为 2 个　　　　　　　　　B．最多为 2 个

　　　 C．至少为 3 个　　　　　　　　　D．最多为 3 个

参考答案：(25) B

要点解析：一个双处理器的计算机系统中尽管同时存在 3 个并发进程，但同一时刻允许占用处理器的进程数最多为 2 个。

试题3 (2017年下半年试题26)

假设系统有 n(n>5)个并发进程共享资源 R，且资源 R 的可用数为 2。若采用 PV 操作，则相应的信号量是 S 的取值范围应为 __(26)__ 。

(26) A．−1~n−1　　　　B．−5~2　　　　C．−(n−1)~1　　　　D．−(n−2)~2

参考答案：(26) D

要点解析：初始值资源数为 2，n 个并发进程申请资源，信号量最大为 2，最小为 2−n。

试题4 (2017年下半年试题27)

在磁盘移臂调度算法中，__(27)__ 算法在返程时不响应里程访问磁盘的请求。

(27) A．先来先服务　　B．电梯调度　　C．单向扫描　　D．最短寻道时间优先

参考答案：(27) C

要点解析：在操作系统中常用的磁盘调度算法有：先来先服务调度算法、最短寻道时间优先调度算法、电梯调度算法、单向扫描调度算法等。

移臂调度算法又叫磁盘调度算法，根本目的在于有效利用磁盘、保证磁盘的快速访问。

① 先来先服务调度算法：该算法实际上不考虑访问者要求访问的物理位置，而只是考虑访问者提出访问请求的先后次序。有可能随时改变移动臂的方向。

② 最短寻道时间优先调度算法：从等待的访问者中挑选寻道时间最短的那个请求执行，而不管访问者的先后次序。这也有可能随时改变移动臂的方向。

③ 电梯调度算法：从移动臂当前位置沿移动方向选择最近的那个柱面的访问者来执行，若该方向上无请求访问时，就改变臂的移动方向再选择。

④ 单向扫描调度算法。不考虑访问者等待的先后次序，总是从 0 号柱面开始向里道扫描，按照各自所要访问的柱面位置的次序去选择访问者。在移动臂到达最后一个柱面后，立即快速返回到 0 号柱面，返回时不为任何的访问者提供服务，在返回到 0 号柱面后，再次进行扫描。

试题 5　(2017 年上半年试题 25)

在操作系统的进程管理中若系统中有 6 个进程要使用互斥资源 R,但最多只允许 2 个进程进入互斥段(临界区),则信号量 S 的变化范围是___(25)___。

(25) A. -1～1　　　　B. -2～1　　　　C. -3～2　　　　D. -4～2

参考答案：(25) D

要点解析：信号量初值为 2,当有进程运行时,其他进程访问信号量,信号量就会减 1,因此最小值为 2-6= -4。信号量 S 的变化范围为：-4～2。

2.4　强化训练

2.4.1　综合知识试题

试题 1

在操作系统文件管理中,通常采用___(1)___来组织和管理外存中的信息。

(1) A. 字处理程序　　B. 设备驱动程序　　C. 文件目录　　D. 语言翻译程序

试题 2 和试题 3

假设系统中进程的三态模型如图 2-3 所示,图中的 a、b 和 c 的状态分别为___(2)___；当运行进程执行 P 操作后,该进程___(3)___。

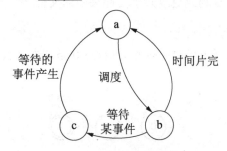

图 2-3　进程的三态模型

(2) A. 就绪、运行、阻塞　　　　B. 运行、阻塞、就绪

　　 C. 就绪、阻塞、运行　　　　D. 阻塞、就绪、运行

(3) A. 处于运行状态　　　　　　B. 处于阻塞状态

　　 C. 处于就绪状态　　　　　　D. 处于运行状态或者进入阻塞状态

试题 4 和试题 5

在网络操作系统环境中,当用户 A 的文件或文件夹被共享时,___(4)___,这是因为访问用户 A 的计算机或网络的人___(5)___。

(4) A. 其安全性与未共享时相比将会有所提高

　　 B. 其安全性与未共享时相比将会有所下降

　　 C. 其可靠性与未共享时相比将会有所提高

  D. 其方便性与未共享时相比将会有所下降

 (5) A. 只能够读取，而不能修改共享文件夹中的文件

   B. 可能能够读取，但不能复制或更改共享文件夹中的文件

   C. 可能能够读取、复制或更改共享文件夹中的文件

   D. 不能够读取、复制或更改共享文件夹中的文件

试题6

  在磁盘移臂调度算法中，___(6)___算法可能会随时改变移动臂的运动方向。

 (6) A. 电梯调度和先来先服务   B. 先来先服务和单向扫描

   C. 电梯调度和最短寻道时间优先 D. 先来先服务和最短寻道时间优先

试题7和试题8

  在网络操作系统环境中，当用户A的文件或文件夹被共享时，___(7)___，这是因为访问用户A的计算机或网络的人___(8)___。

 (7) A. 其安全性与未共享时相比将会有所提高

   B. 其安全性与未共享时相比将会有所下降

   C. 其可靠性与未共享时相比将会有所提高

   D. 其方便性与未共享时相比将会有所下降

 (8) A. 只能够读取，而不能修改共享文件夹中的文件

   B. 可能能够读取，但不能复制或更改共享文件夹中的文件

   C. 可能能够读取、复制或更改共享文件夹中的文件

   D. 不能够读取、复制或更改共享文件夹中的文件

试题9

  某有限状态自动机的状态图如图2-4所示(状态0是初态，状态2是终态)，则该自动机不能识别___(9)___。

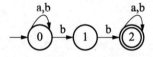

图2-4 某有限状态自动机的状态图

 (9) A. abab   B. aabb   C. bbaa   D. bbab

试题10和试题11

  假设某企业有一个仓库。该企业的生产部员工不断地将生产的产品送入仓库，销售部员工不断地从仓库中取产品。假设该仓库能容纳 n 件产品。采用 PV 操作实现生产和销售的同步模型如图2-5所示，该模型设置了三个信号量 S、S1 和 S2，其中信号量 S 的初值为 1，信号量 S1 的初值为___(10)___，信号量 S2 的初值为___(11)___。

 (10) A. −1   B. 0   C. 1   D. N

 (11) A. −1   B. 0   C. 1   D. N

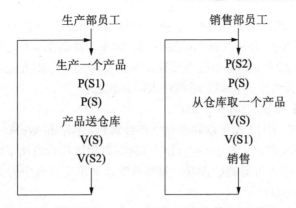

图 2-5　采用 PV 操作实现生产和销售的同步模型

2.4.2　综合知识试题参考答案

【试题 1】答案： (1) C

解析： 操作系统中的文件系统专门负责管理外存储器上的信息，使用户可以"按名"高效、快速和方便地存储信息。为了实现"按名存取"，系统必须为每个文件设置用于描述和控制文件的数据结构，它至少要包括文件名和存放文件的物理地址，这个数据结构称为文件控制块，文件控制块的有序集合称为文件目录。换句话说，文件目录是由文件控制块组成的，专门用于文件检索。文件控制块也称为文件的说明或文件目录项(简称目录项)。

【试题 2 和试题 3】答案： (2)A　(3)D

解析： 试题(2)选 A。在多道程序系统中，进程的运行是走走停停，在处理器上交替运行，状态也不断地发生变化，因此进程一般有三种基本状态：运行、就绪和阻塞，也称为三态模型，如图 2-6 所示。

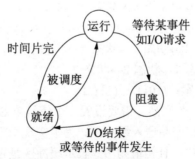

图 2-6　进程的三种基本状态

① 运行：当一个进程在处理机上运行时，称该进程处于运行状态。显然，对于单处理机系统，处于运行状态的进程只有一个。②就绪：一个进程获得了除处理机外的一切所需资源，一旦得到处理机即可运行，则称此进程处于就绪状态。③阻塞：也称等待或睡眠状态，一个进程正在等待某一事件发生(例如，请求 I/O 而等待 I/O 完成等)而暂时停止运行，这时即使把处理机分配给该进程，它也无法运行，故该进程处于阻塞状态。

试题(3)选 D。PV 操作是实现进程同步与互斥的常用方法。P 操作和 V 操作是低级通信原语，在执行期间不可分割。其中，P 操作表示申请一个资源，V 操作表示释放一个资源。

P 操作的定义：S：S−1，若 S≥0，则执行 P 操作的进程继续执行；若 S＜0，则置该进程为阻塞状态(因为无可用资源)，并将其插入阻塞队列。题中，将现在运行进程执行 P 操作，即将 b 进程执行 P 操作，此时，如若系统中还存在剩余资源空间，则 b 进程继续处于运行状态，若系统中没有剩余资源空间，则 b 进程进入阻塞状态。

【试题 4 和试题 5】答案：(4) B　(5) C

解析：在操作系统中，用户 A 可以共享存储在计算机、网络和 Web 上的文件和文件夹，但当用户 A 共享文件或文件夹时，其安全性与未共享时相比将会有所下降，这是因为访问用户 A 的计算机或网络的人可能能够读取、复制或更改共享文件夹中的文件。

【试题 6】答案：(6) D

解析：在操作系统中常用的磁盘调度算法有：先来先服务、最短寻道时间优先、扫描算法、循环扫描算法等。其中，先来先服务是最简单的磁盘调度算法，它根据进程请求访问磁盘的先后次序进行调度，所以该算法可能会随时改变移动臂的运动方向。最短寻道时间优先算法根据进程请求，访问磁盘的寻道距离短的优先调度，因此该算法可能会随时改变移动臂的运动方向。电梯调度法的工作原理是先响应同方向(向内道或向外道方向)的请求访问，然后再响应反方向的请求访问，如同电梯的工作原理一样，因此该算法可能会随时改变移动臂的运动方向。单项扫描算法是电梯调度法的改进，该算法在返程时不响应请求访问，目的是为了解决电梯调度法带来的饥饿问题。

【试题 7 和试题 8】答案：(7) B　(8) C

解析：在操作系统中，用户 A 可以共享存储在计算机、网络和 Web 上的文件和文件夹，但当用户 A 共享文件或文件夹时，其安全性与未共享时相比将会有所下降，这是因为访问用户 A 的计算机或网络的人可能能够读取、复制或更改共享文件夹中的文件。

【试题 9】答案：(9) A

解析：对于选项 A，从状态图的状态 0 出发，识别 a 后到达状态 0，识别 b 后到达状态 1，由于不存在从状态 1 出发识别 a 的状态转移，因此，abab 不能被该自动机识别。对于选项 B，识别 aabb 的状态转移路是状态 0→状态 0→状态 1→状态 2。对于选项 C，识别 bbaa 的状态转移路是状态 0→状态 1→状态 2→状态 2→状态 2。对于选项 D，识别 bbab 的状态转移路是状态 0→状态 1→状态 2→状态 2→状态 2。

【试题 10 和试题 11】答案：(10) D　(11) B

解析：由于仓库能容纳 n 个产品，需要设置一个信号量 S1，且初值为 n，表示仓库有存放 n 个产品的空间，可以将产品送入缓冲区。为了实现生产部员工与销售部员工间的同步问题，设置另一个信号量 S2，且初值为 0，表示缓冲区是否有产品。这样，当生产部员工将生产产品送入缓冲区时，需要判断缓冲区是否为空，需要执行 P(S1)，产品放入缓冲区后需要执行 V(S2)，通知销售部仓库已经有产品。而销售部员工在取产品销售之前必须判断仓库是否有产品，需要执行 P(S2)，取走产品后仓库空出一个存储单元，需要执行 V(S1)。

第 3 章

程序设计语言基础知识

3.1 备考指南

3.1.1 考纲要求

据考试大纲考核要求，在"程序设计语言基础知识"模块中，考生需掌握以下几方面的内容。

(1) 程序设计语言的基本成分：数据、运算、控制和传输。

(2) 语言翻译基础知识(汇编、编译、解释)。

(3) 程序语言的类型和特点。

3.1.2 考点统计

"程序设计语言基础知识"模块在历次程序员考试试卷中出现的考核知识点及分值的分布情况如表 3-1 所示。

表 3-1 历年考点统计表

年 份	题 号	知 识 点	分 值
2017 年 下半年	上午题：28~34	程序设计语言的基础知识、语言处理程序基础	7 分
	下午题：无		0 分
2017 年 上半年	上午题：28~35	程序设计语言的基础知识、语言处理程序基础	8 分
	下午题：无		0 分

续表

年 份	题 号	知 识 点	分 值
2016 年 下半年	上午题: 28~35	程序设计语言的基础知识、语言处理程序基础	8分
	下午题: 无		0分
2016 年 上半年	上午题: 28~33	程序设计语言的基础知识、语言处理程序基础	6分
	下午题: 无		0分
2015 年 下半年	上午题: 28~34	程序语言的类型和特点、语言处理程序基础	7分
	下午题: 无		0分

■ 3.1.3　命题特点

　　纵观历年试卷，本章知识点是以选择题、计算题、简答题的形式出现在试卷中的。本章知识点在历次考试的"综合知识"试卷中，所考查的题量为4～8道选择题，所占分值为4～8分(占试卷总分值75分中的5.33%～10.67%)。大多数试题偏重于实践应用，检验考生是否理解相关的理论知识点和实践经验，考试难度中等。

3.2　考点串讲

■ 3.2.1　程序设计语言的基础知识

一、程序设计语言的基本概念

　　计算机程序设计语言是用来编写程序的语言，是软件系统的重要组成部分，与程序设计语言相对应的各种语言处理程序则为该语言提供支持和辅助作用。程序设计语言一般分为机器语言、汇编语言和高级语言三大类。

　　机器语言是最基本的、出现最早的计算机编程语言，是唯一可以为计算机直接执行的语言。用机器语言编写的程序小，执行效率高，占用内存空间小，运行速度快，可以直接控制计算机的硬件。但是用机器语言编程对程序设计者的水平要求很高，他们必须对所使用的计算机的硬件工作原理及线路连接关系十分清楚。

　　使用助记符和有关符号编写的程序被称为汇编语言程序。由于计算机只能够识别二进制代码，而不能够识别这些符号，因此还必须通过某种方法将汇编语言程序"翻译"成相应的二进制代码。由这些二进制代码组成的程序称为目标程序，"翻译"过程称为汇编。

　　机器语言和汇编语言都是"面向机器"的程序设计语言，人们习惯上称它们为"低级语言"。随着计算机的迅速普及和人们对解决日益增加的实际问题的需要，出现了各种形式的高级语言。高级语言又称为算法语言，是一种"面向问题"的程序设计语言。

　　高级语言是普及型的计算机程序设计语言，其各种命令的形式接近于自然语言和数学算式的格式表示。它们有着各自的特点，有着各自严格的语法语义规则，便于记忆、书写、阅读和修改。使用高级语言编写的程序的每一条命令，从字面上就能看出其含义。高级语言基本上摆脱了机器类型的影响，程序设计者在进行程序设计时可以不考虑机器的硬件结构，只需要掌握应用问题的解决方法和有关的算法，按照语言的语法规则书写命令，就可以编出程序。

　　使用某种高级语言编写出来的程序被称为该语言的源程序。计算机不能直接识别用高级语言编写的程序指令，必须将高级语言程序"翻译"成计算机可以直接识别的机器语言程序。然而，用人工进行这样的"翻译"实际上是不可能的。因此，人们在创造高级语言的同时还要编写出用计算机自身将高级语言程序"翻译"成机器语言程序的软件。这样的"翻译"软件叫作高级语言的编译软件(程序)。在编辑和执行高级语言程序的时候都需要有该种语言的编译软件的参与。

　　使用高级语言编程的方法和思路很接近人与人之间的自然语言交流和数字描述，因此编程效率高，编程的时候基本上不涉及计算机的硬件知识，便于普及，程序的通用性好。但是高级语言程序不如机器语言简练，翻译转换后生成的目标程序冗余大，运行时占用的内存多，速度较慢。

　　使用高级语言编写程序时与具体的计算机硬件无关，因此可大大简化程序的编制和调试工作，而且使用高级语言编写的程序通用性强、可移植性好，例如，Pascal 和 C 语言等高级程序设计语言就是典型的代表。

　　典型的高级语言根据其应用领域、数据类型、语句、程序结构等方面的不同，可分为 Fortran、Algol、Pascal、C、C++、Java、COBOL、Lisp、Prolog 等，而流行的结构化程序设计语言和面向对象程序设计语言是读者需要熟练掌握的两种程序设计语言风格。

二、程序设计语言的种类和特点

　　程序设计语言是用来编写计算机程序的语言，是对计算任务的处理对象和处理规则的描述，可以分为机器语言、汇编语言和高级语言三类。

　　根据程序设计的方法大致把程序语言分为命令式程序设计语言、面向对象程序设计语言、函数式程序设计语言和逻辑型程序设计语言等。

　　命令式程序设计语言有 Fortran、Pascal 和 C 语言；面向对象程序设计语言有 C++、Java 和 Smaltalk 等；函数式语言有 Lisp；逻辑型程序设计语言有 Prolog。

三、程序设计语言的基本成分

　　程序设计语言的基本成分包括数据、运算、控制和传输等。

1. 程序设计语言的数据成分

　　程序设计语言包括语法、语义、语用三个方面。语法表示程序的结构，即表示构成语言的各记号间的组合规则；语义表示程序的含义，即表示按照各种方法所使用的各个记号的特定含义；语用表示程序与使用者的关系。

　　程序设计语言的数据成分指的是一种程序设计语言的数据类型。数据是程序操作的对象，具有存储类、类型、名称、作用域和生存期等属性，使用时要为它分配内存空间。数据名称由用户通过标识符命名,标识符由字母、数字和下划线组成;类型说明数据占用内存的大小和存放形式;存储类说明数据在内存中的位置和生存期;作用域则说明可以使用数据的代码范围;生存期说明数据占用内存的时间范围。从不同角度可将数据进行不同的划分。

1) 常量和变量

按照程序运行时数据的值能否改变,数据分为常量和变量。程序中的数据对象可以具有左值和右值。左值指存储单元(或地址、容器),右值指值(或内容)。变量具有左值和右值,在程序运行过程中其右值可以改变;常量只有右值,在程序运行过程中其右值不能改变。

2) 全局变量和局部变量

按数据的作用域范围,数据可分为全局变量和局部变量。系统为全局变量分配的存储空间在程序运行的过程中一般是不改变的,而为局部变量分配的存储单元在程序运行的过程中是动态改变的。

3) 数据类型

按照数据组织形式的不同可将数据分为基本类型、用户定义类型、构造类型及其他类型。

2. 程序设计语言的运算成分

程序设计语言的运算成分指明允许使用的运算符及运算规则。大多数高级程序设计语言的基本运算可以分成算术运算、关系运算和逻辑运算等,有些语言如 C(C++)还提供位运算。运算符号的使用与数据类型密切相关。为了确保运算结果的唯一性,运算符号要规定优先级和结合性,必要时还要使用圆括号。

3. 程序设计语言的控制成分

程序设计语言的控制成分指明语言允许表述的控制结构,程序员使用控制成分来构造程序中的控制逻辑。理论上已经证明,可计算问题的程序都可以用顺序、选择和重复这三种控制结构来描述。

4. 程序设计语言的传输成分

程序设计语言的传输成分指明语言允许的数据传输方式,如数据的输入和输出等。

3.2.2 语言处理程序基础

一、汇编程序基本原理

汇编语言源程序由若干条语句组成,一个程序中可以有三类语句:指令语句、伪指令语句和宏指令语句。

指令语句又称为机器指令语句,将其汇编后能产生相应的机器代码,这些代码能被 CPU 直接识别并执行相应的操作。伪指令语句指示汇编程序在汇编源程序时完成某些工作,比如给变量分配存储单元地址,给某个符号赋值等。在汇编语言中,将多次重复使用的程序段定义为宏。在程序的任意位置,若需要使用这些程序段,只要在相应的位置使用宏名,就相当于使用了这段程序。

汇编程序的功能是将汇编语言所编写的源程序翻译成机器指令程序。其主要工作包括：将每一条可执行汇编语句转换成对应的机器指令；处理程序中出现的伪指令和宏指令。一般需要两次扫描源程序才能完成翻译过程。

二、编译程序基本原理

编译程序的功能就是把用某种高级语言书写的源程序翻译成与之等价的低级语言的目标程序，如图 3-1 所示。

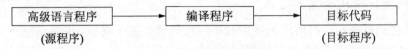

图 3-1　编译程序的功能

编译程序一般可划分为前后衔接的六个阶段：词法分析、语法分析、语义分析、中间代码生成、代码优化和目标代码生成，如图 3-2 所示。

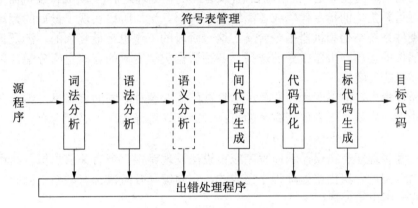

图 3-2　编译程序的结构

1. 词法分析阶段的主要任务

词法分析阶段是编译过程的第一个阶段。词法分析的任务是：从左到右一个字符一个字符地输入源程序，对构成源程序的字符串进行扫描和分解，识别出一个个的单词符号(简称单词或符号)。单词是程序设计语言的基本语法符号，例如，保留字(begin、end、if、for 和 while 等)、标识符、常数、算符及界符(标点符号和左右括号等)。

在词法分析这一阶段的工作中，所依循的是语言的构词规则。

2. 语法分析阶段的主要任务

语法分析的任务是：在词法分析的基础上，根据语言的语法规则(文法规则)，把单词符号串分解成各类语法单位，例如，"短语""子句""句子"("语句")"程序段"和"程序"。通过语法分解，确定整个输入串是否构成一个语法上正确的"程序"。在语法分析这一阶段的工作中，所依循的是语言的语法规则。

3. 语义分析阶段的主要任务

语义分析阶段主要检查源程序是否包含语义错误，并收集类型信息供后面的代码生成阶段使用，只有语法和语义都正确的源程序才能被翻译成正确的目标代码。语义分析的一个主要工作是进行类型分析和检查。程序语言中的一个数据类型一般包含两个方面的内容:类型的载体及其上的运算。

4. 中间代码生成阶段的主要任务

中间代码产生的任务是根据语义分析的输出生成中间代码。中间代码是一种简单且含义明确的记号系统。中间代码设计原则有两点:一是容易生成;二是容易将它翻译成目标代码。

5. 代码优化阶段的主要任务

代码优化的任务是:对前阶段产生的中间代码进行加工变换,以期在最后阶段能产生出更为高效(省时间和省空间)的目标代码。优化的主要方面有:公共子表达式的提取、循环优化和算符归约等。在代码优化这一阶段的工作中,所依循的原则是程序的等价变换规则。

6. 目标代码生成阶段的主要任务

目标代码生成的任务是:把中间代码(或者经优化处理之后)变换成特定机器上的绝对指令代码、可重新定位的指令代码或者汇编指令代码。这一阶段实现了最后的翻译,它的工作有赖于硬件系统结构和机器指令含义。这一阶段的工作也是最复杂的,涉及计算机硬件系统功能部件的运用,机器指令的选择,各种数据类型变量的存储空间分配,以及寄存器和后缓寄存器的调度等。

在编译过程中,汇编源程序的各种信息被保留在各种不同的表格里,编译各阶段的工作都涉及构造、查找,或者更新有关的表格。因此,编译程序中必须含有一组管理各种表格的程序。

如果汇编源程序有错误,编译程序应该设法发现错误,把有关信息报告给用户。这部分工作是由专门的一组出错处理程序完成的,它与编译各阶段都有联系。因此,编译程序中必须含有一组出错处理程序。

三、解释程序基本原理

解释程序是另一种语言处理程序,在词法、语法和语义分析方面与编译程序的工作原理基本相同,但是在运行用户程序时,它直接执行源程序,不产生源程序的目标程序。

下面简要描述一下解释程序的结构,这类系统通常可以分为两部分:第一部分是分析部分,包括词法分析、语法分析和语义分析程序,经语义分析后把源程序翻译成中间代码,中间代码通常用逆波兰式表示;第二部分是解释部分,用来对第一部分产生的中间代码进行解释执行。

3.3 真题详解 ■■■

综合知识试题

试题1 (2017年下半年试题28)

适合开发设备驱动程序的编程语言是__(28)__。

(28) A．C++ B．Visua1 Basic C．Python D．Java

参考答案： (28)A

要点解析： 汇编：和机器语言一样有高效性，功能强大；编程很麻烦，难发现哪出现错误。在运行效率要求非常高时内嵌汇编。

C：执行效率很高，能对硬件进行操作的高级语言；不支持 OOP。适用于编操作系统，驱动程序；

C++：执行效率也高，支 OOP，功能强大；难学。适用于编大型应用软件和游戏。

C#：简单，可网络编程；执行效率比上面的慢。适用于快速开发应用软件。

Java：易移植；执行效率慢。适用于网络编程、手机等的开发。

试题 2 (2017 年下半年试题 29)

编译和解释是实现高级程序设计语言的两种方式，其区别主要在于__(29)__。

(29) A．是否进行语法分析 B．是否生成中间代码文件

C．是否进行语义分析 D．是否生成目标程序文件．

参考答案： (29)D

要点解析： 在实现程序语言的编译和解释两种方式中，编译方式下会生成用户源程序的目标代码，而解释方式下则不产生目标代码。目标代码经链接后产生可执行代码，可执行代码可独立加载运行，与源程序和编译程序都不再相关。而在解释方式下，在解释器的控制下执行源程序或其中间代码，因此相对而言，用户程序执行的速度更慢。

试题 3 (2017 年下半年试题 30)

若程序中定义了三个函数 f1、f2 和 f3，并且函数 f2 执行时会调用口、函数 f2 执行时会调用 f3，那么正常情况下__(30)__。

(30) A．f3 执行结束后返回 f2 继续执行，f2 结束后返回 f1 继续执行

B．f3 执行结束后返回 f1 继续执行，f1 结束后返回 f2 继续执行

C．f2 执行结束后返回 f3 继续执行，f3 结束后返回 f1 继续执行

D．f2 执行结束后返回 f1 继续执行，f1 结束后返回 f3 继续执行

参考答案： (30)A

要点解析： 当程序语言允许嵌套调用函数时，应遵循先入后出的规则。即函数 f1 调用 f2、f2 调用 f3，应先从 f3 返回 f2，然后从 f2 返回 f1。

试题 4 (2017 年下半年试题 31)

下图所示的非确定有限自动机 (s0 为初态，s3 为终态)可识别字符串为__(31)__。

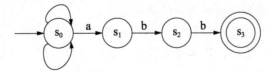

(31) A．bbaa B．aabb C．abab D．baba

参考答案： (31)B

要点解析： 按箭头顺序识别即可，注意两次 a。

试题5 (2017年下半年试题33)

在单入口单出口的 do…while 循环结构__(33)__。

(33) A. 循环体的执行次数等于循环条件的判断次数

B. 循环体的执行次数多于循环条件的判断次数

C. 循环体的执行次数少于循环条件的判断次数

D. 循环体的执行次数与循环条件的判断次数无关

参考答案：(33)A

要点解析：do…while 为先执行后判断，执行次数和判断次数相等。

试题6 (2017年下半年试题34)

将程度中多处使用的同一个常数定义为常量并命名__(34)__。

(34) A. 提高了编译效率　　　　　　　B. 缩短了源代码长度

C. 提高了源程序的可维护性　　　D. 提高了程序的运行效率

参考答案：(34)C

要点解析：本题考查程序语言基础知识。编写源程序时，将程序中多处引用的常数定义为一个符号常量可以简化对此常数的修改操作(只需改一次)，并提高程序的可读性，以便于理解和维护。

试题7 (2017年上半年试题28)

用某高级程序设计语言编写的源程序通常被保存为__(28)__。

(28) A. 位图文件　　　　　　　　　　B. 文本文件

C. 二进制文件　　　　　　　　　D. 动态链接库文件

参考答案：(28)B

要点解析：源程序，是指未经编译的，按照一定的程序设计语言规范书写的，人类可读的文本文件。通常由高级语言编写。源程序可以是以书籍或者磁带或者其他载体的形式出现，但最为常用的格式是文本文件，这种典型格式的目的是编译出计算机可执行的程序。将人类可读的程序代码文本翻译成为计算机可以执行的二进制指令，这种过程叫作编译，由各种编译器来完成。一般用高级语言编写的程序称为源程序。

试题8 (2017年上半年试题29)

将多个目标代码文件装配成一个可执行程序的程序称为__(29)__。

(29) A. 编译器　　　B. 解释器　　　C. 汇编器　　　D. 链接器

参考答案：(29)D

要点解析：本题考查程序设计语言的基础知识。

用高级程序设计语言编写的源程序不能在计算机上直接执行，需要进行解释或编译。将源程序编译后形成目标程序，再链接上其他必要的目标程序后形成可执行程序。

试题9 (2017年上半年试题30)

通用程序设计语言可用于编写多领域的程序，__(30)__属于通用程序设计语言。

(30) A. HTML　　　B. SQL　　　C. Java　　　D. Verilog

参考答案：(30)C

要点解析：汇编语言是与机器语言对应的程序设计语言，因此也是面向机器的语言。从适用范围而言，某些程序语言在较为广泛的应用领域被使用来编写软件，因此成为通用程序设计语言，常用的如 C/C++、Java 等。

关系数据库查询语言特指 SQL，用于存取数据以及查询、更新和管理关系数据库系统中的数据。函数式编程是一种编程范式，它将计算机中的运算视为函数的计算。函数编程语言最重要的基础是λ演算。而且λ演算的函数可以接受函数当作输入(引数)和输出(传出值)。

试题 10 (2017 年上半年试题 31)

如果要使得用 C 语言编写的程序在计算机上运行，则对其源程序需要依次进行 (31) 等阶段的处理。

(31) A. 预处理、汇编和编译   B. 编译、链接和汇编

       C. 预处理、编译和链接   D. 编译、预处理和链接

参考答案：(31)C

要点解析：源程序的处理步骤：预处理、编译、链接、运行。

试题 11 (2017 年上半年试题 32)

一个变量通常具有名字、地址、值、类型、生存期、作用域等属性，其中，变量地址也称为变量的左值(l-value)，变量的值也称为其右值(r-value)。当以引用调用方式，实现函数调用时， (32) 。

(32) A. 将实参的右值传递给形参   B. 将实参的左值传递给形参

       C. 将形参的右值传递给实参   D. 将形参的左值传递给实参

参考答案：(32)B

要点解析：形参：全称为"形式参数"是在定义函数名和函数体的时候使用的参数，目的是用来接收调用该函数时传如的参数。

实参：全称为"实际参数"是在调用时传递个该函数的参数。函数调用时基本的参数传递方式有传值与传地址两种，在传值方式下是将实参的值传递给形参，因此实参可以是表达式(或常量)，也可以是变量(或数组元素)，这种信息传递是单方向的，形参不能再将值传回给实参。

在传地址方式下，需要将实参的地址传递给形参，因此，实参必须是变量(或数组元素)，不能是表达式(或常量)。这种方式下，被调用函数中对形式参数的修改实际上就是对实际参数的修改，因此客观上可以实现数据的双向传递。题干涉及的引用调用就是将实参的地址传递给形参的形式。

试题 12 (2017 年上半年试题 33)

表达式可采用后缀形式表示，例如，"a+b"的后缀式为"ab+".那么，表达式"a*(b-c)+d"的后缀式表示为 (33) 。

(33) A. abc-*d+   B. Abcd*-+   C. abcd-*+   D. ab-c*d+

参考答案：(33)A

要点解析：要先看运算顺序，为 b-c，表示为 bc-，然后是 a*(b-c)，表示为 abc-*，最后 a*(b-c)+d 表示为 abc-*d+。

试题 13 (2017 年上半年试题 34)

对布尔表达式进行短路求值是指在确定表达式的值时，没有进行所有操作数的计算。对于布尔表达式 "a or((b>c)and d)"，当 __(34)__ 时可进行短路计算。

(34) A. a 的值为 true   B. d 的值为 true

       C. b 的值为 true   D. c 的值为 true

参考答案：(34)A

要点解析：短路运算指的是：且前面是 0 时，且后面的不计算。或前面不是 0 时，或后面的不计算。

试题 14 (2017 年上半年试题 35)

在对高级语言编写的源程序进行编译时，可发现源程序中 __(35)__ 。

(35) A. 全部语法错误和全部语义错误   B. 部分语法错误和全部语义错误

       C. 全部语法错误和部分语义错误   D. 部分语法错误和部分运行错误

参考答案：(35)C

要点解析：高级语言源程序中的错误分为两类：语法错误和语义错误，其中语义错误又可分为静态语义错误和动态语义错误。语法错误是指语言结构上的错误，静态语义错误是指编译时就能发现的程序含义上的错误，动态语义错误只有在程序运行时才能表现出来。

试题 15 (2016 年上半年试题 28、29)

一个应用软件的各个功能模块可采用不同的编程语言来编写，分别编译并产生 __(28)__ ，再经过 __(29)__ 后形成在计算机上运行的可执行程序。

(28) A. 源程序   B. 目标程序

       C. 汇编程序   D. 子程序

(29) A. 汇编   B. 反编译

       C. 预处理   D. 链接

参考答案：(28)B   (29)D

要点解析：有些软件采用 "编写—编译—链接—运行" 的过程来创建。将源程序编译后产生目标程序，然后再与其他模块进行链接来产生可执行程序。

试题 16 (2016 年上半年试题 30)

函数调用时若实参是数组名，则是将 __(30)__ 传递给对应的形参。

(30) A. 数组元素的个数   B. 数组所有元素的拷贝

       C. 数组空间的起始地址   D. 数组空间的大小

参考答案：(30)C

要点解析：本题考查程序语言基础知识。

函数调用以数组作为实参时，是将数组空间的首地址传递给对应的形参，要求形参是指针参数。

试题 17 (2016 年上半年试题 31)

函数 main、test 的定义如下所示，调用函数 test 时，第一个参数采用传值方式，第二个参数采用传引用方式，main 函数中 "print(x,y)" 执行后，输出结果为 __(31)__ 。

```
main()                          test(int x,int&a)

int x=1,y=5;                    a=x+a*2;
test(y,x);                      x=x+1;
print(x,y);                     return;
```

(31) A．1，5　　　　　B．3，5　　　　　C．7，5　　　　　D．7，10

参考答案：(31)C

要点解析：程序执行时调用函数 test 时，是将第一个实参 y 的值拷贝给形参 x，而将第二个实参 x 的地址传递给形参 a，或者可以理解为在 test 中对 a 的修改等同于是对 main 函数中 x 的修改。因此 test 执行时，其运算"a=x+a*2"就是"a=5+1*2"，结果是将 a(初始值为 1)的值修改为 7，也就是 main 中 x 的值变为 7。而"x=x+1"仅修改 test 中 x 的值，与 main 中的 y 和 x 都无关。因此，在 main 函数中执行"print(x，y)"后，输出的值为"7，5"。

3.4　强化训练

3.4.1　综合知识试题

试题 1

在计算机系统中，除了机器语言，　(1)　也称为面向机器的语言。

(1) A．汇编语言　　　　　　　　B．通用程序设计语言
　　C．关系数据库查询语言　　　　D．函数式程序设计语言

试题 2

编译过程中使用　(2)　来记录源程序中各个符号的必要信息，以辅助语义的正确性检查和代码生成。

(2) A．散列表　　　　B．符号表　　　　C．单链表　　　　D．决策表

试题 3

算术表达式 a+b-c*d 的后缀式是　(3)　(-、+、*表示算术的减、加、乘运算，运算符的优先级和结合性遵循惯例)。

(3) A．ab+cd*-　　　B．abc+-d*　　　C．abcd+-*　　　D．ab+c-d*

试题 4

编译过程中符号表的作用是记录　(4)　中各个符号的必要信息，以辅助语义的正确性检查和代码生成。

(4) A．源程序　　　B．目标程序　　　C．汇编程序　　　D．可执行程序

试题 5

表达式"a*(b-c)+d"的后缀式为　(5)　。

(5) A．abcd*-+　　　B．ab*c-d+　　　C．ab-cd+*　　　D．abc-*d+

试题 6

通过程序设计活动求解问题时,通常可分为问题建模、算法设计、编写代码和编译调试四个阶段。 (6) 阶段的工作与所选择的程序语言密切相关。

(6) A. 问题建模和算法设计   B. 算法设计和编写代码

     C. 问题建模和编译调试   D. 编写代码和编译调试

试题 7

将高级语言源程序翻译成机器语言程序的过程中常引入中间代码。以下关于中间代码的叙述中,正确的是 (7) 。

(7) A. 中间代码不依赖于具体的机器

     B. 不同的高级程序语言不能翻译为同一种中间代码

     C. 汇编语言是一种中间代码

     D. 中间代码的优化必须考虑运行程序的具体机器

试题 8

程序中的错误一般可分为语法错误和语义错误两类,其中,语义错误可分为静态语义错误和动态语义错误。 (8) 属于动态语义错误。

(8) A. 关键词(或保留字)拼写错误   B. 程序运行中变量取值为 0 时作为除数

     C. 表达式的括号不匹配   D. 运算符的运算对象类型不正确

试题 9

程序语言提供的传值调用机制是将 (9) 。

(9) A. 实参的值传递给被调用函数的形参

     B. 实参的地址传递给被调用函数的形参

     C. 形参的值传递给被调用函数的实参

     D. 形参的地址传递给被调用函数的实参

试题 10

以下关于解释器运行程序的叙述中,错误的是 (10) 。

(10) A. 可以先将高级语言程序转换为字节码,再由解释器运行字节码

     B. 可以由解释器直接分析并执行高级语言程序代码

     C. 与直接运行编译后的机器码相比,通过解释器运行程序的速度更慢

     D. 在解释器运行程序的方式下,程序的运行效率比运行机器代码更高

试题 11

在编译器和解释器的工作过程中, (11) 是指对高级语言源程序进行分析以识别出记号的过程。

(11) A. 词法分析   B. 语法分析   C. 语义分析   D. 代码优化

试题 12

(12) 的任务是将来源不同的编译单元装配成一个可执行程序。

(12) A. 编译程序   B. 解释程序   C. 链接程序   D. 装入程序

试题 13

某有限自动机的状态图如图 3-3 所示，其特点是　(13)　。

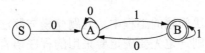

图 3-3　某有限自动机的状态

(13) A. 仅识别以 0 开始以 1 结尾的 0、1 串

B. 仅识别含有 3 个 0 的 0、1 串

C. 仅识别含有偶数个 1 的 0、1 串

D. 仅识别以 0 开始以 1 结尾且 0 与 1 交错出现的 0、1 串

试题 14

算术表达式 a+b*(c+d/e)可转换为后缀表达式　(14)　。

(15) A. abcde*/++　　　B. abcde/+*+　　　C. abcde*+/+　　　D. abcde/*++

3.4.2　综合知识试题参考答案

【试题 1】答案：(1)A

解析：汇编语言是与机器语言对应的程序设计语言，因此也是面向机器的语言。

从适用范围而言，某些程序语言在较为广泛的应用领域被使用来编写软件，因此成为通用程序设计语言，常用的如 C/C++、Java 等。

关系数据库查询语言特指 SQL，用于存取数据以及查询、更新和管理关系数据库系统中的数据。

函数式编程是一种编程范式，它将计算机中的运算视为函数的计算。函数编程语言最重要的基础是λ演算(lambda calculus)，其可以接受函数当作输入(参数)和输出(返回值)。

【试题 2】答案：(2)B

解析：本题考查程序语言处理基础知识。编译过程中符号表的作用是连接声明与引用的桥梁，记住每个符号的相关信息，如作用域和绑定等，帮助编译的各个阶段正确有效地工作。符号表设计的基本设计目标是合理存放信息和快速准确查找。符号表可以用散列表或单链表来实现。

【试题 3】答案：(3)A

解析：后缀式(逆波兰式)是波兰逻辑学家卢卡西维奇发明的一种表示表达式的方法。这种表示方式把运算符写在运算对象的后面，例如，把 a+b 写成 ab+，所以也称为后缀式。

算术表达式 a+b-c*d 的后缀式为 ab+cd*-。

【试题 4】答案：(4)A

解析：面符号表的作用是记录源程序中各个符号的必要信息，以辅助语义的正确性检查和代码生成，在编译过程中需要对符号表进行快速有效的查找、插入、修改和删除等操作。符号表的建立可以始于词法分析阶段，也可以放到语法分析和语义分析阶段，但符号表的使用有时会延续到目标代码的运行阶段。

【试题 5】答案：(5)D

解析：在后缀表示方式下，运算对象自左至右依次书写，运算符紧跟在需要参与运算的对象后面。对于"a*(b−c)+d",运算次序为b−c,之后与a相乘,最后再与d相加,因此其后缀表示为"abc−*d+"。

【试题6】答案:(6)D

解析:通过开发程序解决问题的工程中,问题建模与算法设计可以不考虑现实程序所用的语言,编写程序代码时则一定先要确定要采用的程序语言,编译调试工具更是针对特定语言开发的。

【试题7】答案:(7)A

解析:中间代码生成阶段的工作是根据语义分析的输出生成中间代码。"中间代码"是一种简单且含义明确的记号系统,可以有若干种形式,它们的共同特征是与具体的机器无关。中间代码的设计原则主要有两点:一是容易生成,二是容易被翻译成目标代码。

【试题8】答案:(8)B

解析:用户编写的源程序不可避免地会有一些错误,这些错误大致可分为语法错误和语义错误,有时也用静态错误和动态错误的说法。动态错误也称动态语义错误,它们发生在程序运行时,例如变量取零时作除数、引用数组元素下标越界等错误。静态错误是指编译时所发现的程序错误,可分为语法错误和静态语义错误,如单词拼写错误、标点符号错、表达式中缺少操作数、括号不匹配等有关语言结构上的错误称为语法错误;而语义分析时发现的运算符与运算对象类型不合法等错误属于静态语义错误。

【试题9】答案:(9)A

解析:传值调用是指将实参的值传递给形参,然后执行被调用的函数。实参可以是常量、变量、表达式和函数调用等。

【试题10】答案:(10)D

解析:解释程序也称为解释器,它可以直接解释执行源程序,或者将源程序翻译成某种中间表示形式后再加以执行;而编译程序(编译器)则首先将源程序翻译成目标语言程序,然后在计算机上运行目标程序。

解释程序在词法、语法和语义分析方面与编译程序的工作原理基本相同。一般情况下,在解释方式下运行程序时,解释程序可能需要反复扫描源程序。例如,每一次引用变量都要进行类型检查,甚至需要重新进行存储分配,从而降低了程序的运行速度。在空间上,以解释方式运行程序需要更多的内存,因为系统不但需要为用户程序分配运行空间,而且要为解释程序及其支撑系统分配空间。

【试题11】答案:(11)A

解析:解释器(解释程序)与编译器(编译程序)在词法、语法和语义分析方面的工作方式基本相同。源程序可以简单地被看成一个多行的字符串。词法分析阶段是编译过程的第一阶段,这个阶段的任务是对源程序从前到后(从左到右)逐个字符地扫描,从中识别出一个个"单词"符号(或称为记号)。

【试题12】答案:(12)C

解析:链接程序的任务是将来源不同的编译单元装配成一个可执行程序。

【试题13】答案:(13)A

解析:从图6-3中可以得知,该有限自动机仅识别以0开始以1结尾的0、1串,所以正确答案为A。

【试题14】答案:(14)B

解析:算术表达式 a+b*(c+d/e)可转换为后缀表达式 abcde/+*+。

第 4 章
数据结构与算法

4.1 备考指南

4.1.1 考纲要求

根据考试大纲中相应的考核要求，在"数据结构与算法"知识模块中，要求考生掌握以下几方面的内容。

(1) 线性结构：线性表(链表)、队列、栈、串的定义、基本操作。

(2) 数组：数组、矩阵的定义、基本运算、存储结构。

(3) 树与二叉树：定义与基本运算、性质、二叉树的遍历、存储结构、二叉树与树、森林的转换、应用。

(4) 图：图的定义、基本运算、存储结构、遍历、最小生成树、拓扑排序、最短路径。

(5) 查找算法：顺序查找、折半查找、分块查找、散列函数及查找。

(6) 排序算法：简单排序、希尔排序、快速排序、堆排序、归并排序、基数排序。

(7) 算法与数据结构的关系：时间复杂度、平均查找长度。

4.1.2 考点统计

"数据结构与算法"知识模块在历次程序员考试试卷中出现的考核知识点及分值分布情况如表 4-1 所示。

表4-1 历年考点统计表

年 份	题 号	知 识 点	分 值
2017 年 下半年	上午题：37~43	栈、折半查找、线性探查法、二叉树、有向图、插入排序	7 分
	下午题：1、4	数据结构、流程图、选择排序算法	30 分
2017 年 上半年	上午题：36~44	排序算法、二叉树、栈、数组、串、折半查找、无向图	9 分
	下午题：1	数据结构、二维数组、流程图、N-S 图、算法	15 分
2016 年 下半年	上午题：35~43	数组、线性表、栈、归并排序、树、无向图、线性结构、数组和矩阵、算法、N-S 图	9 分
	下午题：1、3、4	流程图、N-S 图、排序算法、图的遍历	30 分
2016 年 上半年	上午题：34~43	线性结构、栈、队列、二叉树、矩阵、排序	10 分
	下午题：1、4	数据结构、流程图、二叉查找树	30 分
2015 年 下半年	上午题：35~43	线性结构、链式存储、二叉树、有向图、排序	9 分
	下午题：1、3、4	数据结构、流程图、排序算法	45 分

4.1.3 命题特点

纵观历年试卷，本章知识点是以选择题、分析题的形式出现在试卷中的。本章知识点在历次考试的"综合知识"试卷中，所考查的题量为 8～12 道选择题，所占分值为 8～12 分(占试卷总分值 75 分中的 10.67%～16%)；在"案例分析"试卷中，所考查的题量为 1～3 道综合案例，所占分值为 15～45 分(占试卷总分值 75 分中的 20%～60%)。大多数试题偏重于实践应用，检验考生是否理解相关的理论知识点和实践经验，考试难度中等偏难。

4.2 考点串讲

4.2.1 线性结构

一、线性表

1. 线性表的顺序存储结构

1) 顺序表的概念

线性表的顺序存储结构采用一组连续的存储单元依次存储线性表中的各数据元素。建立一个数组 V，线性表的长度为 N，V[i]表示第 i 个分量，第 i 个分量是线性表中第 i 个元

素 a_i 在计算机存储器中的映像，即 V[i]= a_i。若线性表的第一个元素的存储地址是 LOC(a_1)，每个元素用 L 个存储单元，则表的第 i 个元素的存储地址为：LOC(a_i)=LOC(a_1)+(i-1)*L。

假设线性表的数据元素的类型为 ElemType(在实际应用中，此类型应根据实际问题中出现的数据元素的特性具体定义，如为 int、float 类型等)，线性表的顺序表的 C 语言描述如下：

```
#define MAXSIZE  顺序表的长度  /*顺序表的长度为对 MAXSIZE 定义的值 */
    typedef  struct {
                    ElemType  data[MAXSIZE];
                    int  len; /*线性表数据元素的个数*/
                    }Sqlist;
```

从中可以看出，顺序表是由数组 data 和 len 两部分组成的。为了反映 data 和 len 之间的关系，上述类型定义中将它们说明为结构体类型 Sqlist 的两个域。这样，Sqlist 类型就完全描述了顺序表的组织。

2)　基本运算在顺序表上的实现

由于 C 语言中数组的下标是从 0 开始的，所以，在逻辑上所指的"第 k 个位置"实际上对应的是顺序表的"第 k-1 个位置"。这里仅给出在顺序表上线性表的插入和删除函数。

(1)　插入函数。

插入函数的语法如下：

```
insert(v, n, i, x)
  /*该算法在长度为 n 的线性表 L 的第 i 个位置插入元素 x*/
   int n, i;
   float x, v[];
  { if ((i<1)||(i>n+1))  /*插入位置非法*/
     printf("error");
   else
     for(j=n;j>=i;j--)
      v[j+1]=v[j];
         v[i]=x;  n++;
  }
```

(2)　删除函数。

删除函数的语法如下：

```
delete (L, n, i)
  /*该算法删除长度为 n 的线性表 L 的第 i 个位置的元素 x*/
   int n, i;
   float L[];
  { if ((i>n)||(i<1))  printf("error");
   else
   { for (j=i;j<=n-1;j++)
      v[j]=v[j+1];
    n--;
   }
  }
```

3) 插入和删除元素算法的时间复杂度分析

(1) 插入算法的时间复杂度。

插入算法的时间复杂度的分析如下：

$$\sum_{i=1}^{n+1} (p_i * c_i) = 1/(n+1) \sum_{i=1}^{n+1} (n-i+1) = \frac{n}{2}$$

其中 p_i 是在第 i 个元素前插入元素的概率，c_i 是在第 i 个元素前插入元素时元素移动的次数。

(2) 删除算法的时间复杂度。

删除算法的时间复杂度的分析如下：

$$\sum_{i=1}^{n} (p_i * c_i) = 1/n \sum_{i=1}^{n} (n-i) = \frac{n-1}{2}$$

其中 p_i 是在第 i 个元素前删除元素的概率，c_i 是在第 i 个元素前删除元素时元素移动的次数。

可见，插入和删除算法的时间复杂度均为 O(n)。

2. 线性表的单链表存储结构

单链表中的每个节点由两部分组成：数据域和指针域。节点形式如下：

data	next

其中，data 部分称为数据域，用于存储线性表的一个数据元素(节点)。next 部分称为指针域或链域，用于存放一个指针，该指针指向本节点所含数据域元素的直接后继所在的节点。若数据元素的类型用 ElemType 表示，则单链表的类型定义如下：

```
typedef struct node{
    ElemType data;
    struct node *next;
} Slink;
```

单链表分为带头节点(其 next 域指向第一个节点)和不带头节点两种类型，由于头指针的设置使得对链表的第一个位置上的操作与在表其他位置上的操作一致，因而可简化运算的实现过程。

在单链表上实现线性表基本运算的函数如下。

1) 初始化函数

初始化函数用于创建一个头节点，由 head 指向它，该节点的 next 域为空，data 域未设定任何值。由于调用该函数时，指针 head 在本函数中指向的内容发生改变，为了返回改变的值，因此使用了应用型参数，其时间复杂度为 O(1)。初始化函数的语法如下：

```
void initlist(Slink *head)
{
    head=(Slink )malloc(sizeof(Slink)); /*创建头节点*/
    head->next=NULL;
}
```

2) 插入函数 insert(Slink *head, int i, ElemType x)

插入函数的设计思想是：创建一个 data 域值为 x 的新节点*p，然后插入到 head 所指向的单链表的第 i 个节点之前。为保证插入正确有效，必须查找到指向第 i 个节点的前一个节点的指针，主要的时间耗费在查找上，因而在长度为 n 的线性单链表进行插入操作的时间复杂度为 O(n)。插入函数的语法如下：

```
insert(Slink *head, int i, ElemType x)
{ Slink *p,  *pre, *q;
     int j=0;
     p=( Slink *) malloc(sizeof(Slink ));
     p->data=x;                /*生成 p 节点, x 是元素的值*/
     pre=head;                 /*pre 指向待插入节点的前驱节点*/
     q=head->next;             /*q 指向当前比较节点*/
  while (q&&j<i-1)      /*查找 p 节点应插入的位置*/
     { pre=q;
       q=q->next;
       j++;
     }
  if(j!=i-1||i<1)return 0;  /*插入不成功*/
  else{
      p->next=q;            /*将 p 节点插入链表*/
      pre->next=p;
      }
  return 1;                /*插入成功*/
}
```

3)　删除函数 delete(Slink *head, int i , ElemType x)

删除函数的设计思想是：线性链表中元素的删除要修改被删除元素前驱的指针，回收被删除元素所占的空间。主要的时间耗费在查找上，因而在长度为 n 线性单链表进行删除操作的时间复杂度为 O(n)。删除函数的语法如下：

```
delete(Slink *head,int i,ElemType x)   /*删除第 i 个节点,并通过 x 返回值*/
{ Slink *p, *q;
  int j=0;
  p=head;
  while(p->next && j<i-1)      /*查找第 i 个节点的前驱位置 p*/
   { p=p->next; j++;}
  if (!(p->next)|| j>i-1) return 0;  /*删除位置不合适*/
  q=p->next; /*删除并释放节点*/
  p->next=q->next;
  x=q->data;
  free(q);
  return 1;
}
```

4)　查找函数 get(Slink *head, int i)

查找函数的设计思想是：线性链表中查找元素要找元素前驱的指针。在长度为 n 的线性单链表进行删除操作的时间复杂度为 O(n)。查找函数的语法如下：

```
Slink * get(Slink *head, int i) /*查找第 i 个节点*/
{ Slink *p;
  int j=0;
  p=head;
  while(p->next&&j<i-1)  /*查找第 i 个节点的前驱位置 p*/
```

```
    { p=p->next;
       j++;}
   if(!(p->next)|| j>i-1) return NULL; /*查找位置不合适*/
   return p->next;
  }
```

5) 求单链表长函数 Length(Slink *head)

求单链表长函数的设计思想是：通过遍历的方法，从头数到尾，即可得到单链表长。求单链表长函数的语法如下：

```
int Length (Slink *head )
{ int len=0 ;
  Slink  *p; p=head; /*设该表有头节点*/
  while(p->next){p=p->next;len++;}
  return len;}
```

3. 带头节点的单链表和不带头节点的单链表的区别

带头节点的单链表和不带头节点的单链表的区别主要体现在其结构和算法操作上。

在结构上，带头节点的单链表不管链表是否为空，均含有一个头节点；而不带头节点的单链表不含头节点。

在操作上，带头节点的单链表的初始化为申请一个头节点，且在任何节点位置进行的操作算法一致；而不带头节点的单链表让头指针为空，同时其他操作要特别注意空表和第一个节点的处理。下面列举带头节点的单链表插入操作和不带头节点的插入操作的区别。

定义单链表的节点类型如下：

```
typedef  struct  node {
    ElemType data;          /*节点的数据域*/
    struct  node *next;  /*节点的指针域或链域*/
    } Slink;
```

1) 带头节点的单链表插入函数 insert(Slink *head, int i , ElemType x)

带头节点的单链表插入函数的设计思想是：创建一个 data 域值为 x 的新节点*p，然后插入 head 所指向的单链表的第 i 个节点之前。为保证插入正确有效，必须查找到指向第 i 个节点的前一个节点的指针，主要的时间耗费在查找上，因而在长度为 n 的线性单链表中进行插入操作的时间复杂度为 O(n)。

2) 不带头节点的单链表插入函数 insert(int i , ElemType x)

不带头节点的单链表插入函数的设计思想是：创建一个 data 域值为 x 的新节点*p，然后插入到单链表的第 i 个节点之前。由于不带头节点，当插入位值 i=1 时，其算法与 i>1 时有很大差别，必须单独处理。为保证插入正确有效，必须查找到指向第 i 个节点的前一个节点的指针，主要的时间耗费在查找上，因而在长度为 n 的线性单链表中进行插入操作的时间复杂度为 O(n)。

可见，带头节点的单链表插入操作和不带头节点的插入操作在算法实现上有很大的区别，主要体现在初始化、能否插入成功的判别及插入时的操作上，在带头节点的单链表上插入在任何位置上都是相同的，而在不带头节点单链表的第一个节点和其他节点前插入操作是不同的。

对于带头节点的单链表和不带头节点的单链表在其他操作上的区别可类似得到。

4. 链表的指针修改的次序对结果的影响

链表的指针修改必须保持其逻辑结构的次序，否则将违背线性表的特征，尤其是进行插入和删除操作。下面通过双向链表的插入操作来说明，若在如图 4-1 所示的 P 所指向的节点之前插入一个 S 所指向的节点，则需进行指针的修改，修改指针的策略有如图 4-2 和如图 4-3 所示的两种，指针的修改次序为 1，2，3，4。根据线性表的性质可知，图 4-2 可保证指针修改成功；而图 4-3 中指针修改不成功，主要原因是其首先将 P 的前驱指向 S，这样 P 节点的原前驱节点就不能找到了，因而指针修改步骤 3 和步骤 4 不成立。

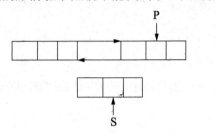

图 4-1　双向链表的节点插入前　　　　图 4-2　指针的修改策略 1

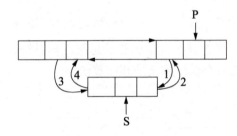

图 4-3　指针的修改策略 2

可见，指针的修改次序是链表插入成功与否的关键因素之一；同理，在进行节点的删除时也同样需要主要指针的次序。

5. 顺序存储结构上的算法如何移植到链式存储结构上

很多优秀的算法都是建立在顺序存储结构上的，如何在链式存储结构上实现这些优秀算法，是考生应注意的问题。近年来，在不少程序员水平考试试题中都出现了这样的题目。这里，我们通过在顺序存储结构和链式存储结构两种存储结构上实现选择排序来说明。顺序存储结构下的算法 sort 的语法如下：

```
sort1(int R[], int n)        /* 对 n 个元素的数组 R 进行由小到大排序 */
{ int i, j, k, temp;
 for(i=0; i<n-1; i++)
   { k=i;
     for(j=i+1; j<n; j++) /* 在 R[i...n-1]中找最小的元素*/
     if(R[j]<R[k])k=j;
     if(k!=i){ temp=R[i];
             R[i]=R[k];
             R[k]=temp;}
```

```
    }
  }                              /* sort1 */
```

依据顺序存储结构下的算法 sort1 可以拓展到链式存储结构下的算法 sort2。下面将算法 sort1 拓展到链式存储结构下的算法 sort2,语法如下:

```
typedef  struct  node {
  int data;                  /* 节点的数据域 */
  struct  node *next;  /* 节点的指针域或链域 */
} Slink;
sort2(Slink *head){    /* 将带头节点的单链表 head 进行由小到大排序 */
Slink *p=head->next , *q, *r;
    int temp;
    while(p){
      q=p;
      r=p->next;
      while(r){ if(r->data<q->data)q=r;  /* 在以 p 为首节点的单链表中找最小的元素*/
              r=r->next;}
      if(q!=p){ temp=p->data;
              p->data=q->data;
              q->data=temp;}        /*找到的节点和 p 节点进行数据交换 */
      p=p->next;}
  }                              /* sort2 */
```

可见,只要充分领会顺序存储结构下的算法思想,熟悉链表存储结构就可通过掌握顺序存储结构下的算法得到链表存储结构下的相应算法。

二、栈

1. 栈的定义

栈是只能在表的一端进行插入、删除的线性表。栈中允许插入、删除的一端称为栈顶,相反,栈中不允许插入、删除的一端称为栈底。处于栈顶位置的数据元素称为栈顶元素,不含任何数据元素的栈称为空栈。栈的特点为后进先出(Last In First Out,LIFO)。

图 4-4 是一个栈的示意图,通常用指针 top 指示栈顶的位置,用指针 bottom 指向栈底。栈顶指针 top 动态反映栈的当前位置。

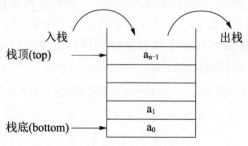

图 4-4　栈的出入示意图

2. 栈的基本操作

栈的基本操作主要有以下六种。

● InitStack(&S):初始化操作,构造一个空栈 S。

- StackEmpty(S)：若栈 S 为空栈，返回 1，否则返回 0。
- Push(&S,e)：插入元素 e 为新的栈顶元素。
- Pop(&S,&e)：删除 S 的栈顶元素，并用 e 返回其值。
- GetTop(S,&e)：用 e 返回 S 的栈顶元素。
- ClearStack(&S)：将 S 清为空栈。

3. 栈的存储结构

栈的顺序存储用向量作为栈的存储结构，向量 S 表示栈，m 表示栈的大小，用指针 top 指向栈顶位置，S[top]表示栈顶元素，当在栈中进行插入、删除操作时，都要移动栈指针；而当 top=m-1 时，则栈满，当 top= -1 时，表示栈空。同时为了避免浪费空间可以采用双栈机制，即向量的两端为栈底。

栈的顺序存储结构的 C 语言描述如下：

```
#define StackSize 100  /*栈的容量*/
typedef struct
{ ElemType data[StackSize];
  int top;
} SqStack;
SqStack sq;
```

栈的说明如下：

- 由于 C 语言的数组下标的范围从 0 至 StackSize -1，初始化设置 sq.top= -1。
- 栈空条件为 sq.top== -1，栈满条件为 sq.top== StackSize -1。
- 栈顶元素为 sq.data[sq.top]。
- 元素压栈的规则为：在栈不满时，先改变栈顶指针(top=top+1)，再压栈。出栈时，在栈非空时，先取栈顶元素的值，再修改栈顶指针(top=top -1)。
- 栈中元素的个数为当前栈顶指针加 1。

在顺序栈上实现基本操作的有关函数如下：

1) 初始化 InitStack(SqStack *S)

```
void InitStack(SqStack *S)
 { S->top=-1;}
```

2) 判空 StackEmpty(SqStack S)

```
int StackEmpty(SqStack S)
{ if(S.top==-1) return 1;
  else return 0;}
```

3) 压栈 Push(SqStack *S, ElemType e)

```
int Push(SqStack *S, ElemType e){
    if(S->top< StackSize-1){
       S->top=S->top+1;
       S->data[S->top]=e;
       return 1;}
    else {printf("栈满! \n");
       return 0;}
 }
```

4) 出栈 Pop(SqStack *S, ElemType *e)

```
int Pop(SqStack *S, ElemType *e)
{ if(sq->top==-1) return 0;
    else{*e=sq->data[sq->top];
        sq->top--;
    return 1;}
}
```

5) 取栈顶 GetTop(SqStack *S, ElemType *e)

```
int GetTop(SqStack *S, ElemType *e)
{ if(sq->top==-1) return 0;
    else{
        *e=sq->data[sq->top];
    return 1;}
}
```

6) 清栈 ClearStack(SqStack *S)

```
int ClearStack(SqStack *S)
{S->top=-1;}
```

4. 栈的链式存储结构

栈的链式存储也叫链栈,我们把插入和删除均在链表表头进行的链表称为链栈。链栈也分有头节点和无头节点两种。带头节点的链栈操作比较方便。

链栈的节点类型定义如下:

```
typedef struct stnode{
    ElemType data;
    struct stnode *next;
    }LStack;
LStack *S;
```

链栈的约定与说明如下:

● 栈以链表的形式出现,链表(不带头节点)首指针为 S,即栈顶为 S,链表尾节点为栈底。
● 初始化时,S=NULL(不带头节点); S=(LStack *), malloc(sizeof(LStack)), S→next=NULL(带头节点)。
● 栈顶指针的引用为 S(不带头节点)或 S→next(带头节点),栈顶元素的引用为 S→data(不带头节点)或 S→next→data(带头节点)。
● 栈空条件为 S==NULL(不带头节点)或 S→next==NULL(带头节点)。
● 进栈操作和出栈操作与单链表在开始节点的插入和删除操作一致。

对不带头节点的链栈,其基本操作函数如下。

1) 初始化 initstack(LStack *S)

```
void initstack(LStack *S)
{ S=NULL;}
```

2)　压栈(入栈)push(LStack *S, ElemType x)

```
int push(LStack *S, ElemType x)   /*将元素 x 压到链栈 S 中*/
{ p= LStack * malloc(sizeof(LStack ));
    p->data=x;
    p->next=NULL;
    if(S==NULL)S=p;
    else {p->next=S;
        S->next=p;}
     return 1;
     }
```

3)　退栈(出栈) pop(LStack *S, ElemType *x)

```
int pop(LStack *S, ElemType *x)
{ if(S==null)              /*链栈为空*/
      { printf("\n underflow");
      return 0;}
       else
       { p=S;
         S=S->next;
         x=p->data;
         free(p);
         return 1;
          }
}
```

4)　读栈顶元素 gettop(LStack *S, ElemType *x)

```
int gettop(LStack *S, ElemType *x)
{if  (S==null)    /*链栈为空*/
     {printf("\n underflow");
        return 0;}
   else{
    x=S->data;
    return 1;}
}
```

5)　判栈空 isempty(LStack *S)

```
int isempty(LStack *S)
{if  (S==null)
     return 0;
   else
     return 1;
}
```

5. 栈的应用

栈具有广泛的应用，例如，求表达式的值及递归到非递归等。

1)　表达式求值

在源程序编译中，若要把一个含有表达式的赋值语句翻译成正确求值的机器语言，首先应正确地解释表达式。例如，对赋值语句 X=4+8×2-3，其正确的计算结果应该是 17，但若在编译程序中简单地按自左向右扫描的原则进行计算,则为:X=12×2-3=24-3=21。这个结果显然是错误的。因此,为了使编译程序能够正确地求值,必须事先规定求值的顺序和规则。通常采用运算符优先法。

2) 递归到非递归

将一个递归算法转换为功能等价的非递归算法有很多方法,可以使用栈保存中间结果。其一般形式如下:

```
将初始状态 s0 进栈;
while(栈不为空){
退栈,将栈顶元素赋给 s;
  if(s 是要找的结果)返回;
  else{
        寻找到 s 的相关状态 s1;
        将 s1 入栈;}
}
```

例如,求 n!的递归函数如下:

```
int funrec(int n)
{ if(n==0||n=1) return 1;
  else
  return n*funrec(n-1);
}
```

使用转换成等价的非递归算法如下:

```
#define Max 100
int funnonrec(int n)
{ int st[Max][2], top=-1;              /* 栈定义及初始化*/
  top++;
  st[top][0]=n;
  st[top][1]=0;
  do{                                   /* 循环求解 */
      if(st[top][0]==1)                       /*满足递归出口,给出 st[top][0]值 */
        st[top][1]=1;
      if(st[top][0]>1 && st[top][1]==0){        /* 递推入栈*/
        top++;
        st[top][0]=st[top-1][0]-1;
        st[top][1]=0;}
      if(st[top][1]!=0){                        /*求值出栈*/
        st[top-1]=st[top][1]*st[top-1][0];
        top--;}
      }while(top>0);
    return st[0][1];                    /*返回栈底值*/
}
```

其中,st[top][0]用于存放 n 值,st[top][1]用于存放 n!值,在初始时,设置 st[top][1]为 0,表示 n! 尚未求出。

三、队列

1. 队列的定义

队列(queue)是一种只允许在一端进行插入，而在另一端进行删除的线性表，是一种操作受限的线性表。在表中只允许进行插入的一端称为队尾(rear)，只允许进行删除的一端称为队头(front)。队列的插入操作通常称为入队列或进队列，而队列的删除操作则称为出队列或退队列。当队列中无数据元素时，称为空队列。

由队列的定义可知，队头元素总是最先进队列的，也总是最先出队列；队尾元素总是最后进队列，因而也是最后出队列。这种表是按照先进先出(First In First Out，FIFO)的原则组织数据的，因此，队列也被称为"先进先出"表。

图 4-5 是一个队列的进出示意图，通常用指针 front 指示队头的位置，用指针 rear 指向队尾的位置。

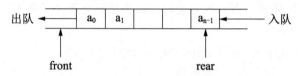

图 4-5　队列的进出示意图

2. 队列的基本操作

队列的基本操作主要有以下六种。

- InitQueue(&Q)：*初始化操作，构造一个队列 Q。*
- QueueEmpty(Q)：*若栈 Q 为空队列，则返回 1，否则返回 0。*
- EQueue(&Q,e)：*插入元素 e 到队列 Q 的尾。*
- OQueue (&Q,&e)：*删除 Q 的队首元素，并用 e 返回其值。*
- GetQhead(Q,&e)：*用 e 返回 Q 的队首元素。*
- ClearQueue (&Q)：*将 Q 清空为空队。*

3. 队列的顺序存储结构

顺序存储结构采用一维数组(向量)实现，设队列头指针 front 和队列尾指针 rear，并且假设 front 指向队头元素的前一位置，rear 指向队尾元素。若不考虑队满，则入队操作语句为 Q[rear++]=x；若不考虑队空，则出队操作语句为 x=Q[++front]。当然，出队时，并不一定需要队头元素(与退栈类似)。

按上述的做法，有可能出现假溢出，即队尾已到达一维数组的高端，不能再入队，但因为连续出队，队列中元素个数并未达到最大值。解决这种问题，可用循环队列。在循环队列中，需要区分队空和队满：仍用 front=rear 表示队列空，在牺牲一个单元的前提下，用 front==(rear+1)% MAX 表示队列满。在这种约定下，入队操作的语句为：rear=(rear+1) % MAX, MAX, Q[rear]=x；出队操作语句为：front=(front+1) % MAX。

顺序队列的类型定义如下：

```
#define QueueSize 20 /*队列的容量*/
typedef struct Squeue{
```

```
    ElemType data[QueueSize];
  int front, rear;
}SQueue;
SQueue SQ;
```

顺序队列定义为一个结构类型,该类型变量有三个数据域:data、front、rear。其中data为存储队中元素的一维数组。队头指针 front 和队尾指针 rear 定义为整型变量,取值范围是0~QueueSize-1。约定队尾指针指示队尾元素在一维数组中的当前位置,队头指针指示队头元素在一维数组中的当前位置的前一个位置,这种顺序队列说明如下:

- 初始化时,设置 SQ.front=SQ.rear=0。
- 队头指针的引用为 SQ.front,队尾指针的引用为 SQ.rear。
- 队空的条件为 SQ.front==SQ.rear;队满的条件为 SQ.front=(SQ.rear+1)% QueueSize。
- 入队操作:在队列未满时,队尾指针先加 1(要取模),再送值到队尾指针指向的空闲元素。出队操作:在队列非空时,队头指针先加 1(要取模),再从队头指针指向的队头元素处取值。
- 队列长度为(SQ.rear+ QueueSize−SQ.front)% QueueSize。

特别应注意的是:在循环队列的操作中队头指针、队尾指针加 1 时,都要取模,以保持其值不出界。

在循环队列上队列的实现基本操作的函数如下。

1) 初始化 initqueue(SQueue *SQ)

```
void initqueue(SQueue *SQ)
{ SQ->front=SQ->rear=0;}
```

2) 判空 QueueEmpty(SQueue SQ)

```
int QueueEmpty(SQueue SQ)        /* 队列 SQ 为空,返回 1;队列 SQ 为非空,返回 0 */
{ if(SQ.front==SQ.rear)
   return 1;
   else return 0;}
```

3) 入队 EQueue(SQueue *SQ, ElemType e)

```
int EQueue(SQueue *SQ, ElemType e)      /*若队不满,则进队*/
{ if((SQ->rear+1)% QueueSize ==SQ.front)
    { printf("queue is overflow.\n");
       return 0;}
  else{SQ->rear=(SQ->reare+1)%QueueSize;
   SQ->data[SQ->rear]=e;
   return 1;}
  }
```

4) 出队 OQueue(SQueue *SQ, ElemType *e)

```
int OQueue(SQueue *SQ, ElemType *e)   /* 若队不空,则队首元素出队*/
  { if(SQ.front==SQ.rear)
    { printf("Queue is empty.\n");
      return 0;}
   else{
```

```
        SQ->front=(SQ->front+1) % QueueSize;
        *e=SQ->data[SQ->front];
        return 1;}
    }
```

5)　取队首元素 GetQhead(SQueue *SQ, ElemType *e)

```
int GetQhead(SQueue *SQ, ElemType *e)      /* 若队不空，则得到队首元素*/
    { if(SQ.front==SQ.rear)
      { printf("Queue is empty.\n");
        return 0;}
     else{
        *e=SQ->data[(SQ->front+1) % QueueSize];
        return 1;}
    }
```

6)　清队列 ClearQueue(SQueue   *SQ)

```
void ClearQueue(SQueue  *SQ)
{SQ->front=SQ->rear=0;}
```

4. 队列的链式存储结构

队列的链接实现称为链队，链队实际上是一个同时带有头指针和尾指针的单链表。头指针指向队头节点，尾指针指向队尾节点即单链表的最后一个节点。为了简便，链队设计成一个带头节点的单链表。

链队的类型定义如下：

```
typedef struct QNode{              /* 链队节点的类型*/
    QElemType  data;
    struct QNode  *next;
}QNode, *QueuePtr;
typedef struct{
    QueuePtr front;
    QueuePtr rear;
}LQueue;
LQueue *LQ;
```

链队列的说明如下。

● 队列以链表形式出现，链首节点为队头，链尾节点为队尾。

● 队头指针为 LQ→front，队尾指针为 LQ→rear，队头元素的引用为 Q→front→data，队尾元素的引用为 LQ→rear→data。

● 初始化时，设置 LQ→front=LQ→rear=NULL。

● 进队操作与链表中链尾插入操作一样；出队操作与链表中链首删除操作一样。

● 队空的条件为 LQ→front==NULL。理论上，只要系统内存足够大，链队是不会满的。

下面给出在链队上实现队列基本操作函数。

1)　队列初始化 InitQueue(LQueue *LQ)

```
void InitQueue(LQueue *LQ)        /* 构造一个空队列 LQ */
{LQ->rear=LQ->front=NULL;}
```

2) 入队 EQueue(LQueue *LQ, ElemType e)

```
void EQueue(LQueue *LQ, ElemType e)      /*插入元素 e 为 LQ 的新队尾元素*
{ QueuePtr s;
  s=( QueuePtr)malloc(sizeof(QNode)); /*创建新节点, 插入到队尾*/
  s->data=e; s->next=NULL;
  if(LQ->front==NULL && LQ->rear==NULL) /* 队空 */
   LQ->rear=LQ->front=s;
     else{
        LQ->rear->next=s; LQ->rear=s;}
     }
```

3) 出队 OQueue(LQueue *LQ, ElemType *e)

```
void OQueue(LQueue *LQ, ElemType *e)
/*若队列不空, 删除队首元素, 用 e 返回, 并返回 1; 否则返回 0*/
{ QueuePtr s;
  if(LQ->front==NULL && LQ->rear==NULL)      /* 队空 */
    { printf("Queue is empty.\n");
         return 0;}
  s=LQ->front;
  *e=s->data;
  if(LQ->rear==LQ->front)              /*原队列中仅有一个节点, 删除后队列变空 */
       LQ->rear=LQ->front=NULL;
  else
   LQ->front=LQ->front->next;
  free(s);
  return 1;
}
```

4) 判空 QueueEmpty(LQueue *LQ)

```
int QueueEmpty(LQueue *LQ)         /*若队列 Q 为空队列, 返回 1; 否则返回 0*/
{if(LQ->front==NULL && LQ->rear==NULL)
      return 1;
    else
      return 0;}
```

5) 取队首元素 GetQhead(LQueue *LQ, ElemType *e)

```
int GetQhead(LQueue *LQ,  ElemType *e)
/*若队列不空, 用 e 返回 LQ 的队首元素, 并返回 1; 否则返回 0*/
{if(LQ->front==NULL && LQ->rear==NULL)
       return 0;
    else{ *e=LQ->front->data;
       return 1;
}
```

6) 清队列 ClearQueue(LQueue *LQ)

```
void ClearQueue(LQueue *LQ)          /* 将 LQ 清为空队列 */
{ QueuePtr s, t;
  s=LQ->front;
  while (s) { t=s;  free(t);          /*释放队列中的所有节点 */
```

```
        s=s->next;}
    LQ->rear=LQ->front=NULL;
}
```

5. 循环队列中的边界条件判别准则

判别循环队列的"空"或"满"不能以头尾指针是否相等来确定，一般是通过以下几种方法：一是另设一个布尔变量来区别队列的空和满；二是少用一个元素的空间，每次入队前测试入队后头尾指针是否会重合，如果会重合就认为队列已满；三是设置一个计数器记录队列中元素总数，不仅可判别空或满，还可以得到队列中元素的个数。

6. 双端队列的作用

双端队列是限定插入和删除操作在线性表的两端进行，可将其看成是栈底连在一起的两个栈，但其与两个栈共享存储空间是不同的。共享存储空间中的两个栈的栈顶指针是向两端扩展的，因而每个栈只需一个指针；而双端队列允许两端进行插入和删除元素，因而每个端点必须设立两个指针，如图 4-6 所示。

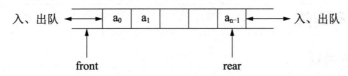

入、出队 ⟷ | a_0 | a_1 | | | a_{n-1} | ⟷ 入、出队

front　　　　　　　　　rear

图 4-6　双端队列的示意图

在实际应用中，可对双端队列的输出进行限制(即一个端点允许插入和删除，另一个端点只允许插入)，也可对双端队列的输入进行限制(即一个端点允许插入和删除，另一个端点只允许删除)。可见，采用双端队列可增加应用中的灵活性。

四、串

1. 串的基本概念

串(string)是字符串的简称，是由零个或多个字符组成的有限序列，记为 S= "$a_1a_2a_3...a_n$"。含零个字符的串(Null String)称为空串∅，用表示。其他串称为非空串。任何串中所含字符的个数称为该串的长度(或串长)。空串的长度为 0。

串中任意个连续的字符组成的子序列称为子串。主串是包含子串的串。两个串相等，当且仅当两个串值相等，即长度、位置都相等。空格也是串集合中的一个元素，多个空格组成空格串。

在 C 语言中，串即为字符串。字符串常量是用一对双引号括住若干个字符来表示的。

2. 串的基本操作

串的基本操作如下。

● 赋值 assign(S, T)：把 T 值赋给 S。

● 串赋值 strassign(S, chars)：把一个字符串常量赋给串 S，即生成一个其值等于 chars 的串 S。

● 求长 length(S)：求串中字符的个数。

● 连接 concat(S, T)：将串 T 的值紧接着放在串 S 的末尾，组成一个新串。

- 求子串 substr (Sub, S, start, length): 求 S 从 start 位置开始, 长度为 length 的子串。
- 替换 replace(S, T, v): 以 v 替换所有在 S 中出现的和 T 相等的串。
- 输出 dispstr(S): 其结果是输出串 S 的值。

除了基本操作外, 还有以下操作。

- 比较 strcompare(S, T): S, T 相等返回 1, 否则返回 0。
- 定位 index(S, T, pos): 求子串在主串中位置的定位函数。
- 插入 StrInsert(S, pos, T): 在串 S 的第 pos 个字符之前插入串 T。
- 删除 strdelete(S, pos, len): 从串 S 中删除 pos 个字符起长度为 len 的子串。

3. 字符串的存储结构

字符串通常是按照逐个字符的代码(最常用的字符是 ASCII 码)存于足够大的字符数组中。另外, 每个字符的最后一个有效字符之后有一个字符串结束符, 记为 '\0'。

在 C 语言中, 常用的字符串存储结构分为: 数组(顺序存储结构)和指针变量。还可通过链表作为存储结构。

4.2.2 数组和矩阵

一、数组的特征

数组是一组具有相同类型的变量, 其中各个元素共用一个数组名, 但是用不同的下标来访问(引用)。如 int a[6]; 说明了一个一维整型数组 a, 其中各个整型元素组成了一个向量: a[0], a[1], a[2], a[3], a[4], a[5]。

数组还可以是多维数组, 但二维以上的多维数组不是线性结构。

n 维数组是一维数组(向量)的推广。二维数组(也叫矩阵)可看作其元素是一维数组的一维数组(线性表、向量), n 维数组可看作其元素是 n-1 维数组的一维数组(线性表、向量)。n 维数组的每个元素处于 n 个向量中, 有 n 个前驱, 也有 n 个后继。

对二维数组来说, 给定维数和下标, 如何得到数组元素存储位置? 设每个数组占用 1 个内存单元, 则二维数组 A_{mn} 按行优先顺序(下标从 1 开始), a_{ij} 的地址为:

$$LOC(a_{ij})=LOC(a_{11})+[(i-1)*n+(j-1)]*1$$

二维数组 A_{mn} 按列优先顺序(下标从 1 开始), a_{ij} 的地址为:

$$LOC(a_{ij})=LOC(a_{11})+[(j-1)*m+(i-1)]*1$$

对 n 维数组而言, 一旦规定了数组的维数和各维的上下界限, 便可为它分配存储空间; 反之, 只要给出一组下标便可求得相应数组元素的存储位置。以行序为例, 设每个数据元素占 L 个存储单元, 则 n 维数组任意元素的存储位置为:

$$LOC[j_1, j_2, L, j_n]=LOC[c_1, c_2, L, c_n]+\sum_{i=1}^{n}[j_i-c_i]$$

其中,

$$a_i=L*\prod_{k=i+1}^{n}[d_k-c_k+1]\leqslant i\leqslant n-1, a_x=1$$

在 C 语言中, 二维数组是按行优先存储的, 数组 float a[4][5] 的存储顺序为 a[0][0],

a[0][1]，…，a[0][4]，…，a[3][0]，…，a[3][4], a[2][3]的地址为 S+(2*5+3)*4=42，其中 S 为起始地址。

二、求解特殊矩阵的压缩存储地址

特殊矩阵是值相同或零元素在矩阵中的分布有一定的规律的矩阵，为了节约空间，常对下列特殊矩阵进行压缩存储。

对 n 阶对称矩阵或下三角矩阵 A 而言，如图 4-7 所示。如按行将 a_{11}, a_{21}, a_{22}, a_{31}, a_{32}, …, a_{n1}, a_{n2}, …, a_{nn} 存放在某一维数组 B[1…(n+1)n/2]中，则某个 $a_{ij}(i \geq j)$ 在 B 中的存储位置可通过数列求和得到。由于第 i 行前共有 i-1 行，且元素个数分别为 1，2，…，i-1，则前 i-1 行的元素个数为：

$$1+2+3+\cdots+(i-1)=i(i-1)/2$$

因而，矩阵元素 a_{ij} 在 B 中的存储位置为 k=i(i-1)/2+j (i≥j)。

$$A = \begin{bmatrix} a_{11} & & & & \\ a_{21} & a_{22} & & & \\ a_{31} & a_{32} & a_{33} & & \\ \cdots & \cdots & \cdots & \cdots & \\ a_{n1} & a_{n2} & a_{n3} & \cdots & a_{nn} \end{bmatrix}$$

图 4-7　n 阶对称矩阵或下三角矩阵 A

对于三角矩阵，其某个矩阵元素在一维数组中的存储位置可使用此方法类似确定。

三、由压缩存储地址还原矩阵元素的行和列

若已知某个特殊矩阵的非零元素在一维数组中的存储位置，如何得到该矩阵元素的行和列坐标？下面就以下三角矩阵在一维数组中的存储位置求相应矩阵元素的行和列来加以说明。

对本节"二、"中的 A 和 B，若 k 为某个下三角矩阵元素 a_{ij} 在 B 中的存储位置，则：

$$i(i-1)/2+j=k$$

初始化 i=1，若 i(i-1)/2<=k，则 i++，直到 i(i-1)/2>k，因而可得到行为 i-1，列为 k-i(i-1)/2。由 k 求 i 和 j 的算法如下：

```
void getaddr(int k, int *i, int *j)
{for(*i=1; *i*(*i-1)<=k; *i++);
  *i--;
  *j=k-*i*(*i-1);}
```

四、稀疏矩阵的三元组存储结构

稀疏矩阵指矩阵中非零元素很少，且分布没有规律。设二维数组 $A_{m \times n}$ 有 N 个非零元素，N<<m*n，但它不是特殊矩阵(如对角矩阵)。对稀疏矩阵而言，只存储非零元素。用线性表存储稀疏矩阵的非零元素，除非零元素的值外，还应有一些辅助信息。顺序存储节省存储空间，但插入和删除不方便。稀疏矩阵的表示可用三元组[i, j, aij]来表示，其中，i、j、aij 分别表示行列位置和值。由此可见，稀疏矩阵可由表示非零元素的三元组和其行列数唯一

确定。节点中除元素值外，还有元素所在的行、列信息。节点结构如下：

行下标	列下标	元素值

对如图 4-8 所示的稀疏矩阵，其三元组表示为(1, 2, 12)，(1, 3, 9)，(3, 1, -3)，(3, 6, 14)，(4, 3, 24)，(5, 2, 18)，(6, 1, 15)，(6, 4, -7)。

$$M = \begin{bmatrix} 0 & 12 & 9 & 0 & 0 & 0 & 0 \\ 0 & 0 & 0 & 0 & 0 & 0 & 0 \\ -3 & 0 & 0 & 0 & 0 & 14 & 0 \\ 0 & 0 & 24 & 0 & 0 & 0 & 0 \\ 0 & 18 & 0 & 0 & 0 & 0 & 0 \\ 15 & 0 & -7 & 0 & 0 & 0 & 0 \end{bmatrix}$$

图 4-8 稀疏矩阵

三元组的 C 语言描述如下：

```
#define MAXSIZE max              /* 定义三元组非零元素的个数 */
typedef struct{
   int i,j;                      /* 非零元素的行、列下标  */
   ElemType e;                   /* 非零元素的值 */
}Triple;
typedef union{
   Triple data[MAXSIZE+1];       /* 非零元素三元组表, data[0]未用*/
   int mu,nu,tu;                 /* 矩阵的行数、列数和非零元素个数 */
}TSMatrix;
```

可利用三元组表实现矩阵的运算(以行序为主序)，如矩阵的转置和矩阵的相乘等。

对于矩阵 $a_{m×n}$ 转置为 $b_{n×m}$，使 a[i, j]= b[j, i]，其中，$1 \leq i \leq n$，$1 \leq j \leq m$，其实现步骤如下。

(1) 将矩阵的行、列数互换。

(2) 将每个三元组中的 i 和 j 互换。

(3) 重排三元组之间的次序。

按 a.data 中三元组的次序进行转置，将转置后的三元组置入 b 中恰当的位置，如能预先确定 M 中每一列的第一个非零元素在 b.data 中的相应位置，则转置时可直接放入 b.data 恰当的位置。先求每一列非零元素的个数，设 num，cpot 两个向量，num[col]表示 M 中第 col 列非零元素的个数，cpot[col]的初值表示 M 中第 col 列第一个非零元素在 b.data 中的位置。

cpot 函数的定义如下：

```
cpot[1]=1;
cpot[col] = cpot[col-1] + num[col-1];   (2<=col<=a.nu)
```

其实现算法如下：

```
void fastrans(TSMatrix a, TSMatrix b)
   { b.mu=a.nu;
     b.nu=a.mu;
     b.tu=a.tu;
     if (b.tu<>0) {
       for(col=1;col<=a.nu;col++)num[col]=0;        /* 初始化*/
```

```
for (t=1;t<=a.tu;t++)  num[a.data[t].j]++;   /*求 M 中每一列的非零元素的个数*/
  pot[1]=1;                        /*求第 col 列中第一个非零元素在 b.data 中的序号*/
for(col=2;col<=a.nu;col++)
  cpot[col]=cpot[col-1]+num[col-1];
for(p=1;p<=a.tu;p++){
  col=a.data[p].j;q=cpot[col];
  b.data[q].i=a.data[p].j;
  b.data[q].j=a.data[p].i;
  b.data[q].v=a.data[p].v;
  ++cpot[col];}
  }
  }
```

五、稀疏矩阵的十字链表

链式存储可方便插入与删除。十字链表为每行和每列的非零元素链成循环链表,每个非零元素用一个节点表示,其形式如下。

i、j 分别表示该数组某非零元素的行、列值,e 表示该非零元素的值。down 指向该行的下一行具有相同列的非零元素,right 指向该列的下一列具有相同行的非零元素。此外用两个数组分别存储指向某行和某列第一个元素的指针。

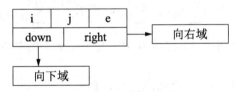

十字链表节点结构和头节点的数据结构可定义如下:

```
#define M 3          /* 矩阵行 */
#define N 4          /* 矩阵列 */
#define Max((M3)>(n)?(M):(n))   /*矩阵行列较大者*/
typedef struct mtxn(int row,int col){
    struct mtxn *right, *down;
    union {
      int value;
      struct mtxn *link;
    }tag;
}matnode;
```

4.2.3 树与二叉树

1. 树的递归定义理解

树是零个或多个节点的有限集合。在一棵非空树中:

● 有一个特定的称为该树之根的节点。

● 除根外的其他节点被分成 $n(n \geqslant 0)$ 个不相交的集合 T_1, T_2, …, T_n, 其中每个集合本身是一棵树,树 T_1, T_2, …, T_n 称为根的子树。

这是一个递归定义,即在树的定义中又用到树的概念,它指出了树的固有特性,具有一个节点的树必然由根组成,而具有 n>1 个节点的树则借助于小于 n 个节点的树来定义。特别要注意的是,递归定义中各子树 T_1, T_2, …, T_n 的相对次序是重要的,即是有序的。

2. 掌握树的性质和基本概念

树包括以下一些基本性质。

- 树中的节点数等于所有节点的度数加 1。
- 度为 m 的树中第 i 层上至多有 m^{i-1} 个节点($i \geqslant 1$)。
- 高度为 h 的 m 叉树至多有 $(m^h-1)/(m-1)$ 个节点。
- 具有 n 个节点的 m 叉树的最小高度为 $\lfloor \log_m(n(m-1)+1) \rfloor$。

树还包含树的度、节点数及叶子节点数等。如何对给定的树求出满足某种条件的树的节点数和叶子节点数等问题,下面列举两个例子来加以说明。

例 1:已知一棵度为 m 的树中有 N_1 个度为 1 的节点,N_2 个度为 2 的节点,……,N_m 个度为 m 的节点。试问该树中有多少个叶子节点?

解决该问题的关键是将建立树的节点数和树中各节点的度联系起来。若设该树中叶子节点的个数为 N_0,则该树的节点个数为 $N_0+N_1+\cdots+N_m=\sum_{i=0}^{m} N_i$,因该树节点个数又为 $1+\sum_{i=1}^{m} iN_i$。故:

$$N_0+\sum_{i=1}^{m} N_i = 1+\sum_{i=1}^{m} iN_i,\quad 即\ N_0=1+\sum_{i=1}^{m}(i-1)N_i$$

例 2:已知某度为 k 的树中,其度为 0,1,2,…,k-1 的节点数分别为 n_0,n_1,n_2,…,n_{k-1},求该树的节点总数。

设树的度为 k 的节点数为 n_k,则树的总节点数为:

$$n=n_0+n_1+\cdots+n_{k-1}+n_k$$

而树的分支数(或连线数),即 n-1 为:$n-1=n_1+2n_2+(k-1)n_{k-1}+kn_k$,故:

$$n=\sum_{i=0}^{k-1} n_i - \frac{1}{k}\sum_{j=1}^{k-1} j\times n_j + \frac{n-1}{k}$$

3. 树的存储结构及遍历操作

树是非线性的结构,存储树时,须把树中节点之间存在的关系反映在树的存储结构中。树有很多存储结构,这里仅介绍最常用的两种。

1) 树的标准存储结构

树的标准存储结构由节点的数据和指向子节点的指针数组组成;对于度为 M 的树,其指针数组中的元素个数为 M。

2) 树的带逆存储结构

由于树的带逆存储结构需要一个从子节点指向父节点的指针,因而该结构在标准存储结构的基础上,需要在树的节点中增加一个指向其双亲节点位置的指针。

树的遍历是树的基本操作之一,也是最重要的操作之一。树的遍历含义是指:按照某种要求依次访问树中的每个节点,每个节点均被访问一次且仅被访问一次。常用的树的遍历方法可分为前序遍历、后序遍历和中序遍历。

1) 树的前序遍历

首先访问根节点,然后从左到右前序遍历根节点的各棵子树。树的前序遍历递归算法如下:

```
#define M 10
typedef struct node{
  eletype data;
  struct node  *child[M];
  }TNode;
void tpreorder(TNode *t, int m)
  {
  int i;
  if(t){
    print(t->data);            /*访问树节点*/
    for(i=0;i<m;i++)
    tpreorder(t->child[i],m); /*前序遍历各子树*/
  }
  }
```

若利用栈来记录当前未访问完的子树的根节点指针，则前序遍历的非递归算法如下：

```
void NTPreorder(TNode *t, int m)
{
  TNode *s[Maxlen];            /*Maxlen 为最大的栈空间*/
  int top=0;                   /*top 为栈顶指针*/
  int i;
  if (!t) return;
  s[top++]=t;                  /*树根指针进栈*/
  while(top>0)
    {
    t=s[--top];
    print(t->data);            /*访问树节点*/
    for(i=0;i<m;i++)
    if(t->child[i])s[top++]=t->child[i]; /*各子树根指针进栈*/
    }
}
```

2)　树的后序遍历

树的后序遍历的基本思想是：先依次遍历每棵子树，然后访问根节点，与后序遍历二叉树相同。树的后序遍历递归算法如下：

```
#define M 10
typedef struct node{
  eletype data;
  struct node  *child[M];
  }TNode;
void postorder(TNode *t, int m)
  {
  int i;
  if(t){
   for(i=0;i<m;i++)
     postorder (t->child[i],m);   /*后序遍历各子树*/
   print(t->data);                /*访问树节点*/
  }
  }
```

3)　树的中序遍历

树的中序遍历的基本思想是：先遍历左子树，接着访问根节点，然后依次遍历其他各棵子树，类似二叉树的中序遍历。树的中序遍历递归算法如下：

```
#define M 10
typedef struct node{
  eletype data;
  struct node *child[M];
  }TNode;
void inorder(TNode *t, int m)
  {
  int i;
  if(t){
    inorder (t->child[0],m);        /*中序遍历各左子树*/
    print(t->data);                 /*访问根节点*/
  for(i=1;i<m;i++)
    inorder (t->child[i],m);        /*中序遍历各子树*/
  }
  }
```

4. 二叉树的递归定义

二叉树是节点的集合，这个集合或者为空，或者是由一个根和两棵互不相交的被称为左子树和右子树的二叉树组成。二叉树中的每个节点至多有两棵子树，且有左右之分，次序不能颠倒。

二叉树是一种重要的树型结构，但不是树的特例，其有五种形态，分别为：空(二叉树)、只有根节点、根节点和左子树、根节点和右子树、根节点和左右子树。

二叉树与树的区别：二叉树可以为空，每个节点子树不超过两个，而树至少有一个节点且节点子树无限制。

5. 二叉树的性质及其推广

二叉树的性质如下。

性质 1　在二叉树的第 i 层上至多有 2^{i-1} 个节点($i \geq 1$)。

性质 2　深度为 k 的二叉树至多有 $2^k - 1$ 个节点($k \geq 1$)。

性质 3　对任何一棵二叉树 T，如果其终端节点数为 n_0，度为 2 的节点数为 n_2，则 $n_0 = n_2 + 1$。

性质 4　具有 n 个节点的完全二叉树的深度为 $(\log_2 n) + 1$。

性质 5　如果有 n 个节点的完全二叉树，对任一节点 $i(1 < i \leq n)$ 满足：

● 如果 $i = 1$，则 i 为根，无双亲；若 $i > 1$，则 i 的双亲为 $[i/2]$。

● 如果 $2i > n$，则无左孩子，否则左孩子为 $2i$。

● 如果 $2i + 1 > n$，则无右孩子，否则右孩子为 $2i + 1$。

二叉树的有关性质可推广到 k 叉树，例如，一棵含有 n 个节点的二叉树共含有 $n + 1$ 个空指针；而一棵含有 n 个节点的三叉树共含有 $2n + 1$ 个空指针。推而广之，一棵含有 n 个节点的 k 叉树共含有 $(k-1)n + 1$ 个空指针。

不难看出，在 k 叉树的第 i 层上至多有 k^{i-1} 个节点($i \geq 1$)；深度为 H 的 k 叉树至多有 $(k^H - 1)/(k-1)$ 个节点($H \geq 1$)。

同理，可得到含 N 个节点和 N 个叶子节点的完全三叉树的高度分别为：

$$H=(\log_3 2N-1)+1 \ \text{及} \ H=\begin{cases} \log_3 N+1或\log_3 N+2 & N为3的幂 \\ (\log_3 N)+2 & 其他 \end{cases}$$

其推导过程如下：

(1) 设含 N 个节点的完全三叉树的高度为 H，则 $1+3+\cdots+3^{H-2}+1 \leqslant N \leqslant 1+3+\cdots+3^{H-1}$，$3^H-1 \leqslant 2N-1 \leqslant 3^H-2$，即 $H=(\log_3 2N-1)+1$。

(2) 设含 N 个叶子节点的完全三叉树的高度为 H，则 $3^{H-2} \leqslant N \leqslant 3^{H-1}$，即

$$H=\begin{cases} \log_3 N+1或\log_3 N+2 & N为3的幂 \\ (\log_3 N)+2 & 其他 \end{cases}$$

可进一步推广，含 N 个节点的完全 k 叉树的高度为

$$H=\left\lceil \log_k(k-1)N-(k-2) \right\rceil +1$$

6. 二叉树遍历的非递归

二叉树的遍历是操作的重点，通常采用的递归算法不难实现和理解。但要实现二叉树遍历的非递归则有一定的难度，因而是理解二叉树遍历的难点。

由于很多程序员考题中都隐含地利用二叉树遍历的非递归算法，例如，求二叉树中某个节点的祖先等，因而必须牢固地掌握二叉树的三种遍历的非递归算法。本质上，程序员考题中不是要考生遍历二叉树中的所有节点，而是遍历满足某种条件的节点并输出，在成功找到答案之前需要保留访问过的部分节点信息，因而须借助栈和队列等重要的数据结构。

二叉链表的 C 语言描述如下：

```
typedef struct BitNode{
    TelemType  data;                       /* 节点的数据域*/
    struct BiTNode *lchild, *rchild;       /* 左右子树指针*/
}BiTNode,  *BiTree;
```

二叉树的前序、中序和后序遍历的非递归算法如下。

1) 前序遍历的非递归算法

```
int  PreorderTraverse(BiTree T, int (*Print)(TElemType e)){
/* 采用二叉链表存储结构，Print 是对数据元素操作的应用函数*/
/* 前序遍历的非递归算法，对每个元素调用函数 Print */
  InitStack(S);
  BiTree p=T;
  while(!StackEmpty(S)||p){
    if(p){
      if(!Print (p->data)) return 0;        /*访问根节点*/
      Push(S,p);                 /*当前节点指针入栈*/
      p=p->Lchild;}          /*当前指针指向左子树*
    else {                       /* 若栈顶指针不为 0 */
      Pop(S,p);                /* 栈顶元素退栈 */
      p=p->rchild;            /* 当前指针指向右子树*/
    }                               /* else*/
  }                              /* while */
  return 1;
}                            /* PreOrderTraverse */
```

2) 中序遍历的非递归调用算法

```
int  InOrderTraverse(Bitree T, int (*Print)(TElemType e)){
/*采用二叉链表存储结构，Print 是对数据元素操作的应用函数*/
/*中序遍历的非递归算法，对每个元素调用函数 Print */
  InitStack(S);
  Push(S,T);                          /*根指针进栈*/
    while(!StackEmpty(S)){
     while(GetTop(S,p)&&p)
     push(S,p->lchild);      /*向左走到尽头*/
     Pop(S,p);                        /*空指针退栈*/
     if(!StackEmpty(S)){            /* 访问节点，向右一步*/
      Pop(S,p);
      if(!Print(p->data)) return 0;
      Push(S,p->rchild);}           /* if */
     }                               /* while*/
   return 1;
}                                    /* InOrderTraverse*/
```

3) 后序遍历的非递归调用算法

```
int  PostOrderTraverse(Bitree T, int (*Print)(TElemType e)){
/*采用二叉链表存储结构，Print 是对数据元素操作的应用函数*/
/*后序遍历的非递归算法，对每个元素调用函数 Print */
    int tag[MaxSize], top=-1;
    InitStack(S);
    p=T;
    do{while(p){                     /*扫描左子树，入栈*/
       Push(S, p);
       tag[++top]=0;                 /*右子树还未访问过的标志*/
       p=p->lchild;}
     if(top>-1){
      if(tag[top]==1)                /*左右子树已被访问过*/
      {print(gettop(S)->data);
       pop(S);
       top--;
      }
      else{
     p=gettop(S);
     if(top>-1){
     p=p->rchild;                   /*扫描右子树*/
     tag[top]=1;}                   /*置当前节点的右子树为已访问过的标志*/
     }
   }while((p!=NULL)||(top!=-1));
 }
```

下面通过例子来说明二叉树遍历的非递归应用。

例如，在以二叉链表为存储结构的二叉树中，打印数据域值为 x 的节点(假定节点值不相同)，并打印 x 的所有祖先的数据域值。

解决此问题的算法思想是：若在查找某节点的过程中，记下其祖先节点，则可实现本问题的要求。能实现这种要求的数据结构是栈，故设置一个栈用于装入 x 节点的所有祖先，而这种查找只有用非递归的后序遍历。

栈的元素结构说明如下：

```
typedef struct {
  bitreptr p;
   int  tag;              /*tag=0 表示已访问了左子树，tag=1 表示已访问了右子树*/
}snode,s[];
int search(bitreptr T,datatype x)
{top=0;                        /*栈 s 初置为 0*/
  while ((T!=null)&&(T->data!=x)||(top!=0))
    {while (((T!=null)&&(T->data!=x))
    {top ++;
     s[top].p=T; s[top].tag=0;              /*节点入栈，置标志 0*/
     T=T->lchild;}                          /*找左子树*/
   if ((T!=null)&&(T->data==x))             /*找到*/
   {for (i=1;i<=top;i++)
     printf("%d\n",s[i].p->data);           /*输出*/
   return(1);
   }
else
   while((top>0)&&(s[top].tag==1)) top--;       /*退出右子树已访问过的节点*/
if (top>0)
   {  s[top].tag=1;                    /*置访问标志为 1，访问右子树*/
    T=s[top]; T=T->rchild;
   }
   }
  return(0);
}
```

7. 用线索二叉树实现二叉树的非递归

以二叉链表作为存储结构时，只能找到左、右子树的信息，而不能直接得到节点在任一序列中的前驱和后继信息，最简单的方法是每个节点上增加两个指针域，但有点浪费。其实，n 个节点的二叉链表中必定存在 n+1 个空链域，因此可用这些链域来存放节点的前驱和后继信息。改进后的节点结构如下：

lchild	ltag	data	rtag	rchild

其中，

　　ltag = 0：lchild 域指示节点的左子树

　　ltag = 1：lchild 域指示节点的前驱

　　rtag = 0：rchild 域指示节点的左子树

　　rtag = 1：rchild 域指示节点的前驱

其 C 语言描述如下：

```
  /* Link==0：指针；Thread==1：线索*/
typedef enum{ Link, Thread} PointerTag;
typedef struct BiThrNode{
        TelemType data;
        struct BiThrNode *lchild, *rchild;     /*左右孩子指针 */
```

```
       PointerTag  ltag, rtag;              /* 左右标志 */
       }BiThrNode, *BiThrTree;
```

以这种结构构成的二叉链表叫线索链表，其中指向节点前驱和后继的指针叫线索。加上线索的二叉树叫线索二叉树。对二叉树以某种次序遍历使其成为线索二叉树的过程叫线索化。

对给定的线索二叉树中的某个节点 p，查找节点 p 的后继(中序)，其特点为所有叶子节点的右链直接指示了后继，所有非终端节点的后继应是其右子树中第一个中序遍历的节点。

对给定的线索二叉树中的某个节点 p，查找节点 p 的前驱(中序)，其特点为若其左标志为"1"，则左链为线索，指示其前驱，否则其前驱为左子树上最后遍历的一个节点。

可见，对线索二叉树进行遍历可通过线索找到相应的前驱和后继，而无须递归进行。

例如，对给定的中序线索化二叉树，查找节点*p 的中序后继。在中序线索二叉树中，查找 p 指针的节点，其后继分为两种情况：若 p→rtag=1，则 p→rchild，即指向其后继节点；若 p→rtag=0，则*p 节点的中序后继必为其右子树中第一个中序遍历到的节点，即从*p 的右子树开始，沿着左指针链向下找，直到找到一个没有左子树的节点，该节点就是*p 的右子树中"最左下"的节点。其算法如下：

```
BiThrNode *succ(BiThrNode *p)
{
 BiThrNode *q;
 if(p->rtag==1)
    return p->rchild;
 else{
   q=p->rchild;
   while(q->ltag==0)
      q=q->lchild;
   return q;}
}
```

8. 二叉树与树或森林转换的目的

由于树或森林可借用孩子兄弟表示法实现与二叉树的转换，因而我们只要研究二叉树的特性就行了，而无须对树或森林单独进行深入的讨论。

这里仅给出森林和二叉树的转换算法，树和二叉树的转换算法类似。

1) 森林的二叉树表示

森林转换成二叉树的步骤如下。

设 F={T_1, T_2, …, T_n}是森林，对应的二叉树 B={root, LB, RB}，则：

(1) 若 F 为空，即 n=0，则 B 为空。

(2) 若 F 非空，即 n>0，则二叉树的根为 T_1 的根，其左子树是从 T_1 中根节点的子树森林 F={T_{11}, T_{12}, …, T_{1n}}转换而成的二叉树；其右子树是从森林 F={T_2, T_3, …, T_n}转换而成的二叉树。

2) 二叉树转化为森林

若 B 是一棵二叉树，根为 T，L 为左子树的根，R 为右子树的根，则其相应的森林 F{B}

由下列步骤形成：

(1) 若 B 为空，则 F 为空。

(2) 若 B 非空，则 B 的根节点 T 为 $\{T_1, T_2, \cdots, T_n\}$ 的根节点，B[L]构成了 T_1 的不相交的子树集合 $\{T_{11}, T_{12}, \cdots, T_{1n}\}$；B[R]构成了森林中其他的树 $T_2, \cdots, T_n$。

9. 建立二叉树的若干方法

建立二叉树的方法很多，例如，按完全二叉树的形式输入字符序列，其中空格表示相应的子树为空。

近年来，在程序员考试中经常出现的二叉树建立为：已知二叉树的后序序列和中序序列或已知二叉树的先序序列和中序序列，要求考生确定一棵二叉树。

例如，一棵二叉树的对称序列和后序序列分别是 DCBAEFG 和 DCBGFEA，请给出该二叉树的前序序列。该题可通过后序遍历确定二叉树的根节点，然后找到该数据值在前序序列中的位置，并用该位置的左部序列和后序序列中的相应序列构造左子树，该位置的右部序列和后序序列中的相应序列构造右子树，如此不断地递归构造即可得到二叉树。建立的二叉树如图 4-9 所示。

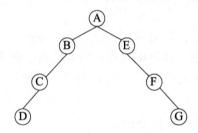

图 4-9　二叉树

而且，该题还可引申到要考生证明已知二叉树的先序序列和中序序列，可唯一确定一棵二叉树；或要求考生针对已知二叉树的先序序列和中序序列，写出建立一棵二叉树的算法等。同时，要求考生证明已知二叉树的先序序列和后序序列，不能唯一确定一棵二叉树。

当然，还可以通过给定的广义表建立二叉树等。可见，建立二叉树的方法很多，只要考生掌握了二叉树递归定义的本质和输入形式就可以方便地建立二叉树。

10. 哈夫曼树的建立和哈夫曼编码的构造

1) 哈夫曼树的基本概念

● 路径：由从树中一个节点到另一个节点之间的分支构成两节点之间的路径。

● 路径长度：路径上的分支数目。

● 树的路径长度：从树根到每一个节点的路径长度之和。

● 节点的带权路径长度：从节点到根之间的路径长度与节点上权的乘积 $W_k L_k$。

● 树的带权路径长度：树中所有带权叶子节点的路径长度之和。

● 哈夫曼树：假设有 n 个数值 $\{W_1, W_2, \cdots, W_n\}$，试构造一棵有 n 个叶子节点的二叉树，节点带权为 W_1，带权路径长度 WPL 最小的二叉树称哈夫曼树。

如图 4-10 所示给定的两棵二叉树，它们的带权路径长度分别为：

(1) WPL=7*2+5*2+2*2+4*2=36。

(2) WPL=7*1+5*2+2*3+4*3=35。

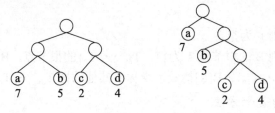

图 4-10 二叉树

2) 哈夫曼树的构造

哈夫曼树的构造算法如下。

(1) 根据给定的 n 个数值{W₁, W₂, …, Wₙ}构成 n 棵二叉树的集合 F = { T₁, T₂, …, Tₙ}，其中每棵二叉树 T_i 中只有一个带权为 W_i 的根节点，左右子树均空。

(2) 在 F 中选取两棵根节点的数值最小的树作为左右子树构造一棵新的二叉树，且置新的二叉树的根节点的数值为其左右子树上根节点的数值之和。

(3) 在 F 中删除这两棵树，同时将新得到的二叉树加入 F 中。

(4) 重复步骤(2)、步骤(3)，直到 F 只含一棵树为止。

3) 哈夫曼编码

哈夫曼编码的设计思想是：若要设计长短不等的编码，则必须是任一个字符的编码都不是另一个字符的编码的前缀，这种编码称作前缀编码。利用二叉树来设计二进制的前缀编码，设计长度最短的二进制前缀编码，以 n 种字符出现的频率作为权，由此得到的二进制前缀编码为哈夫曼编码。

11. 如何利用树型结构求解集合的幂

求集合{1, 2, …, n}的幂集是一个经典的问题。解决这个问题的最典型做法就是递归调用，传统的做法这里不再讨论。

如何利用树型结构这个参照系来设计求集合{1, 2, …, n}的幂集算法是我们讨论的重点。对于给定的集合{1, 2, 3, 4}，按幂集集合中的元素个数和字典次序建立的树如图 4-11 所示。

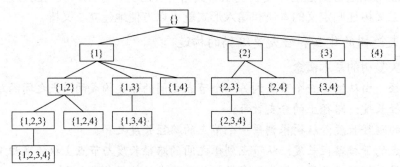

图 4-11 集合{1, 2, 3, 4}的幂集树型示意图

为保持集合中元素的字典次序，可采用两种方法来求集合{1, 2, 3, 4}的幂集集合，其一是采用前序遍历树；其二是按层次遍历树。特别要注意的是在设计求集合的幂集时并不建立真正的树，而是在考生的心中建立这样一个虚拟的树，并以这棵树为参照系。下面给出这两种方法的算法。

方法 1：前序遍历虚拟树。

```
power(int a[], int n, int i)
/*用数组记录集合{1, 2, …, n}的一个幂集，a[0]记录当前幂集的元素个数*/
/*i+1 表示将要加入到 a 中的元素 */
{int j,k;
 if(a[0]==0)printf("{}");
  else {
     printf("{");
     for(j=1;j<a[0];j++)
     printf("%d,", a[j]);
     printf("%d)",a[a[0]]);}
 for(j=i +1; j<=n; j++)
   {k=a[0];
    a[0]++;
    a[a[0]]=j;
    power(a, n, j);
    a[0]=k;}
  }
```

方法 2：按层次遍历虚拟树。

```
#define Maxsize 4
#define QMax  32
typedef struct node{             /*队列的一个元素*/
  int set[Maxsize];
  int count;                     /*当前层次*/
 }Qelem;
power( int n)                    /*用数组记录集合{1, 2, …, n}的一个幂集*/
{int i, j,k, front, rear;        /*front 表示队头，rear 表示队尾*/
 Qelem a[QMax];                  /*申请队列*/
 printf("{}");                   /*打印空集*/
 front=rear=0;
 for(j=1;j<=n;j++)               /*第 2 层入队*/
  {rear=(rear+1)%QMax;
   a[rear].count=1;
   a[rear].set[0]=j;}
 while(rear!=front){             /*队列不空*/
   front=(front+1)%QMax;
   printf("{");
   for(j=0;j<a[front].count-1;j++)   /*打印队头元素列*/
   printf("%d,",a[front].set[j]);
   printf("%d)",a[front].set[j]);
   k=a[front].set[j];
   for(j=k+1; j<=n; j++)             /*下一层元素进队列*/
    { rear=(rear+1)%QMax;
      a[rear].count=a[front].count+1;
      for(i=0; i<a[front].count; i++)
        a[rear].set[i]=a[front].set[i];
      a[rear].set[i]=j;}
   }                                 /* while(rear!=front) */
 }
```

可见，灵活地应用树型结构及其遍历操作的思路，能有效地解决实际应用问题。

12. 二叉树的应用

二叉树运算是数据结构的重要内容，为加深对二叉树内容的理解，这里给出一些应用实例，为方便描述，二叉树的顺序存储结构用一维数组 R 表示，而二叉链表的节点存储结构定义如下：

```
typedef struct treenode {
  datatype data;
  struct treenode *lchild,*rchild;
 }treenode,*bitreptr;
```

(1)　以二叉链表为存储结构,写一个算法用括号形式(key, LT, RT)打印二叉树,其中 key 是根节点数据，LT 和 RT 分别是括号形式的左右子树。并且要求：空树不打印任何信息，一个节点 x 的树打印形式是 x，而不应是(x,)的形式。相应的算法如下：

```
void print(BinTree *T)    /* 用括号形式打印二叉树 */
{ if(T!=Null)
    if(T->lchild==Null&&T->rchild==Null) /* 只有根节点 */
      printf("%c",T->dala);
    else                    /*(T->lchild!=NuI1||T->rchild!=Null) */
     printf("(");
  printf("%c",T->data);
  if(T->lchild->lchild==Null&&T->lchild->rchild==Null);
  printf("(");
  print(T->lchild);
  if(T->rchild!=Null) printf(",");
  print(T->rchild);
  if(T->lchild->lchild==Null&&T->lchild->rchild==Null);
  printf(")");
  printf(")");
}
```

(2)　建立哈夫曼树和哈夫曼编码。

建立哈夫曼树和哈夫曼编码的代码如下：

```
typedef struct {
  unsigned int w;
  unsigned int parent,lchild,rchild;
} HTNode,*HTree;
typedef struct {
  unsigned int bits[n];
  unsigned int start;
} HTCode;
#define MAX 最大数                      /*准备在选取最小权节点时做比较用 */
void CreatHuffman(ht,weight,hcd)
HTree ht[];
unsigned int weight[];
HTCode hcd[];
{ int i,j,x,y,m,n;
    for(i=1;i<=2*n-1;i++)                 /*初始化数组，n 为权叶节点的个数*/
```

```
        { ht[i].parent=ht[i].lchild=ht[i].rchild=0;
          if(i<=n) ht[i].w=weight[i];        /* 数组中前 n 个节点的权即为叶节点的权*/
          else ht[i].w=0;
        }    /* 选取两个权最小的节点,分别用 x,y 表示其下标,用 m,n 来表示最小权及次小的权 */
  for(i=1;i<=n;i++)
   { x=y=0; m=n=MAX;
    for(j=1;j<n+i;j++) {
     if(ht[j].w < m && ht[j].parent==0)        /* 选取最小的权 */
      { n=m; y=x; m=ht[j].w; x=j; }
     else if(ht[j].w <n && ht[j].parent==0)     /* 选取次小的权 */
      { n=ht[j].w; y=j; }
    /* 准备合并两棵二叉树 */
    ht[x].parent=n+i;
    ht[y].parent=n+i;
    ht[n+i].w=m+n;
    ht[n+i].lchild=x; ht[n+i].rchild=y; }
    } /* end of for(i=1;
    i<=n;i++) */
    for(i=1;i<=n;i++)                          /* 求哈夫曼编码 */
    {cd.start=n;                               /* cd 为型变量 */
     c=i;
     f=ht[c].parent;
     while (f) {
        if (ht[f].lchild=c)cd.bits[cd.start]=0;      /* 左分支赋 0 */
        else cd.bits[cd.start]=1;              /* 右分支赋 1 */
        cd.start--;
        c=f; f=ht[f].parent;
        }
    hcd[i]=cd;                                 /* 结构赋值 */
    }                                          /* 求哈夫曼编码结束*/
}
```

(3) 将已知二叉树改建为中序线序树。

将已知二叉树改建为中序线序树算法的主要思路是：对二叉树进行中序遍历，若当前被访问节点的左子节点指针为空，则让它指向当前节点的前驱节点；若其前驱节点的右子节点指针为空，则让它指向当前节点。相应的算法如下：

```
BiThrNode *threadBtree(BiThrNode *t)
/*对根节点指针为 t 的二叉树进行中序线索化*/
{
 BiThrNode *top=NULL;  /*链栈的初始化*/
 BiThrNode *p,*pre,*h; /*分别表示当前节点、当前节点的前驱和暂存首节点的指针*/
 if(t) return NULL;
 p=t;
 pre=NULL;
 do{
   while(p){
   push(p,&top);        /*节点进栈,待处理后进入其右子树*/
       p=p->lchild;      /*沿着左子树前进*/
       }
 pop(&p,&top);
```

```
if(!pre){ h=p;            /*p指向最左节点，为中序遍历首节点*/
         p->ltag=0;        /*继续保持空指针*/
     }
else{
     if(p->lchild==NULL){
         p->lchild=pr;    /*让 p 的左指针为前驱线索*/
         p->ltag=1;       /*让标志为 1*/
         }
     else p->ltag=0;
if(pre->rchild==NULL)
  { pre->rchild=p;
    pre->rtag=1;          /*让 pre 的左指针为后继线索且右标志为 1*/
  }
else pre->rtag=0;
pre=p;
p=p->rchild;              /*进入右子树*/
}while(p||top);
pre->rtag=0;              /*最右节点继续保持空指针*/
return h;
 }
```

4.2.4 图

1. 图的基本概念

图是重要的一类非线性结构，应用极为广泛，其形式化定义可写为：

$$Graph=(V, R)$$

其中，$V=\{x|x\in datatype\}$，$R=\{VR\}$，$VR=\{<x, y>|P(x, y)\wedge\ (x, y\in V)\}$。

在图中，数据元素常称为顶点，V 是顶点的有穷集合；R 是边(弧)的有穷集合。可见，从逻辑上看，图是由顶点和边组成，边反映出顶点之间的联系。

2. 图的存储结构

图主要有以下四种存储结构：邻接矩阵、邻接表、邻接多重表及十字链表。其中最常用的存储结构为邻接矩阵和邻接表，尤其是邻接表。

邻接矩阵是表示顶点之间相邻关系的矩阵。有 n 个顶点的图 G=(V, E)的邻接矩阵为 n 阶方阵，其定义为：

$$A[i,j]=\begin{cases} 1 & 若<i, j>或<j, i>\in E \\ 0 & 反之 \end{cases}$$

将邻接矩阵中的 0，1 换成权值，就是图的邻接矩阵。无向图的邻接矩阵是对称矩阵；顶点 v_i 的度是邻接矩阵中第 i 行(或第 i 列)的元素 1 之和。有向图的邻接矩阵不一定是对称矩阵；顶点 v_i 的出度是邻接矩阵中第 i 行元素之和，入度是邻接矩阵中第 i 列的元素之和。

可见，通过邻接矩阵可以很容易地判定顶点间有无边(弧)，容易计算顶点的度(出度、入度)；缺点是所占空间只和顶点个数有关，和边数无关，在边数较少时，空间浪费较大。一般在顶点数较少且边数稠密时应用邻接矩阵。

邻接表是为克服邻接矩阵在图为稀疏图时的空间浪费大这个缺点而提出的。

邻接表是顶点的向量结构和边(弧)的单链表结构的集合，每个顶点节点包括两个域，将 n 个顶点放在一个向量中(称为顺序存储的节点表)；一个顶点的所有邻接点链接成单链表，该顶点在向量中有一个指针域指向其第一个邻接点。邻接表的结构如下：

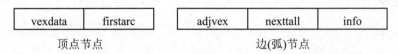

vexdata	firstarc

顶点节点

adjvex	nexttall	info

边(弧)节点

其中，vexdata 是顶点数据，firstarc 是指向该顶点第一个邻接点的指针，adjvex 是邻接点在向量中的下标，info 是邻接点的信息，next 是指向下一邻接点的指针。

对无向图，容易求各顶点的度；边表中节点个数是边数的两倍。对有向图，容易求顶点的出度；若求顶点的入度则不容易，要遍历整个表。为了求顶点的入度，有时可设逆邻接表(指向某顶点的邻接点链接成单链表)。所谓逆邻接表，就是对图中的每个顶点 i 建立一个单链表，把被 i 邻接的顶点放在一个链表中，即边表中存放的是入度边而不是出度边。一般在处理以顶点为主且为边稀疏时用邻接表。

邻接多重表是为了解决邻接表不利于处理以边为主的情况，因为在邻接表中，每条边需要两个边节点，在以边为主处理图时，需判断此边是否处理过，增加了复杂性。图的邻接多重表中每个边只有一个节点，其节点结构如下：

data	firstedge

顶点节点

ivex	ilink	data	jlink	jvex

边节点

十字链表为邻接表不利于求出顶点的入度这个缺点而提出的，其节点结构如下：

data	firstin	first out

顶点节点

tailvex	headvex	hlink	tlink	info

弧节点

4.2.5　算法概述

一、算法

1. 算法的基本概念及特性

算法是为解决某一特定类型问题规定的一个运算过程，它具有以下特性。

(1) 有穷性。一个算法必须在执行有穷步骤之后结束，且每一步都可以在有限时间内完成。

(2) 确定性。算法的每一步必须是确切定义的，不能有歧义。

(3) 可行性。算法应该是可行的。

(4) 输入。一个算法有零个或多个输入。

(5) 输出。一个算法有一个或多个输出。

2. 算法与数据结构

数据结构是算法设计的基础，而算法总是建立在一定的数据结构基础之上的。

在程序中需要指定数据的类型和数据的组织形式，这就是定义数据结构，其描述的操作步骤就构成了算法。因此，也可以从某种意义上说"数据结构+算法=程序"。

3. 算法的描述

常用的算法描述方法包括流程图、NS 盒图、伪代码和决策树。

二、排序算法

1. 简单排序

简单排序包括直接插入排序、冒泡排序、简单选择排序等方法。

1) 直接插入排序

直接插入排序的基本操作是将一个记录插入到已排好序的有序表中，从而得到一个新的、记录数增 1 的有序表。

2) 冒泡排序

首先将第一个记录的关键字和第二个记录的关键字进行比较，若为逆序(即 r[1].key > r[2].key)，则交换两个记录，接着比较第二个记录和第三个记录的关键字。依次类推，直至第 n-1 个记录和第 n 个记录的关键字进行过比较为止。这个过程称为第一趟冒泡排序，使得关键字最大的记录被安置到最后一个记录的位置上。然后进行第二趟冒泡排序，对前 n-1 个记录进行同样的操作，结果是使关键字次大的记录被安置到第 n-1 个记录的位置上。当进行完第 n-1 趟冒泡排序时，所有记录都已有序排列。

3) 简单选择排序

简单选择排序的基本思想是：在进行每趟排序时，从无序的记录中选择出关键字最小(或最大)的记录，将其插入有序序列(初始时为空)的尾部。

2. 希尔排序

希尔排序又称"缩小增量排序"，是对直接插入排序方法的改进。希尔排序的基本思想是：先将整个待排记录序列分割成若干序列，然后分别进行直接插入排序，待整个序列中的记录基本有序时，再对全体记录进行一次直接插入排序。

3. 快速排序

快速排序是对冒泡排序的一种改进。先通过一趟排序将待排记录分割成独立的两部分，其中一部分记录的关键字均比另一部分记录的关键字小，然后分别对这两部分记录继续进行排序，使得整个序列有序。

4. 堆排序

1) 堆的概念

对于 n 个元素的关键字序列 $\{k_1, k_2, \cdots, k_n\}$，当且仅当所有关键字都满足下列关系时称其为堆：

$$\begin{cases} k_i \leqslant k_{2i} \\ k_i \leqslant k_{2i+1} \end{cases} \quad 或 \quad \begin{cases} k_i \geqslant k_{2i} \\ k_i \geqslant k_{2i+1} \end{cases}$$

从序列元素间的关系来看，堆是一棵完全二叉树的层次序列。显然，堆顶元素为序列中 n 个元素的最小值(或最大值)。若堆顶为最小元素，则称为小根堆；若堆顶为最大元素，则称为大根堆。

2)　堆排序的基本思想(小根堆)

对一组待排序记录的关键字，首先把它们按堆的定义排成一个堆序列，从而输出堆顶的最小关键字，然后将剩余的关键字再调整成新堆，便得到次小的关键字，如此反复进行，直到全部关键字排成有序序列。

5. 归并排序

归并排序是不断将多个小而有序的序列合成一个大而有序的序列的过程。其中最常用的归并排序是二路归并排序，它是将整个序列中的元素进行分组，相邻的两个元素为一组，然后分别为每个小组进行排序，随后将两个相邻的小组合成一个组，继续进行组内排序；直到所有元素被合并成一个组内，并使组内元素有序，此时排序结束。

6. 基数排序

基数排序的思想是按组成关键字的各个数位的值进行排序，它是分配排序的一种。基数排序把一个关键字 K_i 看成一个 d 元组，即

$$K_i^1, K_i^2, \cdots, K_i^d$$

其中 K_i^1 称为最高有效位，K_i^d 称为最低有效位。基数排序可以从最高有效位开始，也可以从最低有效位开始。

基数排序的基本思想是：设立 r 个队列(r 为基数)，队列的编号为 0，1，2，…，r-1。首先按最低有效位的值，把 n 个关键字分配到这 r 个队列中；然后从小到大将各队列中的关键字再依次收集起来；接着再按次低有效位的值把刚收集起来的关键字再分配到 r 个队列中。重复上述收集过程，直至最高位有效。这样得到了一个从小到大有序的关键字序列。

三、查找算法

1. 静态查找表

对查找表经常要进行两种操作：查询某个特定的数据元素是否在查找表中；检索某个特定的数据元素的各种属性。通常只进行这两种操作的查找表称为静态查找表。静态查找表主要有顺序查找、折半查找和分块查找。

1)　顺序查找

顺序查找，又称线性查找，顺序查找的过程是从线性表的一端开始，依次逐个与表中元素的关键字值进行比较，如果找到其关键字与给定值相等的元素，则查找成功；若表中所有元素的关键字与给定值比较都不成功，则查找失败。

在等概率的情况下，顺序查找成功的平均查找长度为：

$$ASL_{ss} = \frac{1}{n}\sum_{i=1}^{n}(n-i+1) = \frac{n+1}{2}$$

2)　折半查找

折半查找是一种采用顺序存储结构的线性表进行查找的方法，也称为二分查找。在进行折半查找之前，线性表中的数据元素必须按照关键字的值升序或降序排列。

折半查找的过程是先将给定值与有序线性表中间位置上的元素的关键字进行比较，若两者相等，则查找成功；若给定值小于该元素的关键字，那么选取中间位置元素关键字值小的那部分元素作为新的查找范围，然后继续进行折半查找；如果给定值大于该元素的关键字，那么选取比中间位置元素关键字值大的那部分元素作为新的查找范围，然后继续进

行折半查找,直到找到关键字与给定值相等的元素或查找范围中的元素数量为零时结束。平均查找长度为:

$$\text{ASL}_{bs} = \frac{1}{n}\sum_{j=1}^{n} j \times 2^{j-1} = \frac{n+1}{n}\log_2(n+1) - 1$$

3) 分块查找

分块查找又称索引顺序查找,是顺序查找的一种改进方法。在分块查找过程中,首先将表分成若干块,每一块中关键字不一定有序,但块之间是有序的。此外,还建立了一个索引表,索引表按关键字有序。分块查找过程需分两步进行:先确定待查记录所在的块,然后在块中顺序查找。

假设长度为 n 的分块表分成 b 块,每块中元素个数为 s,又设每个元素的查找概率都相等,块间块内均采用线性查找方法,则平均查找长度为:

$$\text{ASL}_{bs} = \frac{1}{b}\sum_{j=1}^{b} j + \frac{1}{s}\sum_{i=1}^{s} i = \frac{b+1}{2} + \frac{s+1}{2} = \frac{1}{2}\left(\frac{n}{s} + s\right) + 1$$

2. 动态查找表

若在查找过程中同时插入查找表中不存在的数据元素,或者从查找表中删除已存在的某个数据元素,则称此类查找表为动态查找表。动态查找表的特点是表结构动态生成的。

1) 二叉排序树的定义

二叉排序树又称为二叉查找树,它或者是一棵空树,或者是具有以下性质的二叉树。

- 若它的左子树非空,则左子树上所有节点的值均小于根节点的值。
- 若它的右子树非空,则右子树上所有节点的值均大于或等于根节点的值。
- 左、右子树本身就是两棵二叉排序树。

2) 二叉排序树的查找过程

若二叉树为非空,将给定值与根节点的关键字值进行比较,若相等,则查找成功;若不等,则当根节点的关键字值大于给定值时,到根的左子树中进行查找;否则到根的右子树中进行查找。

3) 二叉排序树中插入节点的操作

二叉排序树是通过依次输入数据元素并把它们插到二叉树的适当位置上构造起来的,具体过程如下:读入一个元素,建立一个新节点。若二叉排序树非空,则将新节点的值与根节点的值进行比较,如果小于根节点的值,则插入左子树中,否则插入右子树中;若二叉树为空,则将新节点作为二叉排序树的根节点。

4) 二叉排序树中删除节点的操作

在二叉排序树中删除一个节点,不能把以该节点为根的子树都删除,只能删除这个节点并仍旧保持二叉排序树的特性。

3. 哈希表

1) 哈希表的定义

根据设定的哈希函数 H(key)和处理冲突的方法,将一组关键字映射到一个有限的连续地址集上,并以关键字在地址集中的像作为记录在表中的存储位置,这种表称为哈希表,也称散列表。这一过程所得到的存储位置称为散列地址,由此形成的查找方法称为散列查找。当选择了某个散列函数后，不同的关键字可能与同一个散列地址相对应，这种现象称为冲突。

对于哈希表，主要考虑两个问题：一是如何构造哈希函数，二是如何解决冲突。

2) 哈希函数的构造方法

常用的哈希函数的构造方法有直接定址法、数字分析法、平方取中法、折叠法、随机数法和除留余数法等。

3) 处理冲突的方法

解决冲突就是为出现冲突的关键字找到另一个"空"的哈希地址。常见的冲突处理方法有：开放地址法、链地址法、再哈希法等。

4.3 真题详解

4.3.1 综合知识试题

试题 1 (2017 年下半年试题 35)

递归函数执行时，需要 ___(35)___ 来提供支持。

(35) A．栈 　　　　　 B．队列 　　　　　 C．有向图 　　　　　 D．二叉树

参考答案：(35)A

要点解析：在递归调用中，需要在前期存储某些数据，并在后面又以存储的逆序恢复这些数据，以提供之后使用的需求，因此，需要用到栈来实现递归。简单地说，就是在前行阶段，对于每一层递归，函数的局部变量、参数值以及返回地址都被压入栈中。在退回阶段，位于栈顶的局部变量、参数值和返回地址被弹出，用于返回调用层次中执行代码的其余部分，也就是恢复了调用的状态。

试题 2 (2017 年下半年试题 36)

函数 main()、f()的定义如下所示。调用函数时，第一个参数采用传值(call by value) 方式，第二个参数采用传引用(call by reference)方式，main()执行后输出的值为 ___(36)___ 。

```
main()                    f(int x, int &a)

int x = 2;                x = 2 * a + 1;
f(1, x);                  a = x + 3;
print(x);                 return;
```

(36) A．2 　　　　　 B．4 　　　　　 C．5 　　　　　 D．8

参考答案：(36)D

要点解析：图按函数执行的顺序依次代入函数公式即可得解。

试题 3 (2017 年下半年试题 37)

对于初始为空的栈，其入栈序列为 a、b、c、d，且每个元素进栈、出栈各 1 次。若出栈的第一元素为 d，则合法的出栈序列为 ___(37)___ 。

(37) A．dcba   B．dabc   C．dcab   D．dbca

参考答案：(37)A

要点解析：栈，先进后出。

试题4 (2017年下半年试题38)

对关键码序列(9，12，15，20，24，29，56，69，87) 进行二分查找(折半查找)，若要查找关键码15，则需依次与 __(38)__ 进行比较。

(38) A．87、29、15   B．9、12、15   C．24、12、15   D．24、20、15

参考答案：(38)C

要点解析：二分法查找(折半查找)的基本思想是：

(设 R[low,…,high]是当前的查找区)

(1) 确定该区间的中点位置：mid=[(low+high)/2]；

(2) 将待查的 k 值与 R[mid].key 比较，若相等，则查找成功并返回此位置，否则需确定新的查找区间，继续二分查找，具体方法如下。

若 R[mid].key>k，则由表的有序性可知 R[mid,…,n].key 均大于 k，因此若表中存在关键字等于 k 的节点，则该节点必定是在位置 mid 左边的子表 R[low,…,mid‑1]中。因此，新的查找区间是左子表 R[low,…,high]，其中 high=mid‑1。

若 R[mid].key<k，则要查找的 k 必在 mid 的右子表 R[mid+1,…,high]中，即新的查找区间是右子表 R[low,…,high]，其中 low=mid+1。

若 R[mid].key=k，则查找成功，算法结束。

(3) 下一次查找是针对新的查找区间进行，重复步骤(1)和步骤(2)。

(4) 在查找过程中，low 逐步增加，而 high 逐步减少。如果 high<low，则查找失败，算法结束。

试题5 (2017年上半年试题40)

对下图所示的二叉树进行中序遍历(左子树，根节点，右子树)的结果是 __(40)__ 。

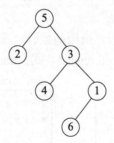

(40) A．５２３４６１   B．３５３４１６   C．２４６５３１   D．２５４３６１

参考答案：(40)D

要点解析：前序遍历：先遍历根节点，然后遍历左子树，最后遍历右子树。

中序遍历：先遍历左子树，然后遍历根节点，最后遍历右子树。

后序遍历：先遍历左子树，然后遍历右子树，最后遍历根节点。

层序遍历：从上往下逐层遍历。

试题 6 (2017 年上半年试题 36)

采用 __(36)__ 算法对序列{18,12,10,11,23,2,7}进行一趟递增排序后，其元素的排列变为{12,10,11,18,2,7,23}。

(36) A. 选择排序 B. 快速排序 C. 归并排序 D. 冒泡排序

参考答案：(36)D

要点解析：快速排序 Quick sort：通过一趟扫描将要排序的数据分割成独立的两部分，其中一部分的所有数据都比另外一部分的所有数据都要小，然后再按此方法对这两部分数据分别进行快速排序，整个排序过程可以递归进行，以此达到整个数据变成有序序列。

选择排序 Selection sort：顾名思义，就是直接从待排序数组里选择一个最小(或最大)的数字，每次都拿一个最小数字出来，顺序放入新数组，直到全部拿完。

冒泡排序 Bubble sort：原理是临近的数字两两进行比较，按照从小到大或者从大到小的顺序进行交换，这样一趟过去后，最大或最小的数字被交换到了最后一位，然后再从头开始进行两两比较交换，直到倒数第二位时结束。

归并排序 Merge sort：原理是把原始数组分成若干子数组，对每一个子数组进行排序，继续把子数组与子数组合并，合并后仍然有序，直到全部合并完，形成有序的数组。

试题 7 (2017 年上半年试题 37)

某二叉树的先序遍历(根、左、右)序列为 EFHIGJK、中序遍历(左、根、右)序列为 HFIEJKG，则该二叉树根节点的左孩子节点和右孩子节点分别是 __(37)__ 。

(37) A. A,I,K B. F,I C. F,G D. I,G

参考答案：(37)C

要点解析：由先序遍历看，E 为根节点，F 为根节点的左孩子。在看中序遍历，则左树有：IE 两个子节点。那么 E 的右孩子节点为 G。

试题 8 (2017 年上半年试题 38)

对于一个初始为空的栈，其入栈序列为 1、2、3、…、n(n>3)，若出栈序列的第一个元素是 1，则出栈序列的第 n 个元素 __(38)__ 。

(38) A. 可能是 2~n 中的任何一个 B. 一定是 2
C. 一定是 n-l D. 一定是 n

参考答案：(38)A

要点解析：出入栈的基本原则为：先进后出，后进先出。但是此时不确定 2,…,n 出栈的情况，如果 2 进栈，2 出栈，3 进栈，3 出栈……在 i 进栈后，以序列 i+1,i+2,…,n 依次进栈后再依次出栈，则最后出栈的为 i(2≤i≤n)。

试题 9 (2017 年上半年试题 39)

为支持函数调用及返回，常采用称为 __(39)__ 的数据结构。

(39) A. 队列 B. 栈 C. 多维数组 D. 顺序表

参考答案：(39)B

要点解析：栈在程序的运行中有着举足轻重的作用。最重要的是，栈保存了一个函数调用时所需的维护信息，这常常称之为堆栈帧或者活动记录。

试题 10 (2017 年上半年试题 40)

在 C 程序中有一个二维数组 A[7][8]，每个数组元素用相邻的 8 个字节存储，那么存储该数组需要的字节数为 __(40)__ 。

(40) A. 56　　　　　B. 120　　　　　C. 448　　　　　D. 512

参考答案：(40)C

要点解析：一个数组占 8 个字节，那么二维数组 A[7][8]共含有 7*8=56 个数组，共占用 56*8=448 个字节。

试题 11 (2017 年上半年试题 41)

设 S 是一个长度为 n 的非空字符串，其中的字符各不相同，则其互异的非平凡子串(非空且不同于 S 本身)的个数 __(41)__ 。

(41) A. 2n-l　　　　B. n^2　　　　C. n(n+l)/2　　　　D. (n+2)(n-l)/2

参考答案：(41)D

要点解析：以字符串"abcde"为例说明，其长度为 1 的子串为"a""b""c""d""e"，共 5 个；长度为 2 的子串为"ab""bc""cd""de"，共 4 个；长度为 3 的子串为"abc""bcd""cde"，共 3 个；长度为 4 的子串为"abcd""bcde"，共 2 个；长度为 5 的子串为"abcde"，共 1 个；空串是任何字符串的子串。本题中，空串和等于自身的串不算，子串数目共 14 个(5+4+3+2)。

试题 12 (2017 年上半年试题 42)

折半(二分)查找法适用的线性表应该满足 __(42)__ 的要求。

(42) A. 链接方式存储、元素有序　　　　B. 链接方式存储、元素无序

　　　C. 顺序方式存储、元素有序　　　　D. 顺序方式存储、元素无序

参考答案：(42)C

要点解析：折半搜索(half-interval search)，也称二分搜索(binary search)、对数搜索(logarithmic search)，是一种在有序数组中查找某一特定元素的搜索算法。

试题 13 (2017 年上半年试题 43)

对于连通无向图 G，以下叙述中，错误的是 __(43)__ 。

(43) A. G 中任意两个顶点之间存在路径

　　　B. G 中任意两个顶点之间都有边

　　　C. 从 G 中任意顶点出发可遍历图中所有顶点

　　　D. G 的邻接矩阵是对称的

参考答案：(43)B

要点解析：在一个无向图 G 中，若从顶点 v_i 到顶点 v_j 有路径相连(当然从 v_j 到 v_i 也一定有路径)，则称 v_i 和 v_j 是连通的。如果图中任意两点都是连通的，那么图被称作连通图。但不是任意两顶点之间都存在边。

试题 14 (2016 年上半年试题 34)

对于长度为 n 的线性表(即 n 个元素构成的序列)，若采用顺序存储结构(数组存储)，则在等概率下，删除一个元素平均需要移动的元素数为 __(34)__ 。

(34) A. n　　　　　　B. (n−1)/2　　　　　C. N/2　　　　　D. log n

参考答案： (34)B

要点解析： 在顺序存储且长度为 n 的线性表中删除一个元素时，共有 n 个元素可供删除，因此等概率下删除每个元素的概率为 $\dfrac{1}{n}$，删除第 i 个元素时(1≤i≤n)，需要将后面的(n−i)个元素依次前移一个位置，所以删除一个元素平均需要移动的元素数为 $\dfrac{1}{n}\sum\limits_{i=1}^{n}n-i=\dfrac{n-1}{2}$。

试题 15　(2016 年上半年试题 35)

设有初始为空的栈 s，对于入栈序列 a、b、c、d，经由一个合法的进栈和出栈操作序列后(每个元素进栈、出栈各 1 次)，以 c 作为第一个出栈的元素时，不能得到的序列为 __(35)__ 。

(35) A. c d b a　　　　B. c b d a　　　　　C. c d a b　　　　D. c b a d

参考答案： (35)C

要点解析： 栈的修改规则是后进先出。对于题目给出的元素序列，若要求 c 先出栈，此时 a、b 尚在栈中，因此这三个元素构成的出栈序列只能是 c b a，而元素 d 可在 b 出栈之前进栈，之后 b 只能在 d 出栈后再出栈，因此可以得到出栈系列 c d b a。同理，e 可在 a 出栈之前进栈，从而得到出栈序列 c b d a。若 e 在 a 出栈后入栈、出栈，则得到出栈序列 c b a d。由于 a 不能在 b 出栈前出栈，因此不能得到 c d a b。

试题 16　(2016 年上半年试题 36)

队列采用如下图所示的循环单链表表示，图(a)表示队列为空，图(b)为 e1、e2、e3 依次入队列后的状态，其中，rear 指针指向队尾元素所在节点，size 为队列长度。以下叙述中，正确的是 __(36)__ 。

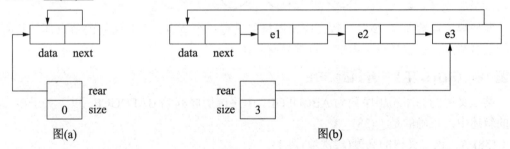

图(a)　　　　　　　　　　　　　　　图(b)

(36) A. 入队列时需要从头至尾遍历链表，而出队列不需要

　　　B. 出队列时需要从头至尾遍历链表，而入队列不需要

　　　C. 新元素加入队列以及队头元素出队列都需要遍历链表

　　　D. 入队列和出队列操作都不需要遍历链表

参考答案： (36)D

要点解析： 入队列是将元素加入队尾，也就是在 rear 所指节点之后链接一个新入队的节点，不需要遍历队列。出队列时通过 rear->next 可以得到头节点的指针，队列不空时删除 rear->next->next 所指向的节点，不需要遍历链表。

试题 17　(2016 年上半年试题 37)

对二叉树中的节点如下编号：树根节点编号为 1，根的左孩子节点编号为 2、右孩子节点编号为3，依此类推，对于编号为 i 的节点，其左孩子编号为2i、右孩子编号为2i+1。例如，下图所示二叉树中有 6 个节点，节点 a、b、c、d、e、f 的编号分别为1、3、5、7、11。那么，当节点数为 n(n>0)的__(37)__时，其最后一个节点编号为 2^n-1。

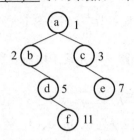

(37) A. 二叉树满二叉树(即每层的节点数达到最大值)
　　　 B. 二叉树中每个内部节点都有两个孩子
　　　 C. 二叉树中每个内部节点都只有左孩子
　　　 D. 二叉树中每个内部节点都只有右孩子

参考答案：(37)D

要点解析：当二叉树为满二叉树时，第 i 层上最后一个节点的编号为2i-1，如下图所示，第 2 层最后一个节点的编号为22-1，第 3 层最后一个节点的编号为23-1。

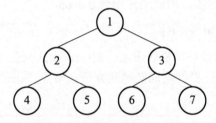

要使得节点数 n 与高度一致，应使得每层只有一个节点，并且每层的节点都是其所在层的最右节点，也就是每个内部节点都只有右孩子。

试题18 (2016年上半年试题38)

某二叉树的先序遍历序列为 ABCDFGE，中序遍历序列为 BAFDGCE。以下关于该二叉树的叙述中，正确的是__(38)__。

(38) A. 该二叉树的高度(层次数)为 4
　　　 B. 该二叉树中节点 D 是叶子节点
　　　 C. 该二叉树是满二叉树(即每层的节点数达到最大值)
　　　 D. 该二叉树有 5 个叶子节点

参考答案：(38)A

要点解析：根据一个二叉树的先序遍历序列和中序遍历序列可以重构该二叉树。先序遍历序列可以确定二叉树(包括子二叉树)的根节点，然后在中序遍历序列中找到根节点，从而可以分出左子树和右子树中各自的节点。题中的二叉树的根节点是 A，其左子树上有 1 个节点为 B，其右子树上有 5 个节点。然后根据右子树的先序遍历序列 CDFGE 和中序遍历序列 FDGCE 再确定各个节点的位置，该二叉树如下图所示。

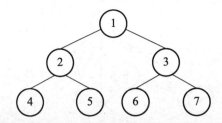

试题 19 (2016 年上半年试题 39)

对于关键码序列(54，34，5，14，50，36，47，83)，用链地址法(或拉链法)解决冲突构造散列表(即将冲突的元素存储在同一个单链表中，单链表的头指针存入散列地址对应的单元)，设散列函数为 H(Key)=Key MOD 7(MOD 表示整除取余运算)，则构造散列表时冲突次数最多的哈希单元的地址是__(39)__。

(39) A．0   B．1   C．5   D．6

参考答案：(39)C

要点解析：根据散列函数计算出每个关键字的哈希地址如下：

H(54)=54 MOD7=5

H(34)=34 MOD7=6

H(5)=5 MOD7=5

H(14)=14 MOD7=0

H(50)=50 MOD7=1

H(36)=36 MOD7=1

H(47)=47 MOD7=5

H(83)=83 MOD7=6

试题 20 (2016 年上半年试题 40)

某图 C 的邻接矩阵如下所示。以下关于该图的叙述中，错误的是__(40)__。

$$C = \begin{bmatrix} \infty & 5 & \infty & 7 & \infty & \infty \\ \infty & \infty & 4 & \infty & \infty & \infty \\ 8 & \infty & \infty & \infty & \infty & 9 \\ \infty & \infty & 5 & \infty & \infty & 6 \\ \infty & \infty & \infty & 5 & \infty & \infty \\ 3 & \infty & \infty & \infty & 1 & \infty \end{bmatrix}$$

(40) A．该图存在回路(环)   B．该图为完全有向图

       C．图中所有顶点的入度都大于 0   D．图中所有顶点的出度都大于 0

参考答案：(40)B

要点解析：由于题目中给出的邻接矩阵不是对称的，因此该图为有向图，如下图所示。其中，c->f->e->d->c 成环；每个顶点都有入弧和出弧，因此所有顶点的入度和出度都大于 0；完全图要求每对顶点间都要有弧，因此该图不是完全有向图。

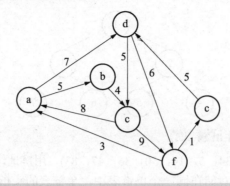

试题21 (2016年上半年试题41)

设有二叉排序树如下图所示,根据关键码序列___(41)___构造出该二叉排序树。

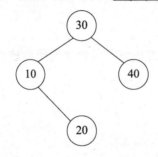

(41) A. 30 20 10 40　　B. 30 40 20 10　　C. 30 20 40 10　　D. 30 40 10 20

参考答案: (41)D

要点解析: 根据二叉排序树的定义,将新元素插入二叉排序树时,需要先查找插入位置。若等于树根,则不再插入,若大于树根,则递归地在右子树上查找插入位置,否则递归地在左子树上查找插入位置,因此,新节点总是以叶子的方式加入树中。这样,在根节点到达每个叶子节点的路径上,节点的顺序必须保持,也就是父节点必定先于子节点进入树中。

题目中的二叉排序树中,20 需在 10 之后,10、40 需在 30 之后进入该二叉排序树。只有选项 D 满足该要求。

试题22 (2016年上半年试题42)

对 n 个记录进行非递减排序,在第一趟排序之后,一定能把关键码序列中的最大或最小元素放在其最终排序位置上的排序算法是___(42)___。

(42) A. 冒泡排序　　B. 快速排序　　C. 直接插入排序　　D. 归并排序

参考答案: (42)A

要点解析: 冒泡排序在一趟排序过程中将最大元素(或最小元素)交换至最终排序位置。快速排序是经过划分后将枢轴元素放在最终排序位置。直接插入排序是在有序序列中插入一个元素保持序列的有序性并使得有序序列不断加长,每次插入的元素不能保证是最大元素(或最小元素)。归并排序是将有序序列进行合并,第一趟归并是将长度为 1 的序列合并为长度为 2 的序列,在 n>2 的情况下,不能保证第一趟就将最大元素(或最小元素)放在最终位置。

试题23　(2013年上半年试题40)

对于 n 个元素的关键码序列{k1，k2，…，Kn}，当且仅当满足下列关系时称其为堆。以下关键码序列中，　(43)　不是堆。

$$\begin{cases} k_i \leqslant k_{2i} \\ k_i \leqslant k_{2i+1} \end{cases} \quad 或 \quad \begin{cases} k_i \geqslant k_{2i} \\ k_i \geqslant k_{2i+1} \end{cases}$$

(43) A. 12, 25, 22, 53, 65, 60, 30　　　　B. 12, 25, 22, 30, 65, 60, 53

　　 C. 65, 60, 25, 22, 12, 53, 30　　　　D. 65, 60, 25, 30, 53, 12, 22

参考答案：(43)C

要点解析：将序列用完全二叉树表示，其中 k_i 的左孩子为 k_{2i}、右孩子为 k_{2i+1}，更容易判断其中的元素是否满足堆的定义。

与 A. 12，25，22，53，65，60，30 对应的二叉树如下图(a)所示，其每个非叶子节点都小于左孩子、右孩子节点，所以是小顶堆。

与 B. 12，25，22，30，65，60，53 对应的二叉树如下图(b)所示，其每个非叶子节点都小于左孩子、右孩子节点，所以是小顶堆。

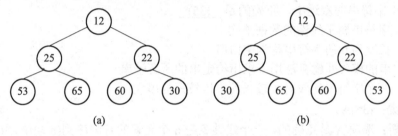

与 C. 65，60，25，22，12，53，30 对应的二叉树如下图(c)所示，其中以 25 为根的子树满足小顶堆定义，而以 60 为根的子树满足大顶堆，所以该序列不完全符合大顶堆(或小顶堆)的定义。

与 D. 65，60，25，30，53，12，22 对应的二叉树如下图(d)所示，其每个非叶子节点都大于左孩子、右孩子节点，所以是大顶堆。

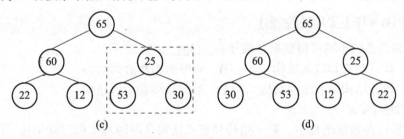

试题24　(2015年下半年试题33～34)

设数组 $A[1, …, m, 1, …, n]$ 的每个元素占用 1 个存储单元，对于数组元素 $A[i，j]$ ($1 \leqslant i \leqslant m$，$1 \leqslant j \leqslant n$)，在按行存储方式下，其相对于数组空间首地址的偏移量为　(33)　；在按列存储方式下，其相对于数组空间首地址的偏移量为　(34)　。

(33) A. i*(n-1)+j　　B. (i-1)*n+j-1　　C. i*(m-1)+j　　D. (i-1)*m+j-1

(34) A. j*(n-1)+i　　B. (j-1)*n+i-1　　C. j*(m-1)+i　　D. (j-1)*m+i-1

参考答案： (33)B   (34)D

要点解析： 本题考查数据结构基础知识。数组 A[l, ..., m, l, ..., n]的元素排列如下。

$$\begin{bmatrix} a_{1,1} & a_{1,2} & \cdots & a_{1,n} \\ a_{2,1} & a_{2,2} & \cdots & a_{2,n} \\ \vdots & a_{ij} & & \vdots \\ a_{m,1} & a_{m,2} & \cdots & a_{m,n} \end{bmatrix}$$

解答该问题需先计算排列在 a[i, j]之前的元素个数。

按行方式存储下，元素 a[i, j]之前有 i-1 行，每行 n 个元素，在第 i 行上 a[i, j]之前有 j-1 个元素，因此，a[i, j]之前共有(i-1)*n+j-1 个元素。

在按列存储方式下，元素 a[i, j]之前有 j-1 列，每列 m 个元素，在 a[i, j]所在列(即第 j 列)，排在它之前的元素有 i-1 个，因此，a[i,j]之前共有(j-1)*m+i-1 个元素。

数组中指定元素的存储位置相对于数组空间首地址的偏移量等于 k*d，其中 k 为排在该元素前的元素个数，d 为每个元素占用的存储单元数。

试题 25   (2015 年下半年试题 35)

以下关于字符串的叙述中，正确的是 __(35)__ 。

(35) A．字符串属于线性的数据结构

　　　 B．长度为 0 的字符串称为空白串

　　　 C．串的模式匹配算法用于求出给定串的所有子串

　　　 D．两个字符串比较时，较长的串比较短的串大

参考答案： (35)A

要点解析： 选项 A 是正确的。一个线性表是 n 个元素的有限序列(n≥0)。由于字符串是由字符构成的序列，因此符合线性表的定义。

选项 B 是错误的。长度为 0 的字符串称为空串(即不包含字符的串)，而空白串是指由空白符号(空格、制表符等)构成的串，其长度不为 0。

选项 C 是错误的。串的模式匹配算法是指在串中查找指定的模式串是否出现及其位置。

选项 D 是错误的。两个字符串比较时，按照对应字符(编码)的大小关系进行比较。

试题 26   (2013 年上半年试题 36)

按照逻辑关系的不同可将数据结构分为 __(36)__ 。

(36) A．顺序结构和链式结构　　　 B．顺序结构和散列结构

　　　 C．线性结构和非线性结构　　 D．散列结构和索引结构

参考答案： (36)C

要点解析： 在数据结构中，顺序结构和链式结构是两种基本的存储结构。线性结构和非线性结构是按照逻辑关系来划分的。

4.3.2　案例分析试题

试题 1   (2017 年上半年试题 1)

阅读以下说明和图 4-12 的流程图，填补流程图中的空缺，将解答填入答题纸的对应栏内。

设有二维整数数组(矩阵)A[1:m,1:n],其每行元素从左至右是递增的，每列元素从上到下

是递增的。以下流程图旨在该矩阵中需找与给定整数 X 相等的数。如果找不到则输出"false"；只要找到一个(可能有多个)就输出"True"以及各元素的下标 i 和 j(注意数组元素的下标从 1 开始)。

例如，在如下矩阵中查找整数 8，则输出为：True,4,1

```
2   4   6   9
4   5   9   10
6   7   10  12
8   9   11  13
```

流程图中采用的算法如下：从矩阵的右上角元素开始，按照一定的路线逐个取元素与给定整数 X 进行比较(必要时向左走一步或向下走一步取下一个元素)，直到找到相等的数或超出矩阵范围(找不到)。

【流程图】

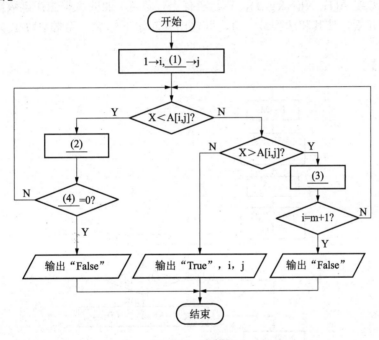

图 4-12　流程图

【问题】该算法的时间复杂数是___(5)___。

供选择答案：A. O(1)　　　　B. O(m+n)　　　　C.O (m*n)　　　　D. O(m^2+n^2)

【参考答案】

(1)　n

(2)　j−1→j

(3)　i+1→i

(4)　j

(5)　C

【重点分析】

本题考查考生对程序流程的理解能力。

根据题意,可以看出元素查找的过程为从右上角开始,往右或者往下进行查找。因此,初始值 i=1, j=n。

如果查找值小于右上角值,则往右移动一位再进行比较。所以,第(2)空填 j-1→j。

接下来是判断什么时候跳出循环。此时,终止循环的条件是:j=0,也就是其从最右端移到了最左端。

再看 X<A[i,j]不成立时,执行流程的右枝。此时,也就是说第一行的最大值都小于查找值,因此需往下移动一行。所以第(3)空填 i+1→i。

计算执行次数不难的时间复杂度为 O (m*n)。

试题2 (2016年下半年试题1)

阅读以下说明和图 4-13 的流程图,填补流程图中的空缺,将解答填入答题纸的对应栏内。

【说明】

设有整数数组 A[1:N](N>1),其元素有正有负。下面的流程图在该数组中寻找连续排列的若干个元素,使其和达到最大值,并输出其起始下标 K、元素个数 L 以及最大的和值 M。

【流程图】

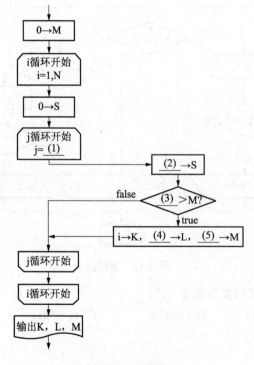

图 4-13 流程图

注:循环开始框内应给出循环控制变量的初值和终值,默认递增值为1,格式为:循环控制变量=初值,终值。

【参考答案】

(1) 开始值和终止值

(2) S+A[j]

(3) S

(4) j−i+1

(5) S

【重点分析】

本题考查程序员对算法流程进行设计的能力。

既然要考查整数数组 A[1：N]中所有从下标 i 到下标 j(j≥i)的各元素之和 S，因此需要执行对 i 和 j 的双重循环。显然，对 i 的外循环应从 1 到 N 进行。在确定了 i 后，可以从 A[i]开始依次将元素 A[j]累加到 S 中。所以，对 j 的内循环应从 i 开始直到 N，以保持(j>i)。因此空(1)处应填入"i，N"，而空(2)处应填写"S+A[j]"。

为了在内循环中累计计算若干个连续元素之和 S，在 i 循环之后，j 循环之前，首先应将 S 清 0。

由于已知数组元素中有正数，所以 S 的最大值 M 肯定是正数，因此，流程图一开始就应将 M 赋值 0，以后，每当计算出一个 S，就应将其与 M 比较。当 S>M 时，就应将 S 的值送入 M(替代原来的值)。因此，空(3)处和空(5)处都应填写"S"。此时，从下标 i 到 j 求和各元素的开始下标 K 为 i，个数 L 为 j−i+1，因此，空(4)处应填写"j−i+1"。

试题3 (2016年上半年试题1)

阅读以下说明和图 4-14 流程图，填补流程图中的空(1)～空(5)，将解答填入答题纸的对应栏内。

【说明】

设整型数组 A[1：N]每个元素的值都是 1～N 之间的正整数。一般来说，其中会有一些元素的值是重复的，也有些数未出现在数组中。下面流程图的功能是查缺查重，即找出 A[1：N]中所有缺的或重复的整数，并计算其出现的次数(出现次数为 0 时表示缺)。流程图中采用的算法思想是将数组 A 的下标与值看作整数集[1：N]加上的一个映射，并用数组 C[1：N]记录各整数出现的次数，需输出所有缺少的或重复的数及其出现的次数。

【流程图】

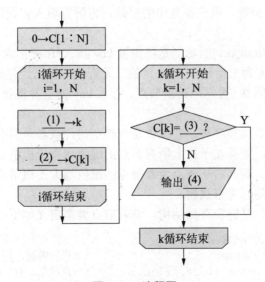

图 4-14　流程图

【问题】

如果数组 A[1：5]的元素分别为{3，2，5，5，1}，则算法流程结束后输出结果为：____(5)____。

输出格式为：缺少或重复的元素，次数(0 表示缺少)。

【参考答案】

(1) A[i]

(2) C[k]+1

(3) 1

(4) k，C[k]

(5) 4，0

    5，2

【重点分析】

本题考查程序设计算法即流程图的设计。

先以问题中的简例来理解算法过程。

已知 A[1：5]={3，2，5，5，1}。初始时计数数组 c[1：5]={0，0，0，0，0}。

再逐个处理数组 A 的各个元素(根据 A[i]的值在 c[A[i]]中计数加 1)：

A[1]=3，计数 c[3]=1；A[2]=2，计数 c[2]=1；A[3]=5，计数 c[5]=1；A[4]=5，计数 c[5]=2；A[5]=1，计数 c[1]=1。最后，计算得到 c[1：5]={1，1，1，0，2}，即表明 A[1：5]中数 4 缺失，数 5 有 2，其他数都只有 1 个。

再看流程图。左面先对数组 C 初始化(赋值都是 0)。再对 A[i]各个元素逐个进行处理。将 A[i]送 k，再对 c[k]计数加 1。因此，(1)处应填 A[i]，(2)处应填 c[k]+1→c[k]。

流程图右面需要输出计算结果。对于 k 的循环，当 c[k]=1 时(非缺非重)不需要输出；否则，应按要求的格式输出：缺或重的数，以及出现的次数。为此，(3)处应填 1(与 1 比较)，(4)处应填 k,c[k]。

再看简例的输出，先输出 4，0(数 4 缺失)；再输出 5，2(数 5 有 2 个)。

试题 4 (2012 年下半年试题 3)

阅读以下说明和 C 函数，填充函数中的空缺，将解答填入答题纸的对应栏内。

【说明】

函数 Insert _key (*root,key)的功能是将键值 key 插入*root 指向根节点的二叉查找树中(二叉查找树为空时*root 为空指针)。若给定的二叉查找树中已经包含键值为 key 的节点，则不进行插入操作并返回 0；否则申请新节点、存入 key 的值并将新节点加入树中，返回 1。

提示：

二叉查找树又称为二叉排序树，它或者是一棵空树，或者是具有如下性质的二叉树：

若它的左子树非空，则其左子树上所有节点的键值均小于根节点的键值；

若它的右子树非空，则其右子树上所有节点的键值均大于根节点的键值；

左、右子树本身就是二叉查找树。

设二叉查找树采用二叉链表存储结构，链表节点类型定义如下：

```
typedef struct BiTnode{
    int  key _value;              /*节点的键值，为非负整数*/
    struct BiTnode *left,*right;   /*节点的左、右子树指针*/
}BiTnode, *BSTree;
```

【C 函数】

```
int  Insert _key( BSTree *root,int key)
{
      BiTnode *father= NULL,*p=*root, *s;
      while(  (1)  &&key!=p->key_value){ /*查找键值为 key 的节点*/
          father=p;
          if(key< p->key_value)p=  (2)  ;       /*进入左子树*/
          else  p=  (3)  ;                  /*进入右子树*/
      }
      if (p) return 0;     /*二叉查找树中已存在键值为 key 的节点，无须再插入*/
      s= (BiTnode *)malloc(  (4)  ); /*根据节点类型生成新节点*/
      if (!s) return -1;
      s->key_value= key;   s->left= NULL;    s->right= NULL;
      if( !father)
          (5)  ;       /*新节点作为二叉查找树的根节点*/
      else              /*新节点插入二叉查找树的适当位置*/
          if( key< father->key_value)father->left = s;
          else father->right = s;
      return 1:
}
```

【参考答案】

(1) p

(2) p->left

(3) p->right

(4) sizeof(BiTnode)

(5) *root=s

【重点分析】

本题考查数据结构中二叉查找树的实现，题目中涉及的考点主要有链表运算和程序逻辑。考生应理解二叉查找树的性质，分析程序时首先要明确各个变量所其的作用和代表的含义，并按照语句组分析各段代码的功能，从而完成空缺处的代码填写。

根据程序段中的注释，while 循环所在的程序段用于查找键值为 key 的节点。此时的循环条件应满足二叉查找树非空。因此，空(1)处应填入 p!=NULL 或其等价形式。

根据二叉查找树的性质，若它的左子树非空，则其左子树上所有节点的键值均小于根节点的键值。因此，若插入的键值 key 小于当前节点的键值，则应将其添加到其左子树中。因此，空(2)处应填入 p->left。类似的思路，空(3)处应填入 p->right 使其进入右子树。

根据程序段中的注释，空(4)处用于根据节点类型生成新节点。由于需申请的节点的类型为 BiTnode，因此，空(4)处应填入 sizeof(BiTnode)，指定申请空间的大小。

若该二叉查找树为空，新节点应作为二叉查找树的根节点进行插入，空(5)处即实现该功能，应填入*root=s。

试题 5　(2015 年下半年试题 1)

阅读以下说明和图 4-15 的流程图，填补流程图中的空缺，将解答填入答题纸的对应栏内。

【说明】

下面流程图的功能是：在给定的一个整数序列中查找最长的连续递增子序列。设序列存放在数组 A[1:n](n≥2)中，要求寻找最长递增子序列 A[K: K+L-1](即 A[K] <A[K+1]<…
<A[K+L-1])。流程图中，用 K_j 和 L_j 分别表示动态子序列的起始下标和长度，最后输出最长
递增子序列的起始下标 K 和长度 L。

例如，对于序列 A={1，2，4，4，5，6，8，9，4，5，8}，将输出 K=4，L=5。

【流程图】

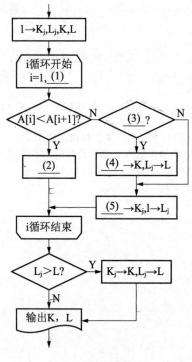

图 4-15　流程图

注：循环开始框内应给出循环控制变量的初值和终值，默认递增值为1，格式为：
循环控制变量=初值，终值

【参考答案】

(1) n-1

(2) $L_j+1 \to L_j$

(3) $L_j > L$

(4) K_j

(5) i+1

【重点分析】

本题考查程序员在设计算法，理解并绘制程序流程图方面的能力。

本题的目标是：在给定的一个整数序列中查找最长的连续递增子序列。查找的方法是：
对序列中的数，从头开始逐个与后面邻接的数进行比较。若发现后面的数大于前面的数，
则就是连续递增的情况；若发现后面的数并不大，则以前查看的数中，要么没有连续递增
的情况，要么连续递增的情况已经结束，需要再开始新的查找。

为了记录多次可能出现的连续递增情况，需要动态记录各次出现的递增子序列的起始
位置(数组下标 K_j)和长度(L_j)。为了求出最大长度的递增子序列，就需要设置变量 L 和 K，

保存迄今最大的 L_j 及其相应的 K_j。正如打擂台一样，初始时设置擂主 L=1，以后当 $L_j>L$ 时，就将 L_j 放到 L 中，作为新的擂主。擂台上始终是迄今的连续递增序列的最大长度。而 K_j 则随 $L_j{\to}L$ 而保存到 K 中。

由于流程图中最关键的步骤是比较 A[i] 与 A[i+1]，因此对 i 的循环应从 1 到 n-1，而不是 1 到 n。最后一次比较应是"A[n-1]<A[n]?"。因此空(1)处应填 n-1。

当 A[i]<A[i+1] 成立时，这是递增的情况。此时应将动态连续递增序列的长度增 1，因此空(2)处应填写 $L_j+1{\to}L_j$。

当 A[i]<A[i+1] 不成立时，表示以前可能存在的连续递增已经结束。此时的动态长度 L_j 应与擂台上的长度 L 进行比较。即空(3)处应填 $L_j>L$。

当 $L_j>L$ 时，则 L_j 将做新的擂主($L_j{\to}L$)，同时执行 $K_j{\to}K$。所以空(4)处应填 K_j。

当 $L_j>L$ 不成立时，L 不变，接着要从新的下标 i+1 处开始再重新查找连续递增子序列。因此空(5)处应填 i+1。长度 L_j 也要回到初始状态 1。

循环结束时，可能还存在最后一个动态连续子序列(从下标 K_j 那里开始有长度 L_j 的子序列)没有得到处理。因此还需要再打一次擂台，看是否超过了以前的擂主长度。一旦超过，还应将其作为擂主，作为查找的结果。

试题6 (2013年上半年试题1)

阅读以下说明和 C 函数，填补代码中的空缺，将解答填入答题纸的对应栏内。

【说明】

函数 Combine(LinkList La, LinkList Lb)的功能是：将元素呈递减排列的两个含头节点单链表合并为元素值呈递增(或非递减)方式排列的单链表，并返回合并所得单链表的头指针。例如，元素递减排列的单链表 La 和 Lb 如图 4-16 所示，合并所得的单链表如图 4-17 所示。

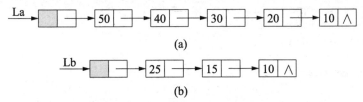

(a)

(b)

图 4-16 合并前的两个链表示意图

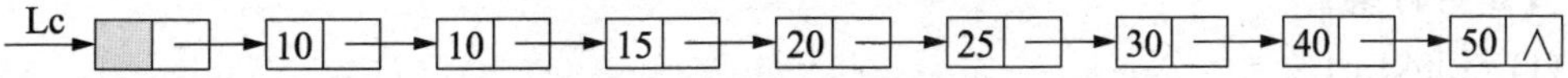

图 4-17 合并后所得链表示意图

设链表节点类型定义如下：

```
typedef struct Node{
     int data;
    struct Node *next;
}Node, *LinkList;
```

【C 函数】

```
LinkList Combine(LinkList La, LinkList Lb)
{        //La 和 Lb 为含头节点且元素呈递减排列的单链表的头指针
     //函数返回值是将 La 和 Lb 合并所得单链表的头指针
```

```
                //且合并所得链表的元素值呈递增(或非递减)方式排列
      (1)   Lc, tp, pa, pb;      //Lc 为结果链表的头指针，其他为临时指针
     if(!La) return NULL;
     pa = La->next;                  //pa 指向 La 链表的第一个元素节点
     if(!Lb) return NULL;
     pb = Lb->next;                  //pb 指向 Lb 链表的第一个元素节点
     Lc = La;                        //取 La 链表的头节点为合并所得链表的头节点

     while(   (2)   )
 {   //pa 和 pb 所指节点均存在(即两个链表都没有达到表尾)
        //令 tp 指向 pa 和 pb 所指节点中的较大者
        if(pa->data > pb->data)
 {
          tp = pa;  pa = pa->next;
        }
        else
 {
          tp = pb;  pb = pb->next;
        }
        (3)   = Lc->next;     //tp 所指节点插入 Lc 链表的头节点之后
        Lc->next =   (4)  ;
    }

    tp = (pa) ? pa : pb;

    //将剩余的节点合并入结果链表中，pa 作为临时指针使用
    while (tp)
 {
        pa = tp->next;
        tp->next = Lc->next;
        Lc->next = tp;
        (5)  ;
        return Lc;
    }
 }
```

【参考答案】

(1) LinkList

(2) pa && pb

(3) tp->next

(4) tp

(5) tp = pa

【重点分析】

本题考查数据结构应用及 C 语言实现。链表运算是 C 程序设计题中常见的考点，需熟练掌握。考生需认真阅读题目中的说明，以便理解问题并确定代码的运算逻辑，在阅读代码时，还需注意各变量的作用。

根据注释，空(1)所在的代码定义指向链表中节点的指针变量，结合链表节点类型的定义，应填入"LinkList"。

由于 pa 指向 La 链表的元素节点、pb 指向 Lb 链表的元素节点，空(2)所在的 while 语句中，是将 pa 指向节点的数据与 pb 所指向节点的数据进行比较，因此空(2)处应填入 "pa && pb"，以使运算 "pa->data > pb->data" 中的 pa 和 pb 为非空指针。

从空(3)所在语句的注释可知，需将 tp 所指节点插入 Lc 链表的头节点之后，空(3)处应填入 "tp->next"，空(4)处应填入 "tp"。

空(5)所在的 while 语句处理还有剩余节点的链表，pa 是保存指针的临时变量，空(5)处应填入 "tp = pa"。

4.4　强化训练

4.4.1　综合知识试题

试题 1

线性表采用单链表存储时的特点是 __(1)__ 。

(1) A. 插入、删除不需要移动元素　　B. 可随机访问表中的任一元素
　　 C. 必须事先估计存储空间需求量　　D. 节点占用地址连续的存储空间

试题 2

以下关于栈和队列的叙述中，错误的是 __(2)__ 。

(2) A. 栈和队列都是线性的数据结构
　　 B. 栈和队列都不允许在非端口位置插入和删除元素
　　 C. 一个序列经过一个初始为空的栈后，元素的排列次序一定不变
　　 D. 一个序列经过一个初始为空的队列后，元素的排列次序不变

试题 3

设有字符串 S 和 P，串的模式匹配是指确定 __(3)__ 。

(3) A. P 在 S 中首次出现的位置　　B. S 和 P 是否能连接起来
　　 C. S 和 P 能否互换　　　　　　D. S 和 P 是否相同

试题 4

特殊矩阵是非零元素有规律分布的矩阵，以下关于特殊矩阵的叙述中，正确的是 __(4)__ 。

(4) A. 特殊矩阵适合采用双向链表进行压缩存储
　　 B. 特殊矩阵适合采用单向循环链表进行压缩存储
　　 C. 特殊矩阵的所有非零元素可以压缩存储在一维数组中
　　 D. 特殊矩阵的所有零元素可以压缩存储在一维数组中

试题 5

数组是程序语言提供的基本数据结构，对数组通常进行的两种基本操作是数组元素的 __(5)__ 。

(5) A. 插入和删除　　B. 读取和修改　　C. 插入和检索　　D. 修改和删除

试题6

以下应用中,必须采用栈结构的是__(6)__。

(6) A. 使一个整数序列逆转　　　　B. 递归函数的调用和返回

　　　C. 申请和释放单链表中的节点　D. 装入和卸载可执行程序

试题7

某图的邻接矩阵如下所示,则该图为__(7)__。

$$\begin{bmatrix} 0 & 1 & 1 & 0 & 0 \\ 1 & 0 & 1 & 0 & 1 \\ 1 & 1 & 0 & 1 & 0 \\ 0 & 0 & 1 & 0 & 1 \\ 0 & 1 & 0 & 1 & 0 \end{bmatrix}$$

(7)

A. 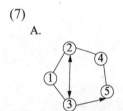　B. 　C. 　D.

试题8

在直接插入排序、冒泡排序、简单选择排序和快速排序方法中,能在第一趟排序结束后就得到最大(或最小)元素的排序方法是__(8)__。

(8) A. 冒泡排序和快速排序　　　　B. 直接插入排序和简单选择排序

　　　C. 冒泡排序和简单选择排序　　D. 直接插入排序和快速排序

试题9

现需要将数字2和7分别填入6个空格中的2个(每个空格只能填入一个数字),已知第1格和第2格不能填7,第6格不能填2,则共有__(9)__种填法。

(9) A. 12　　　　　B. 16　　　　　C. 17　　　　　D. 20

试题10

许多工作需要用曲线来拟合平面上一批离散的点,以便于直观了解趋势,也便于插值和预测。例如,对平面上给定的n个离散点 $\{(Xi,Yi)|i=1, \cdots, n\}$,先依次将每4个点分成一组,并且前一组的尾就是后一组的首;再对每一组的4个点,确定一段多项式函数曲线使其通过这些点。一般来说,通过给定的4个点可以确定一条__(10)__次多项式函数曲线恰好通过这4个点。

(10) A. 2　　　　　B. 3　　　　　C. 4　　　　　D. 5

试题11

设A是 $n*n$ 常数矩阵(n>1),X是由未知数 $X_1, X_2, \cdots, X_n$ 组成的列向量,B是由常数 $b_1, b_2, \cdots, b_n$ 组成的列向量,线性方程组AX=B有唯一解的充分必要条件不是__(11)__。

(11) A. A的秩等于n　　　　　　　B. A的秩不等于0

C. A 的行列式值不等于 0　　　　　D. A 存在逆矩阵

试题 12

若在单向链表上，除访问链表中所有节点外，还需在表尾频繁插入节点，那么采用 __(12)__ 最节省时间。

(12) A. 仅设尾指针的单向链表　　　　B. 仅设头指针的单向链表
　　　C. 仅设尾指针的单向循环链表　　D. 仅设头指针的单向循环链表

试题 13

已知某二叉树的先序遍历序列是 ABDCE，中序遍历序列是 BDAEC，则该二叉树为 __(13)__ 。

(13) A.　　　　　　　B.　　　　　　　C.　　　　　　　D.

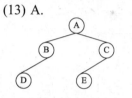 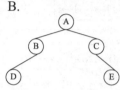 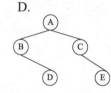

试题 14

已知某带权图 G 的邻接表如下所示，其中表节点的结构为：

邻接顶点编号	边上的权值	指向下一个邻接顶点的指针

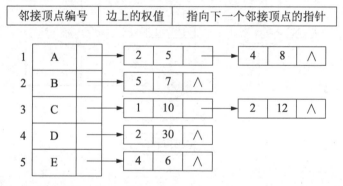

以下关于该图的叙述中，正确的是 __(14)__ 。

(14) A. 图 G 是强连通图　　　　B. 图 G 具有 14 条弧
　　　C. 顶点 B 的出度为 3　　　D. 顶点 B 的入度为 3

4.4.2　案例分析试题

试题 1

阅读以下说明和图 4-18 的流程图，回答问题 1～问题 5，将解答填入答题纸的对应栏内。

【说明】

指定网页中，某个关键词出现的次数除以该网页长度称为该关键词在此网页中的词频。对新闻类网页，存在一组公共的关键词。因此，每个新闻网页都存在一组词频，称为该新闻网页的特征向量。

设两个新闻网页的特征向量分别为：甲(a1, a2, …, ak)、乙(b1, b2, …, bk)，则计算

这两个网页的相似度时需要先计算它们的内积 S=a1b1+a2b2+···+akbk。一般情况下,新闻网页特征向量的维数是巨大的,但每个特征向量中非零元素却并不多。为了节省存储空间和计算时间,我们依次用特征向量中非零元素的序号及相应的词频值来简化特征向量。为此,我们用[NA(i),A(i)|i=1,2,···,m]和[NB(j),B(j)|j=1,2,···,n]来简化两个网页的特征向量。其中:NA(i)从前到后描述了特征向量甲中非零元素 A(i) 的序号[NA(1)<NA(2)<···],NB(j)从前到后描述了特征向量乙中非零元素 B(j) 的序号[NB(1)<NB(2)<···]。

下面的流程图描述了计算这两个特征向量内积 S 的过程。

【流程图】

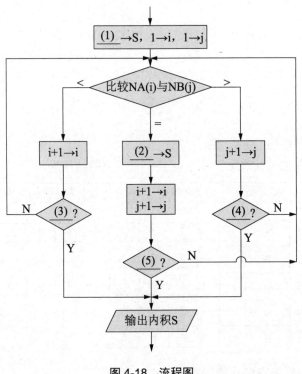

图4-18 流程图

试题2

阅读以下说明和图4-19的流程图,将应填入____处的字句写在答题纸的对应栏内。

【说明】

下面的流程图旨在统计指定关键词在某一篇文章中出现的次数。

设这篇文章由字符 A(0),···,A(n-1)依次组成,指定关键词由字符 B(0),···,B(m-1)依次组成,其中 n>m≥1。注意,关键词的各次出现不允许有交叉重叠。例如,在"aaaa"中只出现两次"aa"。

该流程图采用的算法是:在字符串 A 中,从左到右寻找与字符串 B 相匹配的并且没有交叉重叠的所有子串。流程图4-19中,i 为字符串 A 中当前正在进行比较的动态子串首字符的下标,j 为字符串 B 的下标,k 为指定关键词出现的次数。

【流程图】

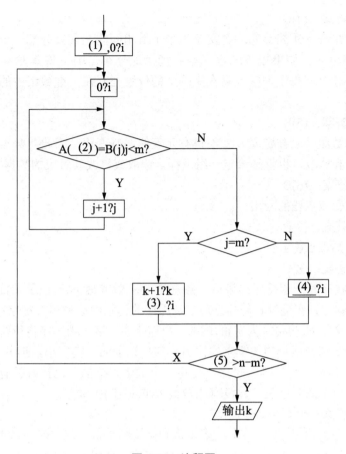

图 4-19　流程图

4.4.3　综合知识试题参考答案

【试题 1】答案： (1)A

解析： 线性表采用单链表存储时，每个元素用一个节点表示，节点中的指针域指出后继元素所在节点，存取元素时只能从头指针出发顺序地查找元素，可根据需要动态申请和释放节点，也不要求节点的存储地址连续。在单链表上插入和删除元素只需要修改逻辑上相关的元素所在节点的指针域，而不需要移动元素。

【试题 2】答案： (2)C

解析： 栈和队列是运算受限的线性表，栈的特点是后入先出，即只能在表尾插入和删除元素。队列的特点是先进先出，也就是只能在表尾插入元素，而在表头删除元素。因此，一个序列经过一个初始为空的队列后，元素的排列次序不变。在使用栈时，只要栈不空，就可以进行出栈操作，因此，一个序列经过一个初始为空的栈后，元素的排列次序可能发生变化。

【试题 3】答案： (3)A

解析： 串的模式匹配是指模式串在主串中的定位运算，即模式串在主串中首次出现的位置。

【试题4】答案：(4)C

解析：对于矩阵，压缩存储的含义是为多个值相同的元素只分配一个存储单元，对零元素、分配存储单元。如果矩阵的零元素有规律地分布，则可将其非零元素压缩存储在一维数组中，并建立起每个非零元素在矩阵中的位置与其在一维数组中的位置之间的对应关系。

【试题5】答案：(5)B

解析：由于数组一旦被定义，就不再有元素的增减变化，因此对数组通常进行的两种基本操作为读取和修改，也就是给定一组下标，读取或修改其对应的数据元素值。

【试题6】答案：(6)B

解析：参照知识点栈的应用。

【试题7】答案：(7)C

解析：参看知识点图。

【试题8】答案：(8)C

解析：冒泡排序第一趟排序结束后，将关键字最大(或最小)的记录安置到最后一个记录的位置上。简单排序：在进行每趟排序时，从无序的记录中选择出关键字最小(或最大)的记录，将其插入有序序列(初始时为空)的尾部。快速排序：第一趟排序将待排记录分割成独立的两部分，其中一部分记录的关键字均比另一部分记录的关键字小，但并未将其中最小(或最大)的记录选择出来。直接插入排序：是将一个记录直接插入已排好的有序表中，得到一个新的、记录数增1的有序表，并没有比较最大(或最小)关键字。

【试题9】答案：(9)C

解析：总共有 P_6^2 种排法，其中，第 1 格和第 2 格不能为 7，第 6 格不能为 2，所以排除第 1 格为 7、第 2 格为 7 以及第 6 格为 2 这种可能，所以共有 17 种(30-5-5-5+2)排法。

【试题10】答案：(10)B

解析：曲线拟合就是通过已知的离散点来确定一条通过这些点的曲线，这条曲线能够大致模拟所有的点的走势。如果是两个点，可以用一条直线去拟合，即一次多项式，如果是三个点可以用抛物线来拟合，即二次多项式。以此类推，可以用 3 次多项式来拟合 4 个点。

【试题11】答案：(11)B

解析：A 的秩不等于 0 不是线性方程组 AX=B 有唯一解的充分必要条件。

【试题12】答案：(12)C

解析：单向链表仅设头指针时，在表尾插入节点时需要遍历整个链表，时间复杂度为 O(n)，仅设尾指针时，在表尾插入节点的时间复杂度为 O(1)，但是不能访问除了尾节点之外的所有其他节点。单向循环链表仅设头指针时，在表尾插入节点时需要遍历整个链表，时间复杂度为 O(n)，仅设尾指针时，在表尾插入节点的时间复杂度为 O(1)，同时达到表头节点的时间复杂度为 O(1)，因此对于题中给出的操作要求，适合采用仅设尾指针的单向循环链表。

【试题13】答案：(13)C

解析：本题中，先序序列为 ABDCE，因此 A 是树根节点，中序序列为 BDAEC，因此

BD 是左子树上的节点，EC 是右子树上的节点。接下来根据先序遍历序列，可知 B 是左子树的根节点，C 是右子树的根节点。在中序遍历序列 BDAEC 中，D 在 B 之后，因此 D 是 B 的右孩子。同理，E 是 C 的左孩子。

【试题 14】答案：(14)D

解析： 从题图中可知，顶点 A、B、C、D、E 的编号为 1～5，因此顶点 A 的邻接表中的两个节点表示：存在顶点 A 至顶点 B 的弧且权值为 5，存在顶点 A 至顶点 D 的弧且权值为 8，再考查顶点 B 只有一个邻接顶点 E，因此该图为有向图，有 7 条弧，如下图所示。

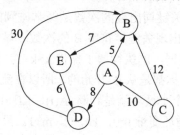

若在有向图中，每对顶点之间都存在路径，则是强连通图。上图不是强连通图，例如，顶点 C 至 B 有路径，反之则没有路径。在有向图中，顶点的入度是以该顶点为终点的有向边的数目，而顶点的出度指以该顶点为起点的有向边的数目。对于顶点 B，其出度为 1，而入度为 3。

4.4.4　案例分析试题参考答案

【试题 1】答案：

(1)　0

(2)　S+A(i)B(j)，或等价表示

(3)　i>m，或 i=m+1，或等价表示

(4)　j>n，或 j=n+1，或等价表示

(5)　i>m or j>n，或 i=m+1 or j=n+1，或等价表示

【分析】 本题属于简单的流程图分析。

本题是简化了的一个大数据算法应用之例。世界上每天都有大量的新闻网页，门户网站需要将其自动进行分类，并传送给搜索的用户。为了分类，需要建立网页相似度的衡量方法。流行的算法是，先按统一的关键词组计算各个关键词的词频，形成网页的特征向量，这样，两个网页特征向量的夹角余弦(内积/两个向量模的乘积)，就可以衡量两个网页的相似度。因此，计算两个网页特征向量的内积就是分类计算中的关键。

对于存在大量零元素的稀疏向量来说，用题中所说的简化表示方法是很有效的。这样，求两个向量的内积只需在分别从左到右扫描两个简化向量时，计算对应序号相同 [NA(i)=NB(j)]时的 A(i)*B(j) 之和(其他情况两个向量对应元素之乘积都是 0)。因此，流程图中空(2)处应填 S+A(i)*B(j)，而累计的初始值 S 应该为 0，即空(1)处应填 0。

流程图中，NA(i)<NB(j)时，下一步应再比较 NA(i+1)<NB(j)，除非 i+1 已经越界。因此，应先执行 i+1→1，再判断是否 i>m 或 i=m+1(如果成立，则扫描结束)。因此空(3)应填 i>m 或 i=m+1。

流程图中，NA(i)>NB(j)时，下一步应再比较 NA(i)<NB(j+1)，除非 j+1 已经越界。因此，应先执行 j+1→j，再判断是否 j>n 或 j=n+1(如果成立，则扫描结束)。因此空(4)处应填 j>n 或 j=n+1。

空(5)处应填扫描结束的条件，i>m or j>n 或 i=m+1 or j=n+1，即两个简化向量之一扫描结束时，整个扫描就结束了。

【试题 2】答案：

(1) 0→k　　(2) i+j　　(3) i+m　　(4) i+1　　(5) i

【分析】在文章中查找某关键词出现的次数是经常碰到的问题。流程图最终输出的计算结果 k 就是文章字符串 A 中出现关键字符串 B 的次数。显然，流程图开始时应将 k 赋值 0，以后每找到一处出现该关键词，就执行增 1 操作 k=k+1。因此空(1)处应填 0→k。

字符串 A 和字符串 B 的下标都是从 0 开始的。所以在流程图执行的开始处，需要给它们赋值 0，接下来执行的第一个小循环就是判断 A(i)，A(i+1)，…，A(i+j-1)是否完全等于 B(0)，B(1)，…，B(m-1)，其循环变量 j=0，1，…，m-1。只要发现其中对应的字符有一个不相等时，该小循环就结束，不必再继续执行该循环。因此，该循环中继续执行的判断条件应该是 A(i+j)=B(j)且 j<m。只要遇到 A(i+j)≠B(j)或者 j=m(关键词各字符都已判断过)就不再继续执行该循环。因此流程图的空(2)处应填 i+j。

对于 j=m，已找到一处关键词的情况，显然应该执行 k=k+1，对关键词出现次数的变量 k 进行增 1 计算。同时，为了继续进行以后的判断，应将字符串 A 的小标 i 右移 m(这是因为题中假设关键词的出现不允许重叠)。因此空(3)处应填写 i+m，表示应该从已出现的关键词后面开始再继续进行判断。由于此时的 j=m，书写 i+j 的答案也是正确的，但这不是程序员的好习惯，因为这不符合逻辑思维的顺势，在程序不断修改的过程中容易出错。不少考生在空(3)处填写 i+1，这意味着下次判断关键词将从 A(i+1)开始，这就使关键词的出现有可能发生部分重叠的现象。

流程图中，对于 j<m 的情况，表示刚才判断关键词时并非各个字符都完全相同，也就是说，刚才的判断结论是此处并没有出现关键词。即 A(i)开始的子串并不是关键词。因此，下次判断关键词应该以 A(i+1)开始，即空(4)处应填 i+1。

在下次判断关键词之前还应该判断是否全文已经判断完。最后一次小循环判断应该是对 A(n-m)，A(n-m+1)，…，A(n-1)的判断。下标 n-m 来自从 n-1 倒数 m 个数。可以先试验写出 A(n-m)，A(n-m+1)，…，A(n-1)，再判断其个数是否为 m。经检查，个数为(n-1)-(n-m)+1=m 个，所以这是正确的。也可以用例子来检查次数是否正确。检查次数是程序员的基本功，数目的计算很容易少一个或多一个。

既然最后一次判断关键词应该是对 A(n-m)，A(n-m+1)，…，A(n-1)的判断，即对 i=n-m 进行小循环判断，所以当 i>n-m 时就应该停止大循环，停止在查找关键词了。

第 5 章

软件工程基础知识

5.1 备考指南

5.1.1 考纲要求

根据考试大纲中相应的考核要求，在"软件工程基础知识"模块中，要求考生掌握以下几方面的内容。

(1) 软件工程和项目管理基本知识，包括软件工程的基础知识、软件开发生命周期各阶段的目标和任务、软件过程基本知识、软件开发项目管理基本知识、软件开发方法(原型法、面向对象方法)基础知识、软件开发工具与环境基础知识(CASE)以及软件质量管理基础知识。

(2) 系统分析设计基础知识，包括数据流图(DFD)、实体联系图(ER 图)基础知识、面向对象设计、以过程为中心设计、以数据为中心设计基础知识、结构化分析和设计方法、模块设计、代码设计、人机界面设计基础知识。

(3) 程序设计基础知识，包括结构化程序设计、流程图、NS 图、PAD 图、程序设计风格。

(4) 程序测试基础知识，包括程序测试的目的、原则、对象、过程与工具，黑盒测试、白盒测试方法，测试设计和管理。

(5) 程序设计文档基础知识，包括算法的描述、程序逻辑的描述、程序设计规格说明书、模块测试计划、模块测试用例、模块测试报告。

(6) 系统运行和维护基础知识，包括系统运行管理基础知识、系统维护基础知识。

5.1.2　考点统计

"软件工程基础知识"模块在历次程序员考试试卷中出现的考核知识点及分值的分布情况如表 5-1 所示。

表 5-1　历年考点统计表

年　份	题　号	知　识　点	分　值
2017 年下半年	上午题：44~56	UML、设计模式、结构化分析、白盒测试、系统测试、UI、设计原则、程序员职业素养	13 分
	下午题：无		0 分
2017 年上半年	上午题：44~55	UML、设计模式、软件需求分析、测试、运行与维护、程序员职业素养	12 分
	下午题：无		0 分
2016 年下半年	上午题：44~57	UML、设计模式、模块内聚类型、软件维护、测试、程序员职业素养	14 分
	下午题：无		0 分
2016 年上半年	上午题：44~56	UML、设计模式、测试、结构化分析、运行与维护、程序员职业素养	13 分
	下午题：无		0 分
2015 年下半年	上午题：44~56	结构化分析、设计模式、测试、维护、软件需求分析、程序员职业素养	13 分
	下午题：无		0 分

5.1.3　命题特点

纵观历年试卷，本章知识点是以选择题、计算题、简答题的形式出现在试卷中的。本章知识点在历次考试的"综合知识"试卷中，所考查的题量为 12～13 道选择题，所占分值为 12～13 分(占试卷总分值 75 分中的 16%～17.33%)。大多数试题偏重于实践应用，检验考生是否理解相关的理论知识点和实践经验，考试难度中等。

5.2　考点串讲

5.2.1　软件工程和项目管理基础

一、软件工程概述与软件生存周期

1. 软件工程概述

软件工程是计算机软件的一个重要分支和研究方向。软件工程是指应用计算机科学、数学及管理科学等原理，以工程化的原则和方法来解决软件问题的工程。其目的是提高软件生产率和软件质量、降低软件成本。软件工程涉及软件开发、维护、管理等多方面的原理、方法、工具与环境。

2. 软件生存周期

任何一个软件产品或软件系统都要经历软件定义、软件开发、软件维护直至被淘汰这样一个全过程，我们把软件的这一全过程称为软件生存周期。其主要包括：可行性分析和项目开发计划、需求分析、软件设计(概要设计和详细设计)、编码、测试和维护六个阶段。

1) 可行性分析和项目开发计划

可行性分析和项目开发计划阶段主要确定待开发软件的总目标，对其进行问题定义、可行性分析，制订项目开发计划。参加人员有用户、项目负责人、系统分析员。该阶段所产生的文档有可行性分析报告、项目计划书。

2) 需求分析

需求分析阶段主要确定待开发软件的功能、性能、数据、界面等要求，从而确定系统的逻辑模型。参加人员有用户、项目负责人、系统分析员。该阶段产生的文档有需求规格说明书。

3) 软件设计

软件设计是软件工程的技术核心。软件设计通常还可分成概要设计和详细设计。概要设计的任务是模块分解，确定软件的结构，模块的功能和模块间的接口，以及全局数据结构的设计。概要设计阶段的参加人员有系统分析员和高级程序员。详细设计的任务是设计每个模块的实现细节和局部数据结构的设计。详细设计阶段的参加人员有高级程序员和程序员。软件设计阶段产生的文档有设计说明书，它也可分为概要设计说明书和详细设计说明书。根据需要还可产生数据说明书和模块开发卷宗。

4) 编码

编码阶段主要用某种程序语言为每个模块编写程序。参加人员有高级程序员和程序员。产生的文档是源程序清单。

5) 测试

测试阶段主要是发现软件中的错误，并加以纠正。参加人员通常由另一部门(或单位)的高级程序员或系统分析员承担。该阶段产生的文档有软件测试计划和软件测试报告。

6) 维护

软件开发阶段结束后，软件即可交付使用。软件的使用通常要持续几年甚至几十年，在整个使用期间，都可能因为某种原因而修改软件，这便是软件维护。引起修改软件的原因主要有以下三种。

● 在软件运行过程中发现了软件中隐藏的错误而修改软件。

● 为了适应变化了的环境而修改软件。

● 为修改或扩充原有软件的功能而修改软件。

因此，软件维护的任务就是为使软件适应外界环境的变化、实现功能的扩充和质量的改善而修改软件。软件维护阶段的参加人员是维护人员，该阶段产生的文档有维护计划和维护报告。

二、软件开发项目管理基础知识

1. 软件开发项目管理的定义

软件开发项目管理是指在软件生存周期中软件管理者所进行的一系列活动，其目的是在一定的时间和预算范围内，有效地利用人力、资源、技术和工具，使软件系统或软件产品按原定的计划和质量要求如期完成。

2. 软件开发项目管理的内容

软件开发项目管理包括进度管理、成本管理、质量管理、人员管理、资源管理、标准化管理等。

1) 成本估算

常用的成本估算方法有如下三种。

(1) 自顶向下估算方法。

估算人员参照以前完成的项目所耗费的总成本来推算将要开发的软件的总成本，然后按阶段、步骤和工作单元进行分配。

(2) 自底向上估算方法。

将待开发的软件细分，分别估算每个子任务所需要的开发工作量，然后加起来形成软件的总工作量。

(3) 差别估算方法。

将待开发项目与已完成的类似项目进行比较，估算其不同之处对成本的影响，推导出开发项目的总成本。

除了以上方法外，还有许多其他的方法，大致可以分为三类：专家估算法、类推估算法和算式估算法。

2) 风险分析

风险分析在软件项目管理中具有决定性作用。开发任何工程项目都可能存在风险，软件项目的开发也如此。在软件开发中与风险有关的问题有：风险是否会导致软件项目的失败？用户需求、开发技术、环境、目标机器、时间、成本等因素的改变对风险有什么影响？采取什么措施可以减少或避免风险？

风险分析的主要活动有风险识别、风险估算、风险管理策略、风险解决和风险监督。

3) 进度管理

进度的合理安排是如期完成软件项目的重要保证，也是合理分配资源的重要依据，因此进度安排是管理工作的一个重要组成部分。进度安排的常用图形描述方法有 Gantt 图(甘特图)和 PERT(计划评审技术)图。

- Gantt 图：Gantt 图中横坐标表示时间(如时、天、周、月、年等)，纵坐标表示任务，图中的水平线段表示对一个任务的进度安排，线段起点和终点对应在横坐标上的时间分别表示该任务的开始时间和结束时间，线段的长度表示完成该任务所需的时间。
- PERT 图：PERT 图是一个有向图，图中的箭头表示任务，它可以标上完成该任务所需的时间，图中的节点表示流入节点的任务的结束，并开始流出节点的任务，这里我们把节点称为事件。

4)　人员管理

合理地组织好参加软件项目的人员，有利于发挥每个人的作用，有利于软件项目的成功开发。在人员组织时，应考虑软件项目的特点、软件人员的素质等多方面的因素。可以按软件项目对软件人员进行分组，如需求分析组、设计组、编码组、测试组、维护组、质量保证组等。

程序设计小组可以分为主程序员组、无主程序员组、层次式程序员组等。

三、软件工具与软件开发环境

1. 软件工具

软件工具的种类繁多，按照软件过程的活动可以划分为支持软件开发过程的工具、支持软件维护过程的工具、支持软件管理过程和支持过程的工具等。

1)　软件开发工具

对应于软件开发过程的各种活动，软件开发工具通常有需求分析工具、设计工具、编码与排错工具、测试工具等。

2)　软件维护工具

辅助软件维护过程的软件称为软件维护工具，它辅助维护人员对软件代码及其文档进行各种维护活动。软件维护工具主要有版本控制工具、文档分析工具、开发信息库工具、逆向工程工具和再工程工具。

3)　软件管理和软件支持工具

软件管理和软件支持工具用来辅助管理人员和软件支持人员的管理活动和支持活动，以确保高质量地完成软件开发。辅助软件管理和软件支持的工具中常用的有项目管理工具、配置管理工具和软件评价工具。

4)　软件开发工具的评价和选择

可以根据以下标准来衡量软件开发工具的优劣：功能、易用性、稳健性、硬件要求和性能、服务和支持。

2. 软件开发环境

软件开发环境是支持软件产品开发的软件系统。它由软件工具集和环境集成机制构成，前者用来支持软件开发的相关过程、活动和任务等；后者为工具集成和软件开发、维护和管理提供统一的支持，它通常包括数据集成、控制集成和界面集成。软件开发环境的特征如下。

● 环境的服务是集成的。
● 环境应支持小组工作方式，并为其提供配置管理。
● 环境的服务可用于支持各种软件开发活动，包括分析、设计、编程、测试、调试、生成文档等。

集成型开发环境是一种把支持多种软件开发方法和开发模型的软件工具集成在一起的软件开发环境。

四、软件过程能力评估

1. 软件过程评估的意义

软件过程评估是软件改进和软件能力评价的前提环节。它的意义有如下两点。

1) 软件过程评估是软件过程改进的需要

软件过程不断改进是软件工程的基本原理之一。下面介绍软件工程的七个原理。

● 按软件生存周期分阶段制定计划并认真实施。

● 逐阶段进行确认。

● 坚持严格的产品控制。

● 使用现代程序设计技术。

● 明确责任。

● 用人少而精。

● 不断改进开发过程。

2) 软件过程评估是降低软件风险的需要

● 软件采购者的需要。

● 软件研制者的需要。

2. 软件能力成熟度模型简介

CMM 是对软件组织进化阶段的描述,随着软件组织定义、实施、测量、控制和改进其软件过程,软件组织的能力经过这些阶段逐步提高。CMM 将软件过程改进分为五个成熟度级别,如图 5-1 所示。

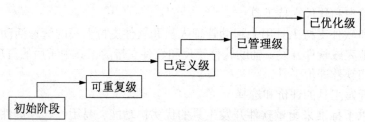

图 5-1　软件过程能力评估的 CMM 模型

(1) 初始阶段(Initial)。软件过程的特点是杂乱无章,有时甚至很混乱,几乎没有明确定义的步骤,其成功完全依赖个人努力和英雄式的核心人物。

(2) 可重复级(Repeatable)。建立了基本的项目管理过程来跟踪成本、进度和性能。有必要的过程准则来重复以前在同类项目中的成功。

(3) 已定义级(Defined)。管理和工程的软件过程已经文档化、标准化,并综合成整个软件开发组织的标准软件过程。所有的项目都采用根据实际情况修改后得到的标准软件过程来发展和维护软件。

(4) 已管理级(Managed)。制定了软件过程和产品质量的详细度量标准。软件过程的产品的质量都被开发组织的成员所理解和控制。

(5) 已优化级(Optimized)。加强了定量分析,通过来自过程质量反馈和来自新观念、新技术的反馈使过程能持续不断地改进。

5.2.2　面向对象技术基础

一、面向对象的基本概念

1. 概述

面向对象(Object-Oriented，OO)方法是一种非常实用的软件开发方法，它以客观世界中的对象为中心，其分析和设计思想符合人们的思维方式，分析和设计的结果与客观世界的实际比较接近，容易被人们所接受。在面向对象方法中，分析和设计的界限并不明显，它们采用相同的符号表示，能方便地从分析阶段平滑地过渡到设计阶段。

2. 识别面向对象方法

Peter Coad 和 Edward Yourdon 提出用下列等式识别面向对象方法。

面向对象＝对象(Object)+分类(Classification)+继承(Inheritance)+通过消息的通信(Communication with Messages)

采用这四个概念开发的软件系统是面向对象的。

3. 对象

在现实世界中，每个实体都是对象，如学生、汽车、电视机、空调等都是现实世界中的对象。在计算机系统中，对象是指一组属性及这组属性上的专用操作的封装体。一个对象通常可由对象名、属性和操作三部分组成。属性可以是一些数据，也可以是另一个对象。例如，书是一个对象，它可以有书名、作者、出版社、出版年份、定价等属性，其中书名、出版年份、定价是数据，作者和出版社可以是对象，它们还可以有自己的属性。每个对象都有它自己的属性值，表示该对象的状态。对象中的属性只能通过该对象所提供的操作来存取或修改。操作也称为方法或服务，它规定了对象的行为，表示对象所能提供的服务。

4. 类

类是一组具有相同属性和相同操作的对象的集合。一个类中的每个对象都是这个类的一个实例(Instance)。在分析和设计时，我们通常把注意力集中在类上，而不是具体的对象上。我们也不必为每个对象逐个定义，而只需对类作出定义，再对类的属性给予不同的赋值即可得到该类的对象实例。

在有些类之间存在一般和特殊关系，即一些类是某个类的特殊情况，某个类是某些类的一般情况。这是一种 is-a 的关系，即特殊类是一种一般类。例如，"汽车"类、"轮船"类、"飞机"类都是一种"交通工具"类。特殊类是一般类的子类，一般类是特殊类的父类。同样，"汽车"类还可以有更特殊的类，如"轿车"类、"货车"类等。在这种关系下形成一种层次的关联。

通常把一个类和这个类的所有对象称为"类及对象"或"对象类"。

5. 继承

继承是类间的一种基本关系，是在某个类的层次关联中不同的类共享属性和操作的一种机制。在"is-a"的层次关联中，一个父类可以有多个子类，这些子类都是父类的特例，父类描述了这些子类的公共属性和操作。一个子类可以继承它的父类(或祖先类)中的属性和操作,这些属性和操作在子类中不必定义,子类中还可以定义它自己的属性和操作。

一个子类只有唯一的一个父类,这种继承称为单一继承。一个子类也可以有多个父类,它可以从多个父类中继承特性,这种继承称为多重继承。例如,"水陆两用交通工具"类既可以继承"陆上交通工具"类的特性,又可以继承"水上交通工具"类的特性。

6. 消息

消息传递是对象间通信的手段,一个对象通过向另一个对象发送消息来请求其服务,一个消息通常包括接收对象名、调用的操作名和适当的参数。消息只告诉接收对象需要完成什么操作,但并不指示接收者怎样完成操作。

7. 多态和动态绑定

多态(Polymorphism)是指同一个操作作用于不同的对象可以有不同的解释,产生不同的执行结果,例如,"画"操作,作用在"矩形"对象上则在屏幕上画一个矩形,而作用在"圆"对象上,则在屏幕上画一个圆。也就是说,相同操作的消息发送给不同的对象时,每个对象将根据自己所属类中定义的这个操作去执行,从而产生不同的结果。

与多态性密切相关的一个概念就是动态绑定(Dynamic Binding)。传统的程序设计语言,把过程调用与目标代码的连接(即调用哪个过程)放在程序运行前进行(称为静态绑定),而动态绑定则是把这种连接推迟到运行时才进行。在一般与特殊关系中,子类是父类的一个特例,所以父类对象可以出现的地方,也允许其子类对象出现。因此在运行过程中,当一个对象发送消息请求服务时,要根据接收对象的具体情况将请求的操作与实现的方法连接,即动态绑定。

二、面向对象分析与设计的基本概念

用面向对象方法开发的软件具有以下特点:模型与客观世界一致,因而便于理解;适应变化的需要,修改局限在模块中;具有可复用性。

1. 面向对象分析与设计概述

面向对象分析(Object-Oriented Analysis,OOA)的目标是建立待开发软件系统的模型。OOA 模型描述了某个特定应用领域中的对象、对象间的结构关系和通信关系,反映了现实世界强加给软件系统的各种规则和约束条件。OOA 模型还规定了对象如何协同工作和完成系统的职责。

面向对象设计(Object-Oriented Design,OOD)的目标是定义系统构造蓝图,并根据系统构造蓝图在特定的环境中实现系统。面向对象设计(OOD)分为两个阶段:高层设计(建立应用的体系结构)、低层设计(类的详细设计)。

2. 统一建模语言(UML)概述

UML 由三个要素构成:UML 的基本构造块、支配这些构造块如何放置在一起的规则和运用于整个语言的一些公共机制。

UML 的词汇表包含三种构造块:事物、关系和图。事物是对模型中最具有代表性的成分的抽象;关系把事物结合在一起;图聚集了相关的事物。UML 提供了九种图:类图、对象图、用例图、序列图、协作图、状态图、活动图、构件图、部署图。

5.2.3　软件需求分析

一、软件需求分析的基本任务

软件需求分析主要是确定待开发软件的功能、性能、数据、界面等要求。它主要解决"做什么"的问题。

1. 问题识别

双方确定对问题的综合需求，这些需求有功能需求、性能需求、环境需求和用户界面需求。

2. 分析与综合，导出软件的逻辑模型

分析人员对获取的需求进行一致性的分析检查，逐步细化软件功能以确定系统的构成，建立起新系统的逻辑模型。

二、结构化分析方法

结构化分析方法(SA)的基本思想是将系统分析看成工程项目，有计划、有步骤地进行工作。这是一种应用很广泛的开发方法，适用于分析大型信息系统。结构化分析方法采用"自顶向下，逐层分解"的开发策略。按照这种策略，再复杂的系统也可以有条不紊地进行，只要将复杂的系统适当分层，每层的复杂程度即可降低。

结构化分析方法的分析结果由以下几个部分组成。

- 一套分层的数据流图(Data Flow Diagram，DFD)：用来描述数据流从输入到输出的变换流程。
- 一本数据字典：用来描述 DFD 中的每个数据流、文件以及组成数据流或文件的数据项。
- 一组小说明(也称加工逻辑说明)：用来描述每个基本加工(即不再分解的加工)的加工逻辑。

DFD 的基本成分如下。

- 数据流(Dataflow)：由一组固定成分的数据组成。
- 加工(Process)：描述输入数据流到输出数据流的变换，也就是输入数据流经过什么处理后变成了输出数据流。
- 数据存储(Datastore)：用来表示暂时存储的数据，每个数据存储都有一个名字。
- 外部实体(External Agent)：是指存在于软件系统之外的人员或组织。

数据字典有四类条目：数据流、数据项、数据存储和基本加工。加工逻辑一般采用三种工具描述：结构化语言、判定表和判定树。

5.2.4　软件设计

一、软件概要设计的基本任务

1. 设计软件系统结构

软件结构的设计以模块为基础，具体分为如下几部分。

(1) 采用某种设计方法,将系统分为模块。

(2) 确定每个模块的功能。

(3) 确定模块之间的调用关系。

(4) 确定模块之间的接口。

(5) 评价模块结构的质量。

2. 数据结构及数据库设计

数据结构设计包括对数据的组成、操作约束、数据间关系等方面的设计,而数据库设计指对数据存储文件的设计。

3. 编写概要设计文档

概要设计文档对后面的开发、测试、实施、维护工作起到重要的作用。

4. 概要设计的评审

对之前编写的概要设计文档进行评审,以完善设计文档。

二、软件设计的基本原理

1. 模块化

模块是程序中数据说明、可执行语句等程序对象的集合,模块化是指在解决问题时把项目划分成若干模块的过程。

2. 抽象

抽象即对事物共同特性的提炼。

3. 信息隐蔽

使每个模块的内部信息对于不相关的模块来说是隐蔽的。

4. 块独立性

块独立性要求每个模块要完成独立的子功能与其他模块的联系少而接口简单。衡量独立性的标准有耦合性和内聚性。

耦合性也称为块间联系,按耦合性从低到高的顺序,模块的耦合性有无直接耦合、数据耦合、标记耦合、控制耦合、公共耦合和内容耦合。内聚性指的是块内联系,按内聚性从低到高的顺序,模块的内聚性有偶然内聚、逻辑内聚、时间内聚、通信内聚、顺序内聚和功能内聚。

三、软件结构优化准则

1. 软件结构图

软件结构表示软件系统的模块层次结构,反映整个系统的功能实现。软件结构一般用树状或网状结构的图来表示,结构图的主要内容有模块,用矩形表示;模块间的控制关系,用单向箭头表示;模块间的信息传递,用带注释的短箭头表示;两个附加符号,表示有选择地调用(菱形符号表示)和循环调用(弧形箭头表示)。

结构图的形态特征如下。

(1) 深度：结构图模块的层数。

(2) 宽度：指一层中最大的模块个数。

(3) 扇出：指一个模块的直接下属模块的个数。

(4) 扇入：指一个模块的直接上属模块的个数。

2. 软件结构优化设计原则

软件结构优化设计原则如下。

(1) 划分模块时，尽量做到高内聚低耦合。

(2) 一个模块的作用范围要在其控制范围内。

(3) 软件结构的深度、宽度、扇出、扇入要适当。

(4) 模块的大小要适中。

四、结构化设计方法

结构化设计(Structured Design，SD)方法是一种面向数据流的设计方法，它可以与结构化分析(SA)方法衔接。SD 方法采用结构图(Structure Chart，SC)来描述程序的结构。

1. 数据流的类型

在需求分析阶段，用 SA 方法产生了数据流图(DFD)。面向数据流的设计能方便地将DFD 转换成程序结构图。DFD 中从系统的输入数据流到系统的输出数据流的一连串连续变换形成一条信息流。DFD 的信息流大体可分为两种类型：变换流和事务流。

2. 设计过程

结构化设计的过程如下。

(1) 精化 DFD。

(2) 确定 DFD 的信息流类型(变换流或事务流)。

(3) 根据流类型分别将变换流或事务流转换成程序结构图。

(4) 根据软件设计的原则对程序结构图做优化。

(5) 描述模块功能、接口及全局数据结构。

(6) 复查。

五、软件详细设计

软件详细设计主要确定每个模块的具体执行过程，因此也称为过程设计。

1. 详细设计的基本任务

详细设计的基本任务如下。

(1) 为每个模块进行详细的算法设计。

(2) 为模块内的数据结构进行设计。

(3) 对数据库进行物理设计。

(4) 其他设计，例如，代码设计、输入/输出设计、人机界面设计等。

(5) 编写详细设计说明书。

(6) 评审。

2. 结构化程序设计方法

结构化程序设计的主要要点如下。

(1) 采用自顶向下、逐步求精的程序设计方法。

(2) 使用顺序、选择、重复三种基本控制结构构造。

(3) 主程序员组的组织形式。

3. 处理过程设计

处理过程设计的关键是用一种合适的表达方法来描述每个模块的执行过程。常用的描述方式有图形、语言和表格三类,如传统的框图、各种程序语言和判定表等。

1) 程序流程图

程序流程图是开发人员最熟悉也是用得最广泛的一种图形描述工具,其特点是简单、直观、易学。程序流程图的符号并不统一,如图5-2所示是几种常用的符号。

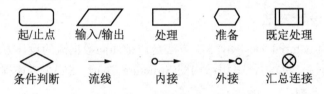

图5-2 流程图的基本符号

2) 盒图

盒图(也称 NS 图)是由 Nassi 和 Shneiderman 提出的一种符合结构化程序设计原则的图形描述工具,盒图的缺点是修改比较困难,另外当分支嵌套层次多时往往在一张纸上难以画下。

3) 问题分析图

问题分析图(Problem Analysis Diagram,PAD)是日立公司提出的图形描述工具。PAD 符合自顶向下,逐步求精的原则,也符合结构化程序设计的思想,同时能够方便地从 PAD 转换成程序语言的源程序代码。

4) 形式语言

形式语言是用来描述模块具体算法的非正式的、比较灵活的语言。其外层语法是确定的,而内层语法不确定。外层语法用类似一般编程语言的保留字来描述控制结构,所以是确定的。内层语法故意不确定,可以按系统的具体情况和不同层次灵活选用,实际上可用自然语言来描述具体操作。

5) 决策树

如果一个决策或判断的步骤较多,在使用形式语言时,语句的嵌套层次也较多,不便于基本加工的逻辑功能的清晰描述。决策树是一种图形工具,适合于描述加工中具有多个策略且每个策略和若干条件有关的逻辑功能。

6) 决策表

在基本加工中,如果判断的条件较多,各条件又相互组合、相应的决策方案也较多,可用决策树来描述。如果树的结构比较复杂,就可以采用决策表。决策表也是一种图形工具,它可以将比较复杂的决策问题简洁、明确地描述出来。

4. Jackson 方法

Jackson 方法是面向数据结构的设计方法，用于开发规模较小的数据处理程序的设计。

5. 用户界面设计

用户界面设计应坚持友好、简便、实用的原则。例如，在设计菜单时应尽量避免菜单嵌套层次过多；在设计大批数据输入屏幕界面时，应避免颜色过于鲜艳和多变。

界面设计包括菜单方式、会话方式、操作提示方式以及操作权限管理方式等。

1) 菜单方式

菜单是信息系统功能选择操作的最常用方式。按目前软件所提供的菜单设计工具，菜单的形式可以是下拉式、弹出式，也可以是按钮选择方式。

2) 会话管理方式

一般会话系统是面向企业领导的。会话系统设计必须满足会话的基本要求，如画面清晰，形象直观，简洁明了，具有容错和纠错能力，提供信息汉字化、图形化、表格化等功能。因此，会话设计的重点是设计会话方式、容错能力和系统的模块结构。

会话的基本工具是键盘、屏幕和打印机，常用的方式是回答式、菜单式、表格式和图形式。纠错、容错的目的是保证会话的正确性，提高会话的效率，在系统中可采用下列方法。

- 提示法：分简单提示和重复提示法。
- 确认回答法：为用户误操作提供改错机会。
- 无效处理法：系统拒绝接收错误操作。
- 返回处理法：拒绝不熟悉系统的用户使用操作。
- 延时处理法：让用户有足够的时间理解系统的提问内容，防止错误回答。
- 帮助处理法：给用户提供帮助信息，并给予重新操作的机会。

3) 提示方式与权限管理

为了操作和使用方便，在设计系统时，常常把操作提示和要点同时显示在屏幕的旁边，以使用户操作方便，这是当前比较流行的用户界面设计方式。另一种操作提示设计方式则是将整个系统操作说明书全送到系统文件中，并设置系统运行状态指针。当系统运行时，指针随着系统运行状态而改变。当用户按"帮助"键时，系统则立刻根据当前指针调出相应的操作说明。

与操作方式有关的另一个内容就是对数据操作权限的管理。权限管理一般都是通过入网口令和建网时定义该节点级别，将这两点结合起来实现的。

5.2.5 软件编码

一、程序设计方法与语言

1. 程序设计方法

程序设计方法主要有结构化方法、快速原型式方法和面向对象方法三种。

1) 结构化程序设计方法

结构化程序设计方法是一种非常有效的方法。其主要强调以下三点。

- 模块内部程序各部分要按自顶向下的结构划分。
- 各程序部分应按功能组合。
- 各程序之间的联系应尽量通过调用子程序(CALL-RETURN)来实现，不用或少用 GOTO 方式。

2) 快速原型式程序设计方法

快速原型式程序设计方法指在系统开发之初尽快给用户构造一个新系统的模型(原型)，反复演示原型并征求用户意见，然后不断修改和完善原型，直到满足用户要求再进而实现系统。

3) 面向对象程序设计方法

面向对象程序设计方法一般应与 OOD 所设计的内容相对应。它是一个简单、直接的映射过程。即将 OOD 中所定义的范式直接用面向对象程序(OOP)如 C++、Smalltalk 等来取代即可。OOP 的优势是巨大的，是其他方法所无法比拟的。

2. 面向对象程序设计和可视化程序设计

面向对象程序设计，是利用面向对象的程序语言将面向对象的产品定义模型转换成可以在计算机上处理的表达形式，以便最终在计算机上实现系统的设计。常用的面向对象编程语言有 Smalltalk、Eiffel、C++、Java 等。

可视化程序设计是当今软件开发中最重用的工具和手段，开发效率高。

3. 程序设计语言的选择

每种程序设计语言都有自己的特点，为一个特定的开发项目选择编程语言时通常可考虑下列一些因素：应用领域、算法和计算的复杂性、软件运行的环境(包括可使用的编译程序)、用户需求(特别是性能需求)、数据结构的复杂性、开发人员的水平等。

4. 程序设计对源程序的质量要求

程序设计对源程序最基本的质量要求是正确性和可靠性，这里说的正确性是指程序满足需求规格说明的程度。

人们除了一些对时间和空间有很高要求的软件仍把效率作为程序质量的重要标准外，现在更注重软件的易使用性、易维护性和易移植性。

- 易使用性主要指操作是否简便以及用户花在学习使用软件上的时间的多少。
- 易维护性包括易理解性、易测试性和易修改性。
- 易移植性是指程序从某一环境移植到另一环境的能力。采用信息隐藏原则和尽量不用语言标准文本以外的语句都有利于程序的移植。

二、程序设计风格

由于编码的依据是详细设计的结果，因此程序的质量主要取决于设计。但是，编程的质量也在很大程度上影响着程序的质量。

1. 源程序中的内部文档

在源程序中可包含一些内部文档，以帮助阅读和理解源程序。内部文档主要包括选择标识符的名字，注解和程序的视觉组织。

1) 选择标识符的名字

选择标识符名字的原则如下。

- 选择含义明确的名字，使它能正确提示标识符所代表的实体。
- 名字不宜太长，太长会增加打字量，且容易出错。
- 不用相似的名字，如 EM、EN、EMM、ENN、EMN 等，因为相似的名字容易混淆，不易发现错误。
- 不用关键字作标识符。
- 同一个名字不要有多个含义。
- 名字中避免使用易混淆的数字与字母，如数字 0 与字母 O，数字 1 与字母 I，数字 2 与字母 Z 等。

2) 注解

源程序中的注解用来帮助人们理解程序。注解可分为序言性注解和功能性注解。

(1) 序言性注解。

序言性注解位于每个模块的起始部分，它主要描述如下内容。

- 模块的功能。
- 模块的接口，包括调用格式、所有参数的解释、该模块需调用的其他子模块名。
- 重要的局部变量，包括用途、约束和限制条件。
- 开发历史，包括模块的设计者、评审者和评审日期，修改日期以及对修改的描述。

(2) 功能性注解。

功能性注解嵌在源程序体内，主要描述程序段的功能。书写功能性注解时应注意下列问题。

- 注解要正确，错误的注解比没有注解更坏。
- 为程序段作注解，而不是为每个语句作注解。
- 使用空行或缩进，使注解和代码容易区分。
- 注解应提供一些从程序本身难以得到的信息，而不是重复语句。

3) 程序的视觉组织

通过在程序中添加一些空格、空行和缩进等技巧，帮助人们从视觉上看清程序的结构。通过缩进技巧，使语句的结构一目了然。

2. 数据说明

在程序中都有数据说明。为使数据说明便于理解，可采用下列书写数据说明的风格。

- 显式地说明一切变量。
- 数据说明的次序应规范化，例如，先说明常量，再说明简单类型，然后说明构造类型。
- 当多个变量出现在同一个说明语句中时，变量名应按字母顺序排序，以便于查找。
- 在定义一个复杂的数据结构时，应通过注解来说明该数据结构的特点。

3. 语句构造

书写语句常用的规则如下。

- 不要在同一行中写多个语句。

- 避免使用测试条件"非"。
- 避免使用复杂的条件测试。
- 使用括号清晰地表达出逻辑表达式和算术表达式的运算次序。
- 利用添加空格来清晰地表示语句的成分。
- 尽量不用或少用 GOTO 语句。
- 尽量不用或少用标准文本以外的语句,以利于提高可移植性。
- 尽量只采用三种基本控制结构来编写程序。

4. 输入和输出

在编写输入和输出程序段时可考虑以下七项原则。

- 对所有的输入数据都进行校验,以确保输入数据的有效性。
- 检查输入项的重要组合的合理性。
- 保持输入格式的简单和操作的简单。
- 使用数据结束标记(如数据文件结束标记),而不应要求用户指定输入数据的个数。
- 明确提示交互式输入的请求,详细说明可用的选择或边界值。
- 当程序设计语言对输入格式有严格要求时,应保持输入格式与输入语句要求的一致。
- 设计良好的输出报表。

5. 效率

效率是指处理机的时间和存储空间的使用,追求效率应注意以下几点。

- 效率是一个性能要求,在需求分析时给出目标。
- 追求效率建立在不损害程序可读性和可靠性基础之上。
- 追求效率的根本方法在于良好的设计方法和数据结构。

5.2.6 软件测试

一、软件测试的目的及原则

软件测试是发现软件中错误和缺陷的主要手段。测试是一项很艰苦的工作,其工作量占软件开发总工作量的 40%以上,特别是对一些关系到人的生命安全的软件来说,其测试成本可能相当于其他开发阶段总成本的 3~5 倍。

1. 测试的目的和用例

1) 测试目的

软件测试的目的是尽可能多地发现软件产品(主要是指程序)中的错误和缺陷。

2) 测试用例

要进行测试,除了要有测试数据(或称输入数据)外,还应同时给出该组测试数据应该得到怎样的输出结果,我们称它为预期结果。在测试时将实际的输出结果与预期结果比较,若不同则表示发现了错误。所以测试用例是由测试数据和预期结果构成的。

2. 测试的原则

软件测试的原则如下。

- 应尽早并不断地进行测试。
- 程序员应避免测试自己的程序，程序设计机构不应测试自己的程序。
- 彻底检查每个测试结果。
- 对非法的和非预期的输入数据也要像合法的和预期的输入数据一样编写测试用例。
- 设计测试方案时，不仅要确定输入数据，而且要根据系统功能预测输出结果。
- 妥善保存测试计划和测试用例，将其作为软件文档的组成部分。
- 在规划测试时不要设想程序中不会查出错误。
- 程序模块经测试后，残存的错误数目往往与已发现的错误数目成比例。

3. 测试过程

软件测试的过程如下。

(1) 拟订测试计划。
(2) 编制测试大纲。
(3) 根据测试大纲设计和生成测试用例。
(4) 实施测试。
(5) 生成测试报告。

二、软件测试方法

1. 静态测试

静态测试又称代码审查。采用人工检测和计算机辅助静态分析的方式进行测试，目的是通过对程序静态结构的检查，找出编译时不能发现的错误。

2. 动态测试

动态测试通过运行程序来发现错误。动态测试主要有白盒测试和黑盒测试。

- 白盒测试(或称结构测试)是把程序看成装在一只透明的白盒子里，测试者完全了解程序的内部结构和处理过程，它根据程序的内部逻辑来设计测试用例，检查程序中的逻辑通路是否都按预定的要求正确地工作。
- 黑盒测试(或称功能测试)是把程序看成一只黑盒子，测试者完全不考虑程序的内部结构和处理过程，而只测试软件的外部特性。

三、软件测试的对象和过程

软件测试的对象主要包括需求分析、概要设计、详细设计以及程序编码等各阶段所得到的文档，需求规格说明、概要设计规格说明、详细设计规格说明以及源程序等；编码结束后的每个程序模块；模块集成后的软件；软件安装在运行环境下的整体系统。

软件测试的主要过程有单元测试、组装测试、确认测试和系统测试。

1. 单元测试

单元测试也称模块测试。单元测试主要发现编码和详细设计中产生的错误，通常采用白盒测试。测试一个模块时需要编写一个驱动模块和若干个桩(Stub)模块。驱动模块的功能是向被测试模块提供测试数据，驱动被测模块，并从被测模块中接收测试结果。桩模块的功能是模拟被测模块所调用的子模块，它接受被测模块的调用，检验调用参数，模拟被调用的子模块功能，把结果送回给被测模块。

2. 组装测试

组装测试也称集成测试。它是对由各模块组装而成的程序进行测试，主要检查模块间的接口和通信。组装测试主要发现设计阶段产生的错误，通常采用黑盒测试。

组装测试可分为非渐增式集成和渐增式集成。

3. 确认测试

确认测试的任务是检查软件的功能、性能及其他特征是否与用户的需求一致，它是以需求规格说明书作为依据的测试。确认测试通常采用黑盒测试。

4. 系统测试

系统测试是将已经确认的软件、计算机硬件、外设和网络等其他因素结合在一起，进行信息系统的各种组装测试和确认测试，主要目的是通过与系统的需求相比较，来发现所开发的系统与用户需求不符合和矛盾的地方。

系统测试根据系统方案说明书来设计测试用例，常用的主要有恢复测试、安全性测试、强度测试、性能测试、可靠性测试和安装测试等。

四、软件调试

调试是在进行了成功的测试之后才开始的工作。其任务是进一步诊断和改正程序中潜在的错误。调试由两部分组成：确定错误的确切性质和位置、修改程序(设计、编码)。目前常用的调试方法有以下五种：试探法、回溯法、对分查找法、归纳法、演绎法。

■ 5.2.7　软件运行与维护

一、软件维护概述

1. 软件维护的内容

● **正确性维护**：由于程序正确性证明尚未得到圆满的解决，软件测试又不可能找出程序中的所有错误，因此，在交付使用的软件中都可能隐藏着某些尚未被发现的错误，而这些错误在某种使用环境下会暴露出来。正确性维护就是在使用过程中发现了隐藏的错误后，为了诊断和改正这些隐藏错误而修改软件的活动。

● **适应性维护**：由于计算机的发展非常迅速，新的机型、新的操作系统、新的软件系统不断地涌现，为了适应计算机的飞速发展，可能要更新正在运行的软件的运行环境，如新的机型、数据库管理系统等。适应性维护就是为了适应变化了的环境而修改软件的活动。

● **完善性维护**：用户在使用软件的过程中，随着业务的发展，常常希望扩充原有软件的功能，或者希望改进原有的功能或性能，以满足用户的新要求。完善性维护就是为了扩充或完善原有软件的功能或性能而修改软件的活动。

- 预防性维护：预防性维护是为了提高软件的可维护性和可靠性，为未来的进一步改进打下基础而修改软件的活动。

2. 软件维护的副作用

软件维护的副作用有编码副作用、数据副作用和文档副作用。

3. 软件维护的管理和步骤

系统的修改往往会影响到全局。程序、文件、代码的局部修改都可能影响系统的其他部分。因此，系统的维护工作应有计划、有步骤地统筹安排，按照维护任务的工作范围、严重程度等诸多因素来确定优先顺序，制订出合理的维护计划，然后通过一定的批准手续实施对系统的修改和维护。

二、软件的可维护性

软件的可维护性是指理解、改正、改动、改进软件的难易程度。通常影响软件可维护性的因素有可理解性、可测试性和可修改性。提高可维护性是开发管理信息系统所有步骤的关键目的，系统是否能被很好地维护，可用系统的可维护性这一指标来衡量。

软件的可维护性的评价指标如下。

- 可理解性：指别人能理解系统的结构、界面功能和内部过程的难易程度。
- 可测试性：诊断和测试的容易程度取决于易理解的程度。
- 可修改性：诊断和测试的容易程度与系统设计所制定的设计原则有直接关系。模块的耦合、内聚、作用范围与控制范围的关系等都对可修改性有影响。

5.2.8 软件质量管理与质量保证

一、软件质量的特性

软件质量是指反映软件系统或软件产品满足规定或隐含需求的能力的特征和特性全体。软件质量保证是指为保证软件系统或软件产品充分满足用户要求的质量而进行的有计划、有组织的活动。目前已有多种软件质量模型来描述软件质量特性。

1. ISO/IEC 9126 软件质量模型

ISO/IEC 9126 软件质量模型由三个层次组成，第一层是质量特性，第二层是质量子特性，第三层是度量指标。标准还定义了六个质量特性：功能性、可靠性、易使用性、效率、可维护性、可移植性，并推荐了 21 个子特性。

各质量特性和质量子特性的含义如下。

1) 功能性

功能性是指与一组功能及其指定的性质的存在有关的一组属性。功能是指能满足规定或隐含需求的那些功能。其子特性如下。

- 适合性：与对规定任务能否提供一组功能以及这组功能是否适合有关规定有关的软件属性。
- 准确性：与能否得到正确或相符的结果或效果有关的软件属性。
- 互用性：与同其他指定系统进行交互操作的能力有关的软件属性。

- 依从性：使软件服从有关的标准、约定、法规及类似规定的软件属性。
- 安全性：与避免对程序及数据的非授权故意或意外访问的能力有关的软件属性。

2) 可靠性

可靠性是指与在规定的一段时间内和规定的条件下，软件维持其性能水平有关的能力。其子特性如下。

- 成熟性：与由软件故障引起失效的频度有关的软件属性。
- 容错性：与在软件错误或违反指定接口的情况下，维持指定的性能水平的能力有关的软件属性。
- 易恢复性：与在故障发生后，重新建立其性能水平并恢复直接受影响数据的能力，以及为达此目的所需的时间和努力有关的软件属性。

3) 易使用性

易使用性是指与为使用所需的努力和由一组规定或隐含的用户对这样使用所做的个别评价有关的一组属性。其子特性如下。

- 易理解性：与用户为理解逻辑概念及其应用所需努力有关的软件属性。
- 易学性：与用户为学习其应用(例如，操作控制、输入、输出)所需努力有关的软件属性。
- 易操作性：与用户为进行操作和操作控制所需努力有关的软件属性。

4) 效率

效率是指与在规定条件下，软件的性能水平与所用资源量之间的关系有关的一组属性。其子特性如下。

- 时间特性：与响应和处理时间以及软件执行其功能时的吞吐量有关的软件属性。
- 资源特性：与软件执行其功能时，所使用的资源量以及使用资源的持续时间有关的软件属性。

5) 可维护性

可维护性是指与进行规定的修改所需的努力有关的一组属性。其子特性如下。

- 易分析性：与为诊断缺陷或失效原因，或为判定待修改的部分所需努力有关的软件属性。
- 易改变性：与进行修改、排错或适应环境变化所需努力有关的软件属性。
- 稳定性：与修改造成未预料效果的风险有关的软件属性。
- 易测试性：与确认和修改软件所需努力有关的软件属性。

6) 可移植性

可移植性是指与软件可从某一环境转移到另一环境的能力有关的一组属性。其子特性如下。

- 适应性：与一软件无须采用有别于为该软件准备的处理或手段就能适应不同的规定环境有关的软件属性。
- 易安装性：与在指定环境下安装软件所需努力有关的软件属性。
- 一致性：使软件服从与可移植性有关的标准或约定的软件属性。
- 易替换性：与一软件在该软件环境中用来替代指定的其他软件的可能和努力有关的软件属性。

2. McCall 软件质量模型

McCall 软件质量模型从软件产品的运行、修正、转移三个方面确定了 11 个质量特性，给出了一个三层模型框架：第一层是质量特性；第二层是评价准则；第三层是量度指标。

二、软件质量保证概述

软件质量保证是为保证软件系统或软件产品充分满足用户要求的质量而进行的有计划、有组织的活动，其目的是生产高质量的软件。

软件质量保证包括了与以下七个主要活动有关的各种任务。

(1) 应用技术方法。

(2) 进行正式的技术评审。

(3) 测试软件。

(4) 标准的实施。

(5) 控制变动。

(6) 度量。

(7) 记录保存和报告。

5.3 真题详解

综合知识试题

试题 1 (2017 年下半年试题 44~45)

采用面向对象程序设计语言 C++/Java 进行系统实现时，定义类 S 及其子类 D。若类 S 中已经定义了一个虚方法 int fun(int a，int b)，则方法___(44)___不能同时在类 S 中。D 中定义方法 int fun(int a, int b)，这一现象称为___(45)___。

(44) A．int fun(int x, double y)　　　　B．int fun(double a, int b)

　　　C．double fun(int x, double y)　　　D．int fun(int x ,int y)

(45) A．覆盖/重置　　B．封装　　　　C．重载/过载　　D．多态

参考答案： (44) A　　　　(45) A

要点解析： 在同一类中是不能定义两个名字相同、参数个数和类型都相同的函数的，否则就是重复定义，但是在类的继承层次结构中，在不同的层次中可以出现名字相同、参数个数和类型都相同而功能不同的函数。虚函数的作用是允许在派生类中重新定义与基类同名的函数，并且可以通过基类指针或引用来访问基类和派生类中的同名函数。

重载是在同一类中允许同时存在一个以上的同名方法，只要这些方法的参数个数或类型不同即可，而重置(覆盖)是子类重新定义父类中已经定义的方法，即子类重写父类方法。

试题 2 (2017 年下半年试题 46~47)

UML 中行为事物是模型中的动态部分，采用动词描述跨越时间和空间的行为___(46)___属于行为事物，它描述了___(47)___。

(46) A. 包　　　　　　B. 状态机　　　　C. 注释　　　　　D. 构件

(47) A. 在特定需境中共同完成一定任务的一组对象之间交换的消息组成

　　　B. 计算机过程执行的步骤序列

　　　C. 一个对象或一个交互在生命期内响应事件所经历的状态序列

　　　D. 说明和标注模型的任何元素

参考答案: (46)B　(47)C

要点解析: 结构事物,如类(Class)、接口(Interface)、协作(Collaboration)、用例(Use Case)、主动类(Active Class)、组件(Component)和节点(Node)。

行为事物,如交互(Interaction)、状态机(State machine)。

分组事物(包,Package)。

注释事物(注解,Note)。

状态机是这样一种行为,描述了一个对象或一个交互在生命期内响应事件所经历的状态序列。单个类或一组类之间协作的行为可以用状态机来描述。一个状态机涉及一些其他元素,包括状态转换(从一个状态到另一个状态的流)事件(发生转换的事物)和活动(对一个转换的响应)。

试题3　(2017年下半年试题48)

行为型设计模式描述类或对象如何交互和如何分配职责。以下　(48)　模式是行为型设计模式。

(48) A. 装饰器(Decorator)　　　　　　B. 构建器(Builder)

　　　C. 组合(Composite)　　　　　　D. 解释器(Interpreter)

参考答案: (48)D

要点解析: AC 为结构型,B 为创建型。在面向对象系统设计中,每一个设计模式都集中于一个特定的面向对象设计问题或设计要点,描述了什么时候使用它,在另一些设计约束条件下是否还能使用,以及使用的效果和如何取舍。按照设计模式的目的可以分为创建型模式、结构型模式和行为型模式三大类。创建型模式与对象的创建有关;结构型模式处理类或对象的组合,涉及如何组合类和对象以获得更大的结构;行为型模式对类或对象怎样交互和怎样分配职责进行描述。创建型模式包括 Factory Method、Abstract Factory、Builder、Prototype 和 Singleton;结构型模式包括 Adapter(类)、Adapter(对象)、Bridge、Composite、Decorator、Facade;ade、Flyweight 和 Proxy;行为型模式包括 Interpreter、Template Method、Chain of Responsibility、Command、Iterator、Mediator、Memento Observer State Strategy 和 Visitor。

试题4　(2017年下半年试题49~50)

在结构化分析方法中,用于对功能建模的　(49)　描述数据在系统中流动和处理的过程,它只反映系统必须完成的逻辑功能;用于行为建模的模型是　(50)　。它表达系统或对象的行为。

(49) A. 数据流图　　　　　　B. 实体联系图

　　　C. 状态·迁移图　　　　D. 用例图

(50) A. 数据流图　　　　　　B. 实体联系图

C．状态·迁移图　　　　　　　　D．用例图

参考答案：(49)A　　(50)C

要点解析： 数据流图：用图形的方式从数据加工的角度来描述数据在系统中流动和处理的过程，只反映系统必须完成的功能，是一种功能模型。

在结构化分析方法中用状态·迁移图表达系统或对象的行为。

试题 5　(2017 年下半年试题 51 和试题 52)

在设计白盒测试用例时，　(51)　是最弱的覆盖准则。下图至少需要　(52)　个测试用例才可以进行路径覆盖。

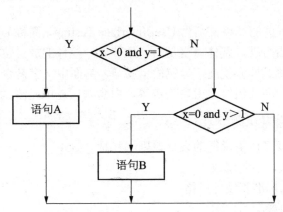

(51) A．路径覆盖　　　B．条件覆盖　　　C．判定覆盖　　　D．语句覆盖

(52) A．1　　　　　　B．2　　　　　　C．3　　　　　　D．4

参考答案：(51)D　　(52)C

要点解析： 从覆盖源程序语句的详尽程度分析，逻辑覆盖标准包括以下不同的覆盖标准：语句覆盖、判定覆盖、条件覆盖、判定/条件组合覆盖、条件组合覆盖和路径覆盖。语句覆盖的含义是：选择足够多的测试数据，使被测程序中每条语句至少执行一次。语句覆盖是最弱的逻辑覆盖。

路径覆盖要求设计足够的测试用例，覆盖程序中所有可能的路径。路径覆盖是最强的逻辑覆盖。从题目所给的图中可以看出，共有三条程序路径需要进行测试，至少需要三个测试用例才可以进行路径覆盖。

试题 6　(2017 年下半年试题 53)

在　(53)　时，一般需要进行兼容性测试。

(53) A．单元测试　　　B．系统测试　　　C．功能测试　　　D．集成测试

参考答案：(53)B

要点解析： 软件兼容性测试是指检查软件之间能否正确地进行交互和共享信息。随着用户对来自各种类型软件之间共享数据能力和充分利用空间同时执行多个程序能力的要求，测试软件之间能否协作变得越来越重要。软件兼容性测试工作的目标是保证软件按照用户期望的方式进行交互。

根据软件需求规范的要求进行系统测试，确认系统满足需求的要求，系统测试人员相当于用户代言人，在需求分析阶段要确定软件的可测性，保证有效完成系统测试工作。系

统测试的主要内容有:①所有功能需求得到满足;②所有性能需求得到满足;③其他需求(如安全性、容错性、兼容性等)得到满足。

试题 7 (2017年下半年试题54)

关于用户界面(UI)测试的叙述中,不正确的是 __(54)__ 。

(54) A. UI测试的目的是检查界面风格是否满足用户要求,用户操作是否友好

    B. 由于同一软件在不同设备上的界面可能不同,UI测试难以自动化

    C. UI测试一般采用白盒测试方法,并需要设计测试用例

    D. UI测试是软件测试中经常要做的很烦琐的测试

参考答案:(54)C

要点解析:用户界面测试英文名为 User Interface Testing,简称 UI 测试,测试用户界面的功能模块的布局是否合理,整体风格是否一致和各个控件的放置位置是否符合客户使用习惯,更重要的是要测试操作便捷,导航简单易懂,界面中文字是否正确,命名是否统一,页面是否美观,文字、图片组合是否完美等等。白盒测试是单元测试所用的方法。

试题 8 (2017年下半年试题55)

创建好的程序或变革所需遵循的设计原则不包括 __(55)__ 。

(55) A. 反复迭代,不断修改

    B. 遵循好的标准和设计风格

    C. 尽量采用最新的技术

    D. 简约,省去不必要的元素

参考答案:(55)C

要点解析:最新的技术很可能不够完善,或者容易被市场所淘汰,一般不采用。

试题 9 (2017年下半年试题56)

专业程序员小王记录的编程心得体会中, __(56)__ 并不正确。

(56) A. 编程工作中记录日志很重要,脑记忆并不可靠

    B. 估计进度计划时宁可少估一周,不可多算一天

    C. 简单模块要注意封装,复杂模块要注意分层

    D. 程序要努力文档化,让代码讲自己的故事

参考答案:(56)B

要点解析:项目进度计划是在拟定年度或实施阶段完成投资的基础上,根据相应的工程量和工期要求,对各项工作的起止时间、相互衔接协调关系所拟订的计划,同时对完成各项工作所需的时间、劳力、材料、设备的供应做出具体安排,最后制订出项目的进度计划。预估时要保证在预定时间内可以完成任务。

试题 10 (2017年上半年试题44~45)

在面向对象的系统中,对象是运行时的基本实体,对象之间通过传递 __(44)__ 进行通信。 __(45)__ 是对对象的抽象,对象是其具体实例。

(44) A. 对象   B. 封装   C. 类   D. 消息

(45) A. 对象   B. 封装   C. 类   D. 消息

参考答案： (44)D　　　(45)C

要点解析： 对象与对象之间是通过消息进行通信的。类是对对象的抽象，对象是类的具体实例。

试题 11　(2017 年上半年试题 46、47)

在 UML 中有四种事物：结构事物、行为事物、分组事物和注释事物。其中，__(46)__ 事物表示 UML 模型中的名词，它们通常是模型的静态部分，描述概念或物理元素。以下 __(47)__ 属于此类事物。

(46) A．结构　　　　　B．行为　　　　　C．分组　　　　　D．注释

(47) A．包　　　　　　B．状态机　　　　C．活动　　　　　D．构件

参考答案： (46)A　　　(47)D

要点解析： UML 有三种基本的构造块，分别是事物(元素)、关系和图。事物是 UML 中重要的组成部分。关系把事物紧密联系在一起。图是很多有相互关系的事物的组。

UML 中的事物也称为建模元素，包括结构事物、行为事物、分组事物和注释事物。这些事物是 UML 模型中最基本的面向对象的构造块。

结构事物。结构事物在模型中属于最静态的部分，代表概念上或物理上的元素。总共有七种结构事物：

第一种是类，类是描述具有相同属性、方法、关系和语义的对象的集合。

第二种是接口(interface)，接口是指类或组件提供特定服务的一组操作的集合。

第三种是协作，协作定义了交互的操作，是一些角色和其他元素一起工作，提供一些合作的动作，这些动作比元素的总和要大。

第四种是用例，用例是描述一系列的动作，这些动作是系统对一个特定角色执行，产生值得注意的结果的值。

第五种是活动类，活动类是这种类，它的对象有一个或多个进程或线程。

第六种是构件，构件是物理上或可替换的系统部分，它实现了一个接口集合。在一个系统中，可能会遇到不同种类的构件，如 DCOM 或 EJB。

第七种是节点，节点是一个物理元素，它在运行时存在，代表一个可计算的资源，通常占用一些内存和具有处理能力。

试题 12　(2017 年上半年试题 48)

结构型设计模式涉及如何组合类和对象以获得更大的结构，分为结构型类模式和结构型对象模式。其中，结构型类模式采用继承机制来组合接口或实现，而结构型对象模式描述了如何对一些对象进行组合，从而实现新功能的一些方法。以下 __(48)__ 模式是结构型对象模式。

(48) A．中介者(Mediator)　　　　　　　　B．构建器(Builder)

　　　 C．解释器(Interpreter)　　　　　　　D．组合(Composite)

参考答案： (48)D

要点解析： 结构型模式是描述如何将类和对象结合在一起，形成一个更大的结构，结构模式描述两种不同的东西：类与类的实例。故可以分为类结构模式和对象结构模式。

在 GoF 设计模式中，结构型模式有：①适配器模式 Adapter；②桥接模式 Bridge；③组

合模式 Composite；④装饰模式 Decorator；⑤外观模式 Façade；⑥享元模式 Flyweight；⑦代理模式 Proxy。

试题 13 (2017 年上半年试题 49~50)

某工厂业务处理系统的部分需求为：客户将订货信息填入订货单，销售部员工查询库存管理系统获得商品的库存，并检查订货单，如果订货单符合系统的要求，则将批准信息填入批准表，将发货信息填入发货单；如果不符合要求，则将拒绝信息填入拒绝表。对于检查订货单，需要根据客户的订货单金额(如大于等于 5000 元，小于 5000 元)和客户目前的偿还款情况(如大于 60 天，小于等于 60 天)，采取不同的动作，如不批准、发出批准书、发出发货单和发催款通知书等。根据该需求绘制数据流图，则 __(49)__ 表示为数据存储。使用 __(50)__ 表达检查订货单的规则更合适。

(49) A. 客户　　　　　B. 订货信息　　　　C. 订货单　　　　D. 检查订货单
(50) A. 文字　　　　　B. 图　　　　　　　C. 数学公式　　　D. 决策表

参考答案：(49)C　　(50)D

要点解析：数据存储：数据存储表示暂时存储的数据。每个数据存储都有一个名字。对于一些以后某个时间要使用的数据，可以组织成为一个数据存储来表示。

检查订货单需要有判定条件，因此用决策表最为合适。

试题 14 (2017 年上半年试题 51)

某系统交付运行之后，发现无法处理四十个汉字的地址信息，因此需对系统进行修改。此行为属于 __(51)__ 维护。

(51) A. 改正性　　　　B. 适应性　　　　C. 完善性　　　　D. 预防性

参考答案：(51)A

要点解析：由于系统测试不可能揭露系统存在的所有错误，因此在系统投入运行后频繁的实际应用过程中，就有可能暴露出系统内隐藏的错误。

试题 15 (2017 年上半年试题 52)

某企业招聘系统中，对应聘人员进行了筛选，学历要求为本科、硕士或博士，专业为通信、电子或计算机，年龄不低于 26 岁且不高于 40 岁。__(52)__ 不是一个好的测试用例集。

(52) A. (本科，通信，26)、(硕士，电子，45)
　　　B. (本科，生物，26)、(博士，计算机，20)
　　　C. (高中，通信，26)、(本科，电子，45)
　　　D. (本科，生物，24)、(硕士，数学，20)

参考答案：(52)D

要点解析：对于 D 项，两者年龄、专业都不满足，只能够对学历进行测试，而对于年龄和专业则不能进行很好的测试。

试题 16 (2017 年上半年试题 53)

以下各项中，__(53)__ 不属于性能测试。

(53) A. 用户开发测试　　　　　　　　B. 响应时间测试
　　　C. 负载测试　　　　　　　　　　D. 兼容性测试

参考答案：(53)D

要点解析：兼容性测试：主要是检查软件在不同的软\硬件平台上是否可以正常地运行，即软件可移植性。

兼容的类型：细分为平台的兼容，网络兼容，数据库兼容，以及数据格式的兼容。

兼容测试的重点：对兼容环境的分析。通常，是在运行软件的环境不是很确定的情况下，才需要做兼容测试。

试题 17 （2017 年上半年试题 54）

图标设计的准则不包括__(54)__。

(54) A．准确表达响应的操作，让用户易于理解

　　 B．使用户易于区别不同的图标，易于选择

　　 C．力求精细，高光和完美质感，易于接近

　　 D．同一软件所用的图标应具有统一的风格

参考答案：(54)C

要点解析：图标设计的准则有以下几点。

① 定义准确形象：icon 也是一种交互模块，只不过通常以分割突出界面和互动的形式来呈现的。

② 表达符合行为习惯：在表达定义的时候，首页要符合一般使用的行为习惯。

③ 风格表现统一：风格是一种具备独有特点的形态，具备差异化的思路和个性。

④ 使用配色的协调：给 icon 添加颜色是解决视觉冲击力的一种表现手段。

试题 18 （2017 年上半年试题 55）

程序员小张记录的以下心得体会中，不正确的是__(55)__。

(55) A．努力做一名懂设计的程序员

　　 B．代码写得越急，程序错误越多

　　 C．不但要多练习，还要多感悟

　　 D．编程调试结束后应立即开始写设计文档

参考答案：(55)D

要点解析：计算机程序解决问题的过程：需求→需求分析→总体设计→详细设计→编码→单元测试→集成测试→试运行→验收。

试题 19 （2016 年上半年试题 45~47）

UML 由三个要素构成：UML 的基本构造块、支配这些构造块如何放置在一起的规则、用于整个语言的公共机制。UML 的词汇表包含三种构造块：事物、关系和图。类、接口、构件属于__(45)__构造块。泛化和聚集等是__(46)__。将多边形与三角形、四边形分别设计为类，多边形类与三角形之间是__(47)__关系。

(45) A．事物　　　　 B．关系　　　　 C．规则　　　　 D．图

(46) A．事物　　　　 B．关系　　　　 C．规则　　　　 D．图

(47) A．关联　　　　 B．依赖　　　　 C．聚集　　　　 D．泛化

参考答案：(45) A　　(46) B　　(47) D

要点解析：UML 是一种能够表达软件设计中动态和静态信息的可视化统一建模语言，目前已成为事实上的工业标准。

UML 由三个要素构成：UML 的基本构造块、支配这些构造块如何放置在一起的规则、用于整个语言的公共机制。UML 的词汇表包含三种构造块：事物、关系和图。

事物是对模型中最具有代表性的成分的抽象，分为结构事物、行为事物、分组事物和注释事物。结构事物通常是模型的静态部分，是 UML 模型中的名词，描述概念或物理元素，包括类、接口、协作、用例、主动类、构件和节点。行为事物是模型中的动态部分，描述了跨越时间和空间的行为，包括交互和状态机。分组事物是一些由模型分解而成的组织部分，最主要的是包。注释事物用来描述、说明和标注模型的任何元素，主要是注解。

关系是把事物结合在一起，包括依赖、关联、泛化和实现四种。依赖是两个事物之间的语义关系，其中一个事物发生变化会影响到另一个事物的语义；关联是一种结构关系，描述了一组链，即对象之间的连接；聚集是一种特殊类型的关联，描述了整体和部分之间的结构关系；泛化是一种特殊/一般关系，特殊元素的对象可替代一般元素的对象，如将多边形与三角形、四边形分别设计为类，多边形为一般类，三角形和四边形分别为两个特殊类，即多边形类与三角形之间、多边形与四边形之间关系就是泛化关系；实现是类元之间的语义关系，其中一个类制定了由另一个类元保证执行的契约。

图是一组元素的图形表示，聚集了相关的事物。

试题 20 (2016 年上半年试题 48)

创建型设计模式抽象了实例化过程，有助于系统开发者将对象的创建、组合和表示方式进行抽象。以下 (48) 模式是创建型模式。

(48) A．组合(Composite)   B．装饰器(Decorator)

   C．代理(Proxy)   D．单例(Singleton)

参考答案：(48)D

要点解析：每个设计模式描述了一个在我们周围不断重复发生的问题，以及该问题的解决方案的核心。在面向对象系统设计中，每一个设计模式都集中于一个特定的面向对象设计问题或设计要点，描述了什么时候使用它，在另一些设计约束条件下是否还能使用，以及使用的效果和如何取舍。

按照设计模式的目的可以分为创建型模式、结构型模式和行为型模式三大类。创建型模式与对象的创建有关，它抽象了实例化过程，帮助一个系统独立于创建、组合和表示它的那些对象；结构型模式处理类或对象的组合，涉及如何组合类和对象以获得更大的结构；行为型模式对类或对象怎样交互和怎样分配职责进行描述。创建型模式包括 Factory Method、Abstract Factory、Builder、Prototype 和 Singleton；结构型模式包括 Adapter(类)、Adapter(对象)、Bridge、Composite、Decorator、Facade、Flyweight 和 Proxy；行为型模式包括 Interpreter、Template Method、Chain of Responsibility、Command、Iterator、Mediator、Memento Observer State Strategy 和 Visitor。

试题 21 (2016 年上半年试题 49)

以下流程图中，至少设计 (49) 个测试用例可以分别满足语句覆盖和路径覆盖。

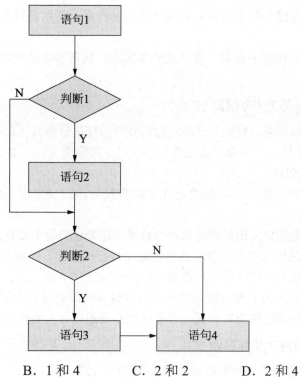

(49) A．1 和 2　　　　 B．1 和 4　　　　 C．2 和 2　　　　 D．2 和 4

参考答案：(49)B

要点解析： 白盒测试和黑盒测试是两种最常用的测试方法。其中语句覆盖和路径覆盖又是白盒测试的两种具体方法。语句覆盖是指设计若干个测试用例，运行被测程序，使得每一个可执行语句至少执行一次；路径覆盖是指设计若干个测试用例，覆盖程序中的所有路径。

根据上述定义，只要设计一个测试用例，使判断 1 和判断 2 均为 Y，就可以保证流程图中的每个语句都被执行；而要满足路径覆盖，那么判断 1 和判断 2 都必须分别走 Y 和 N 两种情况，组合起来就是四条路径。

试题 22　(2016 年上半年试题 50～51)

某一资格考试系统的需求为：管理办公室发布考试资格条件，考生报名，系统对考试资格审查，并给出资格审查信息；对符合资格条件的考生，管理办公室给出试题，考生答题，管理办公室给出答案，系统自动判卷；并将考试结果发给考生。根据该需求绘制数据流图，则__(50)__是外部实体，__(51)__是加工。

(50) A．考生　　　　 B．试题　　　　 C．资格审查　　　　 D．考试资格条件

(51) A．考生　　　　 B．试题　　　　 C．资格审查　　　　 D．考试资格条件

参考答案：(50)A　　(51)C

要点解析： 数据流图是结构化分析的一个重要模型，描述数据在系统中如何被传送或变换，以及描述如何对数据流进行变换，用于功能建模。

数据流图中有四个要素：外部实体，也称为数据源或数据汇点，表示要处理的数据的输入来源或处理结果要送往何处，不属于目标系统的一部分，通常为组织、部门、人、相关的软件系统或者硬件设备；数据流表示数据沿箭头方向的流动；加工是对数据对象的处

理或变换；数据存储在数据流中起到保存数据的作用，可以是数据库文件或者任何形式的数据组织。

根据上述定义和题干说明，考生是外部实体，试题和考试资格条件是数据流，资格审查是加工。

试题23 (2016年上半年试题52)

由于设计缺陷和编码缺陷对已经运行的软件系统进行修改，此行为属于___(52)___维护。

(52) A．改正性　　　　B．适应性　　　　C．完善性　　　　D．预防性

参考答案：(52)A

要点解析： 改正性维护是指改正在系统开发阶段已发生而系统测试阶段尚未发现的错误。

适应性维护是指使应用软件适应新型技术变化和管理需求变化而进行的修改。

完善性维护是指为扩充功能和改善性能而进行的修改，主要是指对已有的软件系统增加一些在系统分析和设计阶段中没有规定的功能与性能特征。

预防性维护是指为了改进应用软件的可靠性和可维护性，为了适应未来的软硬件环境的变化，主动增加预防性的新功能，以使应用系统适应各类变化而不被淘汰。

试题24 (2016年上半年试题53)

IT企业对专业程序员的素质要求中，不包括___(53)___。

(53) A．能千方百计缩短程序提高运行效率

　　　B．与企业文化高度契合

　　　C．参与软件项目开发并解决所遇到的问题

　　　D．诚信、聪明、肯干

参考答案：(53)A

要点解析： 现在的计算机系统运行速度比较快，内存比较大，对程序大小以及运行速度的要求已有所降低，只在运行次数特别多的内循环才需要考虑运行时间问题。

试题25 (2016年上半年试题54)

以下关于软件开发相关的叙述中，不正确的是___(54)___。

(54) A．专业程序员应将复杂的问题分解为若干个相对简单的易于编程的问题

　　　B．移动互联网时代的软件开发人员应注重用户界面设计，提高用户体验

　　　C．软件测试时应对所有可能导致软件运行出错的情况都进行详尽的测试

　　　D．软件设计者应有敏锐的产品感觉，不因枝节而影响产品的迭代和上线

参考答案：(54)C

要点解析： 软件测试要求尽可能发现并纠正错误。由于一般软件出错的可能性不能完全排除，所以才需要在软件发行后，接收用户反馈意见进行改进，不断推出新版本。

试题26 (2016年上半年试题55)

软件文档的作用不包括___(55)___。

(55) A．有利于提高软件开发的可见度　　　B．有利于软件维护和用户使用

　　　C．有利于总结经验和实现可重用　　　D．有利于各企业之间交流技术

参考答案：(55)D

要点解析：各企业之间交流技术可以有举行研讨会，撰写论文等形式，它不是软件文档的作用。

试题 27　(2016 年上半年试题 56)

某公司的程序员小王写了一些提升编程能力的经验，其中__(56)__并不恰当。

(56) A．只参加最适合提升自己技术能力的项目

　　　 B．根据项目特点选择合适的开发环境和工具，抓紧学习

　　　 C．重视培养自己的沟通能力，包括撰写文档的能力

　　　 D．参加网络上的编程论坛，善于向高手学习

参考答案：(56)A

要点解析：程序员参加的编程项目是根据本公司应用需要再结合个人的能力决定的。随着技术的发展，所需的编程技术也会不断发展。过分强调自己的选择不可取。

试题 28　(2015 年下半年试题 44 ~ 45)

在面向对象方法中，继承用于__(44)__。通过继承关系创建的子类__(45)__。

(44) A．利用已有类创建新类

　　　 B．在已有操作的基础上添加新方法

　　　 C．为已有属性添加新属性

　　　 D．为已有状态添加新状态

(45) A．只有父类具有的属性

　　　 B．只有父类具有的操作

　　　 C．只能有父类所不具有的新操作

　　　 D．可以有父类的属性和方法之外的新属性和新方法

参考答案：(44)A　　(45)D

要点解析：在进行类设计时，有些类之间存在一般和特殊关系，即一些类是某个类的特殊情况，某个类是一些类的一般情况，这就是继承关系。继承是类之间的一种关系，在定义和实现一个类的时候，可以在一个已经存在的类(一般情况)的基础上来进行，把这个已经存在的类所定义的内容作为自己的内容，并可以加入若干新属性和方法。

试题 29　(2015 年下半年试题 46)

结构型设计模式涉及如何组合类和对象以获得更大的结构，以下__(46)__模式是结构型模式。

(46) A．Adapter　　　　　　　　　　 B．Template Method

　　　 C．Mediator　　　　　　　　　　 D．Observer

参考答案：(46)A

要点解析：本题考查设计模式的基本概念。

在面向对象系统设计中，每一个设计模式都集中于一个特定的面向对象设计问题或设计要点，描述了什么时候使用它，在另一些设计约束条件下是否还能使用，以及使用的效果和如何取舍。

按照设计模式的目的可以分为创建型模式、结构型模式和行为型模式三大类。创建型模式与对象的创建有关；结构型模式处理类或对象的组合，涉及如何组合类和对象以获得更大的结构；行为型模式对类或对象怎样交互和怎样分配职责进行描述。创建型模式包括 Factory Method、Abstract Factory、Builder、Prototype 和 Singleton；结构型模式包括 Adapter(类)、Adapter(对象)、Bridge、Composite、Decorator、Facade、Flyweight 和 Proxy；行为型模式包括 Interpreter、Template Method、Chain of Responsibility、Command、Iterator、Mediator、Memento Observer State Strategy 和 Visitor。

试题30 (2015年下半年试题49)

软件工程的基本目标是 __(49)__ 。

(49) A．消除软件固有的复杂性　　　　B．开发高质量的软件

　　　 C．努力发挥开发人员的创造性潜能　D．更好地维护正在使用的软件产品

参考答案：(49)B

要点解析：软件工程是一门与软件开发和维护相关的工程学科，其根本的目标是开发出高质量的软件。

试题31 (2015年下半年试题50)

从模块独立性角度看，以下几种模块内聚类型中， __(50)__ 内聚是最好的。

(50) A．巧合　　　 B．逻辑　　　　 C．信息　　　　 D．功能

参考答案：(50)D

要点解析：模块化是指将软件划分成独立命名且可以独立访问的模块，不同的模块通常具有不同的功能或职责。每个模块可以独立地开发、测试，最后组装成完整的软件。模块独立性是指软件系统中每个模块只涉及软件要求的具体的一个子功能，而和其他模块之间的接口尽量简单，是模块化设计的一个重要原则，主要用模块间的耦合和模块内的内聚来衡量。

模块的内聚性一般有以下几种。

巧合内聚，指一个模块内的几个处理元素之间没有任何联系。

逻辑内聚，指模块内执行几个逻辑上相似的功能，通过参数确定该模块完成哪一个功能。

时间内聚，把需要同时执行的动作组合在一起形成的模块。

通信内聚，指模块内所有处理元素都在同一个数据结构上操作，或者指各处理使用相同的输入数据或者产生相同的输出数据。

顺序内聚，指一个模块中各个处理元素都密切相关于同一功能且必须顺序执行，前一个功能元素的输出就是下一个功能元素的输入。

功能内聚，是最强的内聚，指模块内所有元素共同完成一个功能，缺一不可。是最佳的内聚类型。

试题32 (2015年下半年试题51)

白盒测试中， __(51)__ 覆盖是指设计若干个测试用例，运行被测程序，使得程序中的每个判断的取真分支和取假分支至少执行一次。

(51)A．语句　　　 B．判定　　　 C．条件　　　 D．路径

参考答案：(51)B

要点解析：白盒测试和黑盒测试是两种常用的测试技术。其中白盒测试包含不同的测试用例设计方法。

语句覆盖：设计若干测试用例，运行被测程序，使得每一个可执行语句至少执行一次；

判定覆盖：设计若干测试用例，运行被测程序，使得程序中每个判断的取真分支和取假分支至少经历一次；

条件覆盖：设计若干测试用例，运行被测程序，使得程序中每个判断的每个条件的可能取值至少执行一次；

路径覆盖：设计足够的测试用例，覆盖程序中所有可能的路径。

5.4 强化训练

5.4.1 综合知识试题

试题 1

随着企业的发展，某信息系统需要处理大规模的数据。为了改进信息处理的效率而修改原有系统的一些算法，此类行为属于 __(1)__ 维护。

A．正确性　　　B．适应性　　　C．完善性　　　D．预防性

试题 2

以下关于程序员职业素养的叙述中，不正确的是 __(2)__ 。

(2) A．程序员应有解决问题的能力、承担任务的勇气和责任心

B．程序员的素质比技术能力更为重要，职业操守非常重要

C．程序员应充满自信，相信自己所交付的程序不存在问题

D．由于软件技术日新月异，不断学习是程序员永恒的课题

试题 3

图形用户界面的设计原则中不包括 __(3)__ 。

(3) A．绝大多数人会选择的选项应按默认选择处理

B．常用的操作项应放在明显突出易发现的位置

C．多个操作项的排列顺序应与业务流程相一致

D．界面设计时无须也无法考虑用户误操作情况

试题 4

以下关于专业程序员知识和技能的叙述中，不正确的是 __(4)__ 。

(4) A．了解编译原理有助于快速根据编译错误和警告信息修改代码

B．了解开发工具知识有助于直接用工具开发软件而无须任何编程

C．了解 OS 底层运行机制有助于快速找到运行时错误的问题根源

D．了解网络协议的原理有助于分析网络在哪里可能出现了问题

试题5

以下关于软件测试的叙述中,不正确的是__(5)__。

(5) A. 软件开发工程化使自动化测试完全代替人工测试成为必然趋势

B. 开发时应注重将质量构建进产品,而不是在产品出来后再测试

C. 测试人员应与开发人员密切合作,推动后续开发和测试规范化

D. 软件测试的目的不仅要找出缺陷,还要随时提供质量相关信息

试题6

有些类之间存在一般和特殊关系,即一些类是某个类的特殊情况,某个类是一些类的一般情况。因此,类__(6)__是其他各类的一般情况。

(6) A. 汽车　　　　　B. 飞机　　　　　C. 轮船　　　　　D. 交通工具

试题7

欲开发一款系统,如果客户不能完整描述他们的需求,则开发过程最适宜采用__(7)__。

(7) A. 原型模型　　　B. 瀑布模型　　　C. V模型　　　　D. 螺旋模型

试题8

McCall软件质量模型中,__(8)__属于产品转移方面的质量特性。

(8) A. 可测试性　　　B. 正确性　　　　C. 可移植性　　　D. 易使用性

试题9

软件测试的目的是__(9)__。

(9) A. 证明软件中没有错误　　　　　　B. 改正软件中的错误

C. 发现软件中的错误　　　　　　　D. 优化程序结构

试题10

软件测试方法可分为静态测试和动态测试两大类,人工检测__(10)__。

(10) A. 属于静态测试和动态测试　　　　B. 属于静态测试

C. 属于动态测试　　　　　　　　　D. 既不属于静态测试也不属于动态测试

试题11

软件系统运行时发现了系统测试阶段尚未发现的错误,改正这些错误属于__(11)__维护。

(11) A. 正确性　　　B. 适应性　　　　C. 完善性　　　　D. 预防性

试题12

某程序员在开发一功能很多的软件时,在某个操作窗口中设计了大量选项。在征求用户意见时,用户提出最好能降低复杂度,因此该程序员采取了一系列措施。其中,__(12)__是不妥的。

(12) A. 将常用的选项用特殊颜色标出

B. 选项尽量设置默认值,使一般用户减少选择操作

C. 将选项分类,分别放在不同的标签页中

　　D．利用"高级"按钮弹出对话框，包含那些不常用的选项

试题 13

　　程序员设计软件界面时应遵循的原则中不包括　(13)　。

　　(13) A．越频繁使用的功能所需的点击应越少

　　　　　B．越多用户使用的功能在界面上就应该越突出

　　　　　C．应让用户的注意力集中在解决业务问题上，而不是软件操作上

　　　　　D．应站在熟练用户的角度来设计用户界面

试题 14

　　某考务处理系统的部分需求包括：检查考生递交的报名表；检查阅卷站送来的成绩清单；根据考试中心指定的合格标准审定合格者。若用顶层数据流图来描述，则　(14)　不是数据流。

　　(14) A．考生　　　　B．报名表　　　　C．成绩清单　　　　D．合格标准

试题 15

　　以下关于结构化方法的叙述中，不正确的是　(15)　。

　　(15) A．指导思想是自顶向下、逐层分解

　　　　　B．基本原则是功能的分解与抽象

　　　　　C．适合解决数据处理领域的问题

　　　　　D．特别适合解决规模大的、特别复杂的项目

5.4.2　综合知识试题参考答案

　　【试题 1】答案：(1)C

　　解析：软件维护一般包括四种类型。

　　正确性维护，是指改正在系统开发阶段已发生而系统测试阶段尚未发现的错误。

　　适应性维护，是指使应用软件适应新技术变化和管理需求变化而进行的修改。

　　完善性维护，是指为扩充功能和改善性能而进行的修改，主要是指对已有的软件系统增加一些在系统分析和设计阶段中没有规定的功能与性能特征。

　　预防性维护，是指为了改进应用软件的可靠性和可维护性，为了适应未来的软硬件环境的变化，主动增加预防性的功能，以使应用系统适应各类变化而不被淘汰。

　　根据题干以及四种维护类型的定义，很容易判断该情况属于完善性维护。

　　【试题 2】答案：(2)C

　　解析：编程是高智力工作，产生错误的因素很多，程序很难没有错误。程序员需要仔细思考，仔细推敲，既要有自信心，也要谦虚谨慎，要欢迎测试人员、用户或其他程序员发现问题，认真考虑纠正错误。

　　【试题 3】答案：(3)D

　　解析：用户界面设计时，必须考虑尽量减少用户误操作的可能，还要考虑在用户误操作后的应对处理(例如，给出错误信息，提示正确操作等)。

　　【试题 4】答案：(4)B

解析：了解软件开发工具知识有助于直接用工具开发软件，使软件开发更快捷，更可靠。但使用软件开发工具开发的过程中，也需要在给定的框架内做些人工编程。在应用部门，当软件开发工具不能完全满足本单位要求时，还需要补充做些编程工作，增加些功能。

【试题5】答案：(5)A

解析：软件开发环境、开发工具和测试工具越来越多，开发更方便了，更快捷了，更安全可靠了。但是，人工测试还是不可或缺的。自动测试可以代替大部分繁杂的人工测试，但许多复杂的情况，还是需要人工思考，想办法采取灵活的措施进行人工测试，排除疑难的故障，发现隐蔽的问题，纠正潜在的错误。

【试题6】答案：(6)D

解析：在进行类的设计时，有些类之间存在一般和特殊关系，即一些类是某个类的特殊情况，某个类是一些类的一般情况，这就是继承关系。在定义和实现一个类的时候，可以在一个已经存在的类(一般情况)的基础上来进行，把这个已经存在的类所定义的内容作为自己的内容，并加入若干新的内容，即子类比父类更加具体化。交通工具是泛指各类交通工具，而汽车、飞机和轮船分别都是具体的交通工具类，且具有自己的特性。因此，交通工具是汽车、飞机和轮船类的一般情况。

【试题7】答案：(7)D

解析：螺旋模型将瀑布模型和快速原型模型结合起来，强调了其他模型所忽视的风险分析，特别适合于大型复杂的系统。螺旋模型由风险驱动，强调可选方案和约束条件从而支持软件的重用，有助于将软件质量作为特殊目标融入产品开发之中。

【试题8】答案：(8)C

解析：McCall给出了一个三层模型框架，第一层是质量特性，第二层是评价准则，第三层是度量指标，如图5-3所示。

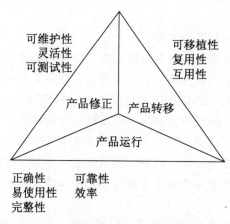

图5-3 McCall给出的三层模型框架

【试题9】答案：(9)C

解析：软件测试是为了发现错误而执行程序的过程，成功的测试是发现了至今尚未发现的错误的测试。

【试题10】答案：(10)B

解析：静态测试是指被测试程序不在机器上运行，而是采用人工检测和计算机辅助静态分析的手段对程序进行检测。人工检测是不依靠计算机而是靠人工审查程序或评审软件，包括代码检查、静态结构分析和代码质量度量等。

【试题 11】答案：(11)A

解析：根据维护目的的不同，软件维护一般分为四大类：正确性维护、适应性维护、完善性维护和预防性维护。其中，正确性维护是指改正在系统开发阶段已经发生而系统测试阶段尚未发现的错误。

【试题 12】答案：(12)C

解析：该题中，操作窗口中设计了大量选项，用户提出降低复杂度，A、B、D 三项措施都可以降低复杂度，但是 C 选项，只是使设计变得更加复杂，并没有解决用户的问题。

【试题 13】答案：(13)C

解析：用户界面的设计应坚持友好、简便、实用、易于操作的原则。

【试题 14】答案：(14)A

解析：数据流图从数据传递和加工的角度，以图形的方式刻画数据流从输入到输出的移动变换过程，其基础是功能分解。数据流的基本要素包括以下几方面。

① 数据源或数据汇点表示要处理数据的输入来源或处理结果要送往何处。

② 数据流表示数据沿着箭头方向的流动。

③ 加工是对数据对象的处理或变换。

④ 数据存储在数据流图中起保存数据的作用。

在上述例子中，考试是数据源，报名表、成绩清单和合格标准是数据流。

【试题 15】答案：(15)D

解析：结构化开发方法由结构化分析、结构化设计和结构化程序设计构成，是一种面向数据流的开发方法。结构化方法总的指导思想是自顶向下、逐层分解，基本原则是功能的分解与抽象。它是软件工程中最早出现的开发方法，特别适合于数据处理领域的问题，但是不适合解决大规模的、特别复杂的项目，而且难以适应需求的变化。

第 6 章

数据库基础知识

6.1 备考指南

6.1.1 考纲要求

根据大纲中相应的要求，在"数据库基础知识"模块中，要求考生掌握以下几方面的内容。

(1) 数据库管理系统的主要功能和特征。

(2) 数据库模式(概念模式、外模式、内模式)。

(3) 数据模型、E-R 图。

(4) 数据操作(关系运算)。

(5) 数据库语言(SQL)。

(6) 数据库的主要控制功能(并发控制、安全控制)。

6.1.2 考点统计

"数据库基础知识"模块在历次程序员考试试卷中出现的考核知识点及分值分布情况如表 6-1 所示。

表 6-1 历年考点统计表

年 份	题 号	知 识 点	分 值
2017 年 下半年	上午题：57~62	数据库管理、数据操作、数据库语言 SQL、关系模型等	6 分
	下午题：无		0 分

续表

年　份	题　号	知 识 点	分　值
2017 年上半年	上午题：57~62	数据库设计、数据库管理、关系模型等	6 分
	下午题：无		0 分
2016 年下半年	上午题：58~62	数据库管理、数据模型、关系模型、数据库语言 SQL、关系运算等	5 分
	下午题：无		0 分
2016 年上半年	上午题：57~62	数据库设计、数据库管理、数据库语言 SQL、数据库模型、事务等	6 分
	下午题：无		0 分
2015 年下半年	上午题：57~62	数据模型、属性、数据操作、事务、数据库语言 SQL 等	6 分
	下午题：无		0 分

6.1.3　命题特点

纵观历年试卷，本章知识点是以选择题的形式出现在试卷中的。本章知识点在历次考试"综合知识"试卷中，所考查的题量为 5~8 道选择题，所占分值为 5~8 分(占试卷总分值 75 分中的 6.67%~10.67%)。大多数试题偏重于实践应用，检验考生是否理解相关的理论知识点和实践经验，考试难度中等。

6.2　考点串讲

6.2.1　基本概念

一、数据库与数据库系统

数据库系统(DBS)是由数据库、硬件、软件和人员组成的。

(1)　数据库(Database，缩写为 DB)是指长期保存在计算机上，并按照某种模型组织起来的，可共享的数据集合。

(2)　硬件：构成计算机系统的各种物理设备。

(3)　软件：包括操作系统、数据库管理系统及应用程序。

(4)　人员：主要有四类。第一类是系统分析员和数据库设计人员；第二类为应用程序员；第三类为最终用户；第四类是数据库管理员。

二、数据库管理技术的发展

数据库管理技术是计算机软件领域的一个重要分支，产生于 20 世纪 60 年代末，其发展大致经过以下三个阶段。

1．人工管理阶段(20 世纪 50 年代中期以前)

人工管理阶段的计算机主要用于科技计算。外存只有磁带、卡片和纸带等，软件只有汇编语言，尚无数据管理方面的软件。数据处理方式是批处理。

2．文件系统阶段(20 世纪 50 年代后期至 60 年代中期)

文件系统阶段的计算机不仅用于科技计算，还用于信息管理。外存已有了磁盘、磁鼓等直接存取的存储设备。软件中已有专门管理数据存储的软件——文件系统，它是操作系统的一部分，有时也称为"信息处理模块"。数据处理方式有批处理，也有联机实时处理。

3．数据库系统阶段(20 世纪 60 年代末开始)

数据库系统阶段数据管理的特点如下。

(1) 采用复杂的数据模型表示数据结构。数据不再面向某个应用，而是面向整个应用系统。数据冗余明显减少，实现了数据共享。

(2) 有较高的数据独立性。数据库系统和文件系统的区别是：①数据库对数据的存储是按照同一结构进行的，不同程序都可以直接操作这些数据(即对应用程序的高度独立性)；②数据库系统对数据的完整性、唯一性和安全性都有一套有效的管理手段(即数据的充分共享性)；③数据库系统还提供管理和控制数据的各种简单操作命令，以方便用户操作(即操作方便性)。

6.2.2　数据模型

一、数据模型的基本概念

1．数据的描述

在数据处理中，涉及不同的数据描述领域。从事物的特性到计算机里的具体表示，经历了三个数据领域——现实世界、信息世界和机器世界。

1) 现实世界

现实世界(Real World)的数据就是客观存在的各种报表、图表和查询格式等原始数据。

2) 信息世界

信息世界(Information World)是现实世界在人们头脑中的反映，人们把它用文字和符号记载下来。在信息世界中，数据库技术用到下列术语。

- 实体(Entity)：客观存在并且可以相互区别的东西称为实体。如一个女学生、一辆汽车等。也可以是抽象的事件，如一次篮球比赛、一次上网等。
- 实体集(Entity set)：性质相同的同类实体集合，称为实体集。如所有的男学生、全国篮球锦标赛的所有比赛等。
- 属性(Attribute)：实体有若干特性，每一个特性称为一个属性。每个属性有一个值域，其类型可以是整型、实型或字符型。如学生有姓名、年龄、性别等属性，相应值域的类型分别是字符串、整型和字符型。
- 键(Key)：实体中凡能唯一标识实体集中每个实体的属性或属性集就称为实体的键，有时也称为实体标识符。例如，学生的姓名(不允许重名)可以作为学生实体的键。

3) 机器世界

信息世界的信息在机器世界中以数据形式进行存储。机器世界中数据描述的术语有以下四个。

- 字段(Field): 标记实体属性的符号集称为字段或数据项。它是可以命名的最小数据单位。字段的命名往往与属性名相同。
- 记录(Record): 字段的有序集合称为记录。一般来说,用一个记录描述一个实体。
- 文件(File): 同一类记录的汇集称为文件。文件是描述实体集的,所以它又可以定义为描述一个实体集的所有符号集。
- 键(Key): 能唯一标识文件中每个记录的字段或字段集,称为文件的键或记录的键。

2. 数据模型的定义

模型是对现实世界的抽象。数据库技术中用模型的概念描述数据库的结构与语义,对现实世界进行抽象。数据库中的数据是有结构的,这种结构反映出事物和事物之间的联系,是按照某种数据模型来组织数据的。

二、数据模型的三要素

数据模型的三要素是:数据结构、数据操作和数据的约束条件。

- 数据结构: 是所研究的对象类型的集合。
- 数据操作: 是指对数据库中的各种对象的实例(值)允许执行的操作的集合。其主要用于描述系统的动态特性。
- 数据的约束条件: 是一组完整性规则的集合。它给出数据及其联系所具有的制约和依赖规则。这些规则用于限定数据库的状态及状态的变化,以保证数据库中数据的正确性、有效性和相容性。

目前常用的数据模型有两种类型:概念数据模型和基本数据模型。

三、E-R 模型

概念数据模型中最著名的模型是"实体联系模型"(Entity-Relationship Model, E-R 模型)。这个模型直接从现实世界中抽象出实体类型及实体间的联系,然后用实体联系图(E-R 图)表示数据模型。在 E-R 图中,用矩形框表示实体类型,用菱形框表示实体间的联系类型,用椭圆表示实体或联系的属性,实体间联系用箭头标出并注上联系的种类。

E-R 图的三个要素是:实体、属性和实体之间的联系。数据库设计的第一步就是要使用 E-R 图描述数据组织模式,然后进一步转换成任意一种 DBMS 支持的数据类型。

1. 实体

实体是现实世界中可以区别于其他对象的"事件"或"物体"。

2. 属性

E-R 模型中的属性主要有:简单属性和复合属性;单值属性和多值属性;NULL 属性;派生属性。

3. 联系

实体的联系有两类:一类是实体内部的联系,反映在数据上是同一记录内部各字段间的联系；另一类是实体与实体之间的联系，反映在数据上就是记录之间的联系。

两个不同实体集的实体间的联系主要有以下三种情况：一对一联系(1：1)、一对多联系(1：M)、多对多联系(M：N)。

上面三种联系是实体之间最基本的联系，类似的，也可以定义为多个实体集(三个或三个以上)之间的各种联系，或定义同一个实体集的实体间联系。

E-R 模型建立的一般步骤如下。

(1) 确定实体类型。

(2) 确定实体间联系的类型。

(3) 根据实体类型和联系类型画出 E-R 图。

(4) 确定实体类型和联系类型的属性。

四、基本数据模型

基本数据模型主要有层次模型、网状模型、关系模型三种。

1. 层次模型

用树型结构表示实体类型及实体之间联系的数据模型称为层次模型(Hierarchical Model)。层次结构是一棵树，树的节点是记录类型，非根节点有且只有一个父节点。上一层记录类型和下一层记录类型的联系是 1：M 联系(包括 1：1 联系)。

层次模型的特点是：记录之间的联系通过指针实现，实现容易，且查询效率较高。

层次模型的缺点是：只能表示 1：M 联系，虽有多种辅助手段实现 M：N 联系，但较复杂，不易掌握；由于层次顺序的严格和复杂，引起数据的查询、插入、删除也较复杂，因此应用程序的编写比较复杂。

2. 网状模型

用网络结构表示实体类型及实体间联系的数据模型称为网状模型(Network Model)。网状模型的数据结构是有向图结构。有向图中的节点是记录类型，箭头表示记录间的 1：M 联系。

网状模型的特点是：记录之间的联系通过指针实现，M：N 联系容易实现，且查询效率较高。

网状模型的缺点是：结构复杂，程序员必须熟悉数据库的逻辑结构。

3. 关系模型

关系模型(Relational Model)是目前最常用的数据模型之一。其主要特征是：用表格结构表达实体集，用键表示实体间的联系；不仅可用关系描述实体本身，还可用关系描述实体之间的联系；可直接表示多对多的联系，每个属性不可再分，建立在数学概念基础上，有较强的理论依据。与前两种模型相比，关系模型比较简单，容易为初学者接受。关系模型是由若干个关系模式组成的集合，关系模式相当于前面提到的记录类型，它的实例称为关系。每个关系实际上是一张表格。

关系模型和网状模型、层次模型的最大差别是：用关键码(主码)而不是用指针导航数据，表格简单、易懂。典型的关系数据库管理系统产品有 DB2、Oracle、Sybase、SQL Server、Informix，以及微机型产品的 dBASE、FoxBASE、FoxPro 等。

6.2.3 数据库管理系统的功能和特征

一、数据库管理系统的功能

数据库管理系统(DBMS)主要实现对共享数据有效的组织、管理和存取。

1. 数据定义

DBMS 提供数据定义语言(Data Definition Language,DDL),用户可以对数据库的结构进行描述,包括外模式、模式和内模式的定义;数据库的完整性定义;安全保密定义,如口令、级别、存取权限等。这些定义存储在数据字典中,是 DBMS 运行的基本依据。

2. 数据库操作

DBMS 向用户提供数据操纵语言(Data Manipulation Language,DML),实现对数据库中数据的基本操作,如检索、插入、修改和删除等。DML 分为宿主型和自含型。

- 宿主型是指将 DML 语句嵌入某种主语言(如 C、COBOL 等)中使用。
- 自含型是指可以单独使用的 DML 语句,供用户交互使用。

3. 数据库运行管理

DBMS 的数据库运行管理功能包括在数据库运行期间对多用户环境下的并发控制、安全性检查和存取控制、完整性检查和执行、运行日志的组织管理、事务管理和自动恢复等。这些功能可以保证数据库系统的正常运行。

4. 数据组织、存储和管理

DBMS 分类组织、存储和管理各种数据,包括数据字典、用户数据、存取路径等。DBMS 要确定以何种文件结构和存取方式在存储级别上组织这些数据,以提高存取效率。实现数据间的联系、数据组织和存储的基本目标是提高存储空间的利用率。

5. 数据库的建立和维护

数据库的建立和维护包括数据库的初始建立、数据的转换、数据库的转储和恢复、数据库的重组和重构、性能监测和分析等。

6. 其他功能

DBMS 的其他功能包括 DBMS 与网络中其他软件系统的通信功能,一个 DBMS 与另一个 DBMS 或文件系统的数据转换功能等。

上面所有的功能是一般的 DBMS 所具备的功能,通常在大、中型机上实现的 DBMS 功能较强、较全,在微机上实现的 DBMS 功能较弱。

> **注意:** 应用程序并不属于 DBMS 的范围。因为应用程序是用主语言和 DML 编写的。程序中的 DML 语句由 DBMS 执行,而其余部分仍由主语言的编译程序完成。

二、DBMS 的特征

1.DBMS 特征

1) 数据结构化且统一管理

数据库中的数据由 DBMS 统一管理。数据模型不仅描述数据本身,还描述数据之间的联系。数据易维护、易扩展，冗余明显减少，实现了数据共享。

2)　有较高的数据独立性

数据的独立性是指数据与程序独立，将数据的定义从程序中分离出去。数据的独立性包括数据的物理独立性和数据的逻辑独立性。

3)　数据控制功能

数据控制功能包括对数据库中数据的安全性、完整性、并发和恢复的控制。

● 数据库的安全性：是指防止不合法的使用所造成的数据泄露、更改或破坏。

● 数据库的完整性：是指数据库的正确性和相容性，是防止合法用户使用数据库时向数据库加入不符合语义的数据。

● 并发控制：并发操作带来的问题是数据的不一致性，主要有丢失更新、不可重复读和读脏数据三类。DBMS 负责协调并发事务的执行，保证数据库的完整性不受破坏，避免用户得到不正确的数据。

● 故障恢复：数据库中的四类故障分别是事务内部故障、系统故障、介质故障及计算机病毒。故障恢复主要是指恢复数据库本身，恢复的原理非常简单，就是要建立冗余数据。

2. RDBS、OODBS 和 ORDBS

1)　关系数据库系统(Relation Database System，RDBS)

RDBS 是支持关系模型的数据库系统。在关系模型中，实体以及实体间的联系都用关系来表示。关系数据库的模型也称为关系数据库模式，是对关系数据库的描述，是关系模式的集合。关系数据库的值也称为关系数据库，是关系的集合。

2)　面向对象的数据库系统(Object-Oriented Database System，OODBS)

OODBS 是支持以对象形式进行数据建模的数据库管理系统。它支持对象的类、类属性的继承、子类。

3)　对象关系数据库系统(Object-oriented Relation Database System，ORDBS)

ORDBS 在传统的关系数据模型基础上，提供元组、数组、集合之类更为丰富的数据类型以及处理新的数据类型操作的能力，这样形成的数据模型被称为"对象关系数据模型"，基于对象关系数据模型的 DBS 称为对象关系数据库系统。

6.2.4　数据库模式

一、数据库的三级模式结构

1975 年 2 月，美国国家标准化委员会(ANSI)提出：数据库的数据体系结构分成内部级、概念级和外部级三个级别。这三个结构之间往往差别很大。为实现这三个抽象级别的转换，DBMS 在这三级之间提供了两层映射：外模式/概念模式映射和概念模式/内模式映射。

1. 概念模式

概念模式(也称为模式)是数据库中全部数据的逻辑结构和特征的描述，由若干个概念记录类型组成。概念模式的一个具体值称为模式的一个实例。概念模式不但要描述概念记录类型，而且要描述记录之间的联系、所允许的操作、数据的一致性、安全性和其他数据控制方面的要求。

在概念模式中必须不涉及存储结构、访问技术等细节。只有这样，概念模式才算做到了数据独立性，而在概念模式基础上定义的外模式才能做到数据独立。

描述概念模式的数据定义语言称为"模式DDL"。

2. 外模式

外模式是用户与数据库系统的接口。外模式是用户用到的那部分数据的描述，它由若干个外部记录类型组成。用户使用数据操纵语言(DML)对数据库进行操作，实际上是对外模式的外部记录进行操作。例如，读一个记录值，实际上是读一个外部记录值(即逻辑值)，而不是读数据库的内部记录值。

描述外模式的数据定义语言称为"外模式DDL"。有了外模式后，程序员不必关心概念模式，而只与外模式发生联系，按照外模式的结构存储和操纵数据。

3. 内模式

内模式(也称为存储模式)是数据库在物理存储方面的描述，包括定义所有的内部记录类型、索引、文件的组织方式，以及数据控制方面的细节。

内部记录并不涉及物理记录，也不涉及设备的约束，比内模式更接近于物理存储和访问的那些软件机制，是操作系统的一部分(即文件系统)，例如，从磁盘读数据或写数据到磁盘上的操作等。

4. 概念模式/内模式映射

概念模式/内模式映射存在于概念级和内部级之间，用于定义概念模式和内模式间的对应性，有时也称为"模式/内模式映射"。由于这两级的数据结构可能不一致，即记录类型、字段类型的组成可能不一样，因此需要这个映射来说明概念记录和内部记录间的对应性。

如果数据库的内模式要做修改，即数据库的存储设备和存储方法有所变化，那么概念模式/内模式映射也要作出相应的修改，但概念模式很可能仍然保持不变，也就是对内模式的修改尽量不影响概念模式，当然对于外模式和应用程序的影响更小，这样我们就称数据库达到了物理数据独立性。

概念模式/内模式映射一般放在内模式中描述。

5. 外模式/概念模式映射

外模式/概念模式映射存在于外部级和概念级之间，用于定义外模式和概念模式间的对应性，即外部记录类型和概念记录类型间的对应性。

如果数据库的整体逻辑结构(即概念模式)要做修改，那么外模式/概念模式映射也要作出相应的修改，但外模式很可能仍然保持不变，也就是对概念模式的修改尽量不影响外模式。当然对于应用程序的影响就更小，这样我们就称数据库达到了逻辑数据独立性。

外模式/概念模式映射一般放在外模式中描述。

二、集中式数据库系统

所谓集中式数据库系统，就是集中在一个中心场地的电子计算机上，以统一处理方式支持的数据库系统。这类数据库无论是在逻辑上还是在物理上，都是集中存储在一个容量足够大的外存储器上，其基本特点如下。

- 集中控制处理效率高、可靠性好。
- 数据冗余少、数据独立性高。
- 易于支持复杂的物理结构获得对数据的有效访问。

三、C/S 数据库体系结构

简而言之，C/S(客户/服务器)数据库体系是在网络基础上，以数据库管理为后援，以微机为工作站的一种系统结构。

客户/服务器处理模型是共享设备处理的一种自然扩充。在这种模型中应用被划分成两部分，分别在客户端和服务器端完成。

采用客户/服务器体系结构，客户机主要负责数据表示服务，而服务器主要负责数据库服务。

ODBC(开放的数据库连接)和 JDBC(Java 程序数据库连接)标准定义了应用程序和数据库服务器通信的方法，也就是定义了应用程序接口。应用程序可以用它们来打开与数据库的连接，发送查询和更新以及获取返回结果。

四、并行数据库系统

并行数据库系统由多个物理上连在一起的 CPU 构成。并行体系结构的数据库类型分为共享内存式多处理器和无共享式并行体系结构。

1. 共享内存式多处理器

共享内存式多处理器是指一台计算机上同时有多个活动的 CPU，它们共享单个内存和一个公共磁盘接口。

2. 无共享式并行体系结构

无共享式并行体系结构是指一台计算机上同时有多个活动的 CPU，但它们都有自己的内存和磁盘。

五、分布式数据库系统

分布式数据库系统由多个地理上分开的 CPU 构成，每个场地都有独立处理能力并能完成局部应用；每个场地也都参加全局应用程序的执行，通过网络通信访问系统中多个场地的数据。数据库中的数据不是存储在同一场地中的，这就是分布式数据库的"分布性"特点，也是与集中式数据库的最大区别。

六、Web 数据库

Web 数据库就是用户利用浏览器作为输入接口，输入所需要的数据，浏览器将这些数据传送给网站，而网站再对这些数据进行处理，或者对后台数据库进行查询操作等，最后网站将操作结果传回给浏览器,通过浏览器将结果告知用户。网站上的后台数据库就是 Web 数据库。

通常，Web 数据库的环境由硬件元素和软件元素组成。硬件元素包括 Web 服务器、客户机、数据库服务器和网络。软件元素包括客户端必须有能够解释执行 HTML 代码的浏览器，如 IE、Netscape 等；在 Web 服务器中，必须具有能自动生成 HTML 代码的程序，如 ASP、JSP、CGI 等；具有能自动完成数据操作指令的数据库系统，如 Access、SQL Server

等。Web 数据库的结构一般采用三层结构方式,它由四类三层组成。

1. 第一层

第一层是浏览器(Browser)层,该层又称为客户(Client)层,它由客户机上的浏览器组成,它是一种用户逻辑层,负责与客户互联。

2. 第二层

第二层是应用服务器层,该层由 Web 服务器与应用服务器两部分组成。这两类服务器一般在同一层中,该层有时也称为应用服务器或 Web 服务器。

3. 第三层

第三层是数据库服务器(Database Server)层。该层也可称为分布式数据库服务器层,其主要功能是提供数据服务,负责接受从应用服务器发送的 SQL 请求,通过相应处理后将结果返回给应用服务器。

Web 数据库通过 Web 方式将网上数据库做分布式处理,构成了一种简单、有效的分布式数据库结构,也为分布式数据库提供了一种新的实现方式。

6.2.5 关系数据库与关系运算

一、关系数据库的基本概念

1. 属性和域

在关系数据模型中,用二维表格结构表示实体类型,用关键码(关键字)表示实体类型和实体间的联系。字段称为属性,字段值称为属性值,记录类型称为关系模型,记录称为元组,元组的集合称为关系或实例。

一个事物需要用若干特征来表示,这些特征称为属性。每个属性的取值范围称为该属性的域(Domain)。在关系模型中,所有的域都必须是原子数据,这种限制称为第一范式条件。

2. 笛卡儿积与关系

设关系 R 和 S 的元数分别为 r 和 s。定义 R 和 S 的笛卡儿积是一个 $(r+s)$ 元的元组集合,每个元组的前 r 个分量来自 R 的一个元组,后 s 个分量来自 S 的一个元组,记为 $R×S$。若 R 有 m 个元组,S 有 n 个元组,则 $R×S$ 有 $(m×n)$ 个元组。

3. 关系的相关名词

- 目或度:这里 R 表示关系的名字,r 表示关系的目或度。
- 候选码:若关系中的某一属性或属性组的值能唯一标识一个元组,则称该属性或属性组为候选码。
- 主码:用户选作元组标识的一个候选码称为主码。
- 外码:某个关系的主码相应的属性在另一关系中出现,此时该主码就是另一关系的外码。
- 全码:关系模型的所有属性组是这个关系模式的候选码,称为全码。

4. 关系的性质

● 分量必须取原子值，每一个分量必须是不可再分的数据项。

● 列是同质的，每一列中的分量必须是同一类型的数据，来自同一个域。

● 属性不能重名，每列为一个属性，不同的列可来自同一个域。

● 行列的顺序无关。因为关系是一个集合，所以不考虑元组间的顺序。属性在理论上讲也是无序的，但使用时，往往会考虑顺序。

● 任何两个元组不能完全相同，这是由主码约束来保证的。但有些数据库若用户没有定义完整性约束条件，则允许有多个相同的元组。

5. 关系的三种类型

● 基本关系(通常又称为基本表或基表)：是实际存在的表，它是实际存储数据的逻辑表示。

● 查询表：查询结果对应的表。

● 视图表：是由基本表或其他视图表导出的表。由于它本身不独立存储在数据库中，数据库中只存放它的定义，所以常称为虚表。

二、关系数据库模式

在数据库中要区分型和值，关系数据库中的型也称为关系数据库模式，是关系数据库结构的描述。实际上关系的概念对应于程序设计语言中变量的概念，而关系模式对应于程序设计语言中类型定义的概念。关系数据库的值是这些关系模式在某一时刻对应的关系的集合，通常称为关系数据库。

关系的描述称为关系模式，可以表示为：$R(U, D, \text{dom}, F)$。其中 R 表示关系名；U 是组成该关系的属性名的集合；D 是属性的域；dom 是属性向域的映射集合；F 是属性间数据的依赖关系组合。

通常将关系模式简记为 $R(U)$ 或 $R(A_1, A_2, \cdots, A_n)$。其中 R 表示关系名；$A_1, A_2, \cdots, A_n$ 为属性名或域名。通常在关系模式主属性下加下划线来表示该属性为主码属性。

三、完整性约束

为了维护数据库中数据与现实世界的一致性，对关系数据库的插入、删除和修改操作必须有一定的约束条件，这就是关系模型的三类完整性：实体完整性、参照完整性和用户定义完整性。

1. 实体完整性

实体完整性(Entity Integrity)是指主属性的值不能为空或部分为空。关系模型中的一个元组对应一个实体，一个关系则对应一个实体集。例如，一条学生记录对应着一个学生，学生关系对应着学生的集合。关系模型中以主属性来唯一标识元组。例如，学生关系中的属性"学号"可以唯一标识一个元组，也可以唯一标识学生实体。

2. 参照完整性

参照完整性(Referential Integrity)是指如果关系 R_2 的外码 X 与关系 R_1 的主码相符，则 X 的每个值或者等于 R_1 中主码的某一个值，或者取空值。

实体完整性和参照完整性是关系模型必须满足的完整性约束条件，被称作关系的两个不变性。

3. 用户定义完整性

用户定义完整性(User-defined Integrity)是针对某一具体关系数据库的约束条件。它反映某一具体应用所涉及的数据必须满足的语义要求。

四、关系代数运算

1. 关系代数的分类及其运算符

关系代数是以关系为运算对象的一组高级运算的集合，是基于关系代数的操作语言，称为关系代数语言，简称关系代数。关系代数的运算对象是关系，运算结果也是关系，关系代数用到的运算符主要包括以下四类。

- 集合运算符：∪(并)、-(差)、∩(交)、×(广义笛卡儿积)。
- 专门的关系运算符：σ(选择)、∏(投影)、⋈(连接)、÷(除)。
- 算术比较运算符：>(大于)、≥(大于等于)、<(小于)、≤(小于等于)、=(等于)、≠(不等于)。
- 逻辑运算符：∧(与)、∨(或)、¬(非)。

关系代数的运算按运算符的不同主要分为以下两类。

- 传统的集合运算：把关系看成元组的集合，以元组作为集合中的元素来进行运算，其运算是从关系的"水平"方向进行的，包括并、差、交和笛卡儿积等运算。
- 专门的关系运算：不仅涉及行运算，也涉及列运算，这种运算是为数据库的应用而引进的特殊运算，包括选择、投影、连接和除法等运算。

2. 关系代数操作

并、差、笛卡儿积、投影和选择是五种基本运算，其他运算可由基本运算导出。

- 并：设有两个关系 R 和 S，R 和 S 的并是由属于 R 或属于 S 的元组组成的集合，记为 $R \cup S$。
- 差：$R-S$ 定义为属于 R 但不属于 S 的所有元组的集合。
- 笛卡儿积：设关系 R 和 S 的元数分别为 a 和 b，R 和 S 的笛卡儿积是一个$(a+b)$元的元组集合，每个元组的前 a 个分量来自 R 的一个元组，后 b 个分量来自 S 的一个元组，记为 $R \times S$。
- 投影：对关系进行垂直分割，消去关系中某些列，重新安排列次序，再删去重复的元组。由于某些列删除后，某些元组可能会变得完全相同，那些相同的元组经投影操作后只保留一个。所以，在关系代数中，对一个关系进行投影操作以后，新关系的元组个数小于或等于原来关系的元组个数。
- 交：$R \cap S$ 定义为属于关系 R 又属于关系 S 的元组的集合。
- 选择：根据某些条件对关系作水平分割，选择符合条件的元组。
- 连接：从 R 和 S 的笛卡儿积中，选择属性间满足一定条件的元组的集合。
- 自然连接：在 $R \times S$ 中，选择 R 和 S 公共属性值均相等的元组，并去掉 $R \times S$ 中重复的公共属性列。如果两个关系没有公共属性，则自然连接就转化为笛卡儿积。

如果关系 R 和关系 S 作自然连接时，将关系 R 中原舍弃的元组放到新关系中，这种操作称为"左外连接"，用符号"$⊐⋈$"表示，如 $R⊐⋈S$。如果关系 R 和关系 S 作自然连接时，将关系 S 中原舍弃的元组放到新关系中，那么这种操作称为"右外连接"，用符号"$⋈⊏$"表示，如 $R⋈⊏S$。自然连接的操作符为 $⋈$，如 $R⋈S$。

6.2.6 关系数据库 SQL 语言简介

结构化查询语言(Structured Query Language，SQL)的主要功能包括：数据查询、数据控制、数据操纵和数据定义。

一、SQL 数据库体系结构

SQL 语言支持的数据库的体系结构也是三级结构，但术语与传统关系模型术语不同，在 SQL 中，关系模式称为"基本表"，存储模式称为"存储文件"，基本表(Base Table)是独立存在的表，不是由其他的表导出的表。一个关系对应一个基本表，一个或多个基本表对应一个存储文件。子模式称为"视图"，视图(View)是一个虚拟的表，是从一个或几个基本表导出的表，它本身不独立存在于数据库中，数据库中可能只存放视图的定义而不存放视图对应的数据，这些数据仍存放在导出视图的基本表中。当基本表中的数据发生变化时，从视图中查询出来的数据也随之改变。元组称为"行"，属性称为"列"。

SQL 语言支持数据库的三级模式结构，如图 6-1 所示。其中，外模式对应于视图和部分基本表，模式对应于基本表，内模式对应于存储文件。

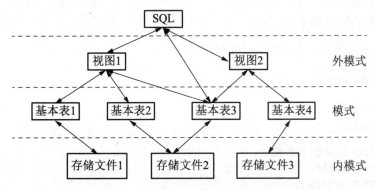

图 6-1 SQL 语言支持的关系数据库的三级逻辑结构

二、SQL 的基本组成

SQL 包括了所有对数据库的操作，主要由以下几个部分组成。

- 数据定义语言：这一部分又称为"SQL DDL"，定义数据库的逻辑结构包括定义基本表、视图和索引三个部分。
- 交互式数据操纵语言：这一部分又称为"SQL DML"，包括数据查询和数据更新两大类操作，其中数据更新又包括插入、删除和修改三种操作。
- 事务控制：SQL 提供定义事务开始和结束的命令。
- 完整性：SQL DDL 包括定义数据库中的数据必须满足的完整性约束条件的命令，对于破坏完整性约束条件的更新将被禁止。

- 权限管理：SQL DDL 中包括对关系和视图的访问权限的说明。
- 嵌入式 SQL 语言的使用规定：规定 SQL 语句在宿主语言的程序中使用的规则。

三、SQL 数据定义

SQL 语言使用数据定义语言(DDL)实现其数据定义功能，可对数据库用户、基本表、视图、索引进行定义和撤销。SQL 的 DDL 主要是定义基本表、视图和索引三个部分。

1. 基本表的定义、修改和撤销

1) 基本表的定义

基本表定义的语法如下：

```
CREATE TABLE SQL 模式名.基本表名(列名,类型,... 完整性约束...)
```

完整性约束包括主键子句(Primary Key)、检查子句(Check)和外键子句(Foreign Key)。

2) 基本表的修改

基本表修改的语法如下：

```
ALTER TABLE 基本表名 ADD/DROP(增加/删除) 列名 类型名(增加时写出)
```

删除时有如下子句：

```
[CASCADE|RESTRICT]
```

前者为连锁删除，后者为约束删除，即没有对本列的任何引用时才能删除。

3) 基本表的撤销

基本表撤销的语法如下：

```
DROP TABLE 基本表名 [CASCADE|RESTRICT]
```

2. 定义和删除视图

1) 视图的定义

视图定义的语法如下：

```
CREATE VIEW 视图名(列名表)
AS SELECT 查询语句
[WITH CHECK OPTION];
```

2) 视图的删除

删除视图的语法如下：

```
DROP VIEW 视图名
```

3. 定义和删除索引

索引分为聚集索引和非聚集索引。聚集索引是指索引表中索引项的顺序与表中记录的物理顺序一致的索引。

1) 索引的定义

索引定义的语法如下：

```
CREATE [UNIQUE] INDEX 索引名 ON 基本表名(列名表 [ASC|DESC])
```

2)　索引的删除

索引删除的语法如下:

```
DROP INDEX 索引名
```

SQL 系统中的索引一经建立,就由系统使用和维护它,用户不再干预,直到撤销为止。这种索引称为隐式索引。而 FoxPro 系统中的索引属于显式索引,用户经常要使用索引名打开索引文件。

综上所述,凡创建都用 CREATE,删除都用 DROP,改变都用 ALTER,再跟类型和名字,附加子句就很容易了。

四、SQL 数据查询

1. SELECT 语句的基本结构

SELECT 语句的基本结构如下:

```
SELECT 列名表(逗号隔开) FROM 基本表或视图序列 WHERE 条件表达式
```

在这里,重点要掌握条件表达式中各种运算符的应用,如算术比较运算符=、>、<、<>,逻辑运算符 AND、OR、NOT,集合成员资格运算符 IN、NOT IN,此外,嵌套的 SELECT 语句的用法要特别注意理解。

在查询时,SELECT 语句可以有多种写法,如连接查询、嵌套查询和使用存在量词的嵌套查询等。这些查询语句读者最好都能掌握,如果不能全部掌握,起码应能写出一种正确的查询语句。

2. SELECT 语句完整的句法

SELECT 语句可以由六个子句组成,但只有前两个子句是必不可少的,其他子句可以省略。完整的句法如下:

```
SELECT 列名表(逗号隔开)
FROM 基本表或视图序列
[WHERE 条件表达式]  (此为和条件子句)
[GROUP BY 列名序列]  (分组子句)
[HAVING 组条件表达式]  (组条件子句)
[ORDER BY 列名[ASC|DESC]…]  (排序子句)
```

3. SELECT 语句中的限定

本部分内容主要是对 SELECT 语句的进一步使用进行深入学习,领会下列各种限定的使用目的和方法。

- 要求输出表格中不出现重复元组,则在 SELECT 后加 DISTINCT。
- SELECT 语句中允许出现加减乘除及列名、常数的算术表达式。
- WHERE 语句中可以用 BETWEEN…AND…来限定一个值的范围。
- 同一个基本表在 SELECT 语句中多次引用时,可用 AS 来增加别名。
- WHERE 语句中字符串匹配用 LIKE 和两个通配符%和下划线_来实现。
- 查询结果的结构完全一致时可将两个查询进行并(UNION)、交(INTERSECT)和差(EXCEPT)操作。

- 查询空值操作不是用='null',而是用 IS NULL 来测试。
- 集合成员资格比较用 IN/NOT IN ,集合成员算术比较用元组θSOME/ALL。
- 可以用子查询结果取名[表名(列名序列)]来作为导出表使用。
- 基本表的自然连接操作是用 NATURAL INNER JOIN 来实现的。

五、SQL 数据更新

1. 插入语句

插入语句的语法如下:

```
INSERT INTO 基本表名(字段名[,字段名]…)
    VALUES(常量[,常量]…);查询语句
INSERT INTO 基本表名(列名表)
    SELECT 查询语句
```

其中元组值可以连续插入。用查询语句可以按要求插入所需数据。

2. 删除语句

删除语句的语法如下:

```
DELETE FROM 基本表名
[WHERE 条件表达式]
```

3. 修改语句

修改语句的语法如下:

```
UPDATE 基本表名
SET 列名=值表达式(,列名=值表达式…)
[WHERE 条件表达式]
```

六、SQL 的访问控制

SQL 的访问控制功能主要是指对用户访问数据的控制。数据库中的数据由多个用户共享,为保证数据库的安全,SQL 语言提供数据控制语句(Data Control Language,DCL)对数据库进行统一的控制管理。

1. 权限

权限机制的基本思想是:给用户授予不同类型的权限,在必要时,可以收回授权。使用户能够进行的数据库操作及所操作的数据限定在指定的范围内,禁止用户超越权限对数据库进行非法的操作,从而保证数据库的安全性。在 SQL Server 中,权限可分为系统权限和对象权限。

2. 权限的授予与收回

1) 授予权限的语句格式

SQL 语言使用 GRANT 语句为用户授予系统权限,其语法格式为:

```
GRANT <权限> [,<权限>]…
    [ON <对象类型><对象名>]
    TO <用户> [,<用户>]…
    [WITH GRANT OPTION]
```

其语义为：将指定的系统权限授予指定的用户或角色。其中，用户可以是单个或多个，也可以是 PUBLIC，PUBLIC 代表数据库中的全部用户；WITH GRANT OPTION 为可选项，指定后则允许被授权的用户将指定的系统特权或角色再授予其他用户或角色。例如，为用户 ZHANGSAN 授予 CREATE TABLE 系统权限的语句如下：

```
GRANT CREATE TABLE
TO ZHANGSAN
```

2) 收回权限的语句格式

数据库管理员可以使用 REVOKE 语句收回权限，其语法格式为：

```
REVOKE <权限> [,<权限>]…
    [ON <对象类型><对象名>]
    FROM <用户> [,<用户>]…
```

例如，收回用户 USER1 对 C 表查询权限的语句如下：

```
REVOKE SELECT
    ON C
    FROM USER1
```

七、嵌入式 SQL

由于 SQL 是基于关系模型的语言，而高级语言基于整数、实数、字符、记录、数组等数据类型，因此两者之间尚有很大差别。譬如 SQL 语句不能直接使用指针、数组等数据结构，而高级语言一般不能直接进行集合的操作。为了能在宿主语言的程序中嵌入 SQL 语句，必须对使用方式作某些规定。嵌入式 SQL 与宿主语言之间的通信有以下三种方式。

1. SQL 通信区

SQL 通信区向宿主语言传递 SQL 语句执行的状态信息，使宿主语言能够根据此信息控制程序流程。

2. 主变量

主变量也称共享变量。宿主语言向 SQL 语句提供参数主要通过主变量来实现，主变量由宿主语言的程序定义，并用 SQL 的 DECLARE 语句说明。

3. 游标 SQL

SQL 语言是面向集合的，一条 SQL 语句可产生或处理多条记录。而宿主语言是面向记录的，一组主变量一次只能放一条记录，所以引入游标，通过移动游标指针来决定获取哪一条记录。

6.2.7　数据库设计

一、概述

1. 软件生存期

软件生存期是指从软件的规划、研制、实现、投入运行后的维护，直到它被新的软件所取代而停止使用的整个期间。

2. 数据库系统的生存期

数据库系统的生存期是指数据库系统从开始规划、分析、设计、实现、投入运行及维护，直到它被新的系统取代而停止使用的整个期间。

3. 数据库设计的特点

数据库设计主要有以下两大特点。

- 数据库建设是硬件、软件和干件(技术与管理的界面)的结合。
- 数据库设计是结构(数据)设计和行为(处理)设计的结合。

4. 数据库设计的方法

数据库设计有许多方法，主要有以下七种。

- 视图模型化及视图汇总设计法。
- 关系模式设计法。
- 新奥尔良(New Orleans)方法。
- 基于 E-R 模型的数据库设计方法。
- 基于 3NF 的设计方法。
- 基于抽象语法规范的设计方法。
- 计算机辅助设计方法。

5. 数据库设计的基本过程

按照规范的设计方法，将数据库设计分为以下六个阶段。

- 需求分析。
- 概念结构设计。
- 逻辑结构设计。
- 物理结构设计。
- 数据库实施。
- 数据库的运行和维护。

注意： 数据库设计还包含了应用系统的设计过程。

二、数据库设计的基本步骤

1. 需求分析

需求分析的任务是通过详细调查现实世界要处理的对象(组织、部门、企业等)，充分了解原系统(手工系统或计算机系统)的工作概况，明确用户需求，确定新系统的功能。

调查的重点是"数据"和"处理"，以获得用户对数据库的以下四点要求。

- 信息要求：指用户需要从数据库中获得信息的内容与性质。通过信息要求可以导出数据要求。
- 处理要求：指用户要完成什么处理功能，对处理的响应时间有什么要求。采用批处理还是联机处理方式。
- 安全性和完整性要求。
- 企业的环境特征：包括企业的规模与结构，部门的地理分布，主管部门对机构的规定与要求，对系统费用/利益的限制。

调查的方法主要有：跟班作业、开调查会、请专人介绍、设计调查表请用户填写、查阅原系统有关记录。

需求分析阶段生成的结果如下。

- 数据：数据字典(通常包括数据项、数据结构、数据流、数据存储和处理过程)，全系统中的数据项、数据流、数据存储的描述。
- 处理：数据流图和判定表、数据字典中处理过程的描述。

2. 概念结构设计

概念结构设计的主要特点有：能真实地反映现实世界，包括事物和相互之间的联系，能满足用户对数据的处理要求，是对现实世界的一个真实模型；易于理解；易于更改；易于向关系、网状、层次等各种数据模型转换。

一般通过 E-R 模型来描述概念结构。

概念结构设计的基本方法有自顶向下、自底向上、逐步扩张、混合策略。

扩充的 E-R 模型概念主要包括以下内容。

- 数据的抽象。对象之间两种基本联系是聚集和概括。
- 依赖关系。一个实体的存在必须以另一个实体的存在为前提。通常将前者称为弱实体，用双线框表示，用指向弱实体的箭头表明依赖关系。

3. 逻辑结构设计

逻辑结构设计的目的是把概念设计阶段的基本 E-R 图转换成与选用的具体机器上的 DBMS 所支持的数据模型相符合的逻辑结构(包括数据库模式和外模式)。逻辑设计有以下三个步骤。

- 将概念模型(E-R 图)转换为一般的关系、网状或层次模型。
- 将关系、网状或层次模型向特定的 DBMS 支持下的数据模型转换。
- 对数据模型进行优化。

4. 物理结构设计

对于给定的基本数据模型选取一个最适合应用环境的物理结构的过程，称为物理结构设计。对于一个给定的逻辑数据模式选取一个最适合应用环境的物理结构的过程，称为数据库的物理结构设计。

三、数据库的实施与维护

1. 数据库实现阶段的工作

数据库实现阶段的工作主要包括建立实际数据库结构，试运行，装入数据。

2. 其他有关的设计工作

其他有关的设计工作主要包括数据库的重新组织设计，故障恢复方案设计，安全性考虑，事务控制。

3. 运行与维护阶段的工作

运行与维护阶段的工作主要包括数据库的日常维护(安全性、完整性控制、数据库的转储和恢复)，性能的监督、分析与改进，扩充新功能，修改错误。

6.3 真题详解

综合知识试题

试题1 (2017年下半年试题57)

有两个 N*N 的矩阵 A 和 B,想要在微机(PC 机)上按矩阵乘法基本算法编程,实现计算 A*B。假设 N 较大,本机内存也足够大,可以存下 A、B 和结果矩阵。那么,为了加快计算速度,A 和 B 在内存中的存储方式应选择___(57)___。

(57) A. A 按行存储,B 按行存储　　　　B. A 按行存储,B 按列存储

　　　C. A 按列存储,B 按行存储　　　　D. A 按列存储,B 按列存储

参考答案:(57) B

要点解析:矩阵相乘最重要的方法是一般矩阵乘积。它只有在第一个矩阵的列数(Column)和第二个矩阵的行数(Row)相同时才有意义。当矩阵 A 的列数等于矩阵 B 的行数时,A 与 B 可以相乘。乘积 C 的第 m 行第 n 列的元素等于矩阵 A 的第 m 行的元素与矩阵 B 的第 n 列对应元素乘积之和。

试题2 (2017年下半年试题58)

在关系代数运算中,___(58)___运算结果的结构与原关系模式的结构相同。

(58) A. 并　　　　　B. 投影　　　　　C. 笛卡儿积　　　　D. 自然连接

参考答案:(58) A

要点解析:本题考查数据库系统基本概念方面的基础知识。

若关系 R 与 S 具有相同的关系模式,即关系 R 与 S 的结构相同,则关系 R 与 S 可以进行并、交、差运算。

试题3 (2017年下半年试题59)

张工负责某信息系统的数据库设计。在局部 E-R 模式的合并过程中,张工发现小杨和小李所设计的部分属性值的单位不一致,例如人的体重小杨用公斤,小李却用市斤。这种冲突被称为___(59)___。

(59) A. 结构　　　　B. 命名　　　　C. 属性　　　　D. 联系

参考答案:(59) C

要点解析:本题考查应试者对数据库设计中概念结构设计的掌握。联系冲突不是数据库设计中的概念;属性冲突是指属性域冲突(值的类型、取值域不同)和取值单位不同;结构冲突是指同一对象在不同局部应用(子系统)中的分别被当作实体和属性对待,或同一实体在不同局部应用中所具有的属性不完全相同。故答案应选 C。

试题4、试题5和试题6 (2017年下半年试题60~62)

某企业职工关系 EMP(E_no, E_name, DEPT, E_addr, E_tel)中的属性分别表示职工号、姓名、部门、地址和电话;经费关系 FUNDS (E_no, E_limit, E_used)中的属性分别表示职

工号、总经费金额和已花费金额。若要查询部门为"开发部"且职工号为"03015"的职工姓名及其经费余额，则相应的 SQL 语句应为：

SELECT ___(60)___ FROM(___(61)___) WHERE(___(62)___)

(60) A. EMP.E_no，E_limit - E_used

B. EMP.E_name，E_used - E_limit

C. EMP.E_no，E_used-E_limit

D. EMP.E name，E_limit - E_used

(61) A. EMP

B. FUNDS

C. EMP,FUNDS

D. IN EMP,FUNDS

(62) A. DEPT='开发部' OR EMP.E_no=FUNDS.E_no OR EMP.E_no='03015'

B. DEPT='开发部' AND EMP.E_no=FUNDS.E_no AND EMP.E_no='03015'

C. DEPT='开发部' OR EMP.E_no=FUNDS.E_no AND EMP.E_no='03015'

D. DEPT='开发部' AND EMP.E_no=FUNDS.E_no OR EMP.E_no='03015'

参考答案： (60) D　(61) C　(62) B

要点解析： 本题考查的是 SQL 基础语句。

SELECT EMP.E name，E_limit - E_used FROM(EMP,FUNDS) WHERE(DEPT='开发部' AND EMP.E_no=FUNDS.E_no AND EMP.E_no='03015')

试题 7、试题 8 和试题 9　(2017 年上半年试题 59～62)

在某高校教学管理系统中，有院系关系 D(院系号，院系名，负责人号，联系方式)，教师关系 T(教师号，姓名，性别，院系号，身份证号，联系电话，家庭住址)，课程关系 C(课程号，课程名，学分)。其中，"院系号"唯一标识 D 的每一个元祖，"教师号"唯一标识 T 的每一个元组，"课程号"唯一标识 C 中的每一个元组。

假设一个教师可以讲授多门课程，一门课程可以有多名教师讲授，则关系 T 和 C 之间的联系类型为___(59)___。假设一个院系有多名教师，一个教师只属于一个院系，则关系 D 和 T 之间的联系类型为___(60)___。关系 T___(61)___，其外键是___(62)___。

(59) A. 1：1　　B. 1：n　　C. n：1　　D. n：m

(60) A. 1：1　　B. 1：n　　C. n：1　　D. n：m

(61) A. 有 1 个候选键，为教师号

B. 有 2 个候选键，为教师号和身份证号

C. 有 1 个候选键，为身份证号

D. 有 2 个候选键，为教师号和院系号

(62) A. 教师号　　B. 姓名　　C. 院系号　　D. 身份证号

参考答案： (59) D　(60) B　(61) C　(62) C

要点解析： 一个教师讲授多门课程，一门课程由多个教师讲授，因此一个 T 对应多个 C，一个 C 对应多个 T，因此是应该是 n：m(多对多)。

一个院系有多名教师，就是一个 D 对应多个 T，一个教师只属于一个院系，就是一个 T 对应一个 D，因此 D 和 T 之间是：1：n 的关系。

"教师号"唯一标识 T 中的每一个元组，因此目前"教师号"是 T 目前的主键。而 T 中的教师号和身份证号是可以唯一识别教师的标志，因此"身份证号"是 T 的候选键。本

题选 C。

主关键字(Primary Key)是表中的一个或多个字段，它的值用于唯一地标识表中的某一条记录。在两个表的关系中，主关键字用来在一个表中引用来自于另一个表中的特定记录。主关键字是一种唯一关键字，表定义的一部分。一个表的主键可以由多个关键字共同组成，并且主关键字的列不能包含空值。主关键字是可选的。

关系 T 指的是教师关系。教师关系 T (教师号，姓名，性别，院系号，身份证号，联系电话，家庭住址) 此时"院系号"在教师关系表中是作为外键的，所以教师关系的外键应该是：院系号。

试题 10 (2017 年上半年试题 57)

应用系统的数据库设计中，概念设计阶段是在___(57)___的基础上，依照用户需求对信息进行分类、聚集和概括，建立信息模型。

(57) A．逻辑设计　　　B．需求分析　　　C．物理设计　　　D．运行维护

参考答案：(57) B

要点解析：概念设计是由分析用户需求到生成概念产品的一系列有序的、可组织的、有目标的设计活动，它表现为一个由粗到精、由模糊到清晰、由抽象到具体的不断进化的过程。

6.4　强化训练

6.4.1　综合知识试题

试题 1

数据字典存放的是___(1)___。

(1) A．数据库管理系统软件　　　　B．数据定义语言 DDL
　　　C．数据库应用程序　　　　　　D．各类数据描述的集合

试题 2

在数据库设计过程中，关系规范化属于___(2)___。

(2) A．概念结构设计　　　　　　　B．逻辑结构设计
　　　C．物理设计　　　　　　　　　D．数据库实施

试题 3~试题 5

设有一个关系 emp-sales(部门号，部门名，商品编号，销售数)，查询各部门至少销售了5 种商品或者部门总销售数大于 2000 的部门号、部门名及平均销售数的 SQL 语句如下：

　　　　SELECT 部门号，部门名，AVG(销售数)AS 平均销售数
　　　　FROM emp-sales
　　　　GROUP BY ___(3)___
　　　　HAVING ___(4)___ OR ___(5)___ ;

(3) A．部门号　　　B．部门名　　　C．商品编号　　　D．销售数

(4) A. COUNT(商品编号)>5   B. COUNT(商品编号)>=5

     C. COUNT(DISTINCT 部门号)>=5   D. COUNT(DISTINCT 部门号)>5

(5) A. SUM(销售数)>2000   B. SUM(销售数)>-2000

     C. SUM('销售数')>2000   D. SUM('销售数')>-2000

试题6

事务有多种性质，"当多个事务并发执行时，任何一个事务的更新操作直到其成功提交前的整个过程，对其他事务都是不可见的"。这一性质属于事务的 __(6)__ 性质。

(6) A. 原子性   B. 一致性   C. 隔离性   D. 持久性

试题7~试题10

某数据库系统中，假设有部门关系 Dept(部门号，部门名，负责人，电话)，其中，"部门号"是该关系的主键:员工关系 Emp(员工号，姓名，部门，家庭住址)，属性"家庭住址"包含省、市、街道以及门牌号，该属性是一个 __(7)__ 属性。

创建 Emp 关系的 SQL 语句如下:

CREATE TABLE Emp(员工号 CHAR(4) __(8)__

       姓名 CHAR(l0)，

       部门 CHAR(4)，

       家庭住址 CHAR(30)，

       __(9)__);

为在员工关系 Emp 中增加一个"工资"字段，其数据类型为数字型并保留 2 位小数，可采用的 SQL 语句为 __(10)__ 。

(7) A. 简单   B. 复合   C. 多值   D. 派生

(8) A. PRlMARY KEY   B. NULL

     C. FOREIGN KEY   D. NOT NULL

(9) A. PRlMARY KEY NOT NULL

     B. PRIMARY KEY UNIQUE

     C. FOREIGN KEY REFERENCES Dept(部门名)

     D. FOREIGN KEY REFERENCES Dept(部门号)

(10) A. ALTER TABLE Emp ADD 工资 CHAR(6, 2)

     B. UPDATA TABLE Emp ADD 工资 NUMERIC(6，2)

     C. ALTER TABLE Emp ADD 工资 NUMERIC(6，2)

     D. ALTER TABLE Emp MODIFY 工资 NUMERIC(6，2)

试题11和试题12

在数据库系统中，数据模型的三要素是数据结构、数据操作和 __(11)__ 。建立数据库系统的主要目标是为了减少数据的冗余，提高数据的独立性，并检查数据的 __(12)__ 。

(11) A. 数据安全   B. 数据兼容   C. 数据约束条件   D. 数据维护

(12) A. 操作性   B. 兼容性   C. 可维护性   D. 完整性

6.4.2 综合知识试题参考答案

【试题1】答案：(1) D

解析：在数据库系统中，数据字典通常包括数据项、数据结构、数据流、数据存储和处理过程五个部分。其中数据项是数据的最小组成单位，若干个数据项可以组成一个数据结构，字典通过对数据项和数据结构的定义来描述数据流、数据存储的逻辑内容。数据字典是数据库各类数据描述的集合，即数据库体系结构的描述。

【试题2】答案：(2) B

解析：在数据库设计过程中，外模式设计是在数据库各关系模式确定之后，根据应用需求来确定各个应用所用到的数据视图即外模式的，故设计用户外模式属于逻辑结构设计。

【试题3至试题5】答案：(3) A；(4) B；(5) A

解析：GROUP BY 子句可以将查询结果表的各行按一列或多列取值相等的原则进行分组，对查询结果分组的目的是为了细化集函数的作用对象。如果分组后还要按一定的条件对这些组进行筛选，最终只输出满足指定条件的组，可以使用 HAVING 短语指定筛选条件。

由题意可知，在这里只能根据部门号进行分组，并且要满足条件：此部门号的部门至少销售了 5 种商品或者部门总销售数大于 2000。完整的 SQL 语句如下：

SELECT 部门号,部门名,AVG(销售数) AS 平均销售数

    FROM emp-sales

    GROUP BY 部门号

    HAVING COUNT(商品编号)>=5 OR SUM(销售数)>2000;

【试题6】答案：(6) C

解析：事务具有原子性、一致性、隔离性和持久性。这四个特性也称事务的 ACIC 性质。

①原子性(Atomicity)。事务是原子的，要么都做，要么都不做。

②一致性(Consistency)。事务执行的结果必须保证数据库从一个一致性状态变到另一个一致性状态。因此，当数据库只包含成功事务提交的结果时，称数据库处于一致性状态。

③隔离性(Isolation)。事务相互隔离。当多个事务并发执行时，任一事务的更新操作直到其成功提交的整个过程，对其他事务都是不可见的。

④持久性(Durability)。一旦事务成功提交，即使数据库崩溃，其对数据库的更新操作也将永久有效。

【试题7至试题10】答案：(7) B；(8) A；(9) D；(10) C

解析：试题(7)正确的选项为 B。因为复合属性可以细分为更小的部分(即划分为别的属性)。有时用户希望访问整个属性，有时希望访问属性的某个成分，那么在模式设计时可采用复合属性。根据题意"家庭住址"可以进一步分为邮编、省、市、街道以及门牌号，所以该属性是复合属性。

试题(8)正确的选项为 A。因为根据题意"员工号"是员王关系 Emp 的主键，需要用语句 PRIMARY KEY 进行主键约束。

试题(9)正确的选项为 D。根据题意，属性"部门"是员工关系 Emp 的外键，因此需要用语句"FOREIGN KEY REFERENCES Dept(部门号)"进行参考完整性约束。

试题(10)的正确答案是 C。根据题意，在员工关系 Emp 中增加一个"工资"字段，数据类型为数字并保留 2 位小数，修改表的语句格式如下：

ALTER TABLE <表名>[ADD<新列名><数据类型>[完整性约束条件]]

[DROP<完整性约束名>]

[MODIFY<列名><数据类型>];

故正确的 SQL 语句为 ALTER TABLE Emp ADD 工资 NUMERIC(6，2)。

【试题 11 和试题 12】答案：(11)C ；(12)D

解析：试题(11)的正确选项为 C。数据库结构的基础是数据模型，是用来描述数据的一组概念和定义。数据模型的三要素是数据结构、数据操作、数据约束条件。例如，用大家熟悉的文件系统为例。它所包含的概念有文件、记录、字段。其中，数据结构和约束条件为对每个字段定义数据类型和长度；文件系统的数据操作包括打开、关闭、读、写等文件操作。

试题(12)的正确选项为 D。数据库管理技术是在文件系统的基础上发展起来的。数据控制功能包括对数据库中数据的安全性、完整性、并发和恢复的控制。数据库管理技术的主要目标如下。

① 实现不同的应用对数据的共享，减少数据的重复存储，消除潜在的不一致性。

② 实现数据独立性，使应用程序独立于数据的存储结构和存取方法，从而不会因为对数据结构的更改而要修改应用程序。

③ 由系统软件提供数据安全性和完整性上的数据控制和保护功能。

第 7 章

网络与信息安全基础知识

7.1　备考指南

7.1.1　考纲要求

据考试大纲中的考核要求，在"网络与信息安全基础知识"模块中，要求考生掌握以下几方面的内容。

(1) 网络的功能、分类、组成和拓扑结构。

(2) 基本的网络协议与标准。

(3) 常用的网络设备与网络通信设备、网络操作系统基础知识。

(4) Client/Server 结构、Browser/Server 结构。

(5) 局域网(LAN)基础知识。

(6) Internet 基础知识。

(7) 计算机安全：信息安全的五个基本需求、TCSEC/TDI 安全评估标准。

(8) 计算机病毒：病毒的定义、特性、类型、网络病毒、病毒防治。

(9) 计算机犯罪：定义、特点、行为。

(10) 网络安全：运行安全、信息安全、传播安全、内容安全、防御技术、数据加密、身份认证、访问控制、权限设置、VPN、物理保护。

(11) 物理安全：电磁泄漏、防干扰、入网访问控制、网络权限控制、网络端口和节点的安全控制。

(12) 访问控制：访问权限、访问控制策略、口令。

(13) 加密和解密：对称加密、非对称加密。

7.1.2 考点统计

"网络基础知识"模块在历次程序员考试试卷中出现的考核知识点及分值分布情况如表 7-1 所示。

表 7-1 历年考点统计表

年 份	题 号	知 识 点	分 值
2017 年下半年	上午题: 5、66~70	URL 地址、HTTP 协议、网络管理、DHCP、电子邮件、计算机病毒、防火墙	9 分
	下午题: 无		0 分
2017 年上半年	上午题: 5、66~70	URL、HTML、网络协议、TCP/IP、SMTP、数字签名、防火墙、网络攻击等	3 分
	下午题: 无		0 分
2016 年下半年	上午题: 5、67~70	URL、浏览器、、HTML、网络管理、域名地址、计算机病毒、安全的电子邮件协议	7 分
	下午题: 无		0 分
2016 年上半年	上午题: 5、66~70	电子邮件、HTML、ISO/OSI 参考模型、DHCP、数字签名、加密解密等	8 分
	下午题: 无		0 分
2015 年下半年	上午题: 5、66~70	域名地址、TCP/IP、HTML、浏览器、计算机安全、网络安全、物理安全、访问控制、计算机犯罪	8 分
	下午题: 无		0 分

7.1.3 命题特点

纵观历年试卷,本章知识点是以选择题、计算题、简答题的形式出现在试卷中的。本章知识点在历次考试的"综合知识"试卷中,所考查的题量为 6~8 道选择题,所占分值为 6~8 分(占试卷总分值 75 分中的 8%~10.67%)。大多数试题偏重于实践应用,检验考生是否理解相关的理论知识点和实践经验,考试难度中等。

7.2 考点串讲

7.2.1 计算机网络概述

一、计算机网络的组成及网络功能

1. 计算机网络的组成

从物理构成上来说,计算机网络包括硬件和软件两部分。其中,硬件主要由以下设备构成。

(1) 两台以上的计算机及终端设备，统称为主机。

(2) 前端处理机(FEP)、通信处理机(CP)或通信控制处理机(CCP)。

(3) 路由器、交换机等连接设备。

(4) 通信线路。

2. 计算机网络的功能

计算机网络的功能主要体现在信息交换、资源共享和分布式处理三个方面。

1) 信息交换

信息交换是计算机网络最基本的功能，主要完成计算机网络中各个节点之间的系统通信，实现计算机之间和计算机用户之间的相互通信和交流。用户可以在网上传送电子邮件、发布新闻消息，进行电子购物、电子贸易、远程电子教育等。

2) 资源共享

所谓的资源，是指构成系统的所有要素，包括软、硬件资源和数据与信息资源，如：计算处理能力、大容量磁盘、高速打印机、绘图仪、通信线路、数据库、文件和其他计算机上的有关信息。

3) 分布式处理

一项复杂的任务可以划分成许多部分，由网络内各计算机分别协作并行完成有关部分，使整个系统的性能大为增强。

二、计算机网络的分类

计算机网络根据网络传输信息所采用的物理信道分类，分为有线网络和无线网络；根据网络的使用范围分类，分为公用网和专用网；根据网络的物理分布连接形状或拓扑结构分类，分为星型、环型、总线型、树型、完全连接网、交叉环型网以及不规则形状连接网；根据网络所使用的传输技术，分为广播式和点到点式网络。

此外，根据网络的覆盖范围与规模，计算机网络分为局域网、城域网、广域网。

1. 局域网

局域网(Local Area Network，LAN)是指传输距离有限，传输速度较高，以共享网络资源为目的的网络系统。从局域网应用的角度看，局域网的技术特点主要表现在以下五个方面。

● 局域网覆盖有限的地理范围(几公里以内)，适用于公司、机关、校园、工厂等有限范围内的计算机、终端与各类信息处理设备联网的需求。

● 局域网提供高数据传输速率(10～1000Mb/s)、低误码率的高质量数据传输环境。

● 局域网一般归一个单位所有，易于建立、维护与扩展。

● 决定局域网特性的主要技术要素为网络拓扑、传输介质与介质访问控制方法。

● 从介质访问控制方法的角度，局域网可分为共享式局域网与交换式局域网两类。

2. 城域网

城域网(Metropolitan Area Network，MAN)是介于广域网与局域网之间的一种高速网络。城域网设计的目标是要满足几十公里范围内的大量企业、机关、公司的多个局域网互联的需求，以实现大量用户之间的数据、语音、图形与视频等多种信息的传输功能。城域网规范由 IEEE 802.6 协议定义。

3．广域网

广域网(Wide Area Network，WAN)也称为远程网。它所覆盖的地理范围从几十公里到几千公里。目前的广域网应具有以下四个特点。

- 适应大容量与突发性通信的要求。
- 适应综合业务服务的要求。
- 具有开放的设备接口与规范化的协议。
- 提供完善的通信服务与网络管理。

三、网络的拓扑结构

计算机网络拓扑是通过网中节点与通信线路之间的几何排序来表示网络的结构，反映各节点之间的结构关系。

常用的网络拓扑结构有：总线型、星型、环型、树型及分布式等。

1．总线型结构

在总线型拓扑结构中，所有的节点都通过相应的网卡直接连接到一条作为公共传输介质的总线上。总线通常采用同轴电缆或双绞线作为传输介质。所有节点都可以通过总线传输介质发送或接收数据，但一段时间内只允许一个节点利用总线发送数据。当一个节点利用总线传输介质以"广播"方式发送数据时，其他节点可以用"收听"方式接收数据。

2．星型结构

在星型拓扑结构中，节点通过点到点通信线路与中心节点连接。中心节点控制全网的通信，任何两节点之间的通信都要通过中心节点。星型拓扑结构结构简单，易于实现，便于管理，但是网络的中心节点是全网可靠性的瓶颈，中心节点的故障可能造成全网瘫痪。

3．环型结构

在环型拓扑结构中，节点通过点到点通信线路连接成闭合环路。环中数据将沿一个方向逐站传送。环型拓扑结构简单，传输延时固定，但是环中每个节点与连接节点之间的通信线路都会成为网络可靠性的瓶颈。环中任何一个节点出现线路故障，都可能造成网络瘫痪。环节点的加入和撤出过程也都比较复杂。

4．树型结构

树型拓扑结构可以看成是星型拓扑的扩展。在树型拓扑结构中，节点按层次进行连接，信息交换主要在上、下节点之间进行，相邻及同层节点之间一般不进行数据交换或数据交换量小。树型拓扑网络适用于汇集信息的应用要求。

5．分布式结构

在分布式拓扑结构中，节点之间的连接是任意的，没有规律。分布式拓扑结构的主要优点是系统可靠性高，但是结构复杂，必须采用路由选择算法与流量控制方法。

四、按交换技术分类

按交换技术分类，计算机网络主要分为以下三种。

1. 线路交换网络

在源节点和目的节点之间建立一条专用的通路用于数据传送，包括建立连接、传输数据和断开连接三个阶段。

2. 报文交换网络

将用户数据加上源地址、目的地址、长度和校验码等辅助信息封装成报文，发送给下个节点。下个节点收到后先暂存报文，待输出线路空闲时再转发给下个节点，重复这一过程直到达到目的节点。

3. 分组交换网络

分组交换网络也称为包交换网络，其原理是将数据分成较短的固定长度的数据块，在每个数据块中加上目的地址、源地址等辅助信息组成分组(包)，按存储转发方式传输。

7.2.2　计算机网络硬件

一、计算机网络互联设备

1. 网络传输介质互联设备

网络线路与用户节点具体衔接时，需要使用网络传输介质的互联设备，主要有：T 形连接器、收发器、屏蔽或非屏蔽双绞线连接器 RJ-45、RS232 接口、DB-25 接口、DB-15 接口、VB35 同步接口、终端匹配器、调制解调器、网卡等。

2. 网络物理层互联设备

1)　中继器

由于信号在网络传输介质中有衰减和噪声，这会使得有用的数据信号变得越来越弱，因此为了保证有用数据的完整性，并在一定范围内传送，要用中继器把所接收到的弱信号分离，并再生放大以保持与原数据相同。

2)　集线器

集线器(Hub)可以说是一种特殊的中继器。作为网络传输介质间的中央节点，它克服了介质单一通道的缺陷。以集线器为中心的优点是：当网络系统中某条线路或某节点出现故障时，不会影响网上其他节点的正常工作。集线器可分为无源(Passive)集线器、有源(Active)集线器和智能(Intelligent)集线器。

集线器技术发展迅速，已出现交换技术(在集线器上增加了线路交换功能)和网络分段方式，提高了传输带宽。随着计算机技术的发展，Hub 又分为切换式、共享式和可堆叠共享式三种。

3. 数据链路层互联设备

1)　网桥

网桥(Bridge)是一个局域网与另一个局域网之间建立连接的桥梁。网桥是属于网络层的一种设备，它的作用是扩展网络和通信手段，在各种传输介质中转发数据信号，扩展网络的距离，同时又有选择地将有地址的信号从一个传输介质发送到另一个传输介质，并能有效地限制两个介质系统中无关紧要的通信。网桥可分为本地网桥和远程网桥。本地网桥是指在传输介质允许长度范围内互联网络的网桥；远程网桥是指连接的距离超过网络的常规范围时使用的远程桥，通过远程桥互联的局域网将成为城域网或广域网。如果使用远程网桥，则远程桥必须成对出现。

在网络的本地连接中，网桥可以使用内桥和外桥。内桥是文件服务的一部分，通过文件服务器中的不同网卡连接起来的局域网，由文件服务器上运行的网络操作系统来管理。外桥安装在工作站上，实现两个相似或不同的网络之间的连接。外桥不运行在网络文件服务器上，而是运行在一台独立的工作站上，外桥既可以是专用的，也可以是非专用的。作为专用网桥的工作站不能当普通工作站使用，只能建立两个网络之间的桥接。而非专用网桥的工作站既可以作为网桥，又可以作为工作站。

2）交换机

网络交换技术是近几年来发展起来的一种结构化的网络解决方案。它是计算机网络发展到高速传输阶段而出现的一种新的网络应用形式。它不是一项新的网络技术，而是现有网络技术通过交换设备提高性能。由于交换机市场发展迅速，产品繁多，而且功能上越来越强，所以用企业级、部门级、工作组级、交换到桌面进行分类。

交换式局域网从根本上改变了"共享介质"的工作方式，它可以通过以太网交换机支持交换机端口节点之间的多个并发连接，实现多节点之间数据的并发传输。因此，交换式局域网可以增加网络带宽，改善局域网的性能与服务质量。

以太网交换机可以有多个端口，每个端口可以单独与一个节点连接，也可以与一个以太网集线器连接。例如，如果一个 10Mb/s 端口只连接一个节点，这个节点就可以独占 10Mb/s 的带宽，这类端口通常被称为专用端口；如果一个 10Mb/s 端口连接一个以太网，那么这个端口将被以太网中的多个节点所共享，这类端口就被称为共享端口。

另外，交换机端口还有半双工与全双工之分。对于 10Mb/s 的端口，半双工端口带宽为 10Mb/s，而全双工端口带宽为 20Mb/s；对于 100Mb/s 的端口，半双工端口带宽为 100Mb/s，而全双工端口带宽为 200Mb/s。

4. 网络层互联设备

路由器(Router)用于连接多个逻辑上分开的网络。逻辑网络是指一个单独的网络或一个子网。当数据从一个子网传输到另一个子网时，可通过路由器来完成。因此，路由器具有判断网络地址和选择路径的功能，它能在多网络互联环境中建立灵活的连接，可用完全不同的数据分组和介质访问方法来连接各种子网。路由器是属于网络应用层的一种互联设备，只接收源站或其他路由器的信息，它不关心各子网使用的硬件设备，但要求运行与网络层协议相一致的软件。路由器分本地路由器和远程路由器，本地路由器是用来连接网络传输介质的，如光纤、同轴电缆和双绞线；远程路由器是用来与远程传输介质连接并要求相应的设备，如电话线要配调制解调器，无线要通过无线接收机和发射机。

5. 应用层互联设备

在一个计算机网络中，当连接类型不同而协议差别又较大时，则要选用网关设备。网关的功能体现在 OSI 模型的最高层，它将协议进行转换，将数据重新分组，以便在两个不同类型的网络系统之间进行通信。由于协议转换是一件复杂的事，一般来说，网关只进行一对一转换，或是少数几种特定应用协议的转换，网关很难实现通用的协议转换。用于网关转换的应用协议有电子邮件、文件传输和远程工作站登录等。

网关和多协议路由器(或特殊用途的通信服务器)组合在一起可以连接多种不同的系统。和网桥一样，网关可以是本地的，也可以是远程的。目前，网关已成为网络上每个用户都能访问大型主机的通用工具。

网关通过使用适当的硬件与软件，来实现不同网络协议之间的转换功能。硬件提供不同网络的接口，软件实现不同的互联网协议之间的转换。

网关实现协议转换的方法主要有以下两种。

- 直接将输入网络信息包的格式转换成输出网络信息包的格式。
- 将输入网络信息包的格式转换成一种统一的标准网间信息包的格式。

二、计算机网络传输媒体

1. 传输介质的类型

传输介质是网络中连接收发双方的物理通路，也是通信中实际传送信息的载体。网络中常用的传输介质有以下四种：双绞线、同轴电缆、光纤电缆及无线与卫星通信信道。

传输介质的特性对网络中数据通信质量的影响很大，这些特性主要有以下几种。

- 物理特性：对传输介质物理结构的描述。
- 传输特性：传输介质允许传送数字还是模拟信号，以及调制技术、传输容量与传输的频率范围。
- 连通特性：允许点到点连接还是多点连接。
- 地理范围：传输介质的最大传输距离。
- 抗干扰性：传输介质防止噪声与电磁干扰对传输数据影响的能力。
- 相对价格：器件、安装与维护费用。

2. 双绞线的主要特性

1) 物理特性

双绞线由按规则螺旋结构排列的两根、四根或八根绝缘导线组成。一对线可以作为一条通信线路，各个线对螺旋排列的目的是为了使各线对之间的电磁干扰最小。局域网中所使用的双绞线分为以下两类。

- 屏蔽双绞线(Shielded Twisted Pair，STP)：由外部保护层、屏蔽层与多对双绞线组成。
- 非屏蔽双绞线(Unshielded Twisted Pair，UTP)：由外部保护层与多对双绞线组成。

2) 传输特性

在典型的 Ethernet 网中，常用第三类、第四类与第五类非屏蔽双绞线，通常简称为三类线、四类线与五类线。其中，三类线带宽为 16MHz，适合于语音及 10Mb/s 以下的数据传输。五类线带宽为 100MHz，适用于语音及 100Mb/s 的高速数据传输，甚至可以支持 155Mb/s 的 ATM 数据传输。

3) 连通性

双绞线既可用于点到点连接，又可用于多点连接。

4) 地理范围

双绞线用作远程中继线时,最大距离可达 15km;用于 10Mb/s 局域网时,与集线器的最大距离为 100m。

5) 抗干扰性

双绞线的抗干扰性取决于相邻线对的扭曲长度及适当的屏蔽。

6) 价格

双绞线的价格低于其他传输介质,并且安装与维护方便。

3. 同轴电缆的主要特性

1) 物理特性

同轴电缆由内导体、外屏蔽层、绝缘层及外部保护层组成。同轴介质的特性参数由内、外导体及绝缘层的电气参数与机械尺寸决定。

2) 传输特性

根据带宽不同,同轴电缆可以分为以下两类。

● 基带同轴电缆。

● 宽带同轴电缆。

3) 连通性

同轴电缆既支持点到点连接,又支持多点连接。基带同轴电缆可支持数百台设备的连接,而宽带同轴电缆可支持数千台设备的连接。

4) 地理范围

基带同轴电缆使用的最大距离限制在几公里范围内,而宽带同轴电缆最大距离可达几十公里。

5) 抗干扰性

同轴电缆的结构使它的抗干扰能力较强。

6) 价格

同轴电缆的价格介于双绞线与光缆的价格之间,且使用与维护方便。

4. 光纤的主要特性

光纤也称光缆,是网络传输介质中性能最好、应用前途最广泛的一种介质。

1) 物理描述

光纤是一种直径为 50～100μm 的、柔软的、能传导光波的介质,多种玻璃和塑料可以用来制造光纤。

2) 传输特性

光导纤维通过内部的全反射来传输一束经过编码的光信号,光波通过光纤内部全反射进行光传输,光纤传输分为单模与多模两类,单模光纤的性能优于多模光纤。

3) 连通性

光纤最普遍的连接方法是点到点方式,在某些实验系统中,也可以采用多点连接方式。

4) 地理范围

光纤信号衰减极小,它可以在 6～8km 的距离内,在不使用中继器的情况下,实现高速率的数据传输。

5)　抗干扰性

光纤不受外界电磁干扰与噪声的影响，能在长距离、高速率的传输中保持低误码率。双绞线典型的误码率为 $10^{-6}\sim10^{-5}$，基带同轴电缆的误码率低于 10^{-7}，宽带同轴电缆的误码率低于 10^{-9}，而光纤的误码率可以低于 10^{-10}。因此，光纤传输的安全性与保密性极好。

6)　价格

目前，光纤价格高于同轴电缆与双绞线的价格。

5. 无线与卫星通信

常见的无线与卫星通信方式如下。

1)　电磁波谱与通信类型

描述电磁波的参数有三个：波长(Wavelength)、频率(Frequency)与光速(Speed of Light)。实际应用的移动通信系统主要包括：蜂房移动通信系统、无线电话系统、无线寻呼系统、无线本地环路与卫星移动通信系统。

2)　微波通信

在电磁波谱中，频率在 100MHz～10GHz 的信号叫作微波信号，它们对应的信号波长为 3～300m。微波信号传输有以下两个特点：只能进行短距离传播；大气对微波信号的吸收与散射影响较大。

3)　蜂窝无线通信

第一代蜂窝移动通信是模拟方式，这是指用户的语音信息的传输以模拟语音方式出现。第二代蜂窝移动通信是数字方式。数字方式涉及语音信号的数字化与数字信息的处理、传输问题。

在无线通信环境的电磁波覆盖区内，如何建立用户的无线信道的连接，这就是多址连接问题。在无线通信网中，任一用户发送的信号均能被其他用户接收，所以网中用户如何能从接收的信号中识别出本地用户地址，就是多址接入问题。解决多址接入的方法称为多址接入技术。在蜂窝移动通信系统中，多址接入方法主要有三种：频分多址接入(FDMA)、时分多址接入(TDMA)和码分多址接入(CDMA)。

蜂窝移动通信网的设计，涉及 OSI 参考模型的物理层、数据链路层和网络层。

4)　卫星通信

卫星通信具有通信距离远、费用与通信距离无关、覆盖面积大、不受地理条件限制、通信信道带宽、可进行多址通信与移动通信的优点，一颗同步卫星可以覆盖地球 1/3 以上的表面，三颗这样的卫星均匀沿轨道分开，就可以覆盖整个地球表面。

使用卫星通信时，由于发送站要通过卫星转发信号到接收站，所以需要注意它的传输延时。如果从地面发送到卫星的信号传输时间为 Δt，不考虑转发中的处理时间，那么从信号发送到接收的延迟时间为 $2\Delta t$。Δt 值取决于卫星距地面的高度，一般为 250～300ms，典型值为270ms，则传输延迟的典型值为540ms，该值在设计卫星数据通信系统时是一个重要参数。

卫星移动通信系统将形成一个空间的通信子网，它的通信功能将实现参考模型中的物理层、数据链路层与网络层。

7.2.3　TCP/IP 网络体系结构

一、ISO/OSI 参考模型

国际标准化组织 ISO 发布的最著名的 ISO 标准是 ISO/IEC7498，又称为 X.200 建议。该体系结构标准定义了网络互联的七层框架，即开放系统互联参考模型(OSI)。在 OSI 中，采用了三级抽象，即体系结构、服务定义和协议规格说明。

1. OSI 参考模型结构

根据分而治之的原则，ISO 将整个通信功能划分为七个层次，如图 7-1 所示。

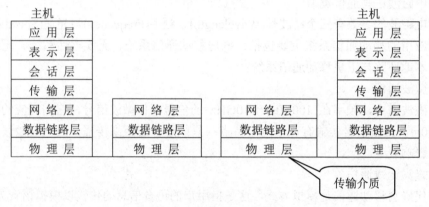

图 7-1　OSI 参考模型结构

2. OSI 参考模型各层的功能

1)　物理层

物理层(Physical Layer)处于 OSI 参考模型的最底层。物理层的主要功能是利用物理传输介质为数据链路层提供物理连接，以便透明地传送比特流。

2)　数据链路层

在物理层提供比特流传输服务的基础上，在通信的实体之间建立数据链路连接，传送以帧为单位的数据，采用差错控制、流量控制方法，使有差错的物理线路变成无差错的数据链路(Data Link Layer)。

3)　网络层

网络层(Network Layer)的主要任务是通过路由算法，为分组通过通信子网选择最适当的路径。网络层要实现路由选择、拥塞控制与网络互联等功能。

4)　传输层

传输层(Transport Layer)的主要任务是向用户提供可靠的端到端(End-to-End)服务，透明地传送报文。它向高层屏蔽了下层数据通信的细节，因而是计算机通信体系结构中最关键的一层。

5)　会话层

会话层(Session Layer)的主要任务是组织两个会话进程之间的通信，并管理数据的交换。

6)　表示层

表示层(Presentation Layer)主要用于处理在两个通信系统中交换信息的表示方式。它包括数据格式变换、数据加密与解密、数据压缩与恢复等功能。

7)　应用层

应用层(Application Layer)是 OSI 参考模型中的最高层。应用层确定进程之间通信的性质，以满足用户的需要以及提供网络和用户软件之间的接口服务。例如，事务处理程序、电子邮件和网络管理程序等。

二、TCP/IP 协议

TCP/IP 是 Internet 的核心协议，广泛应用于局域网和广域网中，目前已成为事实上的国际标准。TCP/IP 主要有五个方面的特点：逻辑编址、路由选择、域名解析、错误检测和流量控制以及对应用程序的支持。

1. TCP/IP 分层模型

协议分层模型包括两方面的内容：一是层次结构；二是各层功能的描述。TCP/IP 参考模型可以分为以下四个层次：应用层、传输层、互联层(网际层)、主机到网络层(网络接口层)。其中，应用层与 OSI 应用层相对应，传输层与 OSI 传输层相对应，互联层(Internet Layer)与 OSI 网络层相对应，主机到网络层(Host-to-Network Layer)与 OSI 数据链路层及物理层相对应。在 TCP/IP 参考模型中，对 OSI 表示层、会话层没有对应的协议，如图 7-2 所示。

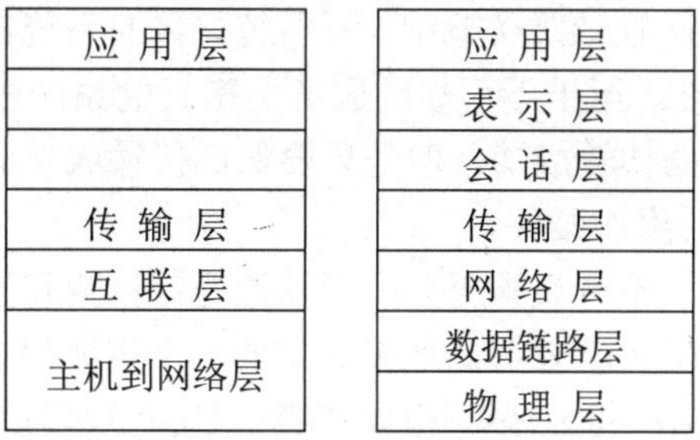

应　用　层	应　用　层
	表　示　层
	会　话　层
传　输　层	传　输　层
互　联　层	网　络　层
主机到网络层	数据链路层
	物　理　层

图 7-2　TCP/IP 参考模型与 OSI 参考模型

TCP/IP 参考模型各层的功能如下。

1)　应用层

应用层处在分层模型的最高层，用户调用应用程序来访问 TCP/IP 互联网络，以享受网络上提供的各种服务。应用程序负责发送和接收数据。每个应用程序可以选择所需要的传输服务类型，并把数据按照传输层的要求组织好，再向下层传送，包括独立的报文序列和连续字节流两种类型。

2)　传输层

传输层的基本任务是提供应用程序之间(端到端)的通信服务。传输层既要系统地管理数据信息的流动，又要提供可靠的传输服务，以确保数据准确而有序地到达目的地。为了达到这个目的，传输层协议软件需要进行协商，让接收方回送确认信息及让发送方重发丢失的分组。在传输层与互联层之间传递的对象是传输层分组。

3)　互联层

互联层也称网际层或 IP 层，主要处理机器之间的通信问题。它接收传输层的请求，传送某个具有目的地址信息的分组。

4) 主机到网络层

主机到网络层也称网络接口层,处于 TCP/IP 协议层之下,负责接收 IP 数据报,并把数据报通过选定的网络发送出去。该层包含设备驱动程序,也可能是一个复杂的使用自己的数据链路协议的子系统。

2. 网络接口层协议

TCP/IP 协议只定义了网络接口层作为物理层与网络层的接口规范,不包含具体的物理层和数据链路层。这个物理层可以是广域网,如 X.25 公用数据网,也可以是局域网,如 Ethernet、Token-Ring、FDDI 等。任何物理网络只要按照这个接口规范开发网络接口驱动程序,都能够与 TCP/IP 协议集成起来。网络接口层处在 TCP/IP 协议的最底层,主要负责管理为物理网络准备数据所需的全部服务程序和功能。

3. 网际层协议

网际层是整个 TCP/IP 协议族的重点。网际层定义的协议有 IP、ARP、RARP、ICMP。

1) IP 协议

IP(Internet Protocol,网际协议)所提供的服务通常被认为是无连接的和不可靠的。事实上,在网络性能良好的情况下,IP 传送的数据能够完好无损地到达目的地。所谓无连接的传输,是指没有确定目标系统是否已做好接收数据准备之前就发送数据。与此相对应的就是面向连接的传输(如 TCP),在该类传输中,源系统与目的系统在应用层数据开始传送之前需要进行三次握手建立连接。至于不可靠的服务是指目的系统不对成功接收的分组进行确认,IP 只是尽可能地使数据传输成功。但是只要保证传输成功的需要,上层协议就可以实现用于保证分组成功提供的附加服务。

由于 IP 只提供无连接、不可靠的服务,所以把差错检测和流量控制之类的服务授权给了其他各层协议,这正是 TCP/IP 能够高效率工作的一个重要保证。

IP 协议的主要功能包括:将上层数据(如 TCP、UDP 数据)或同层的其他数据(如 ICMP 数据)封装到 IP 数据报中;将 IP 数据报传送到最终目的地;为了使数据能够在链路层上进行传输,对数据进行分段;确定数据报到达其他网络中的目的地的路径。

IP 协议软件的工作流程:当发送数据时,源计算机上的 IP 协议软件必须确定目的地是在同一个网络上,还是在另一个网络上。IP 通过执行这两项计算并对结果进行比较,才能确定数据到达的目的地。如果两项计算的结果相同,则数据的目的地确定为本地网络,否则,目的地应为远程的其他网络。如果目的地在本地网络,那么 IP 协议软件就启动直接通信;如果目的地是远程计算机,那么 IP 必须通过网关(或路由器)进行通信,在大多数情况下,这个网关应当是默认网关。当源 IP 完成了数据报的准备工作时,它就将数据报传递给网络接口层,网络接口层再将数据报传送给传输介质,最终完成数据帧发往目的计算机的过程。

当数据抵达目的计算机时,网络接口层首先接收该数据。网络接口层要检查数据帧有无错误,并将数据帧送往正确的物理地址。假如数据帧到达目的地时正确无误,网络接口层便从数据帧的其余部分中提取有效数据,然后将它一直传送到帧层次类型域指定的协议。在这种情况下,可以说数据有效负载已经传递给了 IP。

2) ARP 和 RARP 协议

地址解析协议(Address Resolution Protocol，ARP)及逆向地址解析协议(Reverse Address Resolation Protocol，RARP)是驻留在网际层中的另一个重要协议。ARP 的作用是将 IP 地址转换为物理地址，RARP 的作用是将物理地址转换为 IP 地址。

3) ICMP 协议

Internet 控制信息协议(Internet Control Message Protocol，ICMP)是网际层的另一个比较重要的协议。由于 IP 协议是一种尽力传送的通信协议，即传送的数据包可能丢失、重复、延迟或乱序传递，所以 IP 协议需要一种在发生差错时报告的机制。ICMP 就是一个专门用于发送差错报文的协议。ICMP 定义了五种差错报文(源抑制、超时、目的不可达、重定向、要求分段)和四种信息报文(回应请求、回应应答、地址屏蔽码请求、地址屏蔽码应答)。IP 在需要发送一个差错报文时要使用 ICMP，而 ICMP 却也是利用 IP 来传送报文的。ICMP 是让 IP 更加稳固、有效的一种协议，它使 IP 传送机制变得更加可靠。而且 ICMP 还可以用于测试网络，以得到一些有用的网络维护和排错的信息。例如，ping 工具就是利用 ICMP 报文进行目标可达性测试。

4. 传输层协议

1) TCP 协议

TCP(Transmission Control Protocol，传输控制协议)是整个 TCP/IP 协议族中最重要的协议之一。它在 IP 协议提供的不可靠数据服务的基础上，为应用程序提供了一个可靠的、面向连接的、全双工的数据传输服务。TCP 采用了重发技术来实现数据传输的可靠性。具体来说，就是在 TCP 传输过程中，发送方启动一个定时器，然后将数据包发出，当接收方收到了这个信息就给发送方一个确认信息。若发送方在定时器到点之前没收到这个确认信息，就重新发送这个数据包。

在源主机想和目的主机通信时，目的主机必须同意，否则 TCP 连接无法建立。为了确保 TCP 连接的成功建立，TCP 采用三次握手的方式，使源主机和目的主机之间达成同步。

2) UDP 协议

用户数据报协议(User Datagram Protocol，UDP)是一种不可靠的、无连接的协议，也可以进行应用程序进程间的通信。与同样处在传输层的面向连接的 TCP 相比较，UDP 是一种无连接的协议，它的错误检测功能要弱得多。可以这样说，TCP 有助于提供可靠性；而 UDP 则有助于提高传输的高速率。一般来说，必须支持交互式会话的应用程序(如 FTP 等)往往使用 TCP 协议；而自己进行错误检测或不需要错误检测的应用程序(如 DNS、SNMP 等)则往往使用 UDP。

5. 应用层协议

应用层协议主要有以下七个。

- 虚拟终端协议 Telnet，用于实现互联网中远程登录功能。
- 文件传输协议 FTP，用于实现互联网中交互式文件传输功能。
- 简单邮件协议 SMTP，用于实现互联网中电子邮件传送功能。
- 域名服务 DNS，用于实现网络设备名字到 IP 地址映射的网络服务。
- 路由信息协议 RIP，用于网络设备之间交换路由信息。

- 网络文件系统 NFS，用于网络中不同主机间的文件共享。
- 超文本传输协议 HTTP，用于 WWW 服务。

三、IP 地址

1. 概述

IP 地址是由授权单位分配给连入互联网中的所有计算机的地址号码。为了实现连接到该虚拟网络上的节点之间的通信，互联网为每个节点(入网的计算机)分配一个互联网地址(简称 IP 地址)，并且保证这个地址是全网唯一的。为了保证 IP 地址可以覆盖网上的所有节点，IP 地址的地址空间应当足够大。目前的 IP 地址(IPv4：IP 第 4 版本)由 32 个二进制位表示，并且，每 8 个二进制位为一个位组(字节)，一个完整的 IP 地址占 4 字节，分别表示主机所在的网络，以及主机在该网络中的标识。即：IP 地址(32)=Netid+Hostid。显然，处于同一个网络的各个节点，其网络标识(Netid)是相同的。

2. IP 地址的组成

IP 地址采取层次结构，按逻辑网络结构进行划分。一个 IP 地址由两部分组成：网络号(Netid)和主机号(Hostid)。IP 地址由 32 位二进制数值组成(4 字节)，但为了方便用户的理解和记忆，它采用了点分十进制标记法，即将 4 字节的二进制数值转换成四个十进制数值，每个数值小于等于 255，数值中间用"."隔开，表示成 w.x.y.z 的形式。

3. IP 地址的分类

按照 IP 地址的逻辑层次来分，IP 地址可以分为 A、B、C、D、E 五类。A 类 IP 地址用于大型网络，B 类 IP 地址用于中型网络，C 类用于小规模网络，最多只能连接 256 台设备，D 类 IP 用于多目的地址发送，E 类则保留为今后使用。

A 类地址：A 类地址的网络标识占 1 字节，网络中的主机标识占 3 字节。A 类地址的特点是网络标识的第一比特取值必须为"0"。A 类地址的一般结构为"0(1) Netid(7) Hostid(24)"，其中括号内的数字表示对应字段所占的比特数。A 类地址允许有 126 个网络，每个网络大约允许有 1670 万台主机，通常分配给拥有大量主机的网络，例如主干网。

B 类地址：B 类地址的网络标识占 2 字节，网络中的主机标识占 2 字节。B 类地址的特点是网络标识的前两个比特取值必须为"10"。B 类地址的一般结构为"10(2) Netid(14) Hostid(16)"。B 类地址允许有 16 384 个网络，每个网络允许有 65 533 台主机，适用于节点比较多的网络。

C 类地址：C 类地址的网络标识占 3 字节，网络中的主机标识占 1 字节。C 类地址的特点是网络标识的前三个比特取值必须为"110"。C 类地址的一般结构为"110(3) Netid(21) Hostid(8)"。具有 C 类地址的网络允许有 254 台主机，适用于节点比较少的网络，例如校园网。

D 类地址：用于多址投递系统。一般结构为"1110(4) Multicast-Address(28)"。

E 类地址：保留未用。一般结构为"1111(4)…"。

互联网规定 Hostid 为全"0"的 IP 地址，不分配给任何主机，仅用于表示该网络的互联网网络地址；Hostid 为全"1"的 IP 地址，不分配给任何主机，用作广播地址，对应分组传递给该网络中的所有节点(能否执行广播，则依赖于支撑的物理网络是否具有广播的功能)；32 位为全"1"的 IP 地址，也被认为是本网的广播地址(称为有限广播地址)，通常由无盘工作站启动时使用。

4. IP 地址的表示

为了便于记忆，通常采用四个十进制数来表示一个 IP 地址，十进制数之间采用句点"."予以分隔。这种 IP 地址的表示方法也被称为点分十进制法。例如，125.10.2.8 表示一个 A 类地址，对应的二进制表示为 01111101.00001010.00000010.00001000 或者十六进制的 7D.0A.02.08。因此：

- A 类网络的 IP 地址范围为 1.0.0.1～127.255.255.254。
- B 类网络的 IP 地址范围为 128.1.0.1～191.255.255.254。
- C 类网络的 IP 地址范围为 192.0.1.1～223.255.255.254。

5. 子网掩码

子网掩码(Subnet Mask)也是一个用 32 个二进制位表示的地址，并且，也被书写为用小数点"."分隔的四个十进制数。其书写规则是：凡是 IP 地址的网络和子网标识部分均用二进制数"1"表示，凡是子网中 IP 地址的主机部分均用二进制数"0"表示，以此告知系统网络的真正划分，方便网络寻址。

例如，电信部门可以申请一个 B 类网络地址，并将主机标识(占 16 位)中的前 12 位用做子网标识，分配给不同的入网企业，则可进一步接纳 4094 个企业的局域网，每个企业可接 14 台主机，此时的子网掩码为 255.255.255.240。对于 A、B 和 C 三类网络，默认的子网掩码分别为 255.0.0.0、255.255.0.0 和 255.255.255.0。

将两个 IP 地址分别和子网掩码做二进制"与"运算，如果得到的结果相同，则属于同一个子网，否则属于不同的子网。

四、域名地址

互联网使用 IP 地址来标识网络中的每台主机，但是 IP 地址并不适合人类的记忆，人们也不习惯采用 IP 地址的通信。因此，互联网中提供一套有助于记忆的符号名——域名。

顾名思义，域表示了一个区域，或者范围，域内可以容纳许多主机。因此并非每一台接入互联网的主机都必须具有一个域名地址，但是每一台主机都必须属于某个域，即通过该域的服务器可以查询和访问到这一台主机。域名采用了嵌套结构，域名地址由一系列"子域名"组成。子域名的个数通常不超过五个。并且，子域名之间用句点"."分隔，从左到右子域的级别升高，高一级的子域包含低一级的子域。这种嵌套的域名结构形成了一棵域名树，树中的子节点和树叶分别表示不同的域，树叶被其上级的子节点或者树根所包含。这种域名结构十分类似于常用的通信地址(仅和我国表示地址的顺序有所不同)，符合人类表达的习惯。

为了便于记忆和理解，互联网域名的取值应当遵守一定的规则。第一级域名通常为国家名(例如，"cn"表示中国，"ca"表示加拿大，"us"表示美国等)；第二级域名通常表示组网的部门或组织(例如，"com"表示商业部门，"edu"表示教育部门，"gov"表示政府部门，"mil"表示军事部门等)；二级域名以下的域名由组网部门分配和管理。当某台主机成为域名服务器之后，它有权进行域内的进一步划分，产生新的子域。最终，若干级子域名的组合形成了一个完整的域名，标识了接入互联网并负责管理企业内若干台主机的一台服务器。互联网规定，每个子域可容纳的字符数应小于63，整个域名的长度不超过255个字符。例如，tsinghua. edu.cn 对应到中国(cn)教育科研网(edu)上清华大学(tsinghua)的某台域名服务器，它负责识别清华大学内的所有主机。同理，gu.tsinghua. edu.cn 则表示清华大学的另一台域名服务器，该服务器的子域名(gu)仅需上一级域名服务器分配。

> **注意：** 域名仅仅是一种可用于区分和识别用户主机的方法，它和互联网中的网络划分(如IP中的"Netid"，或者局域网中的网段和子网)并没有直接的关系，同一网段上的主机可以属于不同的域(由不同的域名服务器管辖)，位于不同的建筑物的主机却可以具有相同的域名(由同一台域名服务器进行地址管理)。

7.2.4　Internet 基础知识

一、Internet 概述

Internet 即国际计算机互联网，又称为国际计算机信息资源网，它是位于世界各地并且彼此相互通信的一个大型计算机网络。组成 Internet 的计算机网络包括小规模的局域网(LAN)，城市规模的城域网(MAN)，以及大规模的广域网(WAN)。这些网络通过普通电话线、高速率专用线路、卫星、微波和光缆，把不同国家的大学、公司、科研部门以及军事和政府组织连接起来。Internet 网络互联采用的协议是 TCP/IP。

二、Internet 服务

1. 域名(DNS)服务

DNS 将用户指定的域名映射到负责该域名管理的服务器的 IP 地址，从而可以和该域名服务器进行通信，获得域内主机的信息。DNS 使用的是 UDP 端口，端口号为53。域名系统采用的是客户机/服务器模式，整个系统由解析器和域名服务器组成。

2. Telnet 远程登录服务

1)　远程登录的作用

利用互联网提供的远程登录服务可以实现以下三项功能。

● 本地用户与远程计算机上运行的程序进行交互。

● 当用户登录到远程计算机时，可以执行远程计算机上的任何应用程序(只要该用户具有足够的权限)，并且能屏蔽不同型号计算机之间的差异。

● 用户可以利用个人计算机去完成许多只有大型计算机才能完成的任务。

2)　远程登录协议

远程登录协议 Telnet 是 TCP/IP 簇中的一个重要协议。它的优点之一是能够解决多种不同的计算机系统之间的互操作问题。Telnet 使用的是 TCP 端口，其端口号一般为23。

Telnet 采用了客户机/服务器模式，由客户软件、服务器软件以及 Telnet 通信协议三部分组成。

3. E-mail 电子邮件服务

1) 邮件服务器与电子邮箱

电子邮件服务采用客户机/服务器的工作模式。电子邮件服务器(以下简称为邮件服务器)是互联网邮件服务系统的核心。邮件服务器一方面负责接收用户送来的邮件,并根据邮件所要发送的目的地址,将其传送到对方的邮件服务器中;另一方面,它负责接收从其他邮件服务器发来的邮件,并根据收件人的不同,将邮件分发到各自的电子邮箱中。

在互联网中每个用户的邮箱都有一个全球唯一的邮箱地址,即用户的电子邮件地址。用户的电子邮件地址由两部分组成,后一部分为邮件服务器的主机名或邮件服务器所在域的域名,前一部分为用户在该邮件服务器中的账号,中间用"@"分隔。如 jun4325@sina.com 为一个用户的电子邮件地址,其中 sina.com 为邮件服务器的主机名,jun4325 为用户在该邮件服务器中的账号。

2) 电子邮件应用程序

用户发送和接收邮件需要借助于装载在客户机中的电子邮件应用程序来完成。电子邮件应用程序一方面负责将用户要发送的邮件送到邮件服务器;另一方面负责检查用户邮箱,读取邮件。电子邮件应用程序应具有两项最为基本的功能:创建和发送邮件功能,接收、阅读和管理邮件功能。

电子邮件应用程序在向邮件服务器传送邮件时使用简单邮件传输协议(Simple Mail Transfer Protocol,SMTP),使用的端口号是 25。而从邮件服务器的邮箱中读取时可以使用 POP3(Post Office Protocol)协议,使用的端口号是 110。我们通常称支持 POP3 协议的邮件服务器为 POP3 服务器,而称支持 IMAP 的服务器为 IMAP(Internet Mail Access Protocol,互联网邮件访问协议)服务器。

3) 电子邮件的格式

电子邮件由两部分组成:邮件头(Mail Header)和邮件体(Mail Body)。

邮件头由多项内容构成,其中一部分内容是由电子邮件应用程序根据系统设置自动产生的,另一部分内容则需要根据用户在创建邮件时输入的信息产生,如收件人地址、抄送人地址、邮件主题等。邮件体是实际要传送的内容。

4. WWW 服务

万维网(World Wide Web,WWW)是一种交互式图形界面的 Internet 服务,是目前应用最为广泛的互联网服务之一。

万维网是基于客户机/服务器模式的信息发送技术和超文本技术的综合,WWW 浏览程序为用户提供基于超文本传输协议(HTTP)的用户界面,WWW 服务器的数据文件由超文本置标语言(HTML)描述,HTML 利用统一资源定位器 URL 的指标是超媒体链接,并在文本内指向其他网络资源。

超文本传输协议(Hyper Text Transfer Protocol,HTTP)是 WWW 客户机与 WWW 服务器之间的应用层传输协议,是一种面向对象的协议。

页面地址 URL 由三部分组成:协议类型、主机名和路径及文件名。例如:http://www.tup.com.cn/ 为清华大学出版社的页面地址。

HTML 是 WWW 上用于创建超文本链接的基本语言,可以定义格式化的文本、色彩、图像与超文本链接等,主要用于 WWW 主页的创建与制作。

5. FTP 文件传输服务

文件传输服务为计算机之间双向文件传输提供了一种有效的手段。它允许用户将本地计算机中的文件上传到远端的计算机中,或将远端计算机中的文件下载到本地计算机中。

FTP 服务也采用典型的客户机/服务器工作模式。提供 FTP 服务的计算机称之为 FTP 服务器,通常是互联网信息服务提供者的计算机,它负责管理一个文件仓库,互联网用户成功登录后可以通过 FTP 客户机从文件仓库中取文件或向文件仓库中存入文件,客户机通常是用户自己的计算机。将文件从服务器传到客户机称为下载文件,而将文件从客户机传到服务器称为上传文件。FTP 在客户机和服务器内部建立两条 TCP 连接:一条是控制连接,用于传输命令和参数(端口号为 21);另一条是数据连接,用于传送文件(端口号为 20)。

三、Internet 接入方式

1. 以终端方式入网

基本上所有的 ISP 都提供终端方式接入因特网。这种方式利用通信软件的拨号功能,通过调制解调器拨通 ISP 一端的调制解调器,然后根据提示输入账号和密码,经过账号和密码检查,用户的计算机就成为远程主机的一台终端了。

2. 以 SLIP 点/PPP 方式入网

SLIP/PPP 协议主要用于"拨号上网"这种广域连接模式。它的优点在于简单、具备用户验证能力、可以解决 IP 分配等。它主要通过拨号或专线方式建立点对点连接来发送数据,使其成为各种主机、网桥和路由器之间的一种通用的简单连接解决方案。

3. 数字用户线 xDSL

xDSL 是各种数字用户线的统称,主要有:ADSL 非对称数字用户线、SDSL(Single pair DSL)单对线数字用户线、IDSL(ISDN DSL)即 ISDN 用的数字用户线、RADSL(Rate Adaptive DSL)速率自适应非对称型数字用户线、VDSL(Very high bit rate DSL)甚高速数字用户线等。

ADSL 是研制最早,发展较快的一种数字用户线。它是在一对铜双绞线上,为用户提供上、下行非对称的传输速率(即带宽)。ADSL 接入服务能做到较高的性能价格比,ADSL 接入技术较其他接入技术具有独特的技术优势:它的速率可达到上行 1Mb/s/下行 8Mb/s,速度非常快;另外,使用 ADSL 上网不需要占用电话线路,在电话和上网互不干扰的同时,大大节省了普通上网方式的话费支出;独享带宽安全可靠;安装快捷方便;价格实惠。

1) 个人安装 ADSL

在现有电话线上安装 ADSL,只需在用户端安装一台 ADSL Modem 和一只分离器。

数据线路为:PC—ADSL Modem—分离器—入户接线盒—电话线—DSL 接入复用器—ATM/IP 网络。

语音线路为:话机—分离器—入户接线盒—电话线—DSL 接入复用器—交换机。

2) 企业安装 ADSL

在现有电话线上安装 ADSL 和分离器,连接 Hub 或 Switch。

数据线路为:PC—以太网(Hub 或 Switch)—ADSL 路由器—分离器—入户接线盒—电话线—DSL 接入复用器—ATM/IP 网络。

语音线路为:话机—分离器—入户接线盒—电话线—DSL 接入复用器—交换机。

4. 综合业务数字网 ISDN

综合业务数字网是建立在数字电话网基础上的网络。它能提供端到端的数字连接,将声音、数据、图像、传真等不同的业务综合在一个网络内进行传送和处理。客户只需一条普通的电话线,通过网络接口(NT)及相应的终端设备,拨通号码后就能达到既能上网又能打电话的目的。中国电信称其为"一线通"。ISDN 的特点是:提供开放式的标准接口;提供端到端的数字连接;用户通过公共通道、端到端的信令,实现灵活的职能控制。

窄带综合业务数字网向用户提供基本速率(2B+D, 144kb/s)和一次群速率(30B+D, 2Mb/s)两种接口。基本速率接口(BRI),是一条标准的 ISDN 用户电路,它包含两个 B 信道和一个 D 信道,B 信道一般用来传输话音、数据和图像,D 信道用来传输信令或分组信息,各个 B 信道均能够以 64kb/s 的速率传输数据,D 信道能够以 16kb/s 的速率传输,支持吞吐量达 144kb/s 的分组交换数据。一次群速率接口(PRI),具有 30 个独立的或组合的 64kb/s 的 B 信道和一个 64kb/s 的 D 信道提供高达 2.048Mb/s 的传输速率。

5. 帧中继(FR)

帧中继(Frame Relay,FR)是在用户网络接口之间提供用户信息流的双向传送,并保持顺序不变的一种承载业务,是一种只是简单地提供面向连接的、将数据从甲地传递至乙地的、廉价的、中速的公共网。用户信息以帧为单位进行传输,并对用户信息流进行统计复用。帧中继是综合业务数字网标准化过程中产生的一种重要技术,它是在数字光纤传输线路逐渐代替原有的模拟线路,用户终端智能化的情况下,由 X.25 分组交换技术发展起来的一种传输技术。

帧中继是一种基于可变帧长的数据传输网络,在传输过程中,网络内部可以采用"帧交换",即以帧为单位进行传送;也可采用"信元交换"(信元长 53B)为单位进行传送。

帧中继提供一种简单的面向连接的虚电路分组服务,包括交换虚电路连接和永久虚电路连接。帧中继的优点有:降低网络互联费用、简化网络功能、提高网络性能、采用国际标准,各厂商产品相互兼容。

6. 异步传输模式(ATM)

异步传输模式(Asynchronous Transfer Mode,ATM)是 B-ISDN 的关键核心技术,ATM 能够根据需要改变传送速率,对高速信息传递频次高,而对低速信息传递频次低,按照统计复用的原理进行传输和交换。在 ATM 网络中,数据以定长的信元为单位进行传输,信元由信元头和信元体构成,每个信元为 53B,其中信元头为 5B,信元体为 48B。

ATM 的参考模型由用户层、ATM 适配层、ATM 层和物理层四层构成。

7. X.25 协议

X.25 是在公用数据网上以分组方式进行操作的 DTE(数据终端设备)和 DCE(数据通信设备)之间的接口。X.25 只是对公用分组交换网络接口规范的说明,并不涉及网络内部实现,它是面向连接的,支持交换式虚电路和永久虚电路。X.25 在本地 DTE 和远程 DTE 之间提供一个全双工、同步的透明信道,并定义了三个相互独立的控制层:物理层、链路层和分组层,它们分别对应于 ISO/OSI 的物理层、链路层和网络层。

四、TCP/IP 的配置

计算机接入互联网时必须安装和配置 TCP/IP 协议。

1. 安装 TCP/IP 协议

安装 TCP/IP 协议的过程如下。

(1) 以管理员身份进行登录。

(2) 在 Windows NT/9x 的"控制面板"中,双击"网络"图标,打开"网络"程序项,选择"协议"菜单。在 Windows 2000 的"网络和拨号网络"中,双击"本地连接",选择"协议"菜单。

(3) 单击"添加"按钮,弹出"选定网络协议"对话框。在"网络协议"列表中选择"TCP/IP 协议",然后单击"确定"按钮。

(4) 屏幕提示"如果网络上存在 DCHP 服务器,TCP/IP 可动态配置 IP 地址。是否使用 DCHP?"若单击"是"按钮,则系统将自动配置 TCP/IP;若单击"否"按钮,则必须配置 TCP/IP。在此单击"否"按钮。

(5) 屏幕提示要安装一些 Windows NT 文件,要求提供 CD-ROM 驱动器和文件的路径(例如 D:\i386),确定安装光盘在 CD-ROM 驱动器中。如果屏幕上的目录信息正确,单击"继续"按钮,屏幕将显示安装程序复制文件的进程。

(6) 文件复制完成后,屏幕又提示安装 TCP/IP 及相关服务,结束后返回到"选定网络协议"对话框。在对话框中的"网络协议"列表中新增"TCP/IP 通信协议"选项。

(7) 单击"关闭"按钮,屏幕将显示有关网络协议信息,稍后出现"TCP/IP 属性"中的"IP 地址"对话框。

2. TCP/IP 的配置过程

对于用 TCP/IP 工作的计算机,必须配置网卡 IP 地址、子网掩码和默认的网关,Microsoft TCP/IP 可用以下两种方法来配置。

(1) 若在网络上有一台 DHCP 服务器,可用 DHCP 自动配置 TCP/IP。

(2) 若没有 DHCP 服务器,或者正准备配置一台 Windows NT Server 计算机作为一台 DHCP 服务器,则必须手工配置 TCP/IP 的所有参数。

"IP 地址"文本框中的值标识本地计算机的 IP 地址,若在这台机器中有不止一块网卡安装,在"适配器"框中选择已安装的网卡进行配置。

"子网掩码"文本框中的值标识已选择网卡的网络的成员资格和主机的 ID,这将允许计算机将 IP 地址分成网络号码和主机号码两部分。

五、浏览器的设置与使用

1. IE 浏览器的主窗口

双击已安装在系统桌面上的 Internet Explorer 图标,在地址栏输入 http://www.tsinghua.edu.cn,按 Enter 键,则进入浏览器的主界面,它主要分为六大部分,如图 7-3 所示。

1) 标题栏

标题栏显示所在的网页的名称。例如,清华大学。

2)　菜单栏

菜单栏包含了所有的使用 IE 的命令，选中后以下拉式窗口显示各菜单的具体命令。

3)　工具栏

工具栏以三种方式显示："标准按钮""地址栏""链接"。标准工具栏主要提供常用的操作和遍历网页所需的工具按钮，如后退、前进、停止、刷新、主页、搜索、收藏夹、频道和字体等。

4)　地址栏

地址栏是输入或显示网址的窗口，主要显示当前文档或网页的地址，并允许用户输入新的文件名、网页地址或查找其他文件、网站历史记录打印。

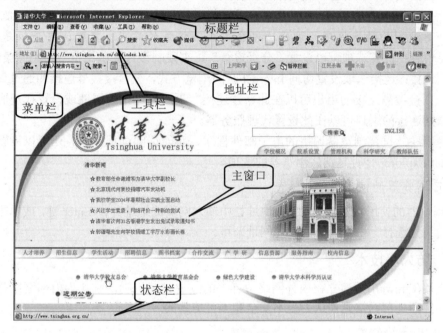

图 7-3　IE 浏览器的主窗口

5)　状态栏

状态栏位于 IE 窗口的最下部，用于显示网站的一些信息。例如，浏览时的速度、工作状态、安全证书情况等。

6)　主窗口

IE 用主窗口方式来显示用户所访问的网页的内容。

2. IE 浏览器的环境设置

Internet Explorer 的配置在"控制面板"中的 Internet 选项中设置(也可以通过 Internet Explorer 菜单中"工具"中的"Internet 选项"进入)。具体配置如下。

(1)　常规配置：常规选取项主要有主页、Internet 临时文件、历史记录等项目。主页项用于指定进入 Internet Explorer 时的默认主页，Internet 临时文件是设置下载网页暂存位置和大小的地方。"历史记录"主要用于指定网页保存在历史记录中的天数。如果想清空 History 文件夹，则单击"清除历史记录"按钮，即可暂时释放计算机上的磁盘空间。在此还可以设置网页字体、颜色、背景和语言编码等参数。

(2) 安全配置:IE 将 Internet 按区域划分,以便将网站分配到具有适当安全级的区域。可以更改某个区域的安全级别,例如,可能需要将"本地 Intranet"区域的安全设置改为"低"。或者自定义某个区域的设置,也可以通过从证书颁发机构导入隐私设置为某个区域自定义设置。它有以下四种区域。

- Internet 区域:默认情况下,该区域包含了不在计算机和 Intranet 上以及未分配到其他任何区域的所有站点。该区域的默认安全级为"中"。
- 本地 Intranet 区域:该区域通常包含按照系统管理员的定义不需要代理服务器的所有地址,包括在"连接"选项卡中指定的站点、网络路径和本地 Intranet 站点等。该区域的默认安全级是"中"。
- 受信任的站点区域:该区域包含信任的站点。该区域的默认安全级是"低"。
- 受限制的站点区域:该区域包含用户不信任的站点。其默认安全级是"高"。

(3) 内容:内容选项可以设置"分级审查",来限制该计算机浏览一些不健康的内容。

(4) 连接:连接选项设置访问 Internet 时的浏览方式,分直接拨号连接和通过局域网连接两种。直接拨号连接的用户可以在此新建连接、更改已连接的属性或设置代理服务器,通过局域网连接的用户可以在此设置代理服务器。

(5) 程序:设置浏览器调用的电子邮件程序、新闻组阅读程序等。还可以设置一个检查 Internet Explorer 是否是默认浏览器的选项。

3. IE 浏览器的使用

IE 浏览器的使用较简单,只要在地址栏中输入网页的地址并按 Enter 键,或单击地址栏的下拉箭头并选择一个曾经访问过的网址即可。

六、防火墙技术

防火墙(Firewall)是建立在内外网络边界上的过滤封锁机制,它认为内部网络是安全和可信赖的,而外部网络则被认为是不安全和不可信赖的。

1. 防火墙的分类

根据防火墙所采用的技术不同,可以将它分为三种基本类型:包过滤型防火墙、应用代理网关防火墙和监测型防火墙。

2. 防火墙的体系结构

一个防火墙系统通常由过滤路由器和代理服务器组成。包过滤技术关注的是网络层和传输层的保护,而应用代理则更关心应用层的保护。

七、Client/Server 结构

1. 传统的两层 Client/Server 模式

Client/Server(客户机/服务器)结构是 20 世纪 90 年代成熟起来的技术,它将应用程序分为客户机和服务器两大部分。

Client/Server 模式的主要特点是:请求/响应工作方式、以消息交换作为通信方式、基于过程的各种服务。Client/Server 模式具有如下优点。

(1) 优化网络利用率,减少了网络量。

(2) 响应时间短。

(3)　数据具有独立性。

2. 三层 Client/Server 模式

在三层 Client/Server 模式中，在客户和服务器之间引入应用层的概念，客户端弱化成为一个图形用户接口。与两层结构相比，多层结构有可伸缩性好、可管理性强、安全性高、软件重用性好以及节省开发时间等诸多优点。

八、Browser/Server 结构

Browser/Server 结构即浏览器/服务器结构，是对 Client/Server 结构的一种变化或者改进的结构。在这种结构下，用户工作界面通过 WWW 浏览器来实现，大部分的工作在服务器端实现，大大简化了客户端的工作，降低了用户的成本。

Browser/Server 模式包括以下组成部分。

(1)　Web 服务器。

(2)　应用软件服务器。

(3)　可由 Java 小应用程序访问的数据库、文件、电子邮件、打印机、目录服务及其他专用功能的服务器。

(4)　客户机。

(5)　把以上部分连在一起的网络。

7.2.5　局域网基础

一、局域网参考模型

ISO/OSI 的七层参考模型本身并不是一个标准，在制定具体网络协议和标准时，要依据 OSI 参考模型作为"参照基准"，并说明与该"参照基准"的对应关系。在 IEEE 802 局域网(LAN)标准中，只定义了物理层和数据链路层两层，并根据 LAN 的特点，把数据链路层分成逻辑链路控制 LLC 子层和介质访问控制 MAC 子层；还加强了数据链路层的功能，把网络层中的寻址、排序、流控和差错控制等功能放在 LLC 子层来实现。

二、以太网(IEEE 802.3)

IEEE 于 1980 年 2 月成立了局域网标准委员会(简称 IEEE 802 委员会)，专门从事局域网标准化工作，并制定了 IEEE 802 标准。局域网参考模型只对应 OSI 参考模型的数据链路层与物理层，它将数据链路层划分为逻辑链路控制(Logical Link Control，LLC)子层与介质访问控制(Media Access Control，MAC)子层。

IEEE 802 委员会为局域网制定了一系列标准，统称为 IEEE 802 标准。这些标准主要有以下几种。

● IEEE 802.1 标准，它包括局域网体系结构、网络互联，以及网络管理与性能测试。

● IEEE 802.2 标准，定义了逻辑链路控制子层的功能与服务。

● IEEE 802.3 标准，定义了 CSMA/CD 总线介质访问控制子层与物理层规范。

● IEEE 802.4 标准，定义了令牌总线(Token Bus)介质访问控制子层与物理层规范。

● IEEE 802.5 标准，定义了令牌环(Token Ring)介质访问控制子层与物理层规范。

- IEEE 802.6 标准，定义了城域网介质访问控制子层与物理层规范。
- IEEE 802.7 标准，定义了宽带技术。
- IEEE 802.8 标准，定义了光纤技术。
- IEEE 802.9 标准，定义了综合语音与数据局域网(IVD LAN)技术。
- IEEE 802.10 标准，定义了可互操作的局域网安全性规范 SILS。
- IEEE 802.11 标准，定义了无线局域网技术。

目前，应用最为广泛的一类局域网是基带总线局域网——以太网(Ethernet)。目前以太网主要包括三种类型：IEEE 802.3 中所定义的标准局域网，速度为 10Mb/s，传输介质为细同轴电缆；IEEE 802.3u 中所定义的快速以太网，速度为 100Mb/s，传输介质为双绞线；IEEE 802.3z 中所定义的千兆以太网，速度为 1000Mb/s，传输介质为光纤或双绞线。以太网的核心技术是它的随机争用型介质访问控制方法，即带有冲突检测的载波侦听多路访问 CSMA/CD(Carrier Sense Multiple Access with Collision Detection)方法。

三、令牌环网(IEEE 802.5 标准)

IEEE 802.5 标准定义了 25 种 MAC 帧，用以完成环维护功能，这些功能主要是：环监控器竞争、环恢复、环查询、新节点入环、令牌丢失处理、多令牌处理、节点撤出、优先级控制等。

令牌环网的传输介质主要基于屏蔽双绞线、非屏蔽双绞线两种，拓扑结构可以有多种：环型(最典型)、星型(采用得最多)、总线型(一种变形)，编码方法为差分曼彻斯特编码。IEEE 802.5 的介质访问使用的是令牌环控制技术，工作过程为：首先，令牌环网在网络中传递一个很小的帧，称为"令牌"，只有拥有令牌环的工作站才有权力发送信息；令牌在网络上依次顺序传递；当工作站要发送数据时，它应等待捕获一个空令牌，然后将要发送的信息附加到后边，发往下一站，如此直到目标站，然后将令牌释放；如果工作站要发送数据，经过的令牌不为空时，则需要等待令牌释放。

四、FDDI(光纤分布式数据接口)

FDDI(Fiber Distributed Data Interface)类似于令牌环网协议，它用光纤作为传输介质，数据传输速度可达到 100Mb/s，环路长度可扩展到 200km，连接的站点数可以达到 1000 个。FDDI 采用一种新的编码技术，称为 4B/5B 编码。它每次对 4 位数据进行编码。每 4 位数据编码成 5 位符号，用光信号的存在与否来代表 5 位符号中的每一位是 1 还是 0。FDDI 采用双环体系结构，两环上的信息反方向流动。双环中的一环称为主环，另一环称为次环。在正常情况下，主环传输数据，次环处于空闲状态。双环设计的目的是提供高可靠性和稳定性。FDDI 定义的传输介质有单模光纤和多模光纤两种。

7.2.6 安全性概述

计算机安全是指计算机系统资源和信息资源的安全，有以下五个基本要素。

- 机密性：系统资源只允许授权用户进行操作，不同的用户可以被授予不同的操作权限。
- 完备性：系统资源只允许合法的用户进行修改，不同的用户可以有不同的修改权限。

- 可用性: 合法的用户可以随时使用全部系统提供的资源, 不可把有权使用系统资源的用户拒之门外。
- 可控性: 可以控制授权范围内的信息流向及行为方式。
- 可审计性: 对出现的安全问题提供调查的依据和手段。

计算机系统中安全性分为三类: 技术、管理和政策法规。

美国国家计算机安全中心(NCSC)的《可信计算机系统评估标准》(简称 TCSEC)把系统安全从四个方面划分为七个不同的安全级别。

(低)D、C1、C2、B1、B2、B3、A1(高)

(1) D 级: 无身份识别, 如 DOS、Windows 98。

(2) C1 级: 有身份识别, 但不能控制访问权限(用户可获得管理员权限)。

(3) C2 级: 增强了访问控制和审计功能, 如 UNIX、Windows NT。

(4) B1 级: 符号安全保护, 多安全级。

(5) B2 级: 结构保护, 对象加标签, 分配安全级。

(6) B3 级: 安全域, 各部分之间加保护。

(7) A1 级: 核实设计, 各部分在监督和跟踪之下。

中国国家技术标准局的计算机信息系统安全保护准则规定了系统安全保护能力的五个等级。

- 第一级: 用户自主保护级。
- 第二级: 系统审计保护级。
- 第三级: 安全标记保护级。
- 第四级: 结构化保护级。
- 第五级: 访问验证保护级。

7.2.7　计算机病毒和计算机犯罪概述

一、计算机病毒的定义和特点

计算机病毒是一种人为制造的、隐藏在计算机系统数据资源中能够自我复制并进行传播的程序。计算机病毒是一种特殊的程序, 区别于通常的程序, 具有以下特点: 寄生性、隐蔽性、非法性、传染性、针对性、衍生性和破坏性。

二、病毒程序的构成和作用机制

病毒程序通常由装入部分、传染部分和破坏部分组成, 分别执行下述三种操作之一。

- 绝大多数病毒程序都常驻内存。
- 在一定条件下, "复制"病毒程序, 即所谓的"传染""感染"。
- 在一定条件下进行破坏活动, 又称为"表现"。

注意: 有极个别病毒没有装入部分, 有少数病毒没有表现部分。

三、计算机病毒的类型

计算机病毒按照病毒程序的寄生方式和它对于系统的侵入方式,主要有下面几类。

(1) 系统引导型病毒(也称为初始化病毒):该病毒寄生于磁盘上用来引导系统的引导区(BOOT 区或硬盘主引导区),借助于系统引导过程进入系统,常称为 BOOT 型病毒。

(2) 文件外壳型病毒:该病毒寄生于程序文件中,当程序被装入内存执行时,病毒程序进入系统且被首先执行。

(3) 混合型病毒:混合型病毒在寄生方式、进入系统方式和传染方式上,兼有系统引导型病毒和文件外壳型病毒两者的特点。通常病毒传染并寄生于硬盘主引导区和程序文件中。

(4) 目录型病毒:这种病毒通过装入与病毒相关的文件进入系统。它所改变的只是相关文件的目录项,而不改变相关文件。

(5) 宏病毒:Word 宏病毒是利用 Word 提供的宏功能,将病毒程序插入带有宏的 DOC 文件或 DOT 文件中。

四、计算机病毒的防治

对于计算机病毒,不仅要预防,而且应当主动发现病毒并及时清除。主要措施有以下几点。

- 切断传播途径,对被感染的硬盘和机器进行彻底的消毒处理,不使用来历不明的软盘、U 盘和程序,不随意下载网络资源等。
- 安装有效的防毒、杀毒软件。
- 建立安全管理制度,对重要部门和重要信息做好开机查毒,及时备份数据。
- 提高网络反病毒能力。

五、计算机犯罪及其防范

对于计算机犯罪,目前我国有两种定义:一种是"与计算机相关的危害社会并应当处以刑罚的行为",另一种是"以计算机为工具或以计算机资产为对象实施的犯罪行为"。

计算机犯罪与计算机技术密切相关,是一种高技术犯罪,与传统的犯罪活动有很大不同,其主要特点如下。

- 参与犯罪活动的人大多是掌握一定计算机技术、从事数据处理活动的人员,并且往往掌握一些核心机密。
- 通常以系统数据(信息)为直接攻击目标;作案工具往往是功能强大的计算机系统;作案范围则不受时间、地点限制,可以跨地区、跨国作案,出现国际化趋势。
- 犯罪活动可以在瞬间完成,作案时间短,往往不留痕迹,侦破难度大。
- 作案所冒风险很小,而非法获利很大,使一些其他犯罪逐步转向计算机犯罪。
- 犯罪活动危害极大,可造成严重损失,影响面很广。
- 计算机犯罪与正常活动虽然有实质性的不同,但技术方法只有很小的差别,使得大量计算机犯罪都以正常活动作为伪装,难以防止。

计算机犯罪有以下五类:向计算机系统装入欺骗性数据或记录;未经批准使用计算机信息资源;篡改或窃取信息或文件;盗窃或诈骗系统管理的钱财;破坏计算机资产。

7.2.8　网络安全

一、网络安全涉及的主要内容

网络安全涉及的主要内容如下。

(1) 运行系统安全，即保证信息处理和传输系统的安全，包括计算机系统机房环境和系统设备的保护、计算机结构设计上的安全性考虑、硬件系统的可靠安全与运行、计算机操作系统和应用软件的安全、数据库系统的安全、电磁信息泄露的防护等。

(2) 信息系统的安全，包括用户口令鉴别、用户存取权限限制、方式控制、安全审计、安全问题跟踪、计算机病毒防治、数据加密等。

(3) 信息传播的安全，即信息传播后果的安全，包括信息选择、不良信息的过滤等。它侧重于防止和控制非法、有害信息传播的后果。

(4) 信息内容的安全，即狭义的信息安全。它侧重于保护信息的保密性、真实性、完整性。

二、网络安全技术

网络安全技术主要有以下两种。

(1) 主动防御保护技术，主要有：数据加密、身份认证、访问控制、权限设置和虚拟专用网络划分、物理保护及安全管理等。

(2) 被动防御保护技术，主要有：防火墙技术、入侵检测技术、安全扫描技术和审计跟踪等。

7.2.9　访问控制

访问控制，又称存取控制，是指用各种方式控制用户的使用权限和文件、程序或其他数据的使用方式。

在访问控制中，主体是访问的发起者，一般是进程、程序或用户。客体是指对其访问必须被控制的各种资源，例如，文件、设备等。可对客体进行操作的能力称为访问权限。访问权限控制哪些用户可以读取、更改文件或目录。

目前访问控制的主要策略有自主访问控制、强制访问控制和基于角色的访问控制。

用户名或用户账户及口令是所有计算机系统中最基本的安全形式。用户要进入系统，必须输入自己的用户名和正确的口令。一般情况下，用户的口令被加密。

7.2.10　加密与解密

数据加密就是对明文(原始数据)按照某种加密算法进行变换，形成密文。使用数据时，又要将密文恢复成明文，这是解密。解密是加密的逆变换。

加密和解密时需要使用到算法和密钥。密钥用来对数据进行编码和解码。如果不知道密钥，拿到密文也无法了解其真实意义，从而达到数据保护的目的。数据加密技术可分为对称加密和非对称加密。

　　加密和解密时使用相同密钥的称为对称加密，即发送方使用密钥和加密算法加密数据，接收方用同样的密钥和相应的解密算法来解密。其代表算法有数据加密标准(DES)和国际数据加密算法(IDEA)。

　　使用不同密钥的称为非对称加密，非对称加密使用两个密钥：公开密钥和私有密钥。公开密钥和私有密钥是一对，如果用公开密钥加密，则只能用对应的私有密钥解密；如果用私有密钥加密，也只能用对应的公开密钥解密。其实现过程如下：甲方生成一对密钥并将其中的一把作为公开密钥发送给乙方，得到密钥的乙方用该密钥对信息加密后发送给甲方，甲方用自己的私有密钥解密。相对于对称加密，非对称加密的安全性更好，但是算法的复杂度太高。

7.3　真题详解

综合知识试题

试题 1　(2017 年下半年试题 5)

采用 IE 浏览器访问清华大学校园网主页时，正确的地址格式　(5)　。

(5)　A．smtp://www.tsinszhua.edu.cn　　　B．http://www.tsinghua.edu.cn

　　　C．smtp:\\www.tsinghua.edu..cn　　　D．http\\www.tsingghua.edu.cn

参考答案：(5)B

要点解析：超文本传输协议(Hyper Text Transfer Protocol，HTTP)是 WWW 客户机与 WWW 服务器之间的应用层传输协议，是一种面向对象的协议。

页面地址 URL 由三部分组成：协议类型、主机名和路径及文件名。例如：http://www.tsinghua.edu.cn 为清华大学校园主页的页面地址。

试题 2　(2017 年下半年试题 66)

HTTP 协议的默认端口号是　(66)　。

(66) A．23　　　　　B．25　　　　　C．80　　　　　D．110

参考答案：(66)C

要点解析：超文本传输协议(HTTP，HyperText Transfer Protocol)是互联网上应用最为广泛的一种网络协议。所有的 WWW 文件都必须遵守这个标准。HTTP 是一个客户端和服务器端请求和应答的标准(TCP)。客户端是终端用户，服务器端是网站。通过使用 Web 浏览器、网络爬虫或者其他的工具，客户端发起一个到服务器上指定端口(默认端口为 80)的 HTTP请求。

试题 3　(2017 年下半年试题 67)

某学校为防止网络游戏沉迷，通常采用的方式不包括　(67)　。

(67) A．安装上网行为管理软件　　　B．通过防火墙拦截规则进行阻断

　　　C．端品扫描，关闭服务器端口　　　D．账户管理，限制上网时长

参考答案：(67)C

要点解析：一台服务器为什么可以同时是 Web 服务器，也可以是 FTP 服务器，还可以是邮件服务器等，其中一个很重要的原因是各种服务采用不同的端口分别提供不同的服务，比如：通常 TCP/IP 协议规定 Web 采用 80 号端口，FTP 采用 21 号端口等，而邮件服务器是采用 25 号端口。这样，通过不同端口，计算机就可以与外界进行互不干扰的通信。网络端口一般是为了保证计算机安全。

试题 4　(2017 年下半年试题 68)

在 Web 浏览器的地址栏中输入 http://www.abc.com/jx/jy.htm 时，表明要访问的主机名是　(68)　。

(68) A. http　　　　　B. www　　　　　C. abc　　　　　D. jx

参考答案：(68)C

要点解析：域名地址：　protocol ://hostname[:port] /path /filename

其中，protocol 指定使用的传输协议，最常见的是 HTTP 或者 HTTPS 协议，也可以有其他协议，如 file、ftp、gopher、mms、ed2k 等；

Hostname 是指主机名，即存放资源的服务域名或者 IP 地址。

Port 是指各种传输协议所使用的默认端口号，例如 http 的默认端口号为 80，一般可以省略。

Path 是指路径，由一个或者多个"/"分隔，一般用来表示主机上的一个目录或者文件地址；filename 是指文件名，该选项用于指定需要打开的文件名称。

一般情况下，一个 URL 可以采用"主机名.域名"的形式打开指定页面，也可以单独使用"域名"来打开指定页面，但是这样实现的前提是需进行相应的设置和对应。

试题 5　(2017 年下半年试题 69)

在 Windows 系统中，要查看 DHCP 服务器分配给本机的 IP 地址，使用　(69)　命令。

(69) A. ipconfig /all　　B. netstat　　　　C. nslookup　　　　D. tracert

参考答案：(69)A

要点解析：ipconfig 是调试计算机网络的常用命令，通常大家使用它显示计算机中网络适配器的 IP 地址、子网掩码及默认网关。

试题 6　(2017 年下半年试题 70)

邮箱客户端软件使用　(70)　协议从电子邮件服务器上获取电子邮件。

(70) A. SMTP　　　　B. POP3　　　　C. TCP　　　　D. UDP

参考答案：(70)B

要点解析：客户端代理是提供给用户的界面，在电子邮件系统中，发送邮件通常使用 SMTP 协议，而接收邮件通常使用 POP3 协议。

试题 7　(2017 年上半年试题 5)

统一资源地址(URL)http://www.xyz.edu.cn/index.html 中的 http 和 index.html 分别表示　(5)　。

(5) A. 域名、请求查看的文档名

　　 B. 所使用的协议、访问的主机

  C．访问的主机、请求查看的文档名

  D．所使用的协议、请求查看的文档名

参考答案：(5)D

要点解析：超文本传输协议(HTTP，HyperText Transfer Protocol)是互联网上应用最为广泛的一种网络协议。HTML 文件即超文本标记语言文件，是由 HTML 命令组成的描述性文本。超文本标记语言，标准通用标记语言下的一个应用。超文本(html)就是指页面内可以包含图片、链接，甚至音乐、程序等非文字元素。超文本标记语言的结构包括头部分(英语：Head)和主体部分(英语：Body)，其中头部提供关于网页的信息，主体部分提供网页的具体内容。

试题 8 (2017 年上半年试题 66)

  HTML 语言中，可使用表单<input>的 __(66)__ 属性限制用户可以输入的字符数量。

  (66) A．text   B．size   C．value   D．maxlength

参考答案：(66)D

要点解析：size number_of_char 定义输入字段的宽度，maxlength 用于确定最大字符数量。

试题 9 (2017 年上半年试题 67)

  为保证安全性，HTTPS 采用 __(67)__ 协议对报文进行封装。

  (67) A．SSH   B．SSL   C．SHA-l   D．SET

参考答案：(67)B

要点解析：为了数据传输的安全，HTTPS 在 HTTP 的基础上加入了 SSL 协议，SSL 依靠证书来验证服务器的身份，并为浏览器和服务器之间的通信加密。SSH 为 Secure Shell 的缩写，由 IETF 的网络小组(Network Working Group)所制定；SSH 为建立在应用层基础上的安全协议。SSH 是目前较可靠，专为远程登录会话和其他网络服务提供安全性的协议。利用 SSH 协议可以有效防止远程管理过程中的信息泄露问题。

试题 10 (2017 年上半年试题 68)

  PING 发出的是 __(68)__ 类型的报文，封装在 IP 协议数据中传送。

  (68) A．TCP 请求   B．TCP 响应

     C．ICMP 请求与响应   D．ICMP 源点抑制

  参考答案：(68)C

要点解析：Ping 发送一个 ICMP(Internet Control Messages Protocol)即因特网信报控制协议；回声请求消息给目的地并报告是否收到所希望的 ICMPecho (ICMP 回声应答)。它是用来检查网络是否通畅或者网络连接速度的命令。

试题 11 (2017 年上半年试题 69)

  SMTP 使用的传输协议是 __(69)__ 。

  (69) A．TCP   B．IP   C．UDP   D．ARP

  参考答案：(69)A

要点解析：SMTP 是一种 TCP 协议支持的提供可靠且有效的电子邮件传输的应用层协议。

试题 12 (2017 年上半年试题 70)

下面地址中可以作为源地址但是不能作为目的地址的是 __(70)__ 。

(70) A．0.0.0.0   B．127.0.0.1

      C．202.225.21.1/24   D．202.225.21.255/24

参考答案： (70)A

要点解析： 每一个字节都为 0 的地址(0.0.0.0)对应于当前主机，即源地址。

试题 13 (2016 年上半年试题 5)

电子邮件地址"linxin@mail.Ceiaec.org"中的 linxin、@和 mail.ceiaec.org 分别表示用户信箱的 __(5)__ 。

(5) A．账号、邮件接收服务器域名和分隔符

     B．账号、分隔符和邮件接收服务器域名

     C．部件接收服务器域名、分隔符和账号

     D．邮件接收服务器域名、账号和分隔符

参考答案： (5)B

要点解析： 电子邮件地址"linxin@mail.ceiaec.org"由三部分组成。第一部分"linxin"代表用户信箱的账号，对于同一个邮件接收服务器来说，这个账号必须是唯一的；第二部分@是分隔符；第三部分"mail.ceiaec.org"是用户信箱的邮件接收服务器域名，用以标识其所在的位置。

试题 14 (2016 年上半年试题 66)

HTML 页面的"<title>主页</title>"代码应写在 __(66)__ 标记内。

(66) A．<body></body>   B．<head></head>

      C．<font></font>   D．<frame></frame>

参考答案： (66)B

要点解析： 本题考查 HTML 语言方面的基础知识。

一个完整的 HTML 代码，拥有<html></html>、<title></title>、<head></head>、<font></font>和<frame></frame>等众多标签，这些标签中，不带斜杠的是起始标签，带斜杠的是结束标签，这些标签的作用分别如下。

<html></html>标签中放置的是一个 HTML 文件的所有代码。

<body></body>标签中放置的是一个 HTML 文件的主体代码，网页的实际内容的代码，均放置于该标签内。

<title></title>标签中放置的是一个网页的标题。

<font></font>标签用于设置网页中文字的字体。

<frame></frame>标签中放置的是网页中的框架内容。

<head></head>标签中放置的是网页的头部，包括网页中所需要的标题等内容。

这些标签的相互包含关系如下。

```
<html>
<head>
<title>
```

```
  </title>
  </head>
  <body>
  <font></font>
  <frame></frame>
  </body>
  </html>
```

试题15 (2016年上半年试题67)

有以下 HTML 代码,在浏览器中显示正确的是 __(67)__ 。

```
<table border="1">
<tr>
  <th>Name</th>
  <th colspan="2">Tel</th>
</tr>
<tr>
  <td>Laura Welling</td>
  <td>555 77 854</td>
  <td>555 77 854</td>
</tr>
</table>
```

(67) A.

Name	Tel	
Laura Wellington	555 77 854	555 77 855

B.

Name	Tel	Tel
Laura Wellington	555 77 854	555 77 855

C.

Name	Laura Wellington
Tel	555 77 854
Tel	555 77 855

D.

Name	Laura Wellington
Tel	555 77 854
	555 77 855

参考答案:(67)A

要点解析:本题考查 HTTPS 基础知识。

HTTPS(Hyper Text Transfer Protocol over Secure Socket Layer),是以安全为目标的 HTTP

通道，即使用 SSL 加密算法的 HTTP。

试题 16　(2016 年上半年试题 68)

传输经过 SSL 加密的网页所采用的协议是　(68)　。

(68) A. HTTP　　　　　B. HTTPS　　　　C. S-HTTP　　　　D. HTTP-S

参考答案：(68)B

要点解析：HTTPS(Hyper Text Transfer Protocol over Secure Socket Layer)，是以安全为目标的 HTTP 通道，即使用 SSL 加密算法的是 HTTP。

试题 17　(2016 年上半年试题 69)

动态主机配置协议(DHCP)的作用是　(69)　；DHCP 客户机如果收不到服务器分配的 IP 地址，则会获得一个自动专用的 IP 地址(APIPA)，如 169.254.0.X。

(69) A. 为客户机分配一个永久的 IP 地址

　　 B. 为客户机分配一个暂时的 IP 地址

　　 C. 检测客户机地址是否冲突

　　 D. 建立 IP 地址与 MAC 地址的对应关系

参考答案：(69)B

要点解析：动态主机配置协议(DHCP)的作用是为客户机分配一个暂时的 IP 地址，DHCP 客户机如果收不到服务器分配的 IP 地址，则在自动专用 IP 地址 APIPA(169.254.0.0/16)中随机选取一个(不冲突的)地址。

试题 18　(2017 年上半年试题 14~15)

2017 年 5 月，全球的十几万台电脑受到勒索病毒 WannaCry 的攻击，电脑被感染后文件会被加密锁定，从而勒索钱财。在该病毒中，黑客利用　(14)　实现攻击，并要以　(15)　方式支付。

(14) A. Windows 漏洞　　　　　　　B. 用户弱口令

　　 C. 缓冲区溢出　　　　　　　　D. 特定网站

(15) A. 现金　　　B. 微信　　　C. 支付宝　　　D. 比特币

参考答案：(14)A　　(15)D

要点解析：WannaCry(又叫 WannaDecryptor)，一种"蠕虫式"的勒索病毒软件，大小 3.3MB，由不法分子利用 NSA(NationalSecurityAgency，美国国家安全局)泄露的危险漏洞 "EternalBlue"(永恒之蓝)进行传播。当用户主机系统被该勒索软件入侵后，弹出如下勒索对话框，提示勒索目的并向用户索要比特币。而对于用户主机上的重要文件，如照片、图片、文档、压缩包、音频、视频、可执行程序等几乎所有类型的文件，都被加密的文件后缀名被统一修改为".WNCRY"。目前，安全业界暂未能有效破除该勒索软件的恶意加密行为，用户主机一旦被勒索软件渗透，只能通过重装操作系统的方式来解除勒索行为，但用户重要数据文件不能直接恢复。

WannaCry 主要利用了微软"视窗"系统的漏洞，以获得自动传播的能力，能够在数小时内感染一个系统内的全部电脑。

试题 19 (2017 年下半年试题 16)

以下关于防火墙功能特性的说法中,错误的是 __(16)__ 。

(16) A. 控制进出网络的数据包和数据流向

B. 提供流量信息的日志和审计

C. 隐藏内部 IP 以及网络结构细节

D. 提供漏洞扫描功能

参考答案: (16)D

要点解析: 防火墙认为内部网是可信赖的,而外部网是不安全和不信任的。本题考查防火墙的基本概念。

防火墙是指一种逻辑装置,用来保护内部的网络不受来自外界的侵害。它在内部网与外部网之间的界面上构造一个保护层,并强制所有的连接都必须经过此保护层,在此进行检查和连接。只有被授权的通信才能通过此保护层,从而保护内部网资源免遭非法入侵。防火墙主要用于实现网络路由的安全性。其主要功能包括:限制外部网对内部网的访问,从而保护内部网特定资源免受非法侵犯;限制内部网对外部网的访问,主要是针对一些不健康信息及敏感信息的访问;过滤不安全的服务等。但是防火墙对内网病毒传播无法控制。

试题 20 (2017 年上半年试题 17)

防火墙不能实现 __(17)__ 的功能。

(17) A. 过滤不安全的服务   B. 控制对特殊站点的访问

C. 防止内网病毒传播   D. 限制外部网对内部网的访问

参考答案: (17)C

要点解析: 防火墙无法防止内网的病毒传播,只隔离在内外网之间,无法解决内网病毒问题。

试题 21 (2017 年上半年试题 18)

DDOS(Distributed Denial of Service)攻击的目的是 __(18)__ 。

(18) A. 窃取账号   B. 远程控制其他计算机

C. 篡改网络上传输的信息   D. 影响网络提供正常的服务

参考答案: (18)D

要点解析: DDOS 的中文名叫分布式拒绝服务攻击,俗称洪水攻击,DOS 的攻击方式有很多种,最基本的 DOS 攻击就是利用合理的服务请求来占用过多的服务资源,从而使合法用户无法得到服务的响应。

试题 22 (2016 年下半年试题 17)

下列病毒中,属于后门类病毒的是 __(17)__ 。

(17) A. Trojan.Lmir.PSW.60   B. Hack.Nether.Client

C. Macro.word97   D. Script.Redlof

参考答案: (17)B

要点解析: 一般地,根据计算机病毒的发作方式和原理,在病毒名称前面加上相应的代码以表示该病毒的制作原理和发作方式。

例如，以 Trojan.开始的病毒一般为木马病毒，以 VBS.、JS.、Script.开头的病毒一般为脚本病毒，以 Worm.开头的一般为蠕虫病毒等。

试题 23 (2016 年下半年试题 18)

安全的电子邮件协议为　(18)　。

(18) A．MIME　　　　B．PGP　　　　C．POP3　　　　D．SMTP

参考答案： (18)B

要点解析： PGP(Pretty Good Privacy)，是一个基于 RSA 公钥加密体系的邮件加密软件，提供一种安全的通信方式。

7.4 强化训练

7.4.1 综合知识试题

试题 1

SNMP 属于 OSI/RM 的　(1)　协议。

(1) A．管理层　　　B．应用层　　　C．传输层　　　D．网络层

试题 2

　(2)　是正确的电子邮件地址格式。

(2) A．用户名@域名　　　　　　B．用户名\域名
    C．用户名#域名　　　　　　D．用户名.域名

试题 3

某客户机在访问页面时出现乱码的原因可能是　(3)　。

(3) A．浏览器没安装相关插件　　　B．IP 地址设置错误
    C．DNS 服务器设置错误　　　　D．默认网关设置错误

试题 4

在 HTML 文件中，　(4)　标记在页面中显示 work 为斜体字。

(4) A．<pre>work</pre>　　　　　B．<u>work</u>
    C．<i>work</i>　　　　　　　D．work

试题 5

用户的电子邮箱是在　(5)　的一块专用的存储区。

(5) A．用户计算机内存中　　　　B．用户计算机硬盘上
    C．邮件服务器内存中　　　　D．邮件服务器硬盘上

试题 6

"　(6)　"是访问某网站的正确网址。

(6)　A．www.rkb.gov.cn　　　　　　B．xyz@ceiaec.org

　　　C．ceiaec.org\index.htm　　　　D．ceiaec.org@index.htm

试题 7

HTML 语言中，可使用 __(7)__ 标签将脚本插入 HTML 文档。

(7)　A．<language>　　B．<script..>　　C．<javascript..>　　　D．<vbscript..>

试题 8

HTML 中，以下<input>标记的 type 属性值 __(8)__ 在浏览器中的显示不是按钮形式。

(8)　A．submit　　　　B．button　　　　C．password　　　D．reset

试题 9

在浏览器地址栏中输入 __(9)__ 可访问 FTP 站点 fp.abc.com。

(9)　A．ftp.abc.com　　　　　　　　B．ftp://ftp.abc.com

　　　C．http://ftp.abc.com　　　　　　D．http://www.ftp.abc.com

试题 10

匿名 FTP 访问通常使用 __(10)__ 作为用户名。

(10)　A．guest　　　　B．user　　　　C．administrator　D．anonymous

试题 11

http://www.rkb.gov.cn 中的"gov"代表的是 __(11)__ 。

(11)　A．民间组织　　B．商业机构　　C．政府机构　　　D．高等院校

试题 12

某主机的 IP 地址为 200.15.13.12/22，其子网掩码是 __(12)__ 。

(12)　A．255.255.248.0　B．255.255.240.0　C.255.255.252.0　D．255.255.255.0

试题 13

下列网络互联设备中，属于物理层的是 __(13)__ 。

(13)　A．中继器　　　　B．交换机　　　　C．路由器　　　　D．网桥

试题 14

包过滤防火墙对数据包的过滤依据不包括 __(14)__ 。

(14)　A．源 IP 地址　　B．源端口号　　C．MAC 地址　　　D．目的 IP 地址

试题 15

下列选项中，不属于 HTTP 客户端的是 __(15)__ 。

(15)　A．IE　　　　　　B．Netscape　　　C．Mozilla　　　　D．Apache

试题 16

防火墙通常分为内网、外网和 DMZ 三个区域，按照受保护程度，从低到高正确的排列次序为 __(1)__ 。

(1)　A．内网、外网和 DMZ　　　　　　B．外网、DMZ 和内网

　　C．DMZ、内网和外网　　　　　　　D．内网、DMZ 和外网

试题 17

安全传输电子邮件通常采用　(2)　系统。

(2) A．S-HTTP　　　B．PBP　　　　C．SET　　　D．SSL

试题 18

不属于系统安全性保护技术措施的是　(3)　。

(3) A．数据加密　　　B．负荷分布　　　C．存取控制　　　D．用户鉴别

试题 19 和试题 20

数字签名通常采用　(4)　对消息摘要进行加密，接收方采用　(5)　来验证签名。

(4) A．发送方的私钥　　　　　　　　B．发送方的公钥

　　C．接收方的私钥　　　　　　　　D．接收方的公钥

(5) A．发送方的私钥　　　　　　　　B．发送方的公钥

　　C．接收方的私钥　　　　　　　　D．接收方的公钥

试题 21

以下关于网络攻击的叙述中，错误的是　(6)　。

(6) A．钓鱼网站通过窃取用户的账号、密码来进行网络攻击

　　B．向多个邮箱群发同一封电子邮件是一种网络攻击行为

　　C．采用 DoS 攻击使计算机或网络无法提供正常的服务

　　D．利用 Sniffer 可以发起网络监听攻击

试题 22

能防范重放攻击的技术是　(7)　。

(7) A．加密　　　B．数字签名　　　C．数字证书　　　D．时间戳

试题 23

某网站向 CA 申请了数字证书，用户通过　(8)　来验证网站的真伪。

(8) A．CA 的签名　　B．证书中的公钥　　C．网站的私钥　　D．用户的公钥

试题 24

下面关于加密的说法中，错误的是　(9)　。

(9) A．数据加密的目的是保护数据的机密性

　　B．加密过程是利用密钥和加密算法将明文转换成密文的过程

　　C．选择密钥和加密算法的原则是保证密文不可能被破解

　　D．加密技术通常分为非对称加密技术和对称加密技术

试题 25

下面关于防火墙功能的说法中，不正确的是　(10)　。

(10) A．防火墙能有效防范病毒的入侵

　　　B．防火墙能控制对特殊站点的访问

  C. 防火墙能对进出的数据包进行过滤

  D. 防火墙能对部分网络攻击行为进行检测和报警

7.4.2 综合知识试题参考答案

【试题1】答案：(1)B

解析：SNMP属于OSI/RM的应用层协议。

【试题2】答案：(2)A

解析：本题考查收发电子邮件地址格式方面的基础知识。

电子邮件地址格式是用户名和域名之间用符号"@"分隔。

【试题3】答案：(3)A

解析：若出现IP地址设置错误或默认网关设置错误，会导致不能访问Internet，访问不到页面，不会在页面中出现乱码的情况。若DNS服务器设置错误，要么采用域名访问，结果是访问不到页面；要么采用IP地址访问，都不会在页面中出现乱码的情况。

【试题4】答案：(4)C

解析：在HTML中，<u> </u>标记定义在页面中显示文字为带下划线样式，<i> </i>标记定义在页面中显示文字为斜体字样式，<b></b>标记定义在页面中显示文字为加粗样式。<pre> </pre>标记的作用是可定义预格式化的文本。被包围在pre标记中的文本通常会保留空格和换行符，而文本也会呈现为等宽字体。

【试题5】答案：(5)D

解析：电子邮箱是经用户申请后由邮件服务机构为用户建立的。建立电子邮箱就是在其邮件服务器的硬盘上为用户开辟一块专用的存储空间，存放该用户的电子邮件。

【试题6】答案：(6)A

解析：选项A是访问某网站的正确网址；选项B是E-mail地址格式；选项C和选项D的分隔符"\"和"@"错误。

【试题7】答案：(7)B

解析：在HTML语言中，可以通过<script>标签来定义客户端脚本。

【试题8】答案：(8)C

解析：HTML语言中<input>标记含有多种属性，其中type属性用于规定input元素的类型，包含button、checkbox、hidden、image、password、reset、submit、text等几种，其中：

button用于定义可点击的按钮；

checkbox用于定义文档中的复选框；

hidden用于定义隐藏的输入字段；

image用于定义图像形式的提交按钮；

password用于定义密码字段，该字段中的字符将被掩码；

reset用于定义重置按钮，重置按钮可以清除表单中的所有数据；

submit用于定义提交按钮，该按钮可以将表单数据发送至服务器；

text用于定义单行的输入字段，用户可在其中输入文本，默认宽度为20个字符。

【试题9】答案：(9)B

解析：在浏览器地址栏中输入ftp://abc.com可访问FTP站点ftp.abc.com，若输入ftp.abc.com，默认协议是http。

【试题 10】答案：(10)D

解析：匿名 FTP 访问通常使用的用户名是 anonymous。

【试题 11】答案：(11)C

解析：网络域名中民间组织用 org，商业机构用 com，政府机构用 gov，高等院校用 edu。

【试题 12】答案：(12)C

解析：依题意，主机地址需要 22 位子网掩码，即 11111111.11111111.11111100.00000000 =255.255.252.0。

【试题 13】答案：(13)A

解析：中继器又叫转发器，是两个网络在物理层上的连接，用于连接具有相同物理层协议的局域网，是局域网互联的最简单的设备。

【试题 14】答案：(14)C

解析：数据包过滤是通过对数据包的 IP 头和 TCP 头或 UDP 头的检查来实现的，主要信息有：源 IP 地址、目标 IP 地址、TCP 或 UDP 包的源端口、TCP 或 UDP 包的目标端口等，不包括 MAC 地址。

【试题 15】答案：(15)D

解析：IE、Netscape 和 Mozilla 都是客户端常用的浏览器，而 Apache 则是服务器端。所以本题答案为 D。

【试题 16】答案：(1)B

解析：防火墙通常分为内网、外网和 DMZ 三个区域，按照默认受保护程度，从低到高正确的排列次序为外网、DMZ 和内网。

【试题 17】答案：(2)B

解析：S-HTTP 用以传输网页，SET 是安全电子交易，SSL 是安全套接层协议，PGP 是安全电子邮件协议。

【试题 18】答案：(3)B

解析：系统安全性保护技术措施主要包括数据加密、存取控制和用户鉴别。负荷分布技术通常是指将信息系统的信息处理、数据处理以及其他信息系统管理功能分布在多个设备单元上。

【试题 19 和试题 20】答案：(4) A　(5) B

解析：数字签名通常需要对消息进行哈希(Hash)运算，提取摘要，然后对摘要采用发送方的私钥进行加密，接收方采用发送方的公钥来验证签名的真伪。

【试题 21】答案：(6)B

解析：网络攻击的手段多种多样，常见的形式包括口令入侵、放置特洛伊木马程序、DoS 攻击、端口扫描、网络监听、欺骗攻击、电子邮件攻击等。钓鱼网站属于欺骗攻击中的 Web 欺骗，Web 欺骗允许攻击者创造整个 WWW 世界的影像复制。影像 Web 的入口进入到攻击者的 Web 服务器，经过攻击者机器的过滤作用，允许攻击者监控受攻击者的任何活动，包括账户和口令。电子邮件攻击主要表现为向目标信箱发送电子邮件炸弹。所谓的邮件炸弹实质上就是发送地址不详且容量庞大的邮件垃圾。而多个邮箱群发同一封电子邮件不一定是攻击行为。所以答案是 B。

【试题 22】答案：(7)D

解析：本题考查的是信息安全与系统性能的知识，数字时间戳技术就是数字签名技术的一种变种应用,可以用它来防范重放攻击。

【试题23】答案:(8)A

解析:本题考查的是信息安全与系统性能的知识,如果网站申请了数字证书,用户可以通过 CA 签名来验证网站的真伪。

【试题24】答案:(9)C

解析:密码系统的两个基本要素是加密算法和密钥管理。加密算法是一些公式和法则,它规定了明文和密文之间的变换方法。数据加密的目的是保护数据的机密性,但选择密钥和加密算法的原则并不是保证密文不可能被破解。

【试题25】答案:(10)A

解析:防火墙能够对进出内部网络的数据进行过滤等相应处理,但不能有效防范病毒的入侵。

第 8 章

标准化和知识产权

8.1 备考指南

8.1.1 考纲要求

根据考试大纲中相应的考核要求，在"标准化和知识产权"模块中，要求考生掌握以下几方面的内容。

(1) 标准化的基本概念。

(2) 国际标准、国家标准、行业标准、企业标准基础知识。

(3) 代码标准、文件格式标准、安全标准、软件开发规范和文档标准基础知识。

(4) 标准化机构。

(5) 知识产权的概念、特点。

(6) 计算机软件著作权的权利、归属、侵权的鉴别、商业秘密权。

(7) 专利权。

8.1.2 考点统计

"标准化和知识产权"模块在历次程序员考试试卷中出现的考核知识点及分值分布情况如表 8-1 所示。

表8-1　历年考点统计表

年　份	题　号	知　识　点	分　值
2017年 下半年	上午题：17~18	计算机软件著作权的权利、软件文档著作权	2分
	下午题：无		0分
2017年 上半年	上午题：12~13	知识产权基础知识、计算机软件著作权的权利	2分
	下午题：无		0分
2016年 下半年	上午题：12~13	商标权、发明创造专利的申请	2分
	下午题：无		0分
2016年 上半年	上午题：12~13	软件著作权	2分
	下午题：无		0分
2015年 下半年	上午题：12~13	软件著作权、翻译权、商业秘密权	2分
	下午题：无		0分

8.1.3　命题特点

纵观历年试卷，本章知识点是以选择题、计算题、简答题的形式出现在试卷中的。本章知识点在历次考试的"综合知识"试卷中，所考查的题量为2~3道选择题，所占分值为2~3分(占试卷总分值75分中的2.67%~4%)。大多数试题偏重于理解记忆，检验考生是否识记相关的法律法规，考试难度中等。

8.2　考点串讲

8.2.1　标准化的基本知识

一、标准化的基本概念

1. 标准和标准化的概念

标准是对重复性事物或概念所做的统一规定。标准以科技和实践经验的综合成果为基础，以获得最佳秩序和促进最佳社会效益为目的，经相关方面协商一致，由主管机构批准，并以规则、指南或特性的文件形式发布，作为共同遵守的准则和依据。其主要形式有规范和规程。

标准化是在社会实践中，以改进产品、过程和服务的适用性，防止贸易壁垒，推进技术合作，达到最大社会效益为目的，对重复性事物或概念通过制定、发布和实施标准，达到统一，获得最佳秩序和社会效益的过程。标准化工作的任务是制定标准、组织实施标准和对标准的实施进行监督。

2. 标准化的范围和对象

标准化的范围包括生产、经济、技术、科学及管理等社会实践中具有重复性的事物和概念以及需要建立统一技术要求的各个领域。《标准化法》中规定，对下列需要统一的技术要求，应当制定标准。

(1) 工业产品的品种、规格、质量、等级或者安全、卫生要求。

(2) 工业产品的设计、生产、试验、检验、包装、储存、运输、使用的方法或者生产、储存、运输过程中的安全、卫生要求。

(3) 有关环境保护的各项技术要求和检验方法。

(4) 建设工程的勘察、设计、施工、验收的技术要求和方法。

(5) 有关工业生产、工程建设和环境保护的技术术语、符号、代号、制图方法、互换配合要求。

(6) 农业产品的品种、规格、质量、等级、检验、包装、储存、运输以及生产技术、管理技术的要求。

(7) 信息、能源、资源、交通运输的技术要求。

3. 标准化的实质

标准化的实质是通过标准的制定、发布和实施而达到统一。统一是为了保证事物发展所必需的秩序和效率，使事物的形成、功能或其他特性，适合于一定时期和一定条件的一致性规范。

4. 标准化的目的

标准化的目的之一是建立最佳秩序，即建立一定环境和一定条件下的最合理秩序。通过标准化在社会生产组成部门之间进行协调，确立共同遵守的原则，建立稳定和最佳的生产、技术、安全、管理等秩序，使生产活动和经营活动井然有序。

标准化的另一目的是获得最佳效益。一定范围的标准，是按照一定范围内的技术效益和经济效益的目标制定出来的，它不仅考虑了标准在技术上的先进性，还考虑到经济上的合理性以及企业的最佳经济效益。一些工业发达国家把标准化作为企业经营管理、获取利润、进行竞争的法宝和秘密武器。

二、标准化过程的模式

1. 标准的制定

制定标准的过程，实质就是对人类社会实践经验的总结规范，每一个新标准的产生，都标志着某一领域或某项活动的经验被规范化。标准的产生过程一般包括调查研究、制订计划、起草标准、征求意见、审查、批准发布等阶段。ISO 和 IEC 是两个国际标准化组织，为规范国际标准的产生过程，发布了指导性文件，指导各国制定相应的国家标准。我国国家标准由国务院标准化行政主管部门编制计划，组织草拟，统一审批、编号、发布。

2. 标准的实施

标准的实施过程，实质就是推广和普及已被规范化的实践经验的过程。一般包括标准的宣传、贯彻执行和监督检查等。标准化活动是一项有组织的活动，通常，国家、区域或行业的标准化管理组织以及标准化团体，通过宏观管理，健全以国家标准、区域性标准、行业标准为主的标准文献资料，建立健全行业和企业标准备案管理制度，提高生产、经营和服务单位执行标准的自觉性。我国强制性标准的实施是通过强制性的监督检查来推动的，依法开展标准的实施与监督。《标准化法》《国家标准管理办法》等法规，规定了我国标准化工作的方针、政策、任务和标准化体制等，它们是我国推行标准化、实施标准化管理和监督的重要依据。

3. 标准的更新

对已经发布实施的标准的修订或再制定称为标准的更新。

1) 标准复审

已经发布实施的现有标准，经过一段时间后，需要对其内容进行再次审查，以确保其有效性、先进性和适用性。自标准实施之日起，至标准复审重新确定、修改或废止的时间，称为标准的有效期，也称为标龄。由于各个国家的情况不同，标准有效期也不同。例如，ISO的标准每5年复审1次，我国的国家标准有效期一般也为5年。

2) 标准确认

经复审后的标准，如果其内容仍符合当前科学技术水平并适合经济建设的需要，无须修改或只需作编辑性修改，可确认为继续有效。经确认的标准，在发布时，不改变标准的顺序号和年号。当标准再版时在封面写明××××年确认字样。

经过复审后的标准，如果其内容须完善和补充，只要对标准的条文、图、表等做少量修改补充，仍可继续使用的，则采用标准修改单的形式，对需要修改补充的内容予以完善后，按照标准的制定程序，经标准化主管单位批准发布。

3) 标准修订

经复审后的标准，如果其内容需要做较大修改才能适应生产和使用的需要以及科学技术发展的需要，则应作为修订项目。修订后的标准顺序号不变，年号改为重新修订发布时的年号。

三、标准的分类

1. 根据适用的范围分类

根据制定的机构和适用的范围，标准可分为国际标准、国家标准、区域标准、行业标准、企业标准及项目(课题)标准。

我国标准分为国家标准、行业标准、地方标准和企业标准四级。对需要在全国范围内统一的技术要求，应当制定国家标准。对没有国家标准而又需要在全国某个行业范围内统一的技术要求，可以制定行业标准。对没有国家标准和行业标准而又需要在省、自治区、直辖市范围内统一的工业产品的安全、卫生要求，可以制定地方标准。

企业生产的产品没有国家标准、行业标准和地方标准的，应当制定相应的企业标准，作为组织生产的依据。企业标准由企业组织制定，并按省、自治区、直辖市人民政府的规定备案。对已有国家标准、行业标准或者地方标准的，鼓励企业制定严于国家标准、行业标准或者地方标准要求的企业标准，在企业内部适用。

2. 根据标准的性质分类

根据标准的性质，标准可分为技术标准、管理标准和工作标准。

3. 根据标准化的对象和作用分类

根据标准化的对象和作用，标准可分为基础标准、产品标准、方法标准、安全标准、卫生标准、环境保护标准和服务标准。

4. 根据法律的约束性分类

国家标准、行业标准可以分为强制性标准和推荐性标准。在我国具有法律属性，在一定范围内通过法律、行政法规等手段强制执行的标准是强制性标准；其他标准是推荐性标准。

根据《国家标准管理办法》和《行业标准管理办法》的规定，下列标准属于强制性标准。

- 药品、食品卫生、兽药、农药和劳动卫生标准。
- 产品生产、储运和使用中的安全及劳动安全标准。
- 工程建设的质量、安全、卫生等标准。
- 环境保护和环境质量方面的标准。
- 有关国计民生方面的重要产品标准等。

推荐性标准又称为非强制性标准或自愿性标准，是指生产、交换、使用等方面，通过经济手段或市场调节而自愿采用的一类标准。这类标准，不具有强制性，任何单位均有权决定是否采用，违反这类标准，不构成经济或法律方面的责任。应当指出的是，推荐性标准一经接受并采用，或各方商定同意纳入经济合同中，就成为各方必须共同遵守的技术依据，具有法律上的约束性。

国家标准(GB)中的"T"是推荐的意思，例如，GB/T 13387—1992 该标准为推荐性标准。"T"的读音为汉语拼音中的"tui"。

四、标准的代号和编号

1. ISO 的代号和编号

ISO 的代号和编号的格式：ISO+标准号+[杠+分类号] +冒号+发布年号(方括号内的内容可有可无)。

2. 国家标准的代号和编号

强制性国家标准代号为 GB，推荐性国家标准的代号为 GB/T。
国家标准的编号由国家标准的代号、标准发布顺序号和标准发布年代号组成。
(1) 强制性国家标准：GB ××××—××××。
(2) 推荐性国家标准：GB/T ××××—××××。

3. 行业标准的代号和编号

行业标准代号由国家主管部门审查批准公布，已公布的有：QJ(航天)、SJ(电子)、JB(机械)、JR(金融系统)等。

行业标准编号由行业标准代号、标准发布顺序及标准发布年代号组成。

(1) 强制性行业标准：×× ××××—××××。

(2) 推荐性行业标准：××/T ××××—××××。

4. 地方标准的代号和编号

地方标准的代号：由大写字母 DB 加上省、自治区、直辖市行政区划代码的前两位数字，再加上"/T"组成推荐性地方标准，不加"/T"的为强制性标准。

地方标准的编号：由地方标准代号、地方标准发布顺序号、标准发布年代号组成，表示方法如下。

(1) 强制性地方标准：DB×× ×××—××××。

(2) 推荐性地方标准：DB××/T ×××—××××。

5. 企业标准的代号和编号

企业标准的代号由大写字母 Q 加斜线再加企业代号组成。

企业标准的编号由企业标准代号、标准发布顺序号和标准发布年代号组成，表示方法为：Q/××× ××××—××××。

五、国际标准和国外先进标准

1. 国际标准

国际标准是指国际标准化组织(ISO)、国际电工委员会(IEC)所制定的标准，以及 ISO 出版的《国际标准题内关键词索引(KWIC Index)》中收录的其他国际组织制定的标准。

2. 国外先进标准

国外先进标准是指国际上有权威的区域性标准，世界上经济发达国家的国家标准和通行的团体标准，主要有下述几种。

(1) 有国际权威的区域性标准：如欧洲标准化委员会(CEN)、欧洲电工标准化委员会(CENELEC)、欧洲广播联盟(EBU)、亚洲大洋洲开放系统互联研讨会(AOW)，亚洲电子数据交换理事会(ASEB)等制定的标准。

(2) 世界经济技术发达国家的国家标准：如美国国家标准(ANSI)、德国国家标准(DIN)、英国国家标准(BS)、日本国家标准(JIS)。

(3) 国际公认的行业性团体标准：如美国材料与实验协会标准(ASTM)、美国石油协会标准(API)、美国军用标准(MIL)等。

(4) 国际公认的先进企业标准：如美国 IBM 公司、美国 HP 公司、芬兰诺基亚公司等。

六、信息技术标准化

信息技术标准化是围绕信息技术开发、信息产品的研制和信息系统建设、运行与管理而开展的一系列标准化工作。其中主要包括信息技术术语、信息表示、汉字信息处理技术、媒体、软件工程、数据库、网络通信、电子数据交换、办公自动化、电子卡、家庭信息系统、信息系统硬件、工业计算机辅助技术等方面标准化。

七、ISO 9000 标准简介

ISO 9000 标准是一族标准的统称。根据 ISO 9000—1:1994 的定义："ISO 9000 族"是

由 ISO/TC176 制定的所有国际标准。TC176 是 ISO 的第 176 个技术委员会，它成立于 1980 年，全称是"品质保证技术委员会"，1987 年又更名为"品质管理和品质保证技术委员会"。TC176 专门负责制定品质管理和品质保证技术的标准。TC176 于 1986 年 6 月 15 日正式颁布了 ISO 8402《质量术语》标准，又于 1987 年 3 月正式公布了 ISO 9000 至 ISO 9004 五项标准，这五项标准和 ISO 8402:1986 一起统称为 ISO 9000 系列标准。经过全面修订，2000 年 12 月 15 日 ISO 9000:2000 系列标准正式发布实施。ISO 9000:2000 系列标准采用了以过程为基础的质量管理体系机构模式，在标准构思和标准目的等方面体现了具有时代气息的变化，还将持续改进的思想贯穿于整个标准，把组织的质量管理体系满足顾客要求的能力和程度体现在标准的要求之中。

1. ISO 9000:2000 系列标准文件结构

ISO 9000:2000 系列标准现有 15 项标准，有四个核心标准，一个支持标准，六个技术报告，三个小册子和一个技术规范构成，ISO 9000、ISO 9001、ISO 9004 和 ISO 19011 四项标准是 ISO 9000 族标准的核心标准。

2. ISO 9000:2000 核心标准简介

1)　《质量管理体系——基础和术语》(ISO 9000:2000)

《质量管理体系——基础和术语》(ISO 9000:2000)标准描述了质量管理体系的基础，并规定了质量管理体系的术语和基本原理。术语标准是讨论问题的前提，统一术语是为了明确概念，建立共同的语言。

2)　《质量管理体系——要求》(ISO 9001:2000)

《质量管理体系——要求》(ISO 9001:2000)标准提供了质量管理体系的要求，供组织证实其具有提供满足顾客要求和适用法规要求的产品的能力时使用。该标准是用于第三方认证的唯一质量管理体系要求标准，通常用于企业建立质量管理体系以及申请认证。

3)　《质量管理体系——业绩改进指南》(ISO 9004:2000)

《质量管理体系——业绩改进指南》(ISO 9004:2000)标准给出了改进质量管理体系业绩的指南，描述了质量管理体系应包括持续改进的过程，强调通过改进过程，提高组织的业绩，使组织的顾客及其他相关方满意。

4)　《质量管理体系和环境管理体系审核指南》(ISO 19011:2000)

《质量管理体系和环境管理体系审核指南》(ISO 19011:2000)标准为质量管理体系和环境管理体系审核的基本原则、审核方案的管理、环境和质量管理体系的实施以及对环境和质量管理体系评审员资格的要求。

8.2.2　知识产权基础知识

一、知识产权的概念与特点

1. 知识产权的概念

知识产权又称为智慧财产权，是指人们通过自己的智力活动创造的成果和经营管理活动中的经验、知识而依法所享有的权利。传统的知识产权可分为"工业产权"和"著作权"(版权)两类。

我国承认并以法律形式加以保护的主要知识产权为：著作权、专利权、商标权、商业秘密、其他有关知识产权。

1) 工业产权

工业产权包括专利、实用新型、工业品外观设计、商标、服务标记、厂商名称、产地标记或原产地名称、制止不正当竞争等项内容。此外，商业秘密、微生物技术、遗传基因技术等也属于工业产权保护的对象。发明、实用新型和工业品外观设计等属于创造性成果权利，它们都表现出比较明显的智力创造性。商标、服务标记、厂商名称、产地标记或原产地名称以及我国反不正当竞争法中规定的知名商品所特有的名称、包装、装潢等为识别性标记权利。

2) 著作权

著作权(又称为版权)是指作者对其创作的作品享有的人身权和财产权。它包括发表权、署名权、修改权和保护作品完整权、复制权、发行权、出租权、展览权、表演权、放映权、广播权、信息网络传播权、摄制权、改编权、翻译权、汇编权、应当由著作权人享有的其他权利。著作权的保护对象包括文学、科学和艺术领域内的一切作品。

有些智力成果可以同时成为这两类知识产权保护的客体。例如，计算机软件和实用艺术品在受著作权保护的同时，权利人还可以申请发明专利或外观设计专利，获得专利权，成为工业产权保护的对象。

2. 知识产权的特点

知识产权的特点如下。

1) 无形性

知识产权是一种无形的财产权。知识产权的客体是智力创作性成果，是一种没有形体的精神财富。

2) 双重性

某些知识产权具有财产权和人身权双重属性，例如，著作权。有的知识产权具有单一的属性，例如，发现权只具有名誉权属性；商业秘密只具有财产权属性，而没有人身权属性，专利权和商标权主要体现为财产权。

3) 确认性

智力创作性成果的财产权需要依法审查确认。例如，发明人所完成的发明，其实用新型或外观设计，已经具有价值和使用价值，但是，其完成人并不能自动获得专利权，完成人必须依法提出专利申请，当获得专利局发布的授权公告后，才享有该项知识产权。文学艺术作品以及计算机软件的著作权虽然是自作品完成其权利即自动产生，但有些国家也要经登记后才能得到保护。

4) 独占性

由于智力成果可以同时被多个主体所使用，因此，法律授予知识产权一种专有权，具有独占性。未经权利人许可使用的，就构成侵权。少数知识产权不具有独占性特征，例如，技术秘密的所有人不能禁止第三方使用其独立开发的或者合法取得的相同技术秘密，商业秘密不具备完全的财产权属性。

5) 地域性

知识产权具有严格的地域性特点，即各国的知识产权只能在其本国领域内受法律保护。

著作权虽然自动产生，但受地域限制，我国法律对外国人的作品并不都给予保护，只保护共同参加国际条约国家的公民的作品。

6）时间性

知识产权具有法定的保护期限，一旦保护期届满，权利将自行终止，原先受保护的对象将成为社会公众可以自由使用的知识。我国的发明专利保护期为 20 年，实用新型专利权和外观设计专利权的期限为 10 年，均自专利申请日起算，我国公民的作品发表权的保护期为作者终生及其死后 50 年，我国商标权的保护期限自核准注册之日起 10 年内有效，但可申请续展注册，商业秘密权受保护的期限是不确定的，一旦该秘密为公众所知悉，即成为公众可以自由使用的知识。

3. 我国保护知识产权的法规

我国保护知识产权的法规如下。

- 《中华人民共和国著作权法》。
- 《中华人民共和国专利法》。
- 《中华人民共和国继承法》。
- 《中华人民共和国合同法》。
- 《中华人民共和国产品质量法》。
- 《中华人民共和国反不正当竞争法》。
- 《中华人民共和国刑法》。
- 《中华人民共和国计算机信息系统安全保护条例》。
- 《中华人民共和国计算机软件保护条例》。
- 《中华人民共和国著作权法实施条例》等。

二、计算机软件著作权的主体与客体

1. 计算机软件著作权的主体

计算机软件著作权的主体指享有著作权的人，包括公民、法人和其他组织。

1）公民

公民通过以下途径获得软件著作权主体资格：公民自行独立开发软件；订立委托合同，委托他人开发软件，并约定软件著作权归自己享有；通过转让途径取得软件著作财产权主体资格；公民之间或与其他主体之间，对计算机软件进行合作开发而产生的公民群体或者公民与其他主体成为计算机软件作品的著作权人；通过继承权取得的主体资格。

2）法人

法人通过以下途径取得主体资格：由法人组织并提供创作物质条件所实施的开发，并由法人承担社会责任；通过接受委托、转让等各种有效的合同关系而取得著作权主体资格；因计算机软件著作权主体(法人)发生变更而依法成为著作权主体。

3）其他组织

其他组织指除去法人以外的能够取得计算机软件著作权的其他民事主体，包括非法人单位、合作伙伴等。

2. 计算机软件著作权的客体

计算机软件的客体指著作权法保护的计算机软件著作权的范围，根据《著作权法》第三条和《计算机软件保护条例》第二条的规定，著作权法保护的是计算机程序及其有关文档。

3. 计算机软件受著作权法保护的条件

计算机软件受著作权法保护的条件如下。

1) 独立创作

受保护的软件必须由开发者独立开发创作，任何复制或抄袭他人开发的软件都不能获得著作权。软件开发的思想概念不受著作权法的保护，但如果用了他人软件作品的逻辑步骤的组合方式，则对他人软件构成侵权。

2) 可被感知

受著作权法保护的作品是作者创作思想在固定载体上的一种实际表达。如果作者的创作思想未表达出来或不可以被感知，就不能得到著作权法的保护。因此，《计算机软件保护条例》规定，受保护的软件必须固定在某种有形物体上。

3) 逻辑合理

受保护的计算机软件作品必须具备合理的逻辑思想，并以正确的逻辑步骤表现出来。

注意：根据《计算机软件保护条例》第六条的规定，除计算机软件的程序和文档外，著作权法不保护计算机软件开发所用的思想、概念、发现、原理、算法、处理过程和运算方法。也就是说，利用已有的上述内容开发软件，并不构成侵权。因为开发软件时所采用的思想、概念等均属计算机软件基本理论的范围，是设计开发软件不可或缺的理论依据，属于社会公有领域，不能为个人专有。

三、计算机软件著作权的权利

1. 计算机软件的著作人身权

计算机软件的著作权主要有两种权利：人身权(精神权利)和财产权(经济权利)。软件著作人还享有发表权和开发者身份权。

发表权是指是否公布软件作品的权利，开发者身份权又称为署名权，指软件作者在作品中署自己名字的权利。

2. 计算机软件的著作财产权

著作财产权是指能够给著作权人带来经济利益的权利。通常是指由软件著作权人控制和支配，并能够为权利人带来一定经济效益的权利。其主要内容如下。

(1) 使用权。

(2) 复制权。

(3) 修改权。

(4) 发行权。

(5) 翻译权。

(6) 注释权。

(7) 信息网络传播权。

(8) 出租权。

(9) 使用许可权和获得报酬权。

(10) 转让权。

3. 软件合法持有人的权利

软件合法持有人的权利主要有：根据使用的需要把软件装入计算机等装置内；根据需要进行必要的复制；为了防止复制品损坏而制作备份复制品；为了把该软件用于实际的计算机应用环境而做的必要修改，但不得向第三方提供修改后的软件。

4. 计算机软件著作权的行使

1) 软件经济权利的许可使用

许可使用是指软件著作权人通过合同方式许可他人使用其软件，并获得一定报酬的软件贸易形式。其种类主要有：独占许可使用，被授权方按合同规定取得软件使用权的独占性，权利人不得将使用权授予第三方，自己也不得使用该软件；独家许可使用，权利人自己可以使用该软件，其他和独占许可使用相同；普通许可使用，权利人可以将使用权授予第三方，自己也可以使用；法定许可使用和强制许可使用，根据法律特殊规定，不经软件著作权人许可也可以使用其软件。

2) 软件经济权利的转让使用

转让使用是指软件著作权人将其著作权中的经济权利全部转移给他人，受让者成为新的著作权主体。软件著作权的转让必须签订书面合同，同时转让不改变软件的保护期。转让方式包括卖出、赠与、抵押、赔偿等。

5. 计算机软件著作权的保护期

自软件开发完成之日起，保护期为 50 年。保护期满，除开发者身份权外，其他权利终止。计算机软件著作权人的单位终止和计算机软件著作权人的公民死亡无合法继承人时，除开发者身份权外的其他权利进入公有领域。

四、计算机软件著作权的归属

1. 软件著作权归属的基本原则

我国《著作权法》规定著作权属于作者。《计算机软件保护条例》规定软件著作权属于软件开发者。

2. 职务开发软件著作权的归属

公民为完成法人或者其他组织的工作任务所创作的作品是职务作品，著作权由作者享有，但法人或者其他组织有权在其业务范围内优先使用。作品完成两年内，未经单位同意，作者不得许可第三人以与单位使用相同的方式使用该作品。

有下列情形之一的职务作品，作者享有署名权，著作权的其他权利由法人或者其他组织享有，法人或者其他组织可以给予作者奖励：

(1) 主要是利用法人或者其他组织的物质技术条件创作，并由法人或者其他组织承担责任的工程设计图、产品设计图、地图、计算机软件等职务作品。

(2) 法律、行政法规规定或者合同约定著作权由法人或者其他组织享有的职务作品。

3. 合作开发软件著作权的归属

由两个以上的单位或公民共同开发完成的软件属于合作开发的软件。其著作权的归属一般是共同享有。合作开发者不能单独行使转让权。

4. 委托开发的软件著作权归属

受委托创作的作品,著作权的归属由委托人和受托人通过合同约定。合同未作明确约定或者没有订立合同的,著作权属于受托人。

5. 接受任务开发的软件著作权归属

接受任务开发的软件著作权一般按以下两条标准确定:(1)在合同中明确约定的,按照合同约定实行;(2)未明确约定的,著作权属于实际完成软件开发的单位。

6. 计算机软件著作权主体变更后软件著作权的归属

因主体变更引起的软件著作权变化有以下几种。

1) 公民继承的软件权利归属

合法继承人享有除署名权外的其他权利,例如,著作权的使用权、使用许可权和获得报酬权等权利。

2) 单位变更后软件权利归属

著作权属于法人或者其他组织的,法人或者其他组织变更、终止后,由承受其权利义务的法人或者其他组织享有;没有承受其权利义务的法人或者其他组织的,由国家享有。

3) 权利转让后的软件著作权归属

权利转让根据签订的合同规定各方的权利。

4) 司法判决、裁定引起的软件著作权归属

司法判决、裁定引起的软件著作权根据法律的判决来执行。

5) 保护期届满权利丧失

如果软件著作权已过保护期,该软件进入公有领域,便丧失了专有权。

五、计算机软件著作权侵权的鉴别

1. 计算机软件著作权侵权行为

计算机软件著作权侵权行为主要有:未经软件著作权人的同意而发表或者登记其作品;将他人开发的软件当作自己的作品发表或者登记;未经合作者同意将与他人合作开发的软件当作自己独立完成的作品发表或者登记;在他人开发的软件上署名或者更改他人开发的软件上的署名;未经软件著作权人或者其合法受让者的许可,修改或翻译其软件作品;未经软件著作权人或其合法受让者的许可,复制或部分复制其软件;未经软件著作权人或其合法受让者的同意,向公众发行出租其软件的复制品;未经软件著作权人或其合法受让者的同意,向任何第三方办理软件权利许可或转让事宜;未经软件著作权人或其合法受让者的同意,通过信息网络传播著作权人的软件;共同侵权,两人以上共同实施的侵权行为。

2. 不构成计算机软件侵权的合理使用行为

根据已获得的软件使用权利进行的不超出使用权限的活动都是合理使用。区分合理使用和不合理使用可以按以下标准。

(1) 软件作品是否合法取得。

(2) 使用目的是否具有商业营业性，如果是，就不属于合理使用。

(3) 合理使用一般为少量的使用，超过通常认为的少量界限，即可认为不属于合理使用。

3. 计算机著作权软件侵权的识别

计算机软件作为著作权法保护的客体，具有以下特点。

(1) 技术性，指其创作和开发的高技术性。

(2) 依赖性，指人们对其的了解依赖于计算机。

(3) 多样性，指计算机程序表达的多样性。

(4) 运行性，指程序功能的可运行性。

识别侵权软件可采取下列方法：①将正版和盗版软件进行对比。②将两套软件同时或先后安装，观察其显示是否相同。③对其安装后的目录和各种文件进行对比。④在使用过程中进行对比。⑤进行源程序的对比。

六、软件著作权侵权的法律责任

软件著作权侵权的法律责任主要有民事责任、行政责任和刑事责任。

需要承担民事责任的侵权行为有：未经软件著作权人的许可发表或登记其软件的；将他人的软件当作自己的软件发表或登记的；未经合作者许可，将与他人合作开发的软件当作自己独立完成的作品发表或者登记的；在他人开发的软件上署名或者更改他人开发的软件上的署名的；未经软件著作权人或者其合法受让者的许可，修改或翻译其软件的；其他侵犯软件著作权的行为。

需要承担行政责任的侵权行为有：复制或部分复制著作权人软件的；向公众发行、出租著作权人软件的；故意避开或者破坏著作权人为保护其软件而采取的技术措施的；故意删除或者改变软件权利管理电子信息的；许可他人行使或者转让著作权人的软件著作权的。

侵权行为触犯法律的，侵权者承担相应的刑事责任。

七、计算机软件的商业秘密权

1. 商业秘密的概念

在我国的《反不正当竞争法》中规定"商业秘密是不为公众所熟悉的、能为权利人带来经济效益、具有实用性并经权利人采取保密措施的技术信息和经营信息"。它主要包括经营秘密和技术秘密。

商业秘密权作为一种无形财产权受到法律的保护，在计算机软件中，包含商业秘密的可作为商业秘密权的保护对象。

2. 计算机软件商业秘密的侵权

侵犯商业秘密是指未经权利人的许可，以非法手段获得商业秘密并加以公开或使用的行为。其具体行为主要有以下几点。

(1) 以盗窃、利诱、胁迫或以其他不正当手段获取权利人的计算机软件商业秘密。

(2) 披露、使用或允许他人使用以不正当手段获取的计算机软件商业秘密。

(3) 违反约定或违反权利人有关保守商业秘密的要求，披露、使用或允许他人使用其掌握的计算机软件商业秘密的。

(4) 第三方在明知前述违法行为的情况下，仍然从侵权人那里获取或使用他人计算机软件商业秘密的。该行为属于间接侵权。

3. 计算机软件商业秘密侵权的法律责任

计算机软件商业秘密侵权的法律责任如下。

(1) 侵权者的行政责任：责令其停止侵权行为，处以 1 万元以上 20 万元以下的罚款。

(2) 侵权者的民事责任：侵权人承担损害赔偿责任，被侵权人可以向法院提起诉讼。

(3) 侵权者的刑事责任：侵权者的侵权行为造成重大损害的，侵权者承担刑事责任。

八、专利权概述

1. 专利权的保护对象与特征

专利权，是指由国务院专利行政部门授予的，对发明创造者在规定的时间内享有的独占使用权，在这一规定的时间内，任何自然人、法人、其他组织，未经其许可，均不得使用其发明创造。依据《中华人民共和国专利法》规定，我国国务院专利行政管理部门授予的专利有：发明专利、实用新型专利和外观设计专利三种。不属于专利权范围的有以下几方面。

(1) 对违反国家法律、社会公德或者妨碍公共利益的发明创造。

(2) 科学发现。

(3) 智力活动的规则和方法，如推理、分析、判断、处理等思维活动的方法。

(4) 疾病诊断手段和治疗方法。

(5) 动、植物品种。

(6) 用原子核变换方法获得的物质。

2. 授予专利的条件

授予专利的条件是指发明创造获得专利的实质条件，包括新颖性、创造性和实用性三方面。

(1) 新颖性。发明创造在申请日之前未被公开也没有同样的发明被申请的。有些发明虽然被公开，但在一定期限内仍然具有新颖性。在申请日之前 6 个月内，有下列情况之一，仍有新颖性：在中国政府主办或者承认的国际展览会上首次展出的；在规定的学术会议或者技术会议上首次发表的；他人未经申请人同意而泄露其内容的。新颖性是创造性的前提。

(2) 创造性。发明创造要有实质性特点和显著的进步。例如，解决了没有解决的技术难题；克服了技术偏见；取得了新的技术效果等。

(3) 实用性。发明创造要能够使用，并且能够产生积极的效果。申请专利的技术方案违背自然规律或利用独一无二自然条件完成的，不具备实用性。

外观设计获得专利权的条件为新颖性和美观性。新颖性和上述相同，美观性是指该设计可以使产品产生美感。

3. 专利的申请

专利申请权是公民、法人或其他组织依据法律规定或者合同约定享有的就发明创造向专利局提出专利申请的权利。专利申请权可以转让、继承或赠与。

专利申请人是指对某项发明创造依据法律规定或者合同约定享有专利申请权的公民、法人或者其他组织。包括：职务发明创造的单位，非职务发明创造的发明人或设计人，共同发明创造的发明人，委托发明创造的受让人。

专利申请采用书面形式，一项专利申请文件只能申请一项专利。两个或两个以上的人就同样的发明创造申请专利的，专利权授予最先申请人。两个以上的申请人在同一日分别就同样的发明创造申请专利的，应在收到专利行政部门的通知后自行协商确定申请人。

发明或者实用新型的专利申请文件包括请求书、说明书、说明书摘要、权利要求书。外观设计专利申请文件包括请求书，图片或照片。

专利申请日，又称关键日，是指专利主管部门收到完整的专利申请文件的日期。如果专利申请文件是邮寄的，以寄出的邮戳日为申请日。

对发明专利的审批要通过实质审查，即依法审查专利的新颖性、创造性和实用性。对实用新型和外观设计专利申请只进行初步审查，不进行实质审查。

申请人在法定期间或专利局指定的期限内未办理相关的手续或未能提供有关文件的，其申请将被撤回，丧失其申请权。

4. 专利权行使

1) 专利权的归属

依据《中华人民共和国专利法》及其实施细则的规定，专利权归下列人所有。

(1) 职务发明创造的专利申请权和专利权人为单位。

(2) 非职务发明创造的专利申请权和专利权人为个人。

(3) 利用本单位的物质技术条件所完成的发明创造，其专利申请权和专利权人依其合同约定决定。

(4) 两个以上单位或者个人合作完成的发明创造，除各方在协议中约定的以外，其专利申请权和专利权人属于完成或者共同完成的单位或者个人。

(5) 一个单位或者个人接受其他单位或者个人的委托完成的发明创造，除委托书中有约定的以外，其专利申请权和专利权人属于完成或者共同完成的单位或者个人。

(6) 两个以上的申请人分别就同样的发明创造申请专利的，专利权授予最先申请的人。

(7) 委托开发的专利权根据委托开发的协议中的规定来确定，若未有明确规定，则专利权属于专利完成者。

2) 专利权人的权利

专利权是一种具有财产权属性的独占权以及由其衍生出来的相应处分权。专利权人的权利有独占实施权、转让权、实施许可权、放弃权、标记权等。专利实施许可包括独占许可、独家许可、普通许可和部分许可。

5. 专利权的限制

根据我国专利法的规定，发明专利的保护期限为 20 年，实用新型和外观设计专利的保护期限为 10 年。

专利权因某种法律事实的发生而导致其效力消失的情形称为专利权终止。导致专利权终止的事实有:保护期限届满;专利权人放弃专利权;专利权人没有按规定缴纳年费的。

6. 专利侵权行为

专利侵权行为是指在专利保护期内,未经专利权人的许可擅自以营利为目的使用专利的行为。其主要有以下几种。

(1) 为生产经营目的制造、使用、销售其专利产品,或者使用其专利方法以及通过该专利方法获得的产品。

(2) 为生产经营目的制造、销售其外观设计专利产品。

(3) 进口依照其专利方法直接获得的产品。

(4) 产品的包装上标明专利标记和专利号。

(5) 冒充专利产品或专利方法等。

对专利侵权行为,专利权人可以请求专利管理机关处理,也可以请求法院审理。侵犯专利的诉讼时效为两年,自专利权人知道或应当知道侵权之日算起。

8.3 真题详解

综合知识试题

试题 1 (2017 年下半年试题 17)

计算机软件著作权的保护对象是指___(17)___。

(17) A. 软件开发思想与设计方案　　B. 计算机程序及其文档

C. 计算机程序及算法　　　　　　D. 软件著作权权利人

参考答案: (17)D

要点解析: 计算机软件著作权的保护对象是软件著作权权利人。

试题 2 (2017 年下半年试题 18)

某软件公司项目组的程序员在程序编写完成后均按公司规定撰写文档,并上交公司存档。此情形下,该软件文档著作权应由___(18)___享有。

(18) A. 程序员　　　　　　　　　　B. 公司与项目组共同

C. 公司　　　　　　　　　　　　D. 项目组全体人员

参考答案: (18)C

要点解析: 该软件文档为职务作品,所以归属为公司。

试题 3 (2017 年上半年试题 12)

知识产权权利人是指___(12)___。

(12) A. 著作权人　　　　　　　　　B. 专利权人

C. 商标权人　　　　　　　　　　D. 各类知识产权所有人

参考答案: (12)D

要点解析：Owner of Intellectual Property，指合法占有某项知识产权的自然人或法人，即知识产权权利人，包括专利权人、商标注册人、版权所有人等。

试题 4 (2017 年上半年试题 13)

以下计算机软件著作权权利中，___(13)___ 是不可以转让的。

(13) A. 发行权　　　　B. 复制权　　　　C. 署名权　　　　D. 信息网络传播权

参考答案：(13)C

要点解析：著作人身权(发表权和署名权)不可以转让。

试题 5 (2016 年上半年试题 12)

张某购买了一张有注册商标的应用软件光盘并擅自复制出售，则其行为是侵犯 ___(12)___ 行为。

(12) A. 注册商标专用权　　　　　　　B. 光盘所有权

　　　C. 软件著作权　　　　　　　　　D. 软件著作权与商标权

参考答案：(12) C

要点解析：侵害知识产权的行为主要表现形式为剽窃、篡改、仿冒，如抄袭他人作品、仿制、冒充他人的专利产品等，这些行为其施加影响的对象是作者、创造者的思想内容或思想表现形式，与知识产品的物化载体无关。损害财产所有权的行为，主要表现为侵占、毁损。这些行为往往直接作用于"物体"的本身，如将他人的财物毁坏，强占他人的财物等，行为与"物"之间的联系是直接的、紧密的。非法将他人的软件光盘占为己有，它涉及的是物体本身，即软件的物化载体，该行为是侵犯财产所有权的行为。张某对其购买的软件光盘享有所有权，不享有知识产权，其擅自复制出售软件光盘行为涉及的是无形财产，即开发者的思想表现形式，是侵犯软件著作权。

试题 6 (2016 年上半年试题 13)

以下关于软件著作权产生时间的叙述中，正确的是 ___(13)___ 。

(13) A. 自软件首次公开发表时

　　　B. 自开发者有开发意图时

　　　C. 自软件得到国家著作权行政管理部门认可时

　　　D. 自软件开发完成之日起

参考答案：(13)D

要点解析：对软件著作权的取得，我国采用"自动产生"的保护原则。《计算机软件保护条例》第十四条规定："软件著作权自软件开发完成之日起产生。"即软件著作权自软件开发完成之日起自动产生。

一般来讲，一个软件只有开发完成并固定下来才能享有软件著作权。如果一个软件一直处于开发状态中，其最终的形态并没有固定下来，则法律无法对其进行保护，因此《计算机软件保护条例》明确规定软件著作权自软件开发完成之日起产生。

软件开发经常是一项系统工程，一个软件可能会有很多模块，而每一个模块能够独立完成某一项功能。一般情况下各个模块是独立开发的，在这种情况下，有可能会出现一些单独的模块已经开发完成，但是整个软件却没有开发完成。此时，我们可以把这些模块单独看作是一个独立软件，自该模块开发完成后就产生了著作权。

所以不论整体还是局部，只要具备了软件的属性即产生软件著作权，既不要求履行任何形式的登记或注册手续，也无须在复制件上加注著作权标记，不论其是否已经发表都依法享有软件著作权。

8.4 强化训练

8.4.1 综合知识试题

试题 1

我国软件著作权中的翻译权是指将原软件由__(1)__的权利。

(1) A．源程序语言转换成目标程序语言

    B．一种程序设计语言转换成另一种程序设计语言

    C．一种汇编语言转换成一种自然语言

    D．一种自然语言文字转换成另一种自然语言文字

试题 2

__(2)__可以保护软件的技术信息、经营信息。

(2) A．软件著作权　　B．专利权　　　C．商业秘密权　　　D．商标权

试题 3

王某按照其所属公司要求而编写的软件文档著作权__(3)__享有。

(3) A．由公司

    B．由公司和王某共同

    C．由王某

    D．除署名权以外，著作权的其他权利由王某

试题 4

美国甲公司生产的平板计算机在其本国享有"A"注册商标专用权，但未在中国申请注册。中国的乙公司生产的平板计算机也使用"A"商标，并享有中国注册商标专用权，但未在美国申请注册。美国的甲公司与中国的乙公司生产的平板计算机都在中国市场上销售。此情形下，依据中国商标法，__(4)__商标权。

(4) A．甲公司侵犯了乙公司的　　B．甲公司未侵犯乙公司的

    C．乙公司侵犯了甲公司的　　D．甲公司与乙公司均未侵犯

试题 5

计算机软件只要开发完成就能取得__(5)__受到法律保护。

(5) A．软件著作权　　B．专利权　　C．商标权　　D．商业秘密权

试题 6

将他人的软件光盘占为己有的行为是侵犯__(6)__行为。

(6) A. 有形财产所有权　　　　　　　B. 知识产权

    C. 软件著作权　　　　　　　　　D. 无形财产所有权

试题 7

在我国，商标专用权保护的对象是 ___(7)___ 。

(7) A. 商标　　　　B. 商品　　　　C. 已使用商标　　　D. 注册商标

试题 8

软件著作权的客体是指 ___(8)___ 。

(8) A. 公民、法人或其他组织　　　　B. 计算机程序及算法

    C. 计算机程序及有关文档　　　　D. 软件著作权权利人

试题 9

商标法主要是保护 ___(9)___ 的权利。

(9) A. 商标设计人　　B. 商标注册人　　C. 商标使用人　　　D. 商品生产权

试题 10

软件合法复制品(光盘)所有人不享有 ___(10)___ 。

(10) A. 软件著作权　　　　　　　　　B. 必要的修改权

     C. 软件装机权　　　　　　　　　D. 软件备份权

8.4.2 综合知识试题参考答案

【试题 1】答案：(1)D

解析：我国《著作权法》第十条规定："翻译权，即将作品从一种语言文字转换成另一种语言文字的权利"；《计算机软件保护条例》第八条规定："翻译权，即将原软件从一种自然语言文字转换成另一种自然语言文字的权利"。自然语言文字包括操作界面上、程序中涉及的自然语言文字。软件翻译权不涉及软件编程语言的转换，不会改变软件的功能、结构和界面。将源程序语言转换成目标程序语言，或者将程序从一种编程语言转换成另一种编程语言，不属于《计算机软件保护条例》中规定的翻译。

【试题 2】答案：(2)C

解析：软件著作权从软件作品性的角度保护其表现形式，源代码(程序)、目标代码(程序)、软件文档是计算机软件的基本表达方式(表现形式)，受著作权保护；专利权从软件功能性的角度保护软件的思想内涵，即软件的技术构思、程序的逻辑和算法等的思想内涵，涉及计算机程序的发明，可利用专利权保护；商标权可从商品(软件产品)、商誉的角度为软件提供保护，利用商标权可以禁止他人使用相同或者近似的商标，生产(制作)或销售假冒软件产品，商标权保护的力度大于其他知识产权，对软件侵权行为更容易受到行政查处。商业秘密权可保护软件的经营信息和技术信息，我国《反不正当竞争法》中对商业秘密的定义为"不为公众所知悉、能为权利人带来经济利益、具有实用性并经权利人采取保密措施的技术信息和经营信息"。软件技术信息是指软件中适用的技术情报、数据或知识等，包括程序、设计方法、技术方案、功能规划、开发情况、测试结果及使用方法的文字资料和

图表，如程序设计说明书、流程图、用户手册等。软件经营信息指经营管理方法以及与经营管理方法密切相关的信息和情报，包括管理方法、经营方法、产销策略、客户情报(客户名单、客户需求)，以及对软件市场的分析、预测报告和未来的发展规划、招投标中的标的及标书内容等。

【试题3】答案：(3)A

解析：依据《著作权法》第十一条、第十六条规定，职工为完成所在单位的工作任务而创作的作品属于职务作品。职务作品的著作权归属分为两种情况。

情况1：虽是为完成工作任务而为，但非经法人或其他组织主持，不代表其意志创作，也不由其承担责任的职务作品，如教师编写的教材，著作权应由作者享有，但法人或者其他组织具有在其业务范围内优先使用的权利，期限为2年。

情况2：由法人或者其他组织主持，代表法人或者其他组织意志创作，并由法人或者其他组织承担责任的职务作品，如工程设计、产品设计图纸及其说明、计算机软件、地图等职务作品，以及法律规定或合同约定著作权由法人或非法人单位单独享有的职务作品，作者享有署名权，其他权利由法人或者其他组织享有。

【试题4】答案：(4)A

解析：商标权(商标专用权、注册商标专用权)是商标注册人依法对其注册商标所享有的专有使用权。注册商标是指经国家主管机关核准注册而使用的商标。商标权人的权利主要包括使用权、禁止权、许可权和转让权等。使用权是指商标权人(注册商标所有人)在核定使用的商品上使用核准注册的商标的权利。商标权人对注册商标享有充分支配和完全使用的权利，可以在其注册商标所核定的商品或服务上独自使用该商标，也可以根据自己的意愿，将注册商标权转让给他人或许可他人使用其注册商标。禁止权是指商标权利人禁止他人未经其许可擅自使用、印刷注册商标及其他侵权行为的权利。许可权是注册商标所有人许可他人使用其注册商标的权利。转让权是指注册商标所有人将其注册商标转移给他人的权利。

本题美国甲公司生产的平板计算机在其本国享有"A"注册商标专用权，但未在中国申请注册。中国的乙公司生产的平板计算机也使用"A"商标，并享有中国注册商标专用权，但未在美国申请注册。美国的甲公司与中国的乙公司生产的平板计算机都在中国市场上销售。此情形下，依据中国商标法，甲公司未经乙公司的许可擅自使用，故甲公司侵犯了乙公司的商标权。

【试题5】答案：(5)A

解析：我国著作权法采取自动保护的原则，即著作权因作品的创作完成而自动产生，一般不必履行任何形式的登记或注册手续，也不论其是否已经发表。所以软件开发完成以后，不需要经过申请、审批等法律程序或履行任何形式的登记、注册手续，就可以得到法律保护。但是，受著作权法保护的软件必须是由开发者独立完成，并已固定在某种有形物体上的，如磁盘、光盘、集成电路芯片等介质上或计算机外部设备中，也可以是其他的有形物，如纸张等。

软件商业秘密权也是自动取得的，也不必申请或登记。但要求在主观上应有保守商业秘密的意愿，在客观上已经采取相应的措施进行保密。如果主观上没有保守商业秘密的意愿，或者客观上没有采取相应的保密措施，就认为不具有保密性，也就不具备构成商业秘密的三个条件，那么就认为不具有商业秘密权，不能得到法律保护。

282

专利权、商标权经过申请、审查、批准等法定程序后才能取得，即须经国家行政管理部门依法确认、授予后，才能取得相应权利。

【试题6】答案：(6)A

解析：侵害知识产权的行为主要表现形式为剽窃、篡改、仿冒等，这些行为施加影响的对象是作者、创造者的思想内容(思想表现形式)与其物化载体无关。擅自将他人的软件复制出售的行为涉及的是软件开发者的思想表现形式，该行为是侵犯软件著作权行为。

侵害有形财产所有权的行为主要表现为侵占、毁损等，这些行为往往直接作用于"物体"本身，如将他人的财物毁坏，强占他人的财物等。将他人的软件光盘占为己有涉及的是物体本身，即软件的物化载体，该行为是侵犯有形财产所有权的行为。

【试题7】答案：(7)D

解析：商标是生产经营者在其商品或服务上所使用的，由文字、图形、字母、数字、三维标志和颜色，及上述要素的组合构成，用以识别不同生产者或经营者所生产、制造、加工、经销的商品或者提供的服务的可视性标志。已使用商标是用于商品、商品包装、容器以及商品交易书上，或者用于广告宣传、展览及其他商业活动中的商标。注册商标是经商标局核准注册的商标，商标所有人只有依法将自己的商标注册后，商标注册人享有商标专用权，受法律保护。未注册商标是指未经商标局核准注册而自行使用的商标，其商标所有人不享有法律赋予的专用权，不能得到法律的保护。一般情况下，使用在某种商品或服务上的商标是否申请注册完全由商标使用人自行决定，实行自愿注册。但对与人们生活关系密切的少数商品实行强制注册，如对人用药品，必须申请商标注册，经核准未注册的，不得在市场销售。

【试题8】答案：(8)C

解析：软件著作权的客体是指计算机程序及有关文档。

【试题9】答案：(9)B

解析：商标法主要是保护商标注册人的权利。

【试题10】答案：(10)A

解析：我国《计算机软件保护条例》是保护计算机软件的一项法规，是具有实施效用的法律文件，并非缺乏独创性。但对它的考虑，首先是促使其自由传播和复制，以便使人们充分地了解和掌握，不在著作权保护范围内。

第 9 章
C 语言程序设计

9.1 备考指南

9.1.1 考纲要求

根据考试大纲中相应的考核要求，在"C 语言程序设计"知识模块上，要求考生掌握以下几方面的内容。

(1) C 语言基础知识：C 语言的数据类型、运算符和表达式。

(2) C 语言基本语句：条件判断语句、循环控制语句、转向语句和空语句。

(3) 数组、函数和指针：数组的定义和赋值、函数的创建和调用以及指针变量运算等。

9.1.2 考点统计

"C 语言程序设计"知识模块在历次程序员考试试卷中出现的考核知识点及分值分布情况如表 9-1 所示。

表 9-1 历年考点统计表

年 份	题 号	知 识 点	分 值
2017 年下半年	上午题：28~29、34	二分查找法，函数调用	3 分
	下午题：2~4	二分查找法，函数调用	30 分
2017 年上半年	上午题：34~35	数据类型、运算符、表达式、基本语句、输入输出函数	2 分
	下午题：2~4	字符串 查找、匹配、指针	45 分

续表

年 份	题 号	知 识 点	分 值
2016 年 下半年	上午题：32~33	数据类型、运算符、表达式、基本语句、输入输出函数	2 分
	下午题：2~4	数组，元素查找	30 分
2016 年 上半年	上午题：32~33、35	数据类型、表达式、基本语句、输入输出函数	3 分
	下午题：2~4	日期计算、指针、输入输出函数	30 分
2015 年 下半年	上午题：29、30、34	数据类型、运算符、表达式、输入输出函数	3 分
	下午题：2~4	函数的创建和调用、指针、输入输出函数	45 分

9.1.3 命题特点

纵观历年试卷，本章知识点是以选择题、分析题的形式出现在试卷中的。本章知识点在历次考试的"综合知识"试卷中，所考查的题量大约为 3 道选择题，所占分值为 3 分 (约占试卷总分值 75 分中的 4%)；在"案例分析"试卷中，所考查的题量为 1~3 道综合案例题，所占分值为 15~45 分(占试卷总分值 75 分中的 20%~60%)。大多数试题偏重于实践应用，检验考生是否理解相关的理论知识点和实践经验，考试难度中等偏难。

9.2 考点串讲

9.2.1 C 语言的程序结构

首先介绍两个简单的 C 语言程序，并通过这几个由简到难的程序实例，依次分析 C 语言程序在组成结构上的特点。

程序 1 代码如下：

```
main()
{
        printf("hello!\n");
}
```

本程序的功能是在用户屏幕上输出"hello!"。

其中 main 是主函数的函数名，表示这是一个主函数。每一个 C 源程序都必须有且只有一个主函数(main 函数)。printf 函数的功能是把要输出的内容送到显示器去显示，这里要输出的内容为"hello!"，其中"\n"为换行符。printf 函数是一个由系统定义的标准函数，可在程序中直接调用。

程序 2 代码如下：

```
#include<math.h>                    /*包含正弦函数说明的头文件*/
#include<stdio.h>                   /*包含标准输入输出函数的头文件*/
```

```
main()
{
    double x,s;                          /*变量声明*/
    printf("input number:\n");           /*输入提示说明*/
    scanf("%lf",&x);                     /*按照格式输入某个浮点数*/
    s=sin(x);                            /*求 x 的正弦，并把结果赋给变量 s*/
    printf("sin of %lf is %lf\n",x,s);   /*显示程序运算结果*/
}                                        /* main 函数结束*/
```

程序的功能是从键盘输入一个数 x，求 x 的正弦值，然后输出结果。在 main() 之前的两行称为预处理命令。本例中，使用了三个库函数：输入函数 scanf，正弦函数 sin 和输出函数 printf。sin 函数是数学函数，其头文件为 math.h，因此在程序的主函数前用 include 命令包含 math.h 文件。scanf 和 printf 是标准输入输出函数，其头文件为 stdio.h，在主函数前也用 include 命令包含 stdio.h 文件。实际上对 scanf 和 printf 这两个函数可以省去对其头文件的包含命令。

可见，C 语言的主函数体分为两部分，一部分为说明部分，另一部分为执行部分。说明是指变量的类型说明，C 语言规定程序中所有用到的变量都必须先说明，后使用，否则将会出错，这一点不同于解释型的 Basic 语言。本例中使用了两个变量 x 及 s，用来表示输入的自变量和 sin 函数值。由于 sin 函数要求这两个变量必须是双精度浮点型，故用类型说明符 double 来说明这两个变量。说明部分后的四行语句，为执行部分或称为执行语句部分，用于完成程序的功能。执行部分的第一行是输出语句，调用 printf 函数在显示器上输出提示字符串，请操作人员输入自变量 x 的值。第二行为输入语句，调用 scanf 函数，接受键盘上输入的数并存入变量 x 中。第三行语句调用 sin 函数并把函数值送到变量 s 中。第四行语句调用 printf 函数输出变量 s 的值，即 x 的正弦值。

9.2.2　C 语言的数据类型、运算符和表达式

1．C 语言的数据类型

在 C 语言中，数据类型可分为基本数据类型、构造数据类型、指针类型和空类型四大类。各类型的特点如下。

- 基本数据类型最主要的特点是其值不可以再分解为其他类型。
- 一个构造类型的值可分解成若干个"成员"或"元素"，每个"成员"都是一个基本数据类型或一个构造类型，在 C 语言中构造类型包括数组类型、结构类型及联合类型。
- 指针类型是一种特殊的，具有重要作用的数据类型。其值用来表示某个变量在内存储器中的地址。
- 调用函数值时，通常应向调用者返回某种类型的函数值。但也有一类函数，调用后并不需要向调用者返回函数值，这种函数可以定义为"空类型(void)"。

2．C 语言的常量和变量

对于基本数据类型量，按其取值是否可改变，可分为常量和变量两种。按与数据类型结合进行分类，可分为整型常量、整型变量、浮点常量、浮点变量、字符常量、字符变量、

枚举常量、枚举变量。在程序中，常量是可以不经说明而直接引用的，而变量则必须先说明后使用。

3. C语言的运算符和表达式

C语言具有丰富的运算符和表达式，运算符具有不同的优先级和结合性。因此，在表达式求值时，既要考虑运算符优先级，又要注意运算符的结合性。

C语言的运算符可分为以下几类。

(1) 算术运算符。算术运算符包括加(+)、减(-)、乘(*)、除(/)、求余(或称模运算，%)、自增(++)和自减(--)七种。

(2) 关系运算符。关系运算符包括大于(>)、小于(<)、等于(==)、 大于等于(>=)、小于等于(<=)和不等于(!=)六种。

(3) 逻辑运算符。逻辑运算符包括与(&&)、或(||)、非(!)三种。

(4) 位操作运算符。位运算符包括按位与(&)、按位或(|)、按位非(~)、按位异或(^)、左移(<<)、右移(>>)六种。

(5) 赋值运算符。赋值运算符分为简单赋值(=)、复合算术赋值(+=，-=，*=，/=，%=)和复合位运算赋值(&=，|=，^=，>>=，<<=)三类共11种。

(6) 条件运算符(?:)。

(7) 逗号运算符(,...,)。

(8) 指针运算符。指针运算符包括取内容(*)和取地址(&)两种运算符。

(9) 求字节数运算符。求字节数运算符用于计算数据类型所占的字节数(sizeof)。

(10) 特殊运算符。特殊运算符有括号()、下标[]、成员(→，.)等几种。

在C语言中，运算符的运算优先级共分为15级。1级最高，15级最低。在表达式中，优先级较高的先于优先级较低的进行运算。而在一个操作数两侧的运算符优先级相同时，则按运算符的结合性所规定的结合方向处理。

有关运算符的优先级和结合性如表9-2所示。

表9-2 运算符的优先级和结合性

优先级	序号	运算符	结合规则
	1	( ) [ ] -> .	从左到右→
	2	! ~ ++ -- & * - sizeof	从右到左←
	3	* / %	从左到右→
	4	+ -	从左到右→
高	5	<< >>	从左到右→
	6	< <= > >=	从左到右→
	7	== ! =	从左到右→
	8	&	从左到右→
	9	^	从左到右→

续表

优 先 级	序　号	运 算 符	结 合 规 则
	10	|	从左到右→
	11	&&	从左到右→
	12	||	从左到右→
	13	?:	从右到左←
低	14	= += -= *= /= %= &= ^= |= <<= >>=	从右到左←
	15	,	从左到右→

9.2.3　C 语言的基本语句

1. 表达式语句和复合语句

表达式语句由表达式加上分号";"组成,其一般形式为:"<表达式;>"。执行表达式语句就是计算表达式的值,如:"x=y+z;"赋值语句;"y+z;"加法运算语句。但有的计算结果不能保留,无实际意义,如"i++;"自增 1 语句,i 值增 1。

多个语句用括号{}括起来组成的一个语句,称为复合语句。在程序中应把复合语句看成是单条语句,而不是多条语句,例如:

```
{
  x=y+z;
  a=b+c;
  printf("%d%d", x, a);
}
```

是一条复合语句。

2. 控制语句

控制语句用于控制程序的流程,由特定的语句定义符组成。C 语言有九种控制语句,可分成以下三类。

(1) 条件判断语句:if 语句,switch 语句。

(2) 循环执行语句:do…while 语句,while 语句,for 语句。

(3) 转向语句:break 语句,goto 语句,continue 语句,return 语句。

3. 函数调用语句与空语句

函数调用语句一般形式为:"函数名(实际参数表);"。执行函数语句就是调用函数体并把实际参数赋予函数定义中的形式参数,然后执行被调函数体中的语句,求取函数值。

只有分号";"组成的语句称为空语句。空语句是什么也不执行的语句。在程序中空语句可用作空循环体。

9.2.4 标准输入/输出函数

1. 字符输入/输出函数

常用的字符和字符串标准输入/输出函数有四个，分别用来从 stdin 输入或向 stdout 输出一个字符或一行字符，分别是：int getchar()、int putchar()、char *gets(str)、int puts(str)。其中，getchar()从标准输入设备 stdin 上读入一个字符，出错时返回 EOF；putchar()向标准输出设备 stdout 输出一个字符；gets(str)从标准输入设备 stdin 读入位于换行符"\n"之前的一行字符，并用空字符"\0"代替"\n"，然后存入 str 中；puts(str)向标准输出设备 stdout 输出一行字符串 str，该字符串以空字符"\0"结尾。

2. 格式化输入/输出函数

格式化输入/输出函数有两个，分别如下：

- int scanf(char *format[,pointer]...);
- int printf(char *format[,argument]...);

其中，char *format 用来按指定的格式输入或输出整型、实型、字符和字符串等各种不同类型的数据。

scanf 函数是一个标准库函数，其函数原型在头文件 stdio.h 中。scanf 函数的一般形式为：

```
scanf("格式控制字符串", 地址表列);
```

特别注意的是：不能显示提示字符串；在地址表列中给出各变量的地址。格式字符串的一般形式为：

```
%[*][输入数据宽度][长度]类型
```

其中，方括号[]中为任选项，各项的意义如表 9-3 所示。

表 9-3   scanf 函数中格式字符串类型及意义

格式符号	字符意义
d	输入十进制整数
o	输入八进制整数
x	输入十六进制整数
u	输入无符号十进制整数
f 或 e	输入实型数(用小数形式或指数形式)
c	输入单个字符
s	输入字符串
*	表示该输入项读入后不赋予相应的变量，即跳过该输入值
宽度	用十进制整数指定输入的宽度(即字符数)
长度	长度格式符为 l 和 h，l 表示输入长整型数据(如%ld) 和双精度浮点数(如%lf)

使用 scanf 函数还必须注意以下几点。

- scanf 函数中没有精度控制。

- scanf 函数中要求给出变量地址，若给出变量名则会出错。
- 在输入多个数值数据时，若格式控制串中没有指定非格式字符用作输入数据之间的间隔符则可用空格、Tab 键或 Enter 键作为间隔符。
- 输入字符数据时，若格式控制字符串中无非格式字符，则所有输入的字符均为有效字符。

printf 函数是一个标准库函数，它的函数原型在头文件 stdio.h 中。printf 函数调用的一般形式为：

```
printf("格式控制字符串",输出表列);
```

其中，格式控制字符串用于指定输出格式。格式控制字符串可由格式字符串和非格式字符串组成。格式字符串是以%开头的字符串，在%后面跟有各种格式字符，以说明输出数据的类型、形式、长度、小数位数等。非格式字符串原样输出，格式字符串和各输出项在数量和类型上一一对应。格式字符串的一般形式为：

[标志][输出最小宽度][.精度][长度]类型

其中，方括号[]中的为可选项。各项的意义如表 9-4 所示。

表 9-4　printf 函数中格式字符串类型及意义

格式字符	格式字符意义
d	以十进制形式输出带符号整数(正数不输出符号)
o	以八进制形式输出无符号整数(不输出前缀 0)
x	以十六进制形式输出无符号整数(不输出前缀 0x)
u	以十进制形式输出无符号整数
f	以小数形式输出单、双精度实数
e	以指数形式输出单、双精度实数
g	以%f %e 中较短的输出宽度输出单、双精度实数
c	输出单个字符
s	输出字符串

除了掌握 4 种标志字符(-、+、#、空格)的意义外，还要了解输出最小宽度、精度及长度等。

9.2.5　数组和函数

1. 数组的定义、引用及参数传递

C 语言数组分为一维数组、二维数组和多维数组。

1) 数组的定义

int a[10];　a 数组下标是从 0~9，数组元素为 a[0]~a[9]；同理，如果定义一个数组长度为 N，则下标是从 0 到 N-1，即 C 语言的数组下标总是从 0 开始。例如：

int b[10][10]；数组元素为 b[0][0]~b[9][9]，且数组元素是按行排列的。

数组赋初值:

```
int a[10]={1,2,3,4,5,6,7,8,9,10}; 或int a[]={1,2,3,4,5,6,7,8,9,10};
int b[2][2]={{1,2},{3,4}}; 或int b[][2]={{1,2},{3,4}};
```

初值个数可以少于数组长度,系统将从下标为 0 的元素开始对其赋值,未赋初值的数组元素值自动置为0。

2) 数组作为参数传递

由于数组名实际上是一个指针,所以把数组名当作参数传递,本质上是传递地址,因此被调用函数可以改变数组元素的值。

3) 数组作为参数传递时的说明

当一维数组作为参数传递时,在函数头的形式参数说明中,下标可以省略,例如:

```
void sort(int a[],int n)
```

但二维以上数组只能省略第一维,例如,float f(int b[][N])是正确的,而 float f(int b[][ ])是错误的。float f(int c[][M][N])是正确的,但 float f(int c[][][])是错误的。究其原因是数组在实际存放时,多维数组向一维内存映射需要后面的长度说明。若不将后面几维数组长度传给被调用的函数,则被调用函数将无法确定映射关系。

由于要预先确定后几维数组的长度,故使用多维数组作为参数的函数常常不具有通用性,不能作为通用函数库的函数。

2. C 语言函数的概念

函数相当于子程序,是 C 语言的基本模块单位。C 程序是由函数组成的,在一个 C 程序中,只有一个主函数 main(),但有多个用户自定义函数和库函数,每个函数模块实现某个特定的功能。使用函数的集合构成的程序具有以下优点。

● 易于实现模块化程序设计。

● 可提高编程效率和速度,减少错误,达到资源共享的目的。

● 可使得编写的应用程序结构清晰,有利于程序设计者查错、扩充和维护。

3. 函数的划分

从 C 语言程序的结构上划分,C 语言函数分为主函数 main()和普通函数两种。每个可执行的 C 程序有且仅有一个主函数,该主函数是该程序运行的起始点,也是该程序的总控。主函数通过调用普通函数,普通函数再调用其他普通函数来实现程序的功能,但要注意的是普通函数不能调用主函数。

普通函数从用户使用的角度可分为标准库函数和用户自定义函数,其中标准库函数是由 C 编译系统的函数库提供的,而用户自定义函数是用户根据自己的需要定义的。

普通函数从函数定义的形式上划分为三种:无参数函数、有参数函数和空函数。其中,无参数函数在函数定义、函数说明及函数调用中均不带参数。主调函数和被调函数之间不进行参数传送。此类函数通常用来完成一组指定的功能,可以返回或不返回函数值。有参数函数在函数定义及函数说明时都有参数,称为形式参数(简称为形参)。在函数调用时也必须给出参数,称为实际参数(简称为实参)。

4. 函数的定义格式和说明

在 C 语言中，函数的定义和说明是两个不同的概念。函数的定义是该函数的功能实现，而函数的说明是指明该函数的调用格式，包括函数的名字、函数的类型、函数的参数及参数的类型等。

函数的一般定义格式为。

```
[存储类型][返回值类型]<函数名>([形式参数表])
{
[局部变量定义]
[函数体语句]
}
```

其中，"存储类型"包括 static 和 extern 两种，static 是静态的或内部的，extern 是外部的或全局的，函数名的命名要有其特定的含义。除此之外，要特别注意的是：若要求函数确实没有返回值，则一般应该加上无返回值的说明符 void；函数的定义不能嵌套；说明语句必须被集中放在函数体语句的前面。

函数说明有以下两种格式。

● 函数说明的简单格式为：

```
<返回值类型><函数名>();
```

● 函数说明的原型格式为：

```
<返回值类型><函数名>(形参1的类型, 形参2的类型, ……);
```

原型说明括号内的类型声明是给程序员提示的。编译程序在编译时对其进行有效的类型检查。当函数调用时发现参数类型不相同，则产生编译错误。而简单说明时发现参数类型不同，不报错。可见，原型说明可增加安全性。

下面通过一个实例来说明函数的定义和说明。

```
void main()
{
    double max(double, double);  /* double max(double a, double b);*/
    double x,y,z;
    printf("input two double numbers:\n");
    scanf("%f%f",&x,&y);
    z=max(x,y);
    printf("maxnum=%f",z);
}
double max(double a, double b)
                       /*或 double max(a,b)  */
                           /*  double a,b;*/
{
    if(a>b) return a;
    else return b;
}
```

通过上例，可以清楚地了解函数的定义和说明，但仍有几点规定需要考生掌握。

● 在定义函数时，函数名前没有任何数据类型说明，则调用之前可以不必说明。

- 在定义函数时，在函数名前加了某种类型说明，并且调用在后，定义在前，则调用前可以不说明，当然也可以说明。
- 在定义函数时，在函数名前加了某种类型说明，并且调用在前，定义在后，则调用前必须说明，否则将出现编译错误。

5. 函数的调用

函数调用实际上是一个程序执行顺序的"转移"。在一个函数调用另一个函数的情况下，当程序执行到这个函数的调用语句时，将由这个函数转为执行被调用的函数。当被调用函数执行完毕后，又将程序执行的控制权返回到这个调用函数，继续执行这个函数中后面的语句部分。可见，函数调用的过程从调用函数来讲包含了转出和返回这两个过程。

在程序中是通过对函数的调用来执行函数体的，其过程与其他语言的子程序调用相似。在 C 语言中，函数调用的一般形式为：

函数名(实际参数表)

对无参数函数调用时则无实际参数表。实际参数表中的参数可以是常数、变量或其他构造类型数据及表达式。各实参之间用逗号分隔，函数调用大体上可以有以下几种方式。

1) 函数表达式

函数作为表达式中的一项出现在表达式中，以函数返回值参与表达式的运算。这种方式要求函数有返回值。例如，z=max(x,y)是一个赋值表达式，把 max 的返回值赋予变量 z。

2) 函数语句

函数调用的一般形式加上分号即构成函数语句。例如，"printf("%d",b);""scanf("%d",&b);"都是以函数语句的方式调用函数。

3) 函数实参

函数作为另一个函数调用的实参出现。这种情况是把该函数的返回值作为实参进行传送，因此要求该函数必须有返回值。例如，printf("%d",max(x,y))；把 max 调用的返回值又作为 printf 函数的实参来使用。在函数调用中还应该注意的一个问题是求值顺序的问题，在 C 语言中对实参表中的各实参是自右至左使用的。

除了函数调用的一般形式外，还必须特别注意函数调用的两种特殊情况。

1) 函数调用的嵌套

函数的嵌套调用是指在调用一个函数的过程中，还可以再调用另一个函数。

2) 函数的递归调用

函数的递归调用是一种特殊的嵌套调用。在调用一个函数的过程中，需要直接或者间接地调用该函数自身，这种情况称为函数的递归调用。例如，求 n!的递归函数如下：

```
int factorial(int n)
{
 if(n<=1)return (1);
  else
  return(n*factorial(n-1));
}
```

采用递归方式能使程序更为紧凑，但会增加内存空间，降低执行速度。

6. 函数的返回值和参数

函数的返回值是指函数被调用之后，执行函数体中的程序段所取得的并返回给调用函数的值。对函数的返回值(或称函数的值)有以下一些说明。

● 函数的值只能通过 return 语句返回主调函数。return 语句的一般形式为：

return 表达式；
或者 return (表达式)；

该语句的功能是计算表达式的值，并返回给调用函数。在函数中允许有多个 return 语句，但每次调用只能有一个 return 语句被执行，因此只能返回一个函数值。

● 函数值的类型和函数定义中函数的类型应保持一致。如果两者不一致，则以函数类型为准，自动进行类型转换。

● 如果函数值为整型，那么在函数定义时可以省去类型说明。

● 不返回函数值的函数，可以明确定义为"空类型"，类型说明符为 void。

函数的参数分为形参和实参两种。形参出现在函数定义中，在整个函数体内都可以使用，离开该函数则不能使用。实参出现在调用函数中，进入被调函数后，实参变量也不能使用。形参和实参的功能是做数据传送。发生函数调用时，调用函数把实参的值传送给被调函数的形参，从而实现调用函数向被调函数的数据传送。

函数的形参和实参具有以下特点。

● 形参变量在被调用时才分配内存单元，调用结束后，释放所分配的内存单元。

● 实参可以是常量、变量、表达式、函数等，无论实参是何种类型的量，在进行函数调用时，都必须具有确定的值，以便把这些值传送给形参。

● 实参和形参在数量、类型、顺序上应严格一致，否则将会发生"类型不匹配"的错误。

● 函数调用中发生的数据传送是单向的，即只能把实参的值传送给形参，而不能把形参的值反向地传送给实参。因此在函数调用过程中，形参的值发生改变，而实参中的值不会发生变化。

通过函数的返回值只能得到一个值，要得到多个值，除了用全局变量来得到外，还可以改变参数的传递方式。因此，在 C 语言中，提供了以下两种参数传递方式。

1) 传值调用

在函数的传值调用方式中，实参使用变量名或表达式，而形参使用变量名。在调用时，将实参复制一个副本给形参，使形参按照顺序从实参中获取值。这种方式不会影响调用函数中的实参值，而只影响其复制副本的值。

2) 传址调用

在函数的传址调用中，实参使用变量的地址值，形参使用指针。在调用时，将实参的地址值传递给形参的指针，使形参指针指向实参变量。该种调用的特点是可以通过被调用函数中参数值的改变来改变调用函数中的参数值，这也是返回多个值的方式。

7. 函数的存储类型

函数的存储类型分两种：一种是 extern，另一种是 static。其中，通过 extern 说明符说明的函数是在程序中某个文件中定义的，而在该程序的其他文件中都可以调用，这类函数的作用域是整个程序；而通过 static 说明符说明的内部函数只能在定义它的文件中调用，不能在该程序中的另外一个文件中调用，这类函数的作用域是定义它的文件，属于文件级。

8. 库函数

C 语言系统提供了丰富的库函数。常用的种类有如下几种。

(1) 标准 I/O 库函数。

(2) 数学库函数。

(3) 字符和字符串操作库函数。

(4) 图形库函数。

(5) 接口库函数。

在调用这些库函数时，一般应该在程序开始处写上预处理语句来包含相应的头文件，格式为：

```
#include<头文件>或#include"头文件"
```

例如，在 C 语言中要用到某个标准 I/O 库函数，则在程序开始处应有语句：

```
#include<stdio.h>
```

该语句在编译之前做预处理时，需要把调用 I/O 库函数时所需要的信息插入此处。同理，在程序中需要使用库函数 sqrt(double)时，则在程序开始处应有语句：

```
#include<math.h>
```

9.2.6　指针

1. 指针的基本概念

程序中的数据是以不同的数据类型存放在内存中的。不同的数据类型所占用的内存单元数不等，如整型量占两个单元，字符量占一个单元等。数据的存取是通过内存单元的地址来进行的，存放在内存中的每个数据均有其地址。

对于一个内存单元来说，单元的地址即为指针，其中存放的数据才是该单元的内容。在 C 语言中，允许用一个变量来存放指针，这种变量称为指针变量。因此，一个指针变量的值就是某个内存单元的地址或称为某内存单元的指针。在 C 语言中，一般约定："指针"是指地址，是常量，"指针变量"是指取值为地址的变量。定义指针的目的是通过指针去访问内存单元。需要指出的是：访问内存单元的内容，可以直接通过其指针来访问；也可通过其指针的指针方式来访问，即间接访问方式。

特别强调的是：指针是 C 语言学习中最为困难的一部分，除了要正确理解基本概念外，还必须多编程，上机调试。只要做到这些，指针也是不难掌握的。

2. 变量的指针和指向变量的指针变量

变量的指针就是变量的地址。可以定义一个变量的指针变量。为表示指针变量和其所指向的变量之间的联系，用"*"符号表示"指向"。指针变量除了用来存储变量的地址外，还可存储其他数据结构的地址，如：数组的起始地址、函数的地址等。

在使用指针变量时，必须遵守先定义再引用的原则。在引用指针变量时，必须将该指针变量与某个变量和数据结构的地址联系起来。同时，特别要注意的是：一个指针变量只能指向同一个类型的变量；不能将某个常数赋给指针变量。

指针变量的一般定义格式如下：

类型标识符 *标识符

例如，以下为通过指针变量求两个数的和及两个数的积的 C 程序。

```
main(){
int a=10,b=20,s,t,*pa,*pb;  /*定义指针变量*/
pa=&a;                       /*将指针变量和某个变量联系起来*/
pb=&b;
s=*pa+*pb;                   /*通过指针变量求和与积*/
t=*pa**pb;
printf("a=%d\nb=%d\na+b=%d\na*b=%d\n",a,b,a+b,a*b);
printf("s=%d\nt=%d\n",s,t);
}
```

虽然指针变量不能被赋常数，但在 C 语言中，指针变量可以与 0 比较。若设 p 为指针变量，则 p==0 表明 p 是空指针，不指向任何变量；p!=0 表示 p 不是空指针。空指针是由对指针变量赋予 0 值而得到的。例如，#define NULL 0 或 int *p=NULL;对指针变量赋 0 值和不赋值是不同的。指针变量未赋值时，可以是任意值，是不能使用的。而指针变量赋 0 值后，则可以使用，只是其不指向具体的变量而已。

3. 数组的指针和指向数组的指针变量

一个变量有地址，一个数组包含若干个元素，每个数组元素都在内存中占用存储单元，每个存储单元都有相应的地址，且每个数组元素占用同样大小的存储空间。所谓数组的指针就是指数组的起始地址，数组元素的指针就是数组元素的地址。因此，可通过指向数组元素的指针变量来引用数组元素。

例如，下面程序为通过指针变量来输入、输出数组的全部元素。

```
main()
{   int a[10],i,*p;
    p=a;                      /*也可用 p=&a[0]*/
    for(i=0;i<10;i++)
      scanf("%d", p++);
    printf("\n");
    for(p=&a[0];p<(a+10);p++)
      printf("%d",*p);
}
```

相对于通过下标来引用数组元素而言，通过指针来引用数组元素的效率更高。在上述程序中，p++成立是因为数组元素占用的空间相同，每次进行自增或自减运算都跳过数组元素所占用的字节数。另外，要灵活掌握 p[i]、a[i]、*(a+i)、*(p+i)之间的等价关系。

指向一维数组的指针不难理解，指向多维数组的指针就需要考生仔细分析和深刻理解了。下面是二维数组 a 及指向一维数组的指针变量：

```
int a[3][4],(*p)[4];
```

我们看到 a、a[0]、&a[0][0]的值都相等，但含义不同。a+1 不等价于 a[0]+1，这是因为 a 相当于排长，而 a[0]相当于班长，因而其内在含义不同，每次增 1 跳过的数组元素的个数不同。a+1 需要跳过 4 个数组元素，而 a[0]+1 仅需要跳过 1 个数组元素。

4. 字符串的指针和指向字符串的指针变量

在 C 语言中，可以用以下两种方法实现一个字符串的赋值。

● 用字符数组实现，如：char string[10]="hello";。但 char string[10]; string="hello";不成立，这是因为不能将字符串赋给数组名。

● 用指向字符串的指针变量实现，如：char *string="hello";，也可写成 char *string; string="hello";，即将字符串的起始地址赋给指针变量 string。

字符串的输入、输出可通过 gets(string *)和 puts(string *)或 printf 等函数来实现。如：

```
main()
{
  char *string;
  gets(string);
  printf("%s\n",string);
}
```

其中，字符串在输入时，自动在其后加上'\0'；在字符串输出时，遇到'\0'停止。

5. 指针作为函数的参数传递

一个好的结构化程序是由多个功能独立的函数构成的，而提供给用户的接口参数就是由定义函数时的形参决定的，因此，函数的参数定义是接口好坏的关键。除了采用值传递外，引用传递或地址传递也是函数参数传递的重要形式。

1) 一般的地址传递

为说明一般的地址传递，这里给出两个数的交换程序：

```
void swap(int *a, int *b)
{
 int temp;
 temp=*a;
 *a=*b;
 *b=temp;
}
main()
{
 int a=1,b=2;
 swap(&a,&b);
 printf("%d,%d\",a,b);
}
```

上述程序的执行结果为 2,1。上述例子也表明要改变调用程序中变量的值，必须传递变量的地址。

2) 数组作为参数传递

下面通过一个实现 n 个整数排序的例子来说明数组作为参数传递。

```
void selectsort(int a[], int n)
 {
  int i,j,k,temp;
  for(i=0;i<n-1;i++)
    {k=i;
     for(j=i+1;j<n;j++)
      if(*(a+j)<*(a+k))k=j;
      if(k!=i){temp=a[i];a[i]=a[k];a[k]=temp;}
    }
  }
main()
{
 int a[10],*p,i;
 p=a;
 for(i=0;i<10;i++)
   scanf("%d",a+i);
 selectsort(a,10);
 for(i=0;i<10;i++)
   printf("%d",*p++);
 }
```

该实例给出了参数传递的方法，void selectsort(int a[],int n)也可改为 void selectsort(int *a, int n)，同时，selectsort(a,10)也可改为 selectsort(p,10)。

本质上，调用函数将数组的首地址传送给被调用函数就是将各数组元素的地址传送给被调用函数，因而可由被调用函数来改变调用函数中数组元素的值。

3) 字符串指针作为函数参数

将一个字符串从一个函数传递到另一个函数，可以用地址传递的办法，即用字符数组名作参数或用指向字符串的指针变量作参数。在被调用的函数中可以改变字符串的内容，在主调函数中可得到改变的字符串。

下面用函数调用实现字符串的复制来说明字符串指针作为函数参数的使用方法。

```
void copystring(char from[], char to[])
 {
  while(*from++=*to++);
 }
```

或

```
void copystring(char *from, char *to)
 {
  while(*from++=*to++);
 }
```

6. 函数的指针和指向函数的指针变量

可用指针变量指向整型变量、字符串和数组，也可指向一个函数。一个函数在编译时被分配一个入口地址。这个入口地址就称为函数的指针。可以用一个指针变量指向函数，然后通过该指针变量调用此函数。

例如，求 a 和 b 中的大者。

```
max(int x, int y)
{
 return (x>y?x:y);
}
main()
{
int (*p)();
p=max;
printf("max=%d\n",(*p)(3,4));
}
```

说明:

- 指向函数的指针变量的一般定义形式为:

  数据类型标识符 (*指针变量名());

- (*p)()表示定义一个指向函数的指针变量,它不固定指向哪个函数。在给函数指针变量赋值时,只需要给出函数名而不必给出参数。

- 函数指针变量可作为函数定义时的形式参数,用它来接收函数的起始地址。

7. 返回指针值的函数

一个函数可以返回一个整型值、字符值或实型值等,也可以返回指针型的数据,即地址。这种返回指针值的函数,一般定义形式为:

类型标识符 *函数名(参数表);

例如,返回两个整数中最大整数的地址的函数如下:

```
int *max(int *a, int *b)
{
  if(*a>*b) return a;
  else return b;
}
```

8. 指针数组和指向指针的指针

一个数组,其元素均为指针类型数据,称为指针数组,即指针数组中的每一个元素都是指针变量。指针数组的定义形式如下:

类型标识符 *数组名[数组长度说明];

对于 int *p[4],由于[]的优先级比*高,因此 p 先与[4]结合,形成 p[4]数组,其有四个元素。然后再与其前面的*结合,使得每个数组元素均是指针类型的。

下面通过一个实现 n 个字符串排序的例子来说明指针数组作为形式参数的使用方法。

```
void strsort(char *s[], int n)
 {
  int i,j,k; char *temp;
  for(i=0;i<n-1;i++)
    {k=i;
     for(j=i+1;j<n;j++)
      if(strcmp(s[j],s[k])<0)k=j;
```

```
        if(k!=i){temp=s[i];s[i]=s[k];s[k]=temp;}
    }
}
```

指针的指针就是指向指针数据的指针变量，如：char **p; p 就是指向指针数据的指针变量。下面通过一个例子来说明指针的指针的使用。

利用上述函数 strsort(char *s[], int n) 的调用来实现字符串的排序。

```
main()
{ char *s[10],**p;
    int i;
    for(i=0;i<10;i++)
    gets(s[i]);
    strsort(s,10);
    p=s;
    for(i=0;i<10;i++)
    printf("%s\n",*p++);
}
```

9.3　真题详解

9.3.1　综合知识试题

试题 1　(2017 年下半年试题 28)

适合开发设备驱动程序的编程语言是　__(28)__　。

(28) A. C++　　　　　　B. Visual Basic　　　　C. Python　　　　D. Java

参考答案：(28)A

要点解析：汇编：和机器语言一样有高效性，功能强大；编程很麻烦，难以发现哪里出现错误。在运行效率要求非常高时内嵌汇编。

C：执行效率很高，能对硬件进行操作的高级语言；不支持 OOP。适用于编操作系统，驱动程序；

C++：执行效率也高，支 OOP，功能强大；难学。适用于编大型应用软件和游戏；

C#：简单，可网络编程；执行效率比上面的慢。适用于快速开发应用软件；

Java：易移植；执行效率慢。适用于网络编程，手机等的开发。

试题 2　(2017 年下半年试题 29)

编译和解释是实现高级程序设计语言的两种方式，其区别主要在于　__(29)__　。

(29) A. 是否进行语法分析　　　　　　B. 是否生成中间代码文件

　　　 C. 是否进行语义分析　　　　　　D. 是否生成目标程序文件

参考答案：(29)D

要点解析：在实现程序语言的编译和解释两种方式中，编译方式下会生成用户源程序的目标代码，而解释方式下则不产生目标代码。目标代码经链接后产生可执行代码，可执行代码可独立加载运行，与源程序和编译程序都不再相关。而在解释方式下，在解释器的控制下执行源程序或其中间代码，因此相对而言，用户程序执行的速度更慢。

试题3 (2012年下半年试题28)

将程序中多处使用的同一个常数定义为常量并命名___(34)___。

(34) A. 提高了编译效率　　　　　　　B. 缩短了源代码长度

　　　C. 提高了源程序的可维护性　　　D. 提高了程序的运行效率

参考答案： (34)C

要点解析： 本题考查程序语言基础知识。编写源程序时，将程序中多处引用的常数定义为一个符号常量可以简化对此常数的修改操作(只需改一次)，并提高程序的可读性，以便于理解和维护。

试题4 (2017年上半年试题28)

用某高级程序设计语言编写的源程序通常被保存为___(28)___。

(28) A. 位图文件　　　　　　　　　　B. 文本文件

　　　C. 二进制文件　　　　　　　　　D. 动态链接库文件

参考答案： (28)B

要点解析： 源程序，是指未经编译的，按照一定的程序设计语言规范书写的，人类可读的文本文件。通常由高级语言编写。源程序可以是以书籍或者磁带或者其他载体的形式出现，但最为常用的格式是文本文件，这种典型格式的目的是编译出计算机可执行的程序。将人类可读的程序代码文本翻译成为计算机可以执行的二进制指令，这种过程叫作编译，由各种编译器来完成。一般用高级语言编写的程序称为源程序。

试题5 (2017年上半年试题29)

将多个目标代码文件装配成一个可执行程序的程序称为___(29)___。

(29) A. 编译器　　　　B. 解释器　　　　C. 汇编器　　　　D. 链接器

参考答案： (29)D

要点解析： 用高级程序设计语言编写的源程序不能在计算机上直接执行，需要进行解释或编译。将源程序编译后形成目标程序，再链接上其他必要的目标程序后再形成可执行程序。

试题6 (2017年上半年试题35)

在对高级语言编写的源程序进行编译时，可发现源程序中___(35)___。

(35) A. 全部语法错误和全部语义错误　　B. 部分语法错误和全部语义错误

　　　C. 全部语法错误和部分语义错误　　D. 部分语法错误和部分运行错误

参考答案： (35)C

要点解析： 高级语言源程序中的错误分为两类：语法错误和语义错误，其中语义错误又可分为静态语义错误和动态语义错误。语法错误是指语言结构上的错误，静态语义错误是指编译时就能发现的程序含义上的错误，动态语义错误只有在程序运行时才能表现出来。

9.3.2　案例分析试题

试题 1　(2017 年下半年试题 4)

阅读以下说明、C 程序代码和问题 1 至问题 2，将解答写在答题纸的对应栏内。

【说明 1】

当数组中的元素已经排列有序时，可以采用折半查找(二分查找)法查找一个元素。下面的函数 biSearch(int r[]，int low，int high，int key)用非递归方式在数组 r 中进行二分查找，函数 biSearch_rec(int r[]，int low，int high，int key)采用递归方式在数组 r 中进行二分查找，函数的返回值都为所找到元素的下标；若找不到，则返回-1。

【C 函数 1】

```
int biSearch(int r[], int low, int high, int key)
//r[low..high] 中的元素按非递减顺序排列
//用二分查找法在数组 r 中查找与 key 相同的元素
//若找到则返回该元素在数组 r 的下标，否则返回-1
{
  int mid;
  while(___(1)___) {
      mid = (low+high)/2 ;
      if (key ==r[mid])
          return mid;
      else if (key<r[mid])
          ___(2)___ ;
      else
          ___(3)___ ;
  }/*while*/
    return -1;
}/*biSearch*/
```

【C 函数 2】

```
int biSearch_rec(int r[], int low, int high, int key)
//r[low..high]中的元素按非递减顺序排列
//用二分查找法在数组 r 中查找与 key 相同的元素
//若找到则返回该元素在数组 r 的下标，否则返回-1
{
  int mid;
  if((4)) {
      mid = (low+high)/2 ;
      if (key ==r[mid])
          return mid;
      else if (key<r[mid])
          return biSearch_rec((5),key);
      else
          return biSearch_rec((6),key);
  }/*if*/
  return -1;
}/*biSearch_rec*/
```

【问题1】

请填充 C 函数 1 和 C 函数 2 中的空缺,将解答填入答题纸的对应栏内。

【问题2】

若有序数组中有 n 个元素,采用二分查找法查找一个元素时,最多与__(7)__个数组元素进行比较,即可确定查找结果。

(7)备选答案:

A.[log2(n+1)]　　　　B.[n/2]　　　　C.n-1　　　D.n

【参考答案】

【问题1】

(1)　low<=high

(2)　high=mid-1

(3)　low=mid+1

(4)　low<=high

(5)　r,low,mid-1

(6)　r,mid+1,high

【问题2】

(7)　A

【重点分析】

本题考查折半查找。二分查找又称折半查找,优点是比较次数少,查找速度快,平均性能好,占用系统内存较少;其缺点是要求待查表为有序表,且插入删除困难。因此,折半查找方法适用于不经常变动而查找频繁的有序列表。首先,假设表中元素是按升序排列,将表中间位置记录的关键字与查找关键字比较,如果两者相等,则查找成功;否则利用中间位置记录将表分成前、后两个子表,如果中间位置记录的关键字大于查找关键字,则进一步查找前一子表,否则进一步查找后一子表。重复以上过程,直到找到满足条件的记录,使查找成功,或直到子表不存在为止,此时查找不成功。

二分查找的基本思想是将 n 个元素分成大致相等的两部分,取 a[n/2] 与 x 做比较,如果 x=a[n/2],则找到 x,算法中止;如果 x<a[n/2],则只要在数组 a 的左半部分继续搜索 x,如果 x>a[n/2],则只要在数组 a 的右半部搜索 x。

总共有 n 个元素,渐渐跟下去就是 n,n/2,n/4,....,n/2^k(接下来操作元素的剩余个数),其中 k 就是循环的次数。

试题2 (2012 年上半年试题 3)

阅读以下说明和 C 函数,填补 C 函数中的空缺,将解答写在答题纸的对应栏内。

【说明】

函数 isLegal(char*ipaddr)的功能是判断以点分十进制数表示的 iPV4 地址是否合法。参数 ipadddr 给出表示 iPV4 地址的字符串的首地址,串中仅含数字字符和".."。若 iPV4 地址合法则返回 1,否则反馈 0.判定伟合法的条件是:每个十进制数的值位于整数区间[0,255],两个相邻的数之间用"."分隔,共 4 个数、3 个".";例如,192.168.0.15、1.0.0.1 是合法的,192.168.1.256、1.1..1 是不合法的。

【C 函数】

```c
int isLegal(char*ipaddr)
{
    int flag;
    int cur Val; ／／curVal 表示分析出的一个十进制数
    int decNum=0,dotNum=0; ／／decNum 用于记录十进制数的个数
        ／／dotNum 用户记录点的个数
        char*p=  (1) ;
        for(;*p;p++)
    {
        curVal=0;flag=0
        while(isdigit(*p)){ ／／判断是否为数字字符
        curval=  (2)  +*p-'0';
          (3)
        flag=1;
        }
    if(curVal&gt;255)
    {
      return 0;
    }
    if(flag)
    {
        (4)
    }
    if(*p='.')
    {
      dotNum++;
    }
    if  (5)
    {
        return 1;
    }
    return 0;
}
```

【参考答案】

(1)　ipaddr

(2)　curval*10

(3)　p++

(4)　decNum++

(5)　decNum==4 && dotNum==3

【重点分析】

此题判断 IPV4 地址是否合法，主要是判断其每个十进制数的大小和总个数以及 "." 个数来进行判别。

首先用 isdigital 函数判断是否为十进制数，是则保留值。指针移到地址的下一个字符。

每找到一个十进制数都需要和前一次找到的值进行组合，即前一次的结果要乘以 10。

每找完一个完整数字和 "." 都需要记录，所以要有 decNum++ 和 dotNum++。

最后，如果 IP 地址正确，则返回 1。即：decNum=4 和 dotNum=3 时成立。

试题 3 (2017 年上半年试题 3)

阅读以下说明和 C 函数，填充函数中的空缺，将解答填入答题纸的对应栏内。

【说明】

字符串是程序中常见的一种处理对象，在字符串中进行子串的定位、插入和删除是常见的运算。

设存储字符串时不设置结束标志，而是另行说明串的长度，因此串类型定义如下：

```
Typedef struct
{
    Char*str//字符串存储空间的起始地址
    int lehgth//字符串长
     int capacity//存储空间的容量
}SString;
```

【函数 1 说明】

函数 indexStr(S,T,pos)的功能是：在 S 所表示的字符串中，从下标 pos 开始查找 T 所表示字符串首次出现的位置。方法是：第一趟从 S 中下标为 pos、T 中下标为 0 的字符开始，从左往右逐个比较 S 和 T 的字符，直到遇到不同的字符或者到达 T 的末尾。若到达 T 的末尾，则本趟匹配的起始下标 pos 为 T 出现的位置，结束查找；若遇到了不同的字符，则本趟匹配失效。下一趟从 S 中下标 pos+1 处的字符开始，重复以上过程。若在 S 中找到 T，则返回其首次出现的位置，否则返回-1。

例如，若 S 中的字符串为"students ents"，T 中的字符串为"ent"，pos=0，则 T 在 S 中首次出现的位置为 4。

【C 函数 1】

```
int index Str(SString S,SString T,int pos)
{
    int i,j;
    if(S.length<1||T.length<1||pos+T.length-1)
    return-1;
    for(i=pos,j=0;i<S.length&&j<T.length;)
    {
    if(S.str[i]==T.str[j])
        {
            i++;j++;
        }
    else
        {
          i=  (1)  ;j=0;
        }
    }
    if  (2)  return i-T.length;
    else  return-1;
}
```

【函数 2 说明】

函数 erasestr(S，T)的功能是删除字符串 S 中所有与 T 相同的子串，其处理过程为:首先从字符串 S 的第一个字符(下标为 0)开始查找子串 T，若找到(得到子串在 S 中的起始位置)，则将串 S 中子串 T 之后的所有字符向前移动，将子串 T 覆盖，从而将其删除，然后重新开始查找下一个子串 T，若找到就用后面的字符序列进行覆盖，重复上述过程，直到将 S 中所有的子串 T 删除。

例如，若字符串 S 为"12ab345abab678"、T 为"ab"。第一次找到"ab"时(位置为 2)，将"345abab678"前移，S 中的串改为"12345abab678"，第二次找到"ab"时(位置为 5)；将 ab678 前移，S 中的串改为"12345ab678"，第三次找到"ab"时(位置为 5)；将"678"前移，S 中的串改为"12345678"。

【C 函数 2】

```
void eraseStr(SString*S,SString  T)
{
    int i;
    int pos;
    if(S->length<1||T.length<1||S->length<T.length)
    return;
    Pos=0;
    for(;;)
    {
        //调用 indexStr 在 S 所表示串的 pos 开始查找 T 的位置
        pos=indexStr__(3)__;
        if(pos=-1)//S 所表示串中不存在子串 T
        return;
        for(i=pos+T.length;i<S->length;i++);//通过覆盖来删除自串 T
        S->str[ _(4)_ ]=S->str>[i];
        S->length=__(5)__;//更新 S 所表示串的长度
    }
}
```

【参考答案】

(1) i-j+1

(2) j==T.length

(3) *S,T,pos

(4) i-T.length

(5) S->length -T.length

【重点分析】

函数 1 为字符串匹配，算法为：先判断字符串 S 和 T 的长度，如果为空则不用循环，另外，如果字符串 S 的长度<字符串 T 的长度，那字符串 S 中也不能含有字符串 T，也无须进行匹配。

那当上述情况都不存在时，即需要进行循环。即从 S 的第一个字符开始，与 T 的第一个字符进行比较，如果相等，则 S 的第二个字符和 T 的第二字符进行比较，再相等就再往后移动一位进行比较，依次直到字符串 T 的结尾，也就是说 j=T.length。

当某一个字符与 T 的字符不相等时，那么字符串 S 就往下移一位，再次进行与 T 的第一个字符进行比较，此时 j 恢复初始值 j=0。

函数 2 为字符串的删除运算。首先，要调用函数 indexStr，需要三个参数，字符串 S、字符串 T 和 pos。然后删除的字符串的位置为删除初始点的位置到其位置点+字符串 T 的长度，并将后面的字符串前移。而删除 T 字符串后，字符串 S 的总长度变化，需减去字符串 T 的长度。

试题4 (2016年上半年试题2)

阅读以下说明和 C 函数，填充函数中的空缺，将解答填入答题纸的对应栏内。

【说明1】

递归函数 is_elem(char ch, char *set)的功能是判断 ch 中的字符是否在 set 表示的字符集合中，若是，则返回1，否则返回0。

【C 代码1】

```
int is_elem (char ch ,char*set)
{
    if(*set=='\0')
        return 0;
    else
      if(    (1)    )
    return 1;
    else
     return is_elem(    (2)    )
}
```

【说明2】

函数 char*combine(char* setA, char *setB)的功能是将字符集合 A(元素互异，由 setA 表示)和字符集合 B(元素互异，由 setB 表示)合并，并返回合并后的字符集合。

【C 代码2】

```
char*combine(char *setA, char*setB)
{
    int i, lenA, lenB, lenC;
    lenA=strlen(setA);
    lenB=strlen(setB);
    char*setC=(char*)malloc(lenA+lenB+1);
    if(!setC)
      return NULL;
    strncpy(setC,setA,lenA);        //将 setA 的前 lenA 个字符复制后存入 setC
    lenC=    (3)    ;
    for(i=0;i<lenB;i++)
      if(    (4)    )             //调用 is_elem 判断字符是否在 setA 中
        setC[lenC++]=setB[i];
      (5)    ='/0';           //设置合并后字符集的结尾标识
    return setC;
}
```

【参考答案】

(1)　set[0]==ch 或*set==ch 或等价形式

(2)　ch，set+1 或 ch，++set 或等价形式

(3)　lenA 或等价形式

(4)　!is_elem(setB[i]，setA)或等价形式

(5)　setC[lenC]或*(setC+lenC)或等价形式

【重点分析】

函数 is_elem(char ch，char*set)的功能是判断给定字符是否在一个字符串中，其运算逻辑是：若 ch 所存的字符等于字符数组 set 的第一个字符，则结束；否则再与 set 中的第二个字符比较，依次类推，直到串尾。因此空(1)处应填入 "set[0]==ch" 或其等价表示。题目要求该函数以递归方式处理，并在空(2)处填入递归调用时的实参，显然，根据函数 is_elem 的首部信息，递归调用时第一个参数仍然为 "ch"，第二个参数是需给出 set 中字符串的下一个字符的地址(第一次递归时为字符串第二个字符的地址，第二次递归时实际为字符串第三个字符的地址，由于传进来时与 ch 进行比较的字符都是*set，那么下一个字符就都表示为 set+1)，即为&set[1]，或者为 set+1，所以空(2)处应填入参数 "ch，set+1" 或其等价表示。

函数 combine(char*setA，char*set.B)的功能是将字符集合 A 和字符集合 B 合并，并返回合并后的字符集合，处理思路是：现将 A 集合的元素全部复制给集合 qstmcpy(setC，setA，lenA)，然后按顺序读取集合 B 中的字符，判断其是否出现在 A 中。如果来自集合 B 的字符已经在 A 中，则忽略该字符，否则，将其加入集合 C。

变量 lenC 表示集合 C 的元素个数，其初始值应等于 lenA，因此空(3)应填入 "lenA"。

根据注释，空(4)应填入 "!is_elem(setB[i]，setA)"，判断来自集合 B 的元素 setB[i]是否在集合 setA 中。空(5)处的代码作用是设置字符数组 setC 的尾部字符 "\0"，j 由于 lenC 的值跟踪了该集合中元素数目的变化，其最后的值正好表示了 setC 的元素个数，所以该空应填入 "setC[lenC]" 或其等价表示。

试题 5　(2016 年上半年试题 3)

【说明】

某文本文件中保存了若干个日期数据，格式如下(年／月／日)：

2005/12/1

2013/2/29

1997/10/11

1980/5/15

……

但是其中有些日期是非法的，例如 2013/2/29 是非法日期，闰年(即能被 400 整除或者能被 4 整除而不能被 100 整除的年份)的 2 月份有 29 天，2013 年不是闰年。现要求将其中自 1985/1/1 开始至 2010/12/31 结束的合法日期挑选出来并输出。

下面的 C 代码用于完成上述要求。

【C 代码】

```c
#include <stdio.h>
typedef struct{
```

```
         int year, month, day;   /* 年,月,日*/
    }DATE;

    int isLeapYear(int y)          /*判断 y 表示的年份是否为闰年,是则返回1,否则返回
0*/
{
    return((y%4==0 && y%100!=0)||(y%400==0));
}


int isLegal(DATE date)    /*判断 date 表示的日期是否合法,是则返回1,否则返回 0*/
{
    int y=date.year, m= date.month, d=date.day;
    if (y<1985 || y>2010 || m<1 || m>12 || d<1 || d>31)   return 0;
    if((m==4 || m==6 || m==9 || m==11)&&   (1)    ) return 0;
    if(m==2){
       if(isLeapYear(y)&&   (2)    ) return 1;
       else
          if (d>28) return 0;
    }
    return 1;
}

Int Lteq(DATE d1, DATE d2)
/*比较日期 d1 和 d2,若 d1 在 d2 之前或相同则返回 1,否则返回 0*/
{
    long t1,t2;
    t1=d1.year*10000+d1.month*100+d1.day;
    t2=d2.year*10000+d2.month*100+d2.day;
    if(   (3)    ) return 1;
    else   return 0;
}

int main()
{
    DATE date,start={1985,1,1}, end={2010,12,30};
    FILE*fp;

    fp=fopen("d.txt","r");
    If(   (4)    )
       return-1;

    while(!feof(fp)){
       if(fscanf(fp,"%d%d%d",&date.year,&date.month,&date.day) !=3)
          break;
       if(   (5)    )          /*判断是否为非法日期 */
          continue;
       if(   (6)    )          /*调用 Lteq 判断是否在起至日期之间*/
          printf("%d%d%d\n",date.year,date.month,date.day);
    }
    fclose(fp);
    return 0;
}
```

【参考答案】

(1)　d>30 或 d>=31 或等价形式

(2)　d<=29 或 d<30 或等价形式

(3)　t1<=t2 或等价形式

(4)　!fp 或 fp==0 或 fp==NULL

(5)　!isLegal(date)

(6)　Lteq(start，date)&&Lteq(date，end)或等价形式

【重点分析】

本题考查 C 程序设计的基本结构和运算逻辑。阅读程序时需先理解程序的结构，包括各函数的作用，然后确定主要变量的作用。本题中，函数 isLegal(DATE date)的作用是判断 date 表示的日期是否合法。对一个日期数据，需要分别判断年、月、日的合法性。基本的规则是月份只能在整数区间[1，12]，日只能在整数区间[1，31]，还需结合大、小月及 2 月份的特殊性。按照题目要求，满足条件(y<1985||y>2010||m<1||m>12||d<1||d>31)的日期先排除，接下来考虑小月份，即 4、6、9、11 这四个月份不存在 31 日，所在这几个月中若出现 31 日或更大值，就是非法日期，即空(1)处应填入"d>30"或其等价形式。当月份为 2 时，需要考虑是否闰年，闰年的 2 月是 29 天、平年是 28 天，因此空(2)处应填入"d<30"或其等价形式。

函数 Lteq(DATE d1，DATE d2)的功能是比较日期 d1 和 d2 的前后，若 d1 在 d2 之前或相同则返回 1，否则返回 0。通过将日期数据转换为整数来比较日期的先后，显然，日期靠前时其对应的整数就小，因此空(3)处应填入"t1<=t2"或其等价形式。

在 main 函数中，从文本文件中读取日期数据，因此文件指针 fp 与文件的关联失败时，应结束程序，空(4)处应填入"fp==NULL"或其等价形式。

根据题意，非法日期不输出，因此空(5)处应填入"!isLegal(date)"或"isLegal(date)==0"。

根据注释，空(6)处应填入"Lteq(start，date)&&Lteq(date，end)"或其等价 j 形式。

试题 6　(2016 年上半年试题 4)

阅读以下说明和 C 函数，填充函数中的空缺，将解答填入答题纸的对应栏内。

【说明】

二叉查找树又称为二叉排序树，它或者是一棵空树，或者是具有如下性质的二叉树。

(1)若它的左子树非空，则左子树上所有节点的值均小于根节点的值。

(2)若它的右子树非空，则右子树上所有节点的值均大于根节点的值。

(3)左、右子树本身就是两棵二叉查找树。

二叉查找树是通过依次输入数据元素并把它们插入二叉树的适当位置上构造起来的，具体的过程是：每读入一个元素，建立一个新节点，若二叉查找树非空，则将新节点的值与根节点的值相比较，如果小于根节点的值，则插入左子树中，否则插入右子树中；若二叉查找树为空，则新节点作为二叉查找树的根节点。

根据关键码序列{46，25，54，13，29，91}构造一个二叉查找树的过程如图 9-1 所示。

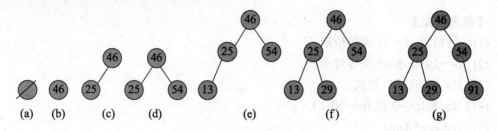

图 9-1　二叉查找树的过程

设二叉查找树采用二叉链表存储，节点类型定义如下：

```
typedef int KeyType;
typedef struct BSTNode{
        KeyType key;
    struct BSTNode *left,*right;
}BSTNode,*BSTree;
```

图 9-1(g)所示二叉查找树的二叉链表表示如图 9-2 所示。

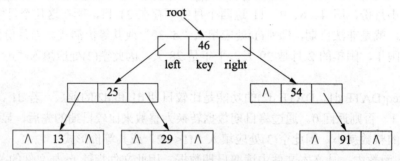

图 9-2　二叉链表表示

函数 int InsertBST(BSTree *rootptr, KeyType kword)功能是将关键码 kword 插入由 rootptr 指示出根节点的二叉查找树中，若插入成功，函数返回 1，否则返回 0。

【C 代码】

```
    int lnsertBST(BSTree*rootptr, KeyType kword)
    /*在二叉查找树中插入一个键值为 kword 的节点，若插入成功返回 1，否则返回 0;
     *rootptr 为二叉查找树根节点的指针
*/
{
BSTree p, father;
  (1)   ;                      /*将 father 初始化为空指针*/
p=*rootptr;                    /*p 指示二叉查找树的根节点*/
while(p&&   (2)   ){           /*在二叉查找树中查找键值 kword 的节点*/
    father=p;
    if(kword<p->key)
        p=p->left;
    else
        p=p->right;
}
if(   (3)   ) return 0;        /*二叉查找树中已包含键值 kword，插入失败
*/
```

```
        p=(BSTree)malloc(    (4)    );        /*创建新节点用来保存键值 kword*/
        if(!p)return 0;                       /*创建新节点失败*/
        p->key=kword;
        p->left=NULL;
        p->right=NULL;

        if(!father)
            (5)    =p;        /*二叉查找树为空树时新节点作为树根插入*/
        else
          if(kword<father->key)
            (6)    ;          /*作为左孩子节点插入*/
        else
            (7)    ;          /*作为右孩子节点插入*/

        return 1;

} /*InsertBST*/
```

【参考答案】

(1) father=NULL 或 father=0 或等价形式

(2) p->key!=kword 或等价形式

(3) p 或 p!=0 或 p!=NULL

(4) sizeof(BSTNode)或等价形式

(5) *rootptr

(6) father->left=p

(7) father->right=p

【重点分析】

本题考查 C 程序设计的基本结构和数据结构的实现。

根据二叉查找树的定义，其左子树中节点的关键码均小于树根节点的关键码，其右子树中节点的关键码均大于根节点的关键码，因此，将一个新关键码插入二叉查找树时，若等于树根或某节点的关键码，则不再插入；若小于树根，则将其插入左子树中，否则将其插入右子树中。

根据注释，空(1)处需将 father 设置为空指针，应填入"father=NULL"或其等价形式。

空(2)所在语句用于查找新关键码的插入位置，p 指向当前节点。查找结果为两种：若找到，则 p 指向的节点的关键码等于新关键码；若没有找到，则 p 得到空指针。因此空(2)处应填入"p->key!=kword"或其等价形式，在得到结果前使得查找过程可以继续，并且用 father 记录新插入节点的父节点指针。

空(3)处应填入"p"或其等价形式，表明查找到了与 kword 相同的节点，无须再插入该关键码。

空(4)处应填入"sizeof(BSTNode)"在申请新节点空间时提供节点所需的字节数。

空(5)处应填入"*rootptr"，使得新节点作为树根节点时，树根节点的指针作为二叉链表的标识能得到更新。

根据注释，空(6)应填入"father->left=p"、空(7)应填入"father->right=p"。

试题 7 (2013 年上半年试题 3)

阅读以下说明和 C 程序,填充程序中的空缺,将解答填入答题纸的对应栏内。

【说明】

埃拉托斯特尼筛法求不超过自然数 N 的所有素数的做法是:先把 N 个自然数按次序排列起来,1 不是素数,也不是合数,要划去;2 是素数,取出 2(输出),然后将 2 的倍数都划去;剩下的数中最小者为 3,3 是素数,取出 3(输出),再把 3 的倍数都划去;剩下的数中最小者为 5,5 是素数(输出),再把 5 的倍数都划去。这样一直做下去,就会把不超过 N 的全部合数都筛掉,每次从序列中取出的最小数构成的序列就是不超过 N 的全部质数。

下面的程序实现埃拉托斯特尼筛法求素数,其中,数组元素 sieve[i](i>0)的下标 i 对应自然数 i,sieve[i] 的值为 1/0 分别表示 i 在/不在序列中,也就是将 i 划去(去掉)时,就将 sieve[i] 设置为 0。

【C 程序】

```c
#include<stdio.h>
#define  N  10000
int main()
{
    char sieve[N+1]={0};
    int i=0,k;
    /*初始时 2~N 都放入 sieve 数组*/
    for(i=2;   (1)   ;i++)
        sieve[i]=1;
    for(k=2; ;){
    /*找出剩下的数中最小者并用 K 表示*/
    for( ; k<N+1 && sieve[k]==0;   (2)   );

    if(   (3)   ) break;
    print("%d\t", k);   /*输出素数*/

    /*从 sieve 中去掉 k 及其倍数*/
    for(i=k; i<N+1; i=   (4)   )
      (5)   ;
    }
    return 0;
} /*end of main*/
```

【参考答案】

(1) i<N+1 或其等价形式

(2) k++ 或 ++k 或其等价形式

(3) k>N 或 k>=N+1 或其等价形式

(4) i+k 或其等价形式

(5) sieve[i] = 0 或其等价形式

【重点分析】

本题要求是完成程序,该程序的功能是找到不超过自然数 N 的所有素数。首先在初始时 2~N 都放入 sieve 数组中,所以 i 的取值范围为 2~N,包含 N,所以(1)应该填 i 的最大取值为 N,所以(1)填 i<N+1 或者 i<=N,并赋值 sieve[i] = 1,表示所有的数,无论是否为素

数都放入数组中，接下来找出剩下的数中最小者并用 k 表示，在 for 循环中，每执行一次循环 k 值就要加 1，所以(2)应该填 k++或++k 或其等价形式，当循环执行到 k>N 或 k>=N+1 时，即 k 值超过了 N 值时，该循环结束用 break 跳出里面的循环语句，故(3)应该填 k>N 或 k>=N+1 或其等价形式，接下来输出素数，再删除素数的倍数，这也是一个循环语句，此时变量 i 是从 i 开始到 i+k 结束，所以(4)应填 i+k 或其等价形式，找到是素数的倍数后，再将该素数的倍数赋值为 0，从 sieve[i]数组中划去，所以(5)应填 sieve[i] = 0 或其等价形式。

试题 8 (2013 年上半年试题 4)

阅读以下说明和 C 程序，填充函数中的空缺，将解答填入答题纸的对应栏内。

【说明】

N 个游戏者围成一圈，从 1~N 顺序编号，游戏方式如下：从第一个人开始报数(从 1 到 3 报数)，凡报到 3 的人退出圈子，直到剩余一个游戏者为止，该游戏者即为获胜者。

下面的函数 playing(Linklist head)模拟上述游戏过程并返回获胜者的编号。其中，N 个人围成的圈用一个包含 N 个节点的单循环链表来表示，如图 9-3 所示，游戏者的编号放在节点的数据域中。

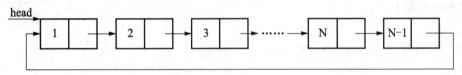

图 9-3

在函数中，以删除节点来模拟游戏者退出圈子的处理。整型变量 c(初值为 1)用于计数，指针变量 p 的初始值为 head(如图 11-1 所示)。游戏时，从 p 所指向的节点开始计数，p 沿链表中的指针方向遍历节点，c 的值随 p 的移动相应地递增。当 c 计数到 2 时，就删除 p 所指节点的下一个节点(因下一个节点就表示报数到 3 的游戏者)，如图 9-4 所示，然后将 c 设置为 0 后继续游戏过程。

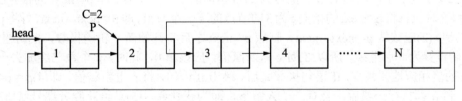

图 9-4

节点类型定义如下：

```
typedef struct node{
    int code;    /*游戏者的编号*/
    struct node *next;
}NODE, *LinkList;
```

【C 函数】

```
int playing(LinkList head,int n)
{ /*head 指向含有 n 个节点的循环单链表的第一个节点(即编号为 1 的游戏者)*/
LinkList p = head, q;
```

```
int thewinner, c = 1;

while(n>____){
    if(c == 2){     /*当 c 等于 2 时, p 所指向节点的后继即为将被删除的节点*/
q = p->next;
p->next = _____;
printf("%d\t", q->code);   /*输出退出圈子的游戏者编号*/
free(q);
c = ____;
n--;
} /*if*/
p = _____;
c++;
} /*while*/
theWinner = _____;
free(p);

return theWinner;   /*返回最后一个游戏者(即获胜者)的编号*/
}
```

【参考答案】

(1) 1

(2) q->next 或 p->next->next

(3) 0

(4) p->next

(5) p->code

【重点分析】

本题要求完成程序,该程序的功能是删除报号为 3 的节点,直到剩下一个节点为止。while 语句中的 n 的取值范围从 1 到 N,又因为 while 语句先执行中括号里的语句在判断 n 值,所以(1)填 n>1,while 语句中的 if 条件语句是判断 p 指向的下一节点是否该删除,若当 c 为 2 时,则 p 指向的当前节点报号为 2,p 指向的下一个节点,即 p->next 的报号应为 3,该删除,这时应该将 p->next 的指向 c 为 3 的节点的下一个节点,即 p->next->next,再将 p->next 删除,所以(2)应该填 p->next->next,删除 p->next 之后将开始新一轮的报数,根据题意,将 c 值重新设置为 0 后继续,所以(3)对 c 重新赋值,应该填 0,此时,n 个数已经删去一个数,所以 n 的值相应地要减少,if 语句执行完后,跳出 if 语句,将 p 重新赋值,即(4)p = p->next,当从 1 到 n 都执行一遍后,会有一个人留下,即为获胜者,(5)是给获胜者编号赋值所以应该填 p->code,最后返回获胜者编号,该程序执行完毕。

9.4 强化训练

9.4.1 案例分析试题

试题 1

阅读以下说明和 C 函数,填补代码中的空缺(1)～(5),将解答填入答题纸的对应栏内。

【说明 1】

函数 isPrime(int n)的功能是判断 n 是否为素数。若是，则返回 1，否则返回 0。素数是只能被 1 和自己整除的正整数。例如，最小的 5 个素数是 2，3，5，7，11。

【C 函数】

```
int isPrime(int n)
{
    int k, t;
    if(n==2) return 1;
    if (n<2 || __(1)__ ) return 0;  /*小于 2 的数或大于 2 的偶数不是素数*/
    t=(int)sqrt(n)+1;
    for(k=3;k<t;k+=2 )
        if( __(2)__ ) return 0;
    return 1;
}
```

【说明 2】

函数 int minOne(int arr[]，int k)的功能是用递归方法求指定数组中前 k 个元素中的最小者，并作为函数值返回。

【C 函数】

```
void reverse(char*s, int len)
int minOne(int arr[],  int k)
int t;
assert(k>0);
if(k==1)
    return __(3)__ ;
t=minOne(arr+1, __(4)__ );
if(arr[0]<t)
    return arr[0];
return __(5)__ ;
```

试题 2

阅读以下说明和图 9-5 的 C 代码，回答问题 1 和问题 2，将解答写在答题纸的对应栏内。

【说明 1】

下面代码的设计意图是：将保存在文本文件 data.txt 中的一系列整数(不超过 100 个)读取出来存入数组 arr[ ]，然后调用函数 sort()对数组 arr 的元素进行排序，最后在显示屏输出数组 arr 的内容。

【C 代码】

行号	代码
1	#include<stdio.h>
2	Void sort(int a[],int n)
3	{/*对n个元素的整形数组a按递增方式排列*/
4	/*
5	此处代码省略
6	*/
7	return;
8	}
9	
10	int main()
11	{
12	int i,num=0;
13	int arr[100];
14	FILE fp;
15	fp=fopen("data.txt","r");
16	if(!fp)
17	return-1;
18	while(!feof(fp)){
19	fscanf(fp,"%d",arr[num++]);
20	}
21	sort(arr[],num);
22	for(i=0;i<num;)
23	fprintf(stdout,"%d",arr[i++]);
24	fclose(fp);
25	return0;
26	}

图 9-5 显示屏输出

【问题 1】(9 分)

以上 C 代码中有三处错误(省略部分的代码除外),请指出这些错误所在的代码行号,并在不增加和删除代码行的情况下进行修改,写出修改正确后的完整代码行。

【说明 2】

下面是用 C 语言书写的函数 get_str 的两种定义方式以及两种调用方式。

定义方式 1
| ```c
void get_str(char*p)
{
    p=(char*)malloc(1+sizeof("testing"));
    strcpy(p,"testing");
}
``` |

定义方式 2
| ```c
void get_str(char**p)
{
    *p=(char*)malloc(1+sizeof("testing"));
    strcpy(*p,"testing");
}
``` |

调用方式 1	调用方式 2
```int main()```	```int main()```
```{```	```{```
```char* ptr=NULL;```	```char* ptr=NULL;```
```get_str(ptr);```	```get_str(&ptr);```
```if(ptr)```	```if(ptr)```
```printf("%s\n",ptr);```	``` printf("%s\n",ptr);```
```else```	```else```
``` printf("%p\n",ptr);/*输出指针的值*/```	``` printf("%p\n",ptr);```
```return 0;```	``` return 0;```
```}```	```}```

【问题 2】(6 分)

若分别采用函数定义方式 1、2 和调用方式 1、2，请分析程序的运行情况，填充下面的空(1)～(3)。

若采用定义方式 1 和调用方式 1，则输出为"00000000"。

若采用定义方式 1 和调用方式 2，则输出为　(1)　。

若采用定义方式 2 和调用方式 1，则输出为　(2)　。

若采用定义方式 2 和调用方式 2，则输出为　(3)　。

试题 3

阅读以下说明和 C 函数，将应填入____处的语句或语句成分写在答题纸的对应栏内。

【说明】

已知单链表 L 含有头节点，且节点中的元素值以递增的方式排列。下面的函数 DeleteList 在 L 中查找所有值大于 minK 且小于 maxK 的元素，若找到，则逐个删除，同时释放被删节点的空间。若链表中不存在满足条件的元素，则返回-1，否则返回 0。

例如，某单链表如图 9-6 所示。若令 minK 为 20，　maxK 为 50，则删除后的链表如图 9-7 所示。

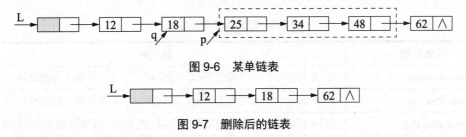

图 9-6　某单链表

图 9-7　删除后的链表

链表节点类型定义如下：

```
typedef struct Node {
        int data;
        struct Node*next;
    }Node, *LinkList;
```

【C 函数】

```
int DeleteList (LinkListL, int minx, int maxK)
{ /*在含头节点的单链表 L 中删除大于 minx 且小于 maxK 的元素*/
    __(1)__ *q=L, *p=L->next; /*p 指向第一个元素节点*/
    int delTag=0;
    while(p)
        if(p->data<=minK)
            {q=P; p=__(2)__;}
            else
            if ( p->data<maxK= { /*找到删除满足条件的节点*/
                q->next=__(3)__ free(p);
                p=__(4)__ ; delTag=1;
              }
              else break;
        if(__(5)__)return-1;
        return 0;
}
```

试题 4

阅读以下说明和 C 函数,将应填入____处的语句或语句成分写在答题纸的对应栏内。

【说明】

函数 areAnagrarns(char *fstword, char *sndword)的功能是判断 fstword 和 sndword 中的单词(不区分大小写)是否互为变位词,若是则返回 1,否则返回 0。所谓变位词是指两个单词是由相同字母的不同排列得到的。例如,"triangle"与"integral"互为变位词,而"dumbest"与"stumble"不是。

函数 areAnagrarns 的处理思路是检测两个单词是否包含相同的字母且每个字母出现的次数也相同。过程是先计算第一个单词(即 fstword 中的单词)中各字母的出现次数并记录在数组 counter 中,然后扫描第二个单词(即 sndword 中的单词)的各字母,若在第二个单词中遇到与第一个单词相同的字母,就将相应的计数变量值减 1;若在第二个单词中发现第一个单词中不存在的字母,则可断定这两个单词不构成变位词。最后扫描用于计数的数组 counter 各元素,若两个单词互为变位词,则 counter 的所有元素值都为 0。

函数 areAnagrarns 中用到的部分标准库函数如表 9-5 所述。

表 9-5　部分标准库函数表

函数原型	说　明
int islower(int ch);	若 ch 表示一个小写英文字母,则返回一个非 0 整数,否则返回 0
int isupper(int ch);	若 ch 表示一个大写英文字母,则返回一个非 0 整数,否则返回 O
int isalnum(int ch);	若 ch 表示一个英文字母或数字字符,则返回一个非 0 整数,否则返回 O
int isalpha(int ch);	若 ch 表示一个英文字母,则返回一个非 0 整数,否则返回 0
int isdigit(int ch);	若 ch 表示一个数字字符,则返回一个非 0 整数,否则返回 0
int strcmp(const char *str1,const char *str2);	若 strl 与 str2 表示的字符串相同,则返回 0,否则返回一个正整数/负整数分别表示 strl 表示的字符串较大/较小
char* strcat(char *str1, const char *str2);	将 str2 表示的字符串连接在 strl 表示的字符串之后,返回 strl

【C 函数】

```c
int areAnagrams(char *fstword, char *sndword)
{
    int index;
    int counter[26] = {OJ; /* counter[i]为英文字母表第 i 个字母出现的次数,
    'A'或'a'为第 0 个, 'B1 或'b'为第 1 个, 依次类推*/

    if(  (1)  )      /*两个单词相同时不互为变位词*/
        return 0;
    while(*fstword){            /*计算第一个单词中各字母出现的次数*/
        if(isalpha(*fstword)){
            if(isupper(*fstword))
                counter[*fstword-'A']++;
            else
                counter[*fstword-'a']++;
            (2)  ;          /*下一个字符*/
        }
    }

    while(*sndword){
        if(isalpha(*sndword)){
            index = isupper(*sndword) ? *sndword-'A': *sndword-'a';
            if(counter[index])
                counter [index]--;
            else
                (3)  ;
        }
        (4)  ;          /*下一个字符*/
    }

    for(index=0; index<26; index++)
        if(  (5)  )
            return 0;
    return1;
}
```

9.4.2　案例分析试题参考答案

【试题 1】答案:

(1)　n%2=0, 或!(n%2), 或其等价形式

(2)　n%k=0, 或!(n%k), 或其等价形式

(3)　arr[0], 或*arr, 或其等价形式

(4)　k-1, 或其等价形式

(5)　t

解析:

本题考查 C 程序的基本语法和运算逻辑。

首先应认真分析题目中的说明，然后确定代码结构和各变量的作用。

函数 isPrime(int n)的功能是判断 n 是否为素数。根据素数的定义，小于 2 的数和大于 2 的偶数都不是素数，n 是偶数可表示为"n%2 等于 0"，因此空(1)处应填入"n%2=0"，或者"!(n%2)"。

在 n 是大于 2 的奇数的情况下，下面的代码从 3 开始查找 n 的因子，直到 n 的平方根为止。

```
for(k=3;k<t;k+=2)
    if(___(2)___) return 0;
```

若 k 的值是 n 的因子，则说明 n 不是素数。因此，空(2)处应填入"n%k=0"或者"!(n%k)"。

函数 int minOne(int arr[]，int k)的功能是用递归方法求指定数组中前 k 个元素中的最小者，显然，k 为 1 时，这一个元素就是最小者。因此，空(3)处应填入"arr[0]"或其等价形式。

空(4)所在的语句是通过递归方式找出 arr[1]~arr[k-1]中的最小者，第一个实参指出从 arr[1]开始，第二个参数为元素个数，为 k-1 个，因此空(4)应填入"k-1"。

接下来的处理就很明确了，当 t 表示 arr[1]~arr[k-1]中的最小者，其与 arr[0]比较后就可以得到 arr[0]~arr[k-1]中的最小者，因此空(5)处应填入"t"。

【试题2】答案：

【问题1】14 行，应改为"FILE *fp"

19 行，应改为 fscanf(fp, "%d", &arr[num++]);

21 行，应改为 sort(arr, num);

【问题2】(1)出错　(2)出错　(3)输出"testing"

解析：【问题1】中 fp 为文件打开后的指针，因此在定义时应定义为"FILE *fp"。14 行错误。fscanf 函数的格式为 int fscanf(FILE *stream, char *format, <address-list>)，因此第 19 行程序错误，fscanf 函数中第三个参数应该是个地址值。应改为"fscanf(fp, '%d', &arr[num++]);"。在参数传递时，sort 函数的形参是数组地址，因此，在 main 函数中的实参应该也是数组地址 arr，21 行错误，应改为"sort(arr, num);"。

【问题2】考查的是指针变量的定义。定义方式 1 中 p 是一个指向字符型变量的指针。从而定义方式 1 中给 p 赋值一个新创建的字符串，同时将"testing"复制给该字符串。即 p 指向"testing"字符串。而在定义方式 2 中，p 是一个指向字符型变量指针的指针，即 p 指向一个指针而该指针又指向一个字符型变量。*p 这个指针所指内容与定义方式 1 中 p 指针所指内容一致，而 p 这个指针指向*p 这个指针。而在调用过程中，get_str(ptr)传递的是指针，get_str(&ptr)传递的是指针的地址。因此，只能用定义方式 1 调用方式 1，定义方式 2 调用方式 2，否则，由于调用参数类型不匹配，出现错误。当采用定义方式 2 和调用方式 2 时，参数传递 ptr 指针的地址。指向 ptr 指针的指针所指内容中复制 testing 字符串，即 ptr 指针单元中放的是 testing，当测试 ptr 时为空，执行 else 语句。输出 ptr 指针单元中存放的内容 testing。

【试题3】答案：(1) Node*p,*q　(2)p->next　(3)p->next　(4)q->next　(5)delTag==0

解析：序的目的是删除链表中大于 20 和小于 50 的数。首先 p，q 是首次出现，必须先定义，所以(1)中应填"Node *p,*q"。节点 p，q 中，q 指向所删节点的前驱，p 指向所删节点。如果 p 所指节点的数据大于 minK，则 p，q 点同时后移，即(2)填"p->next"。如果 p

所指节点的数据同时又小于 maxK，则删除该节点。q 直接连接 p 后面的节点，即(3)填"p->next"。当节点删除完成后，p 依然指向 q 的后面节点，因此(4)填"q->next"。题中要求若链表中不存在满足条件的元素，则返回-1。delTag 是时候对链表进行删除的标志。因此如果链表不存在满足条件的元素，delTag 为 0，因此，(5)中应填"delTag==0"。

【试题 4】答案： (1)　strcmp(fstword, sndword)==0，或其等价形式

(2)　fstword++，或其等价形式

(3)　return0

(4)　sndword++，或其等价形式

(5)　counter[index]，或 counter[index]!=0，或其等价形式

解析： 本题考查 C 程序的基本语法和运算逻辑。

首先应认真分析题目中的说明，然后确定代码结构和各变量的作用。

空(1)所在语句是比较两个字符串，若它们完全相同，则可断定不是变位词。显然，根据说明中的描述，可以用标准库函数 strcmp 来完成该处理，当两个字符串相同时，strcmp 的返回值为 0。因此，空(1)处应填入"strcmp(fstword, sndword)==0"或"!strcmp(fstword, sndword)"或其等价方式。

上面代码中的第一个 while 语句用于扫描第一个单词中各字母出现的次数，并直接存入对应的数组元素 counter[]中，显然，空(2)处应填入"fstword++"或其等价方式，从而可以遍历单词中的每个字母。

在接下来的 while 语句中，通过 sndword 逐个扫描第二个单词中的字母，当*sndword 表示的字母在第一个单词中没有出现时(与该字母对应的数组元素 counter[]的值为 0)，这两个单词显然不互为变位词，在这种情况下函数可返回，因此空(3)处应填入"returu 0"，空(4)处的处理与空(2)类似，应填入"sndword++"或其等价形式。

根据题目中的说明，若两个词互为变位词，则它们包含的字母及每个字母出现的次数相同，这样数组 counter 的每个元素都应为 0；如若不然，则可断定不是变位词。因此，空(5)处应填入"counter[index]"或"counter[index]!=0"或其等价形式。

第 10 章

C++程序设计

10.1 备考指南

10.1.1 考纲要求

据考试大纲的考核要求，在"C++程序设计"知识模块中，要求考生掌握以下几方面的内容。

(1) 类和对象的初始化：私有、公有、保护成员，构造函数，析构函数，静态成员、友元。

(2) 继承性：基类、派生类、虚基类。

(3) 多态性：函数重载、静态联编、动态联编、虚函数、纯虚函数、抽象类。

10.1.2 考点统计

"C++程序设计"知识模块在历次程序员考试试卷中出现的考核知识点及分值分布情况如表 10-1 所示。

表 10-1 历年考点统计表

年 份	题 号	知 识 点	分 值
2017 年下半年	上午题：无		0 分
	下午题：5	类、成员、类的定义，访问者模式、继承和多态	15 分
2017 年上半年	上午题：无		0 分
	下午题：5	类、成员、继承和多态	15 分

续表

年　份	题　号	知　识　点	分　值
2016 年下半年	上午题: 无		0 分
	下午题: 5	类、成员、构造函数及析构函数、继承和多态、静态成员	15 分
2016 年上半年	上午题: 无		0 分
	下午题: 5	类、成员、构造函数及析构函数	15 分
2015 年下半年	上午题: 无		0 分
	下午题: 5	类、虚基类、成员、构造函数及析构函数、继承和多态	15 分

10.1.3　命题特点

　　纵观历年试卷，本章知识点是以分析题的形式出现在试卷中的。本章知识点在历次考试的"案例分析"试卷中，所考查的题量大约为 1 道综合案例题，所占分值大约为 15 分(约占试卷总分值 75 分中的 20%)。大多数试题偏重于实践应用，检验考生是否理解相关的理论知识点和实践经验，考试难度中等偏难。

10.2　考点串讲

10.2.1　C++程序基础

一、程序结构

　　任何一个 C++程序都必须有一个 main 函数，整个程序的执行从 main 函数开始。
　　下面以一个简单的 C++程序为例来说明 C++程序的结构。

行号	C++程序
1	//test.cpp
2	/* c++程序示例。*/
3	#include<iostream>
4	using namespace std;
5	void main()
6	{
7	int i;
8	cout<<"hello,world"<<endl;
9	cout<<"请输入一个整数";
10	cin>>I;
11	cout<<i<<"\n";
12	}

第 1、2 行是注释。其中，"//"是 C++语言的一种注释符号，自"//"开始，一直到本行结束，所有内容都是注释，也可以用" / * "和" * / "将注释内容括起来。第 3 行使用预处理指令＃include 将头文件 iostream 包含到程序中来，iostream 是标准的 C++头文件，它包含了输入和输出的定义。第 5 行开始定义了一个名称为 main 的函数。第 6 行的左花括号和第 12 行的右花括号分别表示 main 函数体的开始和结束。第 7 行至第 11 行是函数体的内容。流是执行输入和输出的对象，cout 是 C++标准的输出流，标准输出通常是指计算机屏幕，符号<<是一个输出运算符，带一个输出流作为它的左操作数，一个表达式作为它的右操作数，后者被发送到前者。cin 是 C++标准的输入流，标准输入通常是指计算机键盘。符号>>是输入运算符，带一个输入流作为它的左操作数，一个变量作为它的右操作数，前者被抽取到后者，cin 输入流抽取到变量 i 的效果是将键盘的输入值复制到变量 i 中。

通过这个程序，读者可以对 C++语言的程序结构有一个基本的了解。

二、数据类型

C++中的数据类型完全包括了 C 的类型。同时，C++还新增了以下两个类型。

(1) 布尔类型：类型名为 bool，包括的数据为 true 和 false，表达逻辑操作的结果。bool 类型还可以作为函数的返回类型，表示条件测试的结果。true 可以对应整数 1，false 对应整数 0。不为 0 的整型数据对应 true；等于 0 的整型数据对应 false。

(2) 抽象数据类型：类类型。

归纳起来，C++语言中的类型有如下几种。

- 基本类型：bool、char、int、double 等。
- 特殊类型：void。
- 用户定义类型：enum、数组、结构、联合。
- 指针类型：type *。
- 抽象数据类型：类类型。

三、运算符

C++语言的运算符有数十个，运算符的优先级如表 10-2 所示。注意，一元运算符+、-、*的优先级高于对应的二元运算符。

表 10-2　C++语言的运算符优先级

优 先 级	运 算 符
从高到低排列	( ) [ ] -> .
	!　~　++　--　sizeof　+　-　*　&
	*　/　%
	+　-
	<<　>>
	<　<=　>　>=
	=　!=
	&

续表

优 先 级	运 算 符
	^
	|
从高到低排列	&&
	||
	?:
	= += -= *= /= %= &= ^= |= <<= >>=

四、C++语言的控制结构

C++语言中，用于表达控制结构的语句有 if 语句、switch 语句、for 语句、while 语句、do-while 语句等。其含义和用法与 C 语言中大致相同，在此就不再阐述了。

五、函数

函数可以被看作是一个由用户定义的操作。一般来说，函数用一个名字来表示，函数的操作数称为参数(Parameter)，由一个位于括号中并且用逗号分隔的参数表(Parameter List)指定。函数的结果被称为返回值(Return Value)，返回值的类型被称为函数返回类型(Return Type)。不产生值的函数返回类型是 void，意思是什么都不返回。函数执行的动作在函数体(body)中指定。函数体包含在花括号中，有时也称为函数块(Function Block)。函数返回类型以及其后的函数名、参数表和函数体构成了函数定义。

函数是 C++语言程序的基本功能单元，其重要性不言而喻。函数接口的两个要素是参数和返回值。C 语言中，函数的参数和返回值的传递方式有两种：值传递(Pass by Value)和指针传递(Pass by Pointer)。C++语言中多了引用传递(Pass by Reference)。

10.2.2 类、成员、构造函数及析构函数

一、类及其成员

1) 类定义

类定义包含两部分：类头(Class Head)，由关键字 class 及其后面的类名构成；类体(Class Body)，由一对花括号包围起来。类定义后面必须接一个分号或一列声明。一个类类型中可以有两种成员：数据和操作。在 C++语言中称它们为数据成员和成员函数。根据它们的被访问权限，成员又可以分为私有段成员、保护段成员和公有段成员。例如：

```
class  类名
{
    private:           //定义私有段成员
        私有段数据定义；
        私有段函数定义；
    public:            //定义公有段成员
        公有段数据定义；
        公有段函数定义；
};
```

其中，类名是一个标识符，代表类类型的类型名；private, protected 和 public 称为段约束符，其中 private 可以省略；{ }以内的部分称为类内，{ }以外的部分称为类外。

定义公有和私有成员的顺序可以是任意的。

2)　类的访问及信息隐藏

为了防止程序的函数直接访问类类型的内部表示而提供的一种形式化机制，叫作信息隐藏。类成员的访问限制是通过类体内被标记为 public、private 以及 protected 的部分来定的。关键字 public、private 和 protected 被称为访问限定符(Access Specifier)。在公有 public 区域内被声明的成员是公有成员，在私有 private 或被保护的 protected 区域内被声明的成员是私有或被保护的成员。

- 公有成员(Public Member)：在程序的任何地方都可以被访问。
- 私有成员(Private Member)：只能被成员函数和类的友元访问。
- 被保护成员(Protected Member)：对派生类(Derived Class)就像 public 成员一样，对其他程序则表现得像 private。

类外访问成员的方法：

对象名.公有段的成员函数名 (<实参表>)
对象名.公有段的数据

或者定义一个指向对象的指针来访问公有段的成员。方式为：

指向对象的指针->公有的成员函数名 (<实参表>)
指向对象的指针->公有的数据

或者：

(*指向对象的指针).公有的成员函数名 (<实参表>)
(*指向对象的指针).公有的数据

3)　类与结构

在 C++语言中，结构是另外一种形式的类。C++语言的结构也像 class 类一样的包括数据和成员函数。C++语言的结构和类的差别在于，在采用默认段约束符时，类的成员是私有的，而结构的成员是公有的。除此之外，类与结构有完全相同的功能。所以结构又被称为其全部成员都是公有成员的类。

struct 类包括的数据成员和成员函数都是公有的。如果要在结构类中定义私有数据，需要显式地给出关键字 private。

C++程序员一般都使用类来定义对象的形式，而用 C 语言的方式使用结构。

4)　类与联合

联合是将所有元素都存储在同一位置上的结构。在 C++语言中，联合也是一种类。联合的所有成员只能为公有成员。关键字 private 不能用于联合。

二、构造函数与析构函数

1)　构造函数

一个类中的数据成员是不能直接初始化的。

如：

```
class X
  {
    int  num=0;      //错误
    …        };
```

类类型提供构造函数，当创建类的一个新对象时，自动调用构造函数，完成初始化任务。

构造函数具有如下特性：
- 构造数没有返回值。
- 构造函数不能像其他成员函数那样被显式地调用，它在对象创建时被自动调用。
- 在一个类中可以定义多个构造函数，如果在类定义中没有定义构造函数，那么系统将自动生成一个默认构造函数，这个函数不带任何参数。在构造函数前不能加 virtual 关键字。

构造函数的作用如下。
- 分配一个对象的数据成员的存储空间。
- 执行构造函数，一般是初始化一个对象的数据成员。构造函数的函数体完成初始化对象的数据成员，若希望该类所有对象的初始值相同，构造函数可以不使用参数；若希望该类所有对象的初始值不相同，通过使用带参数的结构函数可以做到这一点。

构造函数有以下两种方式初始化数据成员。
- 赋值语句的方式。
- 表达式的方式。

2）析构函数

与构造函数对应的是析构函数。C++语言通过析构函数来处理对象的善后工作。析构函数主要的功能是对类中动态分配的内存进行释放，它在对象消失时自动调用。析构函数的一般定义形式为：

~类名()｛释放内存的操作;｝

析构函数没有返回类型，没有参数，函数名是类名前加"~"。

析构函数的作用为：
- 执行析构函数。
- 释放对象的存储空间。

可以使用完全限定名方式显式地调用析构函数；若没有显式调用，则一个对象的作用域结束时，系统自动调用析构函数。

用户定义的类类型中，可以没有析构函数，系统会自动给该类类型生成一个析构函数。

在析构函数前可以加 virtual 关键字。因为在继承关系的多态环境中，究竟是哪个对象的析构函数有时不能确定，这时要使用 virtual 类型的析构函数。

3）构造与析构的次序

构造从类层次的最根处开始，在每一层中，首先调用基类的构造函数，然后调用成员对象的构造函数。析构则严格按照与构造相反的次序执行，该次序是唯一的，否则编译器将无法自动执行析构过程。一个有趣的现象是，成员对象初始化的次序完全不受它们在初始化表中次序的影响，只由成员对象在类中声明的次序决定。这是因为类的声明是唯一的，而类的构造函数可以有多个，因此会有多个不同次序的初始化表。如果成员对象按照初始化表的次序进行构造，这将导致析构函数无法得到唯一的逆序。

三、隐含的 this 指针

C++语言为成员函数提供了一个称为 this 的指针，因此，常常称成员函数拥有 this 指针。this 是一个隐含的指针，不能被显式声明，它只是一个形参，一个局部变量，它在任何一个非静态成员函数里都存在，它局限于某一对象。

this 指针是一个常指针，可以表示为：

```
X * const this
```

这里 X 是类名。因此，this 指针不能被修改和赋值。

某个对象 obj 调用某个成员函数 fun，则 fun 函数的 this 指针就指向对象 obj，而且在该成员函数 fun 中，this 指针始终指向对象 obj。

实际上，不管是在类外访问类的成员，还是在类内访问类的成员，都需要使用"对象.成员"或"指向对象的指针->成员"的方式，只不过在类内，若是直接访问成员的方式，实际就是"this->成员"的方式。

四、静态类成员

类是一种自定义的数据类型而不是一个对象，类定义了数据成员及其类型。每一个该类对象都有该类数据成员的复制。但有时需要所有对象共享某个数据成员。例如，将鼠标的位置、状态及其操作封装为一个类，不管该类有多少个对象，鼠标始终只有一个，所有的该类对象共享鼠标的位置、状态等数据成员的值，这时可以使用关键字 static 将需要共享的数据成员声明为类的静态数据成员。在一个类中，若将一个数据说明前加上 static，则该数据称为静态数据，static 数据成员被该类的所有对象共享。无论建立多少个该类的对象，都只是一静态数据的存储空间。

同全局对象相比，使用静态数据成员有以下两大优势。

● 静态数据成员没有进入程序的全局名字空间，因此不存在与程序中其他全局名字冲突的可能性。

● 可以实现信息隐藏。静态成员可以是 private 成员，而全局对象不能。static 数据成员遵从 public/private/protected 访问规则。

10.2.3　模板

一、函数模板

调用函数时，经常会遇到函数本身功能符合调用要求，但是函数形式参数类型和实际参数类型并不相符的情况，这时不得不考虑重载函数或者进行类型转换。模板技术的出现使得程序设计者摆脱了数据类型的束缚，而只关注于函数功能的实现。C++语言常用的模板有函数模板和类模板。

函数模板的一般声明形式为:

```
template <参数类型列表>返回数据类型函数名(形式参数列表){
    函数功能实现语句
}
```

其中 template 为关键字,参数类型列表中的参数类型用 class 加上字符串来表示。在后面的形式参数列表和函数实现语句中,可以把这段字符串作为一个具体的数据类型使用。

下面以"返回两参数中较大者的函数 max(x,y)"为例来说明函数模板。x 和 y 为具有可比较次序的任何类型。如果不用模板,就需要 max()的许多重载版本,在这些重载版本中,每个版本的代码是相同的,但是形参代表的数据类型却不相同。例如:

```
int  max(int x,  int y)
{
  return(x>y)? x:y;
}
long  max(long x,  long y)
{
  return(x>y)? x:y;
}
```

如果使用模板,数据类型本身就是一个参数,例如,max 函数的模板可以定义为:

```
template<class  T>
T  max(T  x,  T  y)
{
  return(x>y)?  x:y
 }
```

template 表示声明一个模板,数据类型由模板参数给出。max 不是一个完整的函数,称为函数模板。

二、类模板

类模板的一般定义和实现形式为:

```
template <参数类型列表>class 类名{
类成员的声明
}
```

类模板的定义和声明都以关键字 template 开头,关键字后面是一个用逗号分隔的模板参数表,用尖括号<> 括起来。这个表称为类模板的模板参数表(Template Parameter List),它不能为空。模板参数可以是一个类型参数,也可以是一个非类型参数。如果是非类型参数,则代表一个常量表达式。

例如:

```
template<class  T>
  class  TenClass
  { T  item;
     public:
```

```
        TemClass(T  anitem)
         {item=anitem;}
           void  set_item(T  anitem)
            {item=anitem;}
              T  get_item( )
              {return  item;}
              …
      };

void  main( )
         {
             TemClass<int>  Objint(20);
             TemClass<float>  Objfloat(2.5);
             TemClass<char>  Objchar('A');
             Objint.set_item(120);
             Objchar.get_item( );
             …
         }
```

　　TemClass 是类模板，完整的名字为 TemClass<T>，在定义对象时，需要实例化类型参数 T，从而生成实际的类，称之为模板类。模板类的名字为 TemClass<TYPE>，如 TemClass<float>等。

10.2.4　继承和多态

一、继承

　　C++最重要的性能之一是代码重用。但是，为了具有可进化性，我们应当能够做比复制代码更多的工作。在 C 的方法中，这个问题未能得到很好的解决。而用 C++，可以用类的方法解决，通过创建新类重用代码，而不是从头创建它们，这样，我们可以使用其他人已经创建并调试过的类。创建一个新类作为一个已存在类的类型，采取这个已存在类的形式，对它增加代码，但不修改它。这个有趣的活动被称为继承，其中大量的工作由编译器完成。继承是面向对象程序设计的基石。

　　继承的一般形式如下：

class 派生类：访问权限基类
{
派生类的类体
}

　　访问权限是访问控制说明符，它可以是 public、private 或 protected 。派生类与基类是有一定联系的，基类描述一个事物的一般特征，而派生类有比基类更丰富的属性和行为。如果需要，派生类可以从多个基类继承，也就是多重继承。通过继承，派生类自动得到了除基类私有成员以外的其他所有数据成员和成员函数，在派生类中可以直接访问，从而实现了代码的复用。派生类对象生成时，要调用构造函数进行初始化。编译器的调用过程是先调用基类的构造函数，对派生类中的基类数据进行初始化，然后再调用派生类自己的构造函数，对派生类的数据进行初始化工作。当然，在派生类中也可以更改基类的数据，只要它有访问权限。每个派生类只需编写与基类行为不同或扩展的方面。

例如，A 是基类，B 是 A 的派生类，那么 B 将继承 A 的数据和函数。

```
class A
{
public:
void Func1(void);
void Func2(void);
};
class B : public A
{
public:
void Func3(void);
void Func4(void);
};
main()
{
B b;
b.Func1(); // B 从 A 继承了函数 Func1
b.Func2(); // B 从 A 继承了函数 Func2
b.Func3();
b.Func4();
}
```

这个简单的示例程序也说明了：C++的"继承"特性可以大大提高程序的可复用性。

二、多态

在 C++语言中，所谓多态性，即对同一条信息，不同对象将产生不同的相应操作。简言之，以多种形式在多个对象上进行操作(但接口相同)。多态性一般通过对象的继承关系来实现。

在讲多态性实现之前，首先讨论一下成员函数重载和虚函数的概念。

成员函数的重载是指在派生类中定义和其祖先类中相同的函数，即函数名、参数个数、参数类型都相同。虽然函数的重载一定程度上满足了多态性，但是函数重载实现多态性的前提是知道接收消息的具体对象。这不能满足在现实世界中，消息发送者在发送消息之前，并不需要知道具体接收者的要求。函数的重载只是静态地满足了多态性的要求。重载的子程序是一种特别的多态。

虚函数是在类的成员函数定义前面加上关键字 virtual。虚函数仅给出方法的定义而不给出方法体。含有虚函数的类叫作抽象类。抽象类具有如下特性：①由于抽象方法没有体，因此抽象类不能实例化；②抽象类的子类必须给出所继承的抽象方法的体。

在 C++语言中，多态是通过虚函数来实现的。如果一个基类的成员函数定义为虚函数，那么，它在所有派生类中也保持为虚函数，派生类中可以省略 virtual 关键字。要达到多态的效果，基类和派生类的对应函数不仅名字相同，而且返回类型、参数个数和类型也必须相同。在 C++语言中，不允许用抽象类创建对象，它只能被其他类继承。要定义抽象类，就必须定义纯虚函数，它实际上是起到接口的作用。对虚函数的限制是：只有类的成员函数才可以是虚函数；静态成员函数不能是虚函数；构造函数不能是虚函数，析构函数可以是虚函数，而且我们常常将析构函数定义为虚函数。

例如，A 是基类，B 是 A 的派生类，现有如下程序：

```java
import java.io.*;
class A {
        int x = _1_;
        public virtual void showValue() {
            System.out.println(x);
        }
}

class B extends A {
        int y = _2_;
        public void showValue() {
            System.out.println(y);
        }
}

class mainProgram {
        public static void main(String [] args)
    {
            A a = new A();
          B b = new B();
              a.showValue();
           b.showValue();
          a = b;
              a.showValue();
    }
}
```

输出结果为：

1
2
2

根据输出结果，即可知多态的实现机理了。

10.3　真题详解

案例分析试题

试题 1　(2017 年下半年试题 6)

阅读以下说明和 C++代码，填补 C++代码中的空缺，将解答写在答题纸的对应栏内。

【说明】

以下 C++代码实现一个简单客户关系管理系统(CrM)中通过工厂(Customerfactory)对象

来创建客户(Customer)对象的功能。客户分为创建成功的客户(realCustomer)和空客户(NullCustomer)。空客户对象是当不满足特定条件时创建或获取的对象。类间关系如图 10-1 所示。

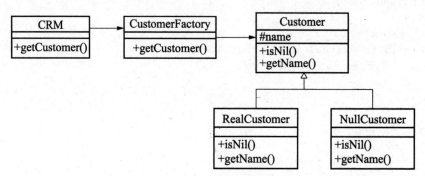

图 10-1 类间关系

【C++代码】

```
#include&lt;iostream&gt;
#include&lt;string&gt;
using namespace std;
class Customer
{
  Protected:
  string name;
  public:
    (1)  boll isNil()=0;
    (2)  string getName()=0;
};
class realCustomer   (3)
{
    public:
    realCustomer(string name){this-&gt;name=name;}
    bool isNil(){return false;}
    string getName(){return name;}
};
class NullCustomer   (4)
{
    public:
    bool isNil(){return true;}
    string getName(){return "Not Available in Customer Database";}
};
class Customerfactory
{
    public:
        string names [3]={"rob","Joe","Julie"};
        public:
        customer*getCustomer(string name){
        for(int i=0;i&lt;3;i++){
        if(names [i].  (5)  ){
```

```
                     return new realCustomer(name);
                     }
                     }
                     return  (6)  ;
                     }
                     };
                     class CrM{
                     public:
                     void getCustomer(){
                     Customerfactory*  (7)  ;
                     Customer*customer1=cf->getCustomer("rob");
            Customer*customer2=cf->getCustomer("Bob");
            Customer*customer3=cf->getCustomer("Julie");
            Customer*customer4=cf->getCustomer("Laura");
            cout<<"Customers" <<endl;
            cout<<Customer1->getName()<<endl; delete customer1;
            cout<<Customer2->getName()<<endl; delete customer2;
            cout<<Customer3->getName()<<endl; delete customer3;
            cout<<Customer4->getName()<<endl; delete customer4;
            delete cf;
            }
            };
            int main(){
            CrM*crs=new CrM();
            crs->getCustomer();
            delete crs;
            return 0;
            )
            /*程序输出为:
            Customers
            rob
            Not Available in Customer Database
            Julie
            Not Available in Customer Database
            */
```

【参考答案】

(1) virtual

(2) virtual

(3) :public Customer

(4) :public Customer

(5) compare(name)==0

(6) new Null Customer()

(7) cf=New CustomerFactory();

【要点分析】

本题考查使用 C++代码实现实际问题。

在 C++中，动态绑定是通过虚函数来实现的。此题中用到了虚函数，所以要在成员函数原型缺钱加一个关键字 virtual。

类 RealCustomer 和类 NullCustomer 是类 Customer 的派生类，因此(3)、(4)空都填 public
Customer。

进行对比数据库中的人名 compare(name)==0

(6)空与前面语句是相反的，一个是返回 new RealCustomer(name)，那么此处应填：new
Null Customer()

(7)空，用工厂创建对象，cf=New CustomerFactory();

试题2 (2016 年下半年试题 6)

阅读以下说明和 C++代码，填充代码中的空缺，将解答填入答题纸的对应栏内。

【说明】

以下 C++代码实现一个简单的聊天室系统(ChatRoomSystem)，多个用户(User)可以向聊
天室(ChatRoom)发送消息，聊天室将消息展示给所有用户。类图如图 10-2 所示。

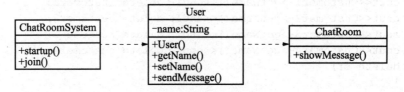

图 10-2　聊天室系统类

【C++代码】

```cpp
#include<iostream>
    #include<string>
    using namespace std;
    class User{
private:
string name;
public:
User(string name){
  (1)  =name;
}
~User(){}
void setName(string name){
this->name=name;
}
string getName(){
return name;
}
void sendMessage(string message);
}
class ChatRoom{
public:
static void showMessage(User*user,string message){
cout<<"["<<user->;getName()"]:"<<message<<endl;
}
}
void User::sendMessage(string message){
```

```
  (2)  (this,message);
}
class ChatRoomSystem{
public:
void startup0(){
User*zhang=new User("John");
User*li=new User("Leo");
zhang->sendMessage("Hi!Leo!");
li->sendMessage("Hi!John!");
}
void join(User*user){
  (3)  ("HeIIoEveryone!l am"+user->getName());
}
}
int main(){
ChatRoomSystem*crs=  (4) ;
crs->startup();
crs->join(  (5)  ("Wayne"));
delete crs;
}
/*
程序运行结果:
[John]: Hi!Leol
[Leo]: Hi!John!
[Wayne】: Hello Everyone!Iam Wayne
/*
```

【参考答案】

(1)　this->name

(2)　ChatRoom::showMessage

(3)　user->sendMessage

(4)　new ChatRoomSystem()

(5)　new User

【要点分析】

本题考查语言程序设计的能力，涉及类、对象、对象函数(非静态)和静态函数的定义和使用。要求考生根据给出的案例和代码说明，认真阅读厘清程序思路，然后完成题目。题目所给代码较短，较易厘清思路。

先考查题目说明，实现一个简单的聊天室系统(ChatRoomSystem)，多个用：用户(User)可以向聊天室(hatRoom)发送消息，聊天室将消息展示给所有用户。题目说明中图 6-1 的类图给出了类 ChatRoomSystem、User、ChatRoom 之间的关系。ChatRoom 作为中介器，处理 User 对象之间的所有消息交互，即 User 向 ChatRoom 发送消息，ChatRoom 负责将消息显示给所有的 User 对象。User 对象使用 ChatRoom 的函数分享其消息。

ChatRoom 中定义了一个静态成员函数，使所有调用者直接通过类来访问此函数，无须创建对象。静态函数用关键字 static 修饰，参数接收 User 对象和消息内容，并显示。

PublicstaticvoidshowMessage(User*user,stringmessage) {•••"••}

在 C++中，static 函数直接通过类名 ChatRoom 来访问，即：

ChatRoom::showMessage(•**)

User 类中定义私有属性 name 及其 get 和 set 函数，通过 User 类的构造器创建对象，赋给新建对象的 name 属性值。构造器参数和对象的属性区分方式用 1：his 关键字。User 类的对象发送消息时提供对象自身，用 this 表示，以及消息内容，字符串表示，调用 ChatRoom 中的静态函数 showMessage，即：

ChatRoom::showMessage(this，message);

ChatRoomSystem 类实现聊天室系统，实现启动初始化聊天和聊天过程中加入新聊天用户(聊天过程中的退出等实现类似)。在主函数 main 中，创建 ChatRoomSystem 对象，然后调用 startup 函数(crs->startup())，初始化加入一些用户并发送问候消息，即：

User*zhang=newUser("John");

User*li=newUser("Leo");

zhang->sendMessage("Hi!Leo!");

li->sendMessage（"Hi!John！"）

调用 join 函数(crs->join)加入用户，并由此用户对象发送问候消息，即：

user->sendMessage("HelloEveryone!IamM+user->getName());

C++中创建对象采用 new 关键字，在没有定义构造器时，使用编译器自动创建一个不带参数的缺省构造器。ChatP、oomSystem 中没有定义构造器，所以对象创建方式为：

NewChatRoomSystem()或 newChatRoomSystem

IJsei•的对象创建为：

newUser(字符串用户名)

综上所述，空(1)需要标识当前对象的 name 属性，即 this->name；空(2)调用类 ChatRoom 的静态函数 showMessage，即 ChatRoom：：showMessage；空(3)需要表示 user 对象调用发送消息的函数 sendMessage，即 user->sendMessage；空(4)需要用 new 关键字调用缺省构造器，即 newChatRoomSystem()或 newChatRoomSystem；空(5)处为采用 new 关键字调用 User 类的构造器函数创建 User 类的对象，即 newUser。

试题3 (2013年上半年试题5)

阅读下列说明和 C++代码，填充代码中的空缺，将解答填入答题纸的对应栏内。

【说明】

以下 C++代码实现两类交通工具(Flight 和 Train)的简单订票处理，类 Vehicle、Flight、Train 之间的关系如图 10-3 所示。

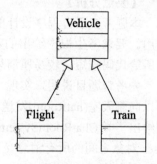

图10-3 类关系

【C++代码】

```cpp
#include <iostream>
#include <vector>
using namespace std;

class Vehicle{
public:
    virtual ~Vehicle(){}
```

```
     void book(int n){     //订 n 张票
        if (getTicket()>=n){
          decreaseTicket(n);
        } else{
           cout<<n<<"余票不足！！";
        }
     }
     virtual int getTicket()=0;
     virtual void decreaseTicket(int)=0;
};
class Flight:  (1)  {
private:
    (2)  tickets;      //Flight 的票数
public:
     int getTicket();
     void decreaseTicket(int);
};
class Train:  (3)   {
private:
    (4)   tickets;      //Train 的票数
public:
     int getTicket();
     void decreaseTicket(int);
};
int Train::tickets =2016;      //初始化 Train 的票数为 2016
int Flight::tickets =216;       //初始化 Flight 的票数为 216

int Train::getTicket() { return tickets; }
void Train::decreaseTicket(int n){ tickets=tickets -n;}

int Flight::getTicket ()    {    return tickets;    }
void Flight::decreaseTicket(int n) {   tickets= tickets - n;}

int main() {
     vector<Vehicle*> v;

     v.push_back(new Flight());
     v.push_back(new Train());
     v;push _back(new Flight());
     v.push_back(new Tram());
     v.push_back(new Train());

     cout<<"欢迎订票！"<<endl;
     for (int i= 0; i < v.size(); i++) {
        (5)  (i+1);    //订 i+1 张票
     Cout<<"剩余票数："<<(*v[i]). getTicket()<<endl;
     }
     for (vector<Vehicle*>::iterator it = v.begin(); it != v.end(); it ++)  {
        if (NULL !=*it) {
           delete*it ;
           *it = NULL;
```

```
        }
    }
    v.clear();
    return 0;
}
```

运行该程序时输出如下:

欢迎订票!

剩余票数: 215

剩余票数: 2014

剩余票数: ___(6)___

剩余票数: ___(7)___

剩余票数: ___(8)___

【参考答案】

(1) public Vehicle

(2) static int

(3) public Vehicle

(4) static int

(5) (*v[i]).book

(6) 212

(7) 2010

(8) 2005

【要点分析】

本题考查 C++语言程序设计,涉及类、继承、对象、函数的定义和相关操作。要求考生根据给出的案例和代码说明,认真阅读厘清程序思路,然后完成题目。

先考查题目说明,实现两类交通工具(Flight 和 Train)的简单订票处理,根据说明进行设计,题目说明中图 6-1 的类图给出了类 Vehicle、Flight、Train 之间的关系。涉及交通工具类 Vehicle、其子类 Flight 和 Train 两类具体交通工具。简单订票就针对这两类具体的交通工具,每次订票根据所选订票的交通工具和所需订票数进行操作。

不论哪类交通工具,订票操作 book 在余票满足条件的情况下将余票减少所订票数,不足时则给出"余票不足"提示,所以在父类 Vehicle 中定义并实现 voidbook(int n)函数。每类具体交通工具获取自身类型的票数(getTicket),订票也只减少自身类型票数(decreaseTicket(int n))等类以及相关操作。因此,在父类 Vehicle 中,分别定义针对上述两个操作的虚函数:

```
virtual int getTicket ()=0;
virtual void decreaseTicket(int)=0;
```

在 C++中,virtual 作为虚函数的关键字,"=0;"表示为纯虚函数,包含虚函数的类本身也是虚拟类,而且,虚函数必须由其子类实现。从题目说明给出的类图(图 6-1)也可以看出,Vehicle 的两种具体类(子类)为 Hight 和 Train。C++中,子类继承父类用":",即:

```
class 子类名:继承的方式 父类名
```

考查主控函数 mam(),需要将 Flight 和 Train 类型的对象加入模板类型为 Vehicle 的向量中,因此,Flight 和 Train 的实现分别为:

```
class Flight: public Vehicle
class Train: public Vehicle
```

Flight 类和 Train 类中必须实现 getTicket 和 decreaseTicket 函数才能进行获取票数和减少余票的操作。因此，这两个类中都实现了 getTicket 和 decreaseTicket 函数。

Flight 和 Train 两类具体交通工具的票数需要分别记录，并且每次订票操作需要对总数进行操作，所以需要定义为类变量，同一类的所有对象共享此变量。在 C++ 中，定义类变量的方式是将变量定义为静态变量，即用 static 关键字修饰。同时分析对票数的使用，getTicket 和 decreaseTicket 两个函数的返回值和参数都用类型 int，因此，票数 tickets 也定义为 into。综合上述两个方面可知，tickets 定义为 static int 类型。而且，在 C++ 中，static int 类型的变量必须在类外进行初始化，即：

```
int Train: : tickets=2016; //初始化 Train 的票数为 2016
int Flight: : tickets=216; //初始化 Flight 的票数为 216
```

主函数 main() 中实现了订票系统的简要控制逻辑，其中创建欲进行订票的对象、持有对象的集合、订票逻辑等。定义 vector<Vehicle> 向量类型变量 v，此处采用模板类集合，在 v 中，可以持有 Vehicle 类型及其子类型的对象指针。vector<E> 向量中的函数 push_back(E e) 用于给向量的最末端添加元素，采用向量元素下标 index 获取向量中索引位置为 index 的元素，即对象指针，size() 用以获取向量的元素个数。主控逻辑中创建 Flight 和 Train 两个具体类的一些订票请求对象加入 v 中，因为 Flight 和 Train 均为 Vehicle 的子类型，而且是具体类，所以满足加入元素的要求，故采用 new Flight() 和 newTrain() 来创建相应的对象加入 v 中；然后通过 for 循环使每个订票请求对象进行订票，并输出剩余票数：

```
for (int i= 0; i < v.size(); i++) {
    (*v[i]).book(i+1);      //订 i+1 张票
  cout<<"剩余票数: "<<(*v[i]).getTicket()<<endl;}
```

即从 V 中取每个对象指针，用其指向的对象调用 book 函数进行订票操作。v[i] 获得 V 中位置为 i 的元素，(*v[i]) 则是 Vehicle 类型的对象，由于面向对象的多态机制使得不同对象接收同一消息后发生不同的响应，即具体行为由位置为 i 的对象指针所引用的对象决定。此处无须类型转换，这是因为在父类 Vehicle 中，已经定义了 book 函数，并且声明了 book 所调用的 getTicket 和 decreaseTicket 函数接口，子类分别加以实现。另外，在 getTicket 和 decreaseTicket 两个函数执行时，因为每次操作 tickets 为 static 静态类型，所以，每个操作均作用在当前类变量的剩余票数，即具体子类型的有唯一一个当前剩余票数，每次操作都是上次对象修改之后的值的基础上继续更新。

在 main() 函数中，依次新建并加入了五个对象，按顺序类型分别为：Flight、Train、Flight、Train、Train，加入 v 中的 index 分别为 0、1、2、3、4。在 for 循环中，按顺序获取向量中的对象元素，并进行订票，数量为 i+1 张，然后输出剩余票数。因此，采用 (*v[i]).book(i+1) 进行订票，采用 (*v[i]).getTicket() 获得当前对象元素所属类的剩余票数。其中 Flight 的剩余票数 216-1=215、215-3=212；Train 的剩余票数为 2016-2=2014、2014-4=2010、2010-5=2005，按对象顺序则为：215、2014、212、2010、2005。

综上所述，空(1)和(3)需要表示继承 Vehicle 虚类，即 public Vehicle；空(2)和空(4)需要分别表示 Flight 和 Train 中 tickets 变量为静态整型变量，即 static int；空(5)处为调用获取 v
中对象元素并订票的(*v[i]).book；空(6)为 212；空(7)为 2010；空(8)为 2005。

10.4 强化训练

10.4.1 案例分析试题

试题 1

阅读下列说明、C++代码和运行结果，填补代码中的空缺(1)～(6)，将解答填入答题纸
的对应栏内。

【说明】

很多依托扑克牌进行的游戏都要先洗牌。下面的 C++程序运行时先生成一副扑克牌，
洗牌后再按顺序打印每张牌的点数和花色。

【C++代码】

```cpp
#include <iostream>
#include <stdlib.h>
#include <ctime>
#include <algorithm>
#include <string>

using namespace std;

const string Rank[13] = {"A", "2", "3", "4", "5", "6", "7", "8", "9", "10",
"J",
"Q", "K"};//扑克牌点数
const string Suits(4) = {"SPADES", "HEARTS", "DIAMONDS", "CLUBS"};//扑克牌
花色
class Card{
private:
    int rank;
    int suit;
public:
    Card(){}
    ~Card(){}
    Card(int rank, int suit){  (1)   rank=rank;   (2)   suit=suit; }

    int getRank(){
        return rank;
    }

    int getSuit(){
        return suit;
    }
```

```
    void printCard(){
        cout<<'('<<Rank[rank]<<","<<Suits[suit]<<")";
    }
};

class DeckOfCard{
private:
    Card dest[52];
Public:
    DeckOfCard(){
        for(int i=0;i<52;i++){      //初始化牌桌并进行洗牌
            (3)  =Card(i%13, i%4);  //用 Card 对象填充牌桌
        }
        srand((unsigned)time(0));  //设置随机数种子
    }

    ~DeckOfCard(){
    }

    void printCards(){
        for(int i=0;i<52;i++){
            (4)  printCard();
            if((i+1)%4==0) cout<<endl;
            else cout<<"\t";
        }
    }
};

int main(){
    DeckOfCards *d=  (5)  ;          //生成一个牌桌
    (6)  ;
    delete d;
    return 0;
}   }
```

试题 2

阅读下列说明、Java 代码和运行结果，填补代码中的空缺，将解答填入答题纸的对应栏内。

【说明】

很多依托扑克牌进行的游戏都要先洗牌。下面的 C++程序运行时先生成一副扑克牌，洗牌后再按顺序打印每张牌的点数和花色。

【C++代码】

```
#include <iostream>
using namespace std;
class Department{
protected:
float average(float x, int y){
    if (y ==0 ) throw   (1)  ;
```

```
      return x/y;
    }
public:
void caculate(void){
  float sumSalary;
  int employeeNumber;
  try{
    cout << "请输入当月工资总和与员工数:" << endl;
    cin >> sumSalary >> employeeNumber;
    float k = average(sumSalary,employeeNumber);
    cout << "平均工资: "<< k << endl;
  }
    (2)   (int e){
    if(e == 0){
      cout << "请重新输入当月工资总和与员工数:" << endl;
      cin >> sumSalary >> employeeNumber;
      float k = average(sumSalary,employeeNumber);
      cout << "平均工资: "<< k << endl;
    }
  }
}
};
void main(){
  try  {
      (3)    ;
    d.caculate();
  }
    (4)   (int e){
    if ( e == 0)
      cout << "程序未正确计算平均工资! " << endl;
  }
}
```

【问题1】

程序运行时,若输入的员工工资总和为6000,员工数为5,则屏幕输出为:

请输入当月工资总和与员工数:

6000 5

__(5)__

【问题2】

若程序运行时,第一次输入的员工工资总和为6000,员工数为0,第二次输入的员工
工资总和为0,员工数为0,则屏幕输出为:

请输入当月工资总和与员工数:

6000 0

__(6)__

0 0

__(7)__

试题 3

阅读以下说明和 C++代码，将应填入____处的字句写在答题纸的对应栏内。

【说明】

已知类 LinkedList 表示列表类，该类具有四个方法：addElement()、lastElement()、numberOfElement()以及 removeLastElement()。四个方法的含义分别如下。

- void addElement (Obect): 在列表尾部添加一个对象。
- Object lastElement(): 返回列表尾部对象。
- int numberOfElement(): 返回列表中对象的个数。
- void removeLastElement(): 删除列表尾部的对象。

现需要借助 LinkedList 来实现一个 Stack 栈类，C++代码 1 和 C++代码 2 分别采用继承和组合的方式来实现。

【C++代码 1】

```
class Stack : public LinkedList {
public : void push ( Object o ) { addElement ( o ) ; };    //压栈
Object peek ( ) { return   (1)  ; };                //获取栈顶元素
bool isEmpty ( ) {                                  //判断栈是否为空
return numberOfElement ( ) == 0 ; };
Object pop {                                        //弹栈
Object o = lastElement ( );
  (2)  ;
 Return o;
} ;
} ;
```

【C++代码 2】

```
class stack {
private :
  (3)   ;
public :
void push ( Object o ) {                       //压栈
list . addElement ( o ) ;
} ;
object peek{                                    //获取栈顶元素
return list   (4)  ;
} ;
bool isEmpty() {                                //判断栈是否为空
retum list.numberOfElement()==0
} ;
Object pop(){                                   //弹栈
Objecto = list . lastElement ( ) ;
list . removeLastElement();
return o ;
} ;
```

【问题】若类 LinkedList 新增加了一个公有的方法 removeElement (int index)，用于删除列表中第 index 个元素，则在用继承和组合两种实现栈类 Stack 的方式中，哪种方式下 Stack 对象可访问方法 removeElement (int index)？   (5) (A. 继承　B. 组合)

10.4.2 案例分析试题参考答案

【试题 1】答案:

(1) this->

(2) this->

(3) deck[i],或*(deck+i),或等价表示

(4) deck[i].,或*(deck+i).,或等价表示

(5) new DeckofCards()

(6) d-> printCards()

解析:本题考查 C++语言程序设计能力,涉及类、对象、函数的定义和相关操作。要求考生根据给出的案例和代码说明,认真阅读,厘清程序思路,然后完成题目。

本题目中涉及扑克牌、牌桌等类以及洗牌和按点数排序等操作。根据说明进行设计。

定义了两个数组,Rank 表示扑克牌点数,Suits 表示扑克牌花色,定义时进行初始化,而且值不再变化,故用 const 修饰。

Card 类有两个属性,即 rank 和 suit,在使用构造函数 Card(int rank, int suit)新建一个 Card 的对象时,所传入的参数指定 rank 和 suit 这两个属性值。因为参数名称和属性名称相同,所以用 this->前缀区分出当前对象。在类 Card 中包含方法 getRank()和 getSuit(),分别返回当前对象的 rank 和 suit 属性值。printCard()函数打印扑克牌点数和花色。

DeckOfCards 类包含 Card 类型元素的数组 deck[52],表示牌桌上一副牌(52 张)。构造函数中对牌桌进行初始化并进行洗牌。先用 Card 对象填充牌桌,即创建 52 个 Card 对象并加入 deck 数组。然后洗牌,即将数组中的 Card 对象根据花色和点数随机排列。printCards()函数将所有 Card 对象打印出来。

主控逻辑代码在 main 函数中实现。在 main()函数中,先初始化 DeckOfCards 类的对象指针 d,即生成一个牌桌:DeckOfCards *d=new DeckOfCards()并发牌,即调用 d 的 printCards()函数,实现打印一副扑克牌中每张牌的点数和花色。

在 printCards()函数体内部,为每个数组元素调用当前对象的 printCard()一张牌。

main()函数中使用完数组对象之后,需要用 delete 操作进行释放对象,对 d 对象进行删除,即 delete d。

因此,空(1)和空(2)需要表示当前对象的 this->;空(3)需要牌桌上纸牌对象,即数组元素 deck[i];空(4)也需要纸牌对象调用 printCard(),即数组元素 deck[i];空(5)处为创建 DeckOfCards 类的对象指针 d 的 new DeckOfCards();空(6)需要用对象 d 调用打印所有纸牌的 printCards()函数,即 d-> printCards()。

【试题 2】答案:

(1) 0 或 y   (2) catch   (3) Department d   (4) catch   (5) 平均工资:1200.00

解析:一般而言,try 语句块中编写正常工作的语句,catch 语句块中主要编写用于处理异常情况发生时的语句,而 finally 块中则包含不论是否发生异常都需要执行的语句。

若输入的数据为 6000 和 5,则整个程序能够计算出其平均值为 1200,并且输出 caculate 中的输出语句,结果为"平均工资:1200.0"。若输入的数据为 6000 和 0,则程序中 caculate

方法中的 catch 语句会首先捕获到 average 抛出的异常，要求重新输入数据，并再次调用 average 方法，由于输入的数据为 0 和 0，所以 average 会再次抛出异常，这个异常将由 main 方法中的 catch 捕获。

【试题 3】答案：

(1) lastElement()　(2) removeLastElement()　(3) LinkedList list　(4) lastElement()　(5) A

解析： 栈是一种数据结构，是只能在某一端插入和删除的特殊线性表。它按照先进后出的原则存储数据，先进入的数据被压入栈底，最后的数据在栈顶，需要读数据的时候从栈顶开始弹出数据(最后一个数据被第一个读出来)，所以获取栈顶元素只需读出最后一个元素即可，因此空(1)、空(4)处均应为 lastElement()。栈是允许在同一端进行插入和删除操作的特殊线性表，允许进行插入和删除操作的一端称为栈顶(top)，另一端称为栈底(bottom)，插入一般称为压栈(PUSH)，删除则称为弹栈(POP)。所以空(2)处进行弹栈操作时应删除最后一个元素，因此空(2)处应为 removeLastElement()。代码 2 中 list 没有声明，所以空(3)处应为 LinkedList list。对象可以直接访问的方法应该是本类中的所有方法或其父类的非私有方法，所以若类 LinkedList 新增加了一个公有的方法 removeElement (int index)，则 Stack 对象可以通过代码 1 中的继承方式来访问该方法。

第 11 章

Java 程序设计

11.1 备考指南

11.1.1 考纲要求

根据考试大纲中相应的考核要求，在"Java 程序设计"知识模块中，要求考生掌握以下几方面的内容。

(1) Java 语言程序结构和语法。

(2) 类和对象，静态成员及其抽象类。

(3) 接口的概念及其实现。

(4) 异常处理。

(5) Application 及 Applet 程序设计。

11.1.2 考点统计

"Java 程序设计"知识模块在历次程序员考试试卷中出现的考核知识点及分值分布情况如表 11-1 所示。

表 11-1 历年考点统计表

年　份	题　号	知 识 点	分　值
2017 年下半年	上午题：无		0 分
	下午题：6	类的定义，访问者模式	15 分

续表

年　份	题　号	知　识　点	分　值
2017 年 上半年	上午题：无		0 分
	下午题：6	类的定义和继承	15 分
2016 年 下半年	上午题：无		0 分
	下午题：6	类的定义	15 分
2016 年 上半年	上午题：无		0 分
	下午题：6	类的定义、抽象方法	15 分
2015 年 下半年	上午题：无		0 分
	下午题：6	类的定义(构造函数、析构函数)	15 分

11.1.3　命题特点

　　纵观历年试卷，本章知识点是以分析题的形式出现在试卷中的。本章知识点在历次考试的"案例分析"试卷中，所考查的题量大约为 1 道综合案例题，所占分值大约为 15 分(约占试卷总分值 75 分中的 20%)。大多数试题偏重于实践应用，检验考生是否理解相关的理论知识点和实践经验，考试难度中等偏难。

11.2　考点串讲

11.2.1　Java 语言的程序结构和基本语法

一、Java 语言的程序结构

　　Java 语言的源程序代码由一个或多个编译单元组成，每个编译单元只能包含下列内容：一个程序包语句、引入语句、类的声明。这些编译单元在物理上是以文件形式存在的，这些文件的文件名在一般情况下是以 Java 结尾的。Java 语言为了管理可能出现的命名重复的现象使用了类包结构，而类包的命名形式一般是以 InteMet 域名的逆序来命名的，比如 cn.edu.school.example，其中，从左到右表示包含关系。Java 语言是纯面向对象的语言，在它里面出现的任何合法数据类型都是以对象形式存在的。Java 语言对面向对象的设计提供了充分的支持，包括了类定义、继承、接口等诸多语言特性。下面通过一个具体的例子来看 Java 程序的大体构成。代码如下：

```
/*
This is a simple Java program.
```

```
Call this file "Example.java"
*/
package cn.edu.example
import java.util.*;
class Example{
//Your program begins with a call to main().
public static void main(String args[]){
    System.out.println("this is a simple Java program.");
}
}
```

尽管 Example.java 很短，但它包括了所有 Java 程序具有的几个关键特性。下面仔细分析该程序的几个部分。

程序开始于以下几行：

```
/*
This is a simple Java program.
Call this file "Example.java"
*/
```

这是一段注释。像大多数其他的编程语言一样，Java 也允许编程人员在源程序文件中加注释。注释中的内容将被编译器忽略。

程序的下一行代码"package cn.edu.example"定义了下面的类所属的类包。

下面的代码"import java.util.*"表示将引用该类包下的功能库。

下一行代码"class Example{"使用关键字 class 声明了一个新类。

下一行程序"//Your program begins with a call to main()."是单行注释，这是 Java 支持的又一种类型的注释。

下一行代码"public static void main(String args[]){"，这是程序将要开始执行的第一行，所有的 Java 应用程序都通过调用 main()开始执行。

接下来的代码"System.out.println("this is a simple Java program.");"，这是程序的主体。

程序中的第一个"}"号结束了 main()，而最后一个"}"号结束了类 Example 的定义。

二、Java 语言的数据类型

Java 语言的数据类型分为基本类型(Primitive Type)和引用类型(Reference Type)两种。基本数据类型表示简单的值，是 Java 语言中内置的，包括了整型、浮点型、字符型和布尔型。每种基本类型都被精确地定义，开发者不用担心在不同平台上基本类型会有差异。引用类型包括对象和数组。

整型数据类型包括 byte、short、int 和 long 四种。byte 类型的变量在内存中占一个字节；short 类型的变量在内存中占两个字节；int 和 long 类型的变量分别占四个字节和八个字节。程序中直接出现的数值都被称为整型直接量，整型直接量的默认类型是 int。

非整型数值被存储为浮点型数值。Java 中有两种基本的浮点类型：float 和 double，它们分别占用四个字节和八个字节的内存空间。浮点型直接量默认是 double 类型。

字符数据类型用关键字 float 表示，一个字符型变量在内存中占用两个字节的空间。

取值为 true 或 false 的变量类型就是布尔类型，用关键字 boolean 来表示类型。布尔类型不能和其他的数据类型相互转换，这一点和 C/C++中有较大的区别。

三、Java 语言的控制结构

Java 语言中，用于表达控制结构的语句有 if 语句、switch 语句、for 语句、while 语句、do…while 语句等。

上述语句的含义和用法与 C 语言中大致相同，在此就不再阐述了。

四、Java 语言的运算符和表达式

Java 语言的运算符可分为以下几类。

(1) 算术运算符。算术运算符包括加(+)、减(−)、乘(*)、除(/)和求余(或称模运算，%)。它们之间的优先级是先乘除后加减。

(2) 关系运算符。关系运算符包括大于(>)、小于(<)、等于(=)、大于等于(>=)、小于等于(<=)和不等于(!=)六种。值得注意的是，关系运算符对对象变量进行判断时，是根据对象的引用值进行判断的。

(3) 逻辑运算符。逻辑运算符包括与(&&)、或(||)、非(!)三种。逻辑表达式的值的类型只能是 boolean，不能用其他类型来代替。

(4) 位操作运算符。位运算符与 C++中的用法相同，包括按位与(&)、按位或(|)、按位非(~)、按位异或(^)、左移(<<)、右移(>>)六种。

(5) 赋值运算符。符号为"＝"，在需要对非基本数据类型赋值时要特别小心。

(6) 位移运算符。用法和 C 语言中是完全相同的。

(7) 逗号运算符(,....,)。Java 语言中唯一可以放置逗号运算符的地方是 for 循环。

(8) 递增、递减运算符。递增运算符为"++"，递减运算符为"−−"。

11.2.2 类、成员、构造函数

一、类及其成员

类是 Java 的核心和本质，是 Java 语言面向对象编程的基本元素，它定义了一个对象的结构和行为。在 Java 程序中，要表达的某个概念都封装在某个类里。一个类定义了一个对象的结构和它的功能接口，功能接口称为成员函数。当 Java 程序运行时，系统用类的定义创建类的实例，类的实例是真正的对象。

类定义的通用格式如下：

```
class classname {
type instance-variable1;
type instance-variable2;
// ...
type instance-variableN;
type methodname1(parameter-list) {
// body of method
}
type methodname2(parameter-list) {
// body of method
}
```

```
// ...
type methodnameN(parameter-list) {
// body of method
}
}
```

在类中，数据或变量被称为实例变量，代码包含在方法内。定义在类中的方法和实例变量被称为类的成员。在大多数类中，实例变量被定义在该类中的方法操作和存取。方法决定该类中的数据如何使用。类的通用格式中并没有指定 main()方法。Java 类不需要 main()方法。main()方法只是在定义程序的起点时用到。而且，Java 小应用程序也不要求 main()方法。

二、构造函数

1)　构造函数概述

Java 允许对象在它们被创造时初始化自己。这种自动的初始化是通过使用构造函数来完成的。构造函数(constructor)在对象创建时初始化。它与它的类同名，它的语法与方法类似。一旦定义了构造函数，在对象创建后，在 new 运算符完成前，构造函数立即自动调用。构造函数看起来有点奇怪，因为它没有任何返回值，即使是 void 型的值也不返回。这是因为一个类的构造函数内隐藏的类型是它自己类的类型。构造函数的任务就是初始化一个对象的内部状态，以便使创建的实例变量能够完全初始化，可以被对象马上使用。

示例如下：

```
class Box {
double width;
double height;
double depth;
// This is the constructor for Box.
Box() {
System.out.println("Constructing Box");
width = 10;
height = 10;
depth = 10;
}
// compute and return volume
double volume() {
return width * height * depth;
}
}
```

2)　垃圾回收技术

在 C++等语言中，用 Delete 运算符来手工释放动态分配的对象的内存。Java 使用一种不同的、自动处理重新分配内存的办法：垃圾回收(Garbage Collection)技术。它是这样工作的：当一个对象的引用不存在时，则该对象被认为是不再需要的，它所占用的内存就被释放掉。它不像 C++那样需要显式撤销对象。垃圾回收只在程序执行过程中偶尔发生。它不会因为一个或几个存在的对象不再被使用而发生。Java 不同的运行时刻会产生各种不同的垃圾回收办法。

三、关键字 this

Java 有一个特殊的实例值 this,它用来在一个成员函数内部指向当前的对象。Java 语言中,在同一个范围定义两个相同名字的局部变量是不可以的。然而,局部变量、成员函数的参数可以和实例变量的名字相同。在这种情况下,局部变量名就隐藏了实例变量名。这时,this 可以使程序直接引用对象,能用它来解决可能在实例变量和局部变量之间发生的任何同名的冲突。例如:

```
Box(double width, double height, double depth) {
this.width = width;
this.height = height;
this.depth = depth;
}
```

四、Applet 类

1) 概念

小应用程序(applet)是访问 internet 服务器,在 internet 上传播并自动安装的,作为部分 Web 文档运行的小应用程序,所有的小应用程序都是 Applet 类的子类。与大多数程序不同的是,一个小应用程序的执行不是从 main()开始的。实际上,没有多少小应用程序使用 main()。小应用程序经过编译,就被包含在一个 HTML 文件中,并使用 APPLET 标记。这之后当支持 Java 的 Web 浏览器遇到 HTML 文件中的 APPLET 标记时,小应用程序就能被执行。

2) 基本框架

大多数的小应用程序都重载一套方法,这套方法中的四个,即 init()、start()、stop()和 destroy()是由 Applet 定义的。另一个方法,paint()是由 AWT 组件类定义的。所有这些方法的具体实现也都被提供。这五个方法组成了程序的基本主框架如下。

```
// An Applet skeleton.
import java.awt.*;
import java.applet.*;
/*
<applet code="AppletSkel" width=300 height=100>
</applet>
*/
public class AppletSkel extends Applet {
// Called first.
public void init() {
// initialization
}
/* Called second, after init(). Also called whenever
the applet is restarted. */
public void start() {
// start or resume execution
}
// Called when the applet is stopped.
public void stop() {
```

```
// suspends execution
}
/* Called when applet is terminated. This is the last
method executed. */
public void destroy() {
// perform shutdown activities
}
// Called when an applet's window must be restored.
public void paint(Graphics g) {
// redisplay contents of window
}
}
```

当一个小应用程序开始执行时，AWT 就以如下顺序调用以下方法：

(1) init()　　　(2) start()　　　(3) paint()

当一个小应用程序终止时，下列方法就以下列顺序被调用：

(1) stop()　　　(2) destroy()

11.2.3　继承及接口

一、继承

继承是面向对象编程技术的一块基石，因为它允许创建分等级层次的类。运用继承，用户能够创建一个通用类，它定义了一系列相关项目的一般特性。该类可以被更具体的类继承，每个具体的类都增加一些自己特有的东西。在 Java 术语中，被继承的类叫超类(superclass)，继承超类的类叫子类(subclass)。因此，子类是超类的一个专门用途的版本，它继承了超类定义的所有实例变量和方法，并且为它自己增添了独特的元素。

继承一个类，只要用 extends 关键字把一个类的定义合并到另一个类中就可以了。例如：

```
// A simple example of inheritance.
// Create a superclass.
class A {
int i, j;
void showij() {
System.out.println("i and j: " + i + " " + j);
}
}
// Create a subclass by extending class A.
class B extends A {
int k;
void showk() {
System.out.println("k: " + k);
}
void sum() {
System.out.println("i+j+k: " + (i+j+k));
}
}
```

子类 B 包括它的超类 A 中的所有成员。类 B 的对象可以调用 showij()方法。i 和 j 可以被直接引用，就像它们是 B 的一部分。尽管 A 是 B 的超类，它也是一个完全独立的类。作为一个子类的超类并不意味着超类不能被自己使用。而且，一个子类可以是另一个类的超类。

声明一个继承超类的类的通常形式如下：

```
class subclass-name extends superclass-name {
// body of class
}
```

值得注意的是，Java 不支持多超类的继承(这与 C++不同，在 C++中用户可以继承多个基础类)。用户可以按照规定创建一个继承的层次。在该层次中，一个子类成为另一个子类的超类。然而，没有类可以成为它自己的超类。

二、super 的使用

super 有两种通用形式。第一种调用超类的构造函数；第二种用来访问被子类的成员隐藏的超类成员。下面分别介绍每一种用法。

1) super 的第一种用法

子类可以调用超类中定义的构造函数方法，用 super 的以下形式：

```
super(parameter-list);
```

这里，parameter-list 定义了超类中构造函数所用到的所有参数。super()必须是在子类构造函数中的第一个执行语句。当一个子类调用 super()时，它调用它的直接超类的构造函数。这样，super()总是引用调用类直接的超类。这甚至在多层次结构中也是成立的。同时，super()必须是子类构造函数中的第一个执行语句。

2) super 的第二种用法

super 的第二种形式，除了总是引用它所在子类的超类，它的行为有点像 this。这种用法有下面的通用形式：

```
super.member
```

这里，member 既可以是一个方法也可以是一个实例变量。

super 的第二种形式多数是用于超类成员名被子类中同样的成员名隐藏的情况。

三、接口

接口实际上是一组抽象方法的集合。接口本身的访问控制只能够是 public 和默认的，不能是 private 和 protected。因为接口的目的就是让其他的类来实现其中的方法或使用其中的常量。因此，接口中的方法永远是 public 和 abstract 的，而接口中的常量永远是 public、final 和 static 的。为接口定义方法和常量时，不需要加任何修饰符。

1) 接口的定义

接口定义很像类定义，它使用的关键字是 interface。下面是一个接口的通用形式：

```
access interface name {
return-type method-name1(parameter-list);
return-type method-name2(parameter-list);
type final-varname1 = value;
```

```
type final-varname2 = value;
// ...
return-type method-nameN(parameter-list);
type final-varnameN = value;
}
```

其中，access 要么是 public，要么就没有用修饰符。当没有访问修饰符时，则是默认访问范围。当它声明为 public 时，则接口可以被任何代码使用。name 是接口名，它可以是任何合法的标识符。注意定义的方法没有方法体。它们以参数列表后面的分号作为结束。它们本质上是抽象方法；在接口中指定的方法没有默认的实现。每个包含接口的类必须实现所有的方法。接口声明中可以声明变量。它们一般是 final 和 static 型的，意思是它们的值不能通过实现类而改变。它们必须以常量值初始化。如果接口本身定义成 public，所有方法和变量都是 public 的。

2)　接口的实现

一旦接口被定义，则一个或多个类可以实现该接口。为实现一个接口，在类定义中包括 implements 子句，然后创建接口定义的方法。一个包括 implements 子句的类的一般形式如下：

```
access class classname [extends superclass]
[implements interface [,interface...]] {
// class-body
}`
```

同样的，access 要么是 public 的，要么是没有修饰符的。如果一个类实现多个接口，则这些接口就被逗号分隔。如果一个类实现两个声明了同样方法的接口，那么相同的方法将被其中任何一个接口客户使用。实现接口的方法必须声明成 public。而且，实现方法的类型必须严格与接口定义中指定的类型相匹配。

3)　接口的继承

接口可以通过运用关键字 extends 被其他接口继承。语法与继承类是一样的。当一个类实现一个继承了另一个接口的接口时，它必须实现接口继承链表中定义的所有方法。例如：

```
interface A {
void meth1();
void meth2();
}
// B now includes meth1() and meth2() -- it adds meth3().
interface B extends A {
void meth3();
}
// This class must implement all of A and B
class MyClass implements B {
public void meth1() {
System.out.println("Implement meth1().");
}
public void meth2() {
System.out.println("Implement meth2().");
}
```

```
public void meth3() {
System.out.println("Implement meth3().");
    }
}
```

11.3 真题详解

案例分析试题

试题1 (2017年下半年试题5)

阅读以下说明和 Java 代码，填补 Java 代码中的空(1)~(6)，将解答写在答题纸的对应栏内。

【说明】

以下 Java 代码实现一个超市简单销售系统中的部分功能，顾客选择图书等物件(ltem)加入购物车(ShoppinggCart)，到收银台(Cashier)对每个购物车中的物统计其价格进行结账。设计如图 11-1 所示。

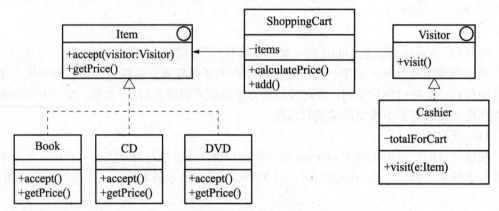

图 11-1 系统类图

【Java 代码】

```java
interface Item
{
    public void accept(Visitor visitor);
    public double getPrice();
}

class Book   (1)
{
    private double price;
    public Book(double price){   (2)   ;}
    public void accept(Visitor visitor)
```

```java
    { //访问本元素
        __(3)__ ;
    }
    public double getPrice()
    {
        return price;
    }
}
//其他物品类略
 interface Visitor
 {
    public void visit(Book book);
    //其他物品的 visit 方法
 }

class Cashier __(4)__
{
    private double totalForCart;
    //访问 Book 类型对象的价格并累加
    __(5)__ {
    //假设 Book 类型的物品价格超过 10 元打八折
    if(book.getPrice()<10.0)
    {
        totalForCart+=book.getPrice();
    }
    else
        totalForCart+=book.getPrice()*0.8;
}
//其他 visit 方法和折扣策略类似，此处略

    public double getTotal()
    {
        return totalForCart;
    }
}


class ShoppingCart
{
    //normal shopping cart stuff
    private java.util.ArrayList<Item>items=new java.util.ArrayList<>();
    public double calculatePrice()
    {
        Cashier visitor=new Cashier();

        for(Item item:items)
        {
            __(6)__ ;
        }
        double total=visitor.getTotal();
        return total;
    }
```

```
    public void add(Item e)
        {
            this.items.add(e);
        }
}
```

【参考答案】

(1) implements Item

(2) this.price=price

(3) visitor.visit(this)

(4) implements Visitor

(5) public void visit(Book book)

(6) item.accept(visitor)

【要点分析】

这里考查的是访问者模式。其定义如下：封装某些作用于某种数据结构中各元素的操作，它可以在不改变数据结构的前提下定义作用于这些元素的新的操作。

第(1)、(4)空为接口与实现，接口使用 Interface，实现使用 implements。

第(2)空 this 表示类实例本身。

第(3)空为访问本元素。

第(5)空实现接口里面的方法。

第(6)空调用 accept 方法。

试题 2 (2017 年上半年试题 5)

阅读以下说明和 Java 程序，填充程序中的空缺，将解答填入答题纸的对应栏内。

【说明】

以下 Jave 代码实现一个简单客户关系管理系统(CrM)中通过工厂(Customerrfactory)对象来创建客户(Customer)对象的功能。客户分为创建成功的客户(realCustomer)和空客户(NullCustomer)。空客户对象是当不满足特定条件时创建或获取的对象。类间关系如图 11-2 所示。

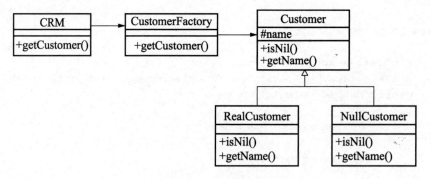

图 11-2　类间关系

【Java 代码】

```
Abstract class Customer
{
```

```
    Protected String name;
      (1)  boolean isNil();
      (2)  String getName();
}

    Class realCustomer  (3)  Customer
{
    Public realCustomer(String name)
    {
        return false;
    }
}
class NullCustomer  (4)  Customer
{
    Public String getName()
    {
        return"Not Available in Customer Database";
    }
    Public boolean isNil()
    {
        return true;
    }
}
class Customerfactory
{
    public String[]names=
    {
        "rob", "Joe", "Julie"
    };
    public Customer getCustomer(String name)
    {
        for(int i=0;i&lt;names.length;i++)
        {
          if(names[i].  (5)  )
           {
            return new RealCustmer(name);
           }
        }
        return  (6)
    }
}
Public class CrM
{
    Public viod get Customer()
    {
        Customerfactory  (7)
        Customer customer1-cf.getCustomer("rob");
        Customer customer2=cf.getCustomer("rob");
        Customer customer3=cf.getCustomer("Julie");
        Customer customer4=cf.getCustomer("Laura");
        System.out.println("customer1.getName());
        System.out.println("customer2.getName());
```

```
        System.out.println("customer3.getName());
          System.out.println("customer4.getName());
     }
   Public static viod main(String[]arge)
   {
        CrM crm=new CrM();
        Crm,getCustomer();
   }
}
```

```
/*程序输出为:
Customer
rob
Not Available in Customer Database
Julie
Not Available in Customer Datable
*/
```

【参考答案】

(1)　public abstract

(2)　public abstract

(3)　extends

(4)　extends

(5)　equals(name)

(6)　new Null Customer()

(7)　cf=New CustomerFactory();

【要点分析】

本题考查 Java 程序设计客户关系管理系统。

(1)　public abstract　定义可访问方法。

(2) public abstract。

(3)　extends　继承 Customer 类。

(4)　extends。

(5)　equals(name)　判断名字是否在数组集合内。

(6)　new Null Customer()　当不满足条件时创建一个空对象。

(7)　cf=New CustomerFactory();　实例化对象 cf。

试题 3 (2016 年上半年试题 5)

阅读以下说明和 Java 代码,将应填入____处的语句或语句成分写在答题纸的对应栏内。

【说明】

以下 Java 代码实现两类交通工具(Flight 和 Train)的简单订票处理, 类 Vehicle、Flight、Train 之间的关系如图 11-3 所示。

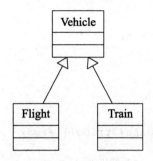

图 11-3　类间关系

【Java 代码】

```java
import java.util.ArrayList;
import java.util.List;

abstract class Vehicle
{
    void book(int n)
{//订 n 张票
    if (getTicket0()>=n)
    {
      decrease Ticket(n);
     }
    else
    {
      System.out.println("余票不足！！");
    }
  }
 abstract int getTicket();
abstract void decreaseTicket(int n);
};

class Flight   (1)
{
    private   (2)   tickets=216;     //Flight 的票数
    int getTicket()
    {
        return tickets;
    }
    void decreaseTicket(int n)
    {
        tickets=tickets -n;
    }
    class Train   (3)
    {
    private   (4)   tickets=2016;        //Train 的票数
    int getTicket() {
    return tickets;
  }
    void decreaseticket(int n)
```

```
        {
            tickets = tickets - n;
        }
    }

public class Test
{
    public static void main(String[] args)
    {
        System.out.println("欢迎订票！");
        ArrayList<Vehicle> v = new ArrayList<Vehicle>();
        v.add(new Flight());
        v.add(new Train());
        v.add(new Flight());
        v.add(new Train());
        v.add(new Train());

        for (int i=0;i<v.size(); i++)
          {
              (5) (i+1);   //订 i+1 张票
              System.out.println("剩余票数： " +v.get(i).getTicket());
          }
    }
}
```

运行该程序时输出如下：
欢迎订票！
剩余票数：215
剩余票数：2014
剩余票数： (6)
剩余票数： (7)
剩余票数： (8)

【参考答案】

(1) extends Vehicle	(2) static int	(3) extends Vehicle	(4) static int
(5) v.get(i).book	(6) 212	(7) 2010	(8) 2005

【要点分析】

本题考查 Java 语言程序设计，涉及类、继承、对象、方法的定义和相关操作。要求考生根据给出的案例和代码说明，认真阅读厘清程序思路，然后完成题目。

先考查题目说明，实现两类交通工具(night 和 Train)的简单订票处理，根据说明进行设计。题目说明中图 11-3 的类图给出了类 Vehicle、Flight、Train 之间的关系。涉及交通工具类 Vehicle、其子类 Flight 和 Train 两类具体交通工具。简单订票就针对这两类具体的交通工具，每次订票根据所选订票的交通工具和所需订票数进行操作。

不论哪类交通工具，订票操作 book 在余票满足条件的情况下将余票减少所订票数，不足时则给出"余票不足"提示，所以在父类 Vehicle 中定义并实现 voidbook(int n)方法。每类具体交通工具获取自身类型的票数(getTicket)，订票也只减少自身类型票数

(decreaseTicket(int n))等类以及相关操作。因此，在父类 Vehicle 中，分别定义针对上述两个操作的抽象方法：

```
abstract int getTicket ();
abstract void decreaseTicket(int n);
```

在 Java 中，abstract 作为抽象方法的关键字，包含抽象方法的类本身也必须是抽象类，因此，类 Vehicle 前需要有 abstract 关键字修饰，即：

```
abstract class Vehicle{……}
```

而且，抽象方法必须由其子类实现。从题目说明给出的类图(图 11-3)也可以看出，Vehicle 的两种具体类(子类)为 Flight 和 Train。Java 中，子类继承父类用关键字 extends，不论父类是抽象类还是具体类，即：class 子类名 extends 父类名。

因此，Flight 和 Train 的定义分别为：

```
class Flight extends Vehicle
class Train extends Vehicle
```

Flight 类和 Train 类中必须实现 getTicket 和 decreaseTicket 方法才能进行获取票数和减少余票的操作。因此，这两个类中都实现了 getTicket 和 decreaseTicket 方法。

Flight 和 Train 两类具体交通工具的票数需要分别记录，并且每次订票操作需要对总数进行操作，所以需要定义为类变量，同一类的所有对象共享此变量。在 Java 中，定义类变量的方式是将变量定义为静态变量，即用 static 关键字修饰。同时分析对票数的使用，getTicket 和 decreaseTicket 两个方法的返回值和参数都用类型 int，因此，票数 tickets 也定义为 int。综合上述两个方面知，tickets 定义为 static int 类型。

测试类 Test 中实现了订票系统的简要控制逻辑，主控逻辑代码实现在 main()方法中其中创建欲进行订票的对象、持有对象的集合、订票逻辑等。定义表集合类型变量 v，此处采用泛型集合，在 v 中，可以持有 Vehicle 类型及其子类型的对象。ArrayList<E>链表集合中的方法 add(E e)用于给链表集合的最末端添加元素，get(int index)用以获取链表集合中索引位置为 index 的元素，size()用以获取链表集合的元素个数。主控逻辑中创建 Flight 和 Train 两个具体类的一些订票请求对象加入 v 中，因 Flight 和 Train 均为 Vehicle 的子类型，而已是具体类，所以满足加入元素的要求，故#用 new Flight()和 new Train()来创建相应的对象加入 v 中；然后通过 for 循环为每个订票请求对象进行订票，并输出剩余票数：

```
for (int i=0;i<v.size(); i++)
    {
            v.get(i).book(i+1);    //订 i+1 张票
            System.out.println("剩余票数: " +v.get(i).getTicket());
    }
```

即从 v 中取每个对象，调用 book 方法进行订票操作。v.get(i)获得 v 中位置为 i 的元素，即 Vehicle 类型的对象，Java 中，动态绑定机制使得不同对象接收同一消息后发生不同的响应，即具体行为由位置为 i 的对象决定。此处无须类型转换，这是因为在父类 Vehicle 中，已经定义了 book 方法，并且说明了 book 所调用的 getTicket 和 decreaseTicket 方法接口，子类分别加以实现。另外，在上述 getTicket 和 decreaseTicket 两个方法执行时，因为每次操作

tickets 为 static 静态类型,所以,每个操作均作用在当前类变量的剩余票数,即具体子类型的有唯一一个当前剩余票数,每次操作都是上次对象修改之后的值的基础上继续更新。

在 main()方法中,依次新建并加入了五个对象,按顺序类型分别为:Flight、Train、Flight、Train,Train,加入 v 中的 index 分别为 0、1、2、3、4。在 for 循环中,按顺序获取链表集合中的对象元素,并进行订票,数量为 i+1 张,然后输出剩余票数。因此,采用 v.get(i).book(i+1)进行订票,采用 v.get(i).getTicket()获得当前对象元素所属类的剩余票数。其中 Flight 的剩余票数 216-1=215、215-3=212;Train 的剩余票数为 2016-2=2014、2014-4=2010、2010-5=2005。按对象顺序则为:215、2014、212、2010、2005。

综上所述,空(1)和空(3)需要表示继承 Vehicle 抽象类,即 extends Vehicle;空(2)和空(4)需要分别表示 Flight 和 Train 中 tickets 变量为静态整型变量,即 static int;空(5)处为调用获取 v 中对象元素并订票的 v.get(i).book;空(6)为 212;空(7)为 2012;空(8)为 2005。

11.4 强化训练

11.4.1 案例分析试题

试题

阅读下列说明、Java 代码和运行结果,填补代码中的空(1)~(6),将解答填入答题纸的对应栏内。

【说明】

很多依托扑克牌进行的游戏都要先洗牌。下面的 Java 程序运行时先生成一副扑克牌,洗牌后再按顺序打印每张牌的点数和花色。

【Java 代码】

```java
import java.util.List;
import java.util.Arrays;
import java.util.Collections;

class Card
{ //扑克牌类
    public static enum Face
    {
        Ace, Deuce, Three, Four, Five, Six, Seven, Eight,
        Nine, Ten, Jack, Queen, King
    }; //枚举牌点
    public static enum Suit(4) =
    {
    "Clubs", "Diamonds", "Hearts", "Spades"
    };
    //枚举花色

    private final Face face;
    private final Suit suit;
```

```
    public Card(Face face, Suit suit)
    {
         (1)   face=face;
         (2)   suit=suit;
    }

    public Face getFace(){ return face; }

    public Suit getSuit(){ return suit; }

    public String getCard()
    {
        return String.format("%s, %s", face, suit);
    }
}
```

```
//牌桌类
class DeckOfCard{
    private List<Card> list;          //声明 List 以存储牌
    public DeckOfCard()
    {               //初始化牌桌并进行洗牌
        Card[] deck=new Card[52];
        int count=0;
        //用 Card 对象填充牌桌
        for(Card.Suit suit : Card.Suit.values() )
         {
             (3)  =new Card(face, suit);
         }
        list=Arrays.asList(deck);
        Collections.shuffle(list);   //洗牌
    }

    public void printcards()
    {
        //按 4 列显示 52 张牌
        for(int i=0;i<list.size();i++)
         {
             System.out.printf("%-19s%s", list. (4)
             ((i+1)%4==0)  ?  "\n"  :  "");
         }
    }
}
```

```
public class Dealer
{
    public static void main(String[] args)
    {
        DeckOfCards player= (5) ;
         (6)  printCards();
    }
}
```

11.4.2　案例分析试题参考答案

【试题】答案：

(1) this.

(2) this.

(3) deck[count++]

(4) get(i).getCard()

(5) new DeckOfCards()

(6) player.

解析： 本题考查 Java 语言程序设计的能力，涉及类、对象、方法的定义和相关操作。要求考生根据给出的案例和代码说明，认真阅读，厘清程序思路，然后完成题目。

先考查题目说明。本题目中涉及扑克牌、牌桌、玩家等类以及洗牌和按点数排序等操作。根据说明进行设计。

Card 类内定义了两个 static 枚举类型，Face 枚举扑克牌点数，Suit 枚举扑克牌花色。Card 类有两个枚举类型的属性，face 和 suit，而且值不再变化，故用 final 修饰。

在使用构造方法 public Card(Face face,Suit suit)新建一个 Card 的对象时，所传入的参数指定 face 和 suit 这两个属性值。因为参数名称和属性名称相同，所以用 this.前缀区分出当前对象。在类 Card 中包含方法 getFace()和 getSuit()，分别返回当前对象的 face 和 suit 属性值。getCard()方法返回 String 来表示一张牌，包括扑克牌点数和花色。

牌桌类 DeckOfCards 包含持有 Card 类型元素的 List 类型对象的声明 List，用以存储牌。List 是 Java 中的一种集合接口，是 Collection 的子接口。构造方法中用 Card 对象填充牌桌并进行洗牌。先用 Card 对象填充牌桌，即创建 52 个 Card 对象加入 deck 数组，表示牌桌上一副牌(52 张)。然后洗牌，即将数组中的 Card 对象根据花色和点数随机排列，使用集合工具类 Collections 中的 shuffle 方法，对以 List 类型表示的 deck 数组进行随机排列。Collections 是 Java 集合框架中两个主要工具类之一，用以进行集合有关的操作。

printCards()方法将所有 Card 对象打印出来，按 4 列显示 52 张牌。每张牌的打印用 list.get(i)获得 list 表示的 deck 中的第 i 个 Card 对象，然后进一步调用此对象的 getCard()方法，得到 String 表示的当前一张牌。

玩家类中包括启动发牌洗牌等操作，主入口方法 mam 中实现创建牌桌对象，并调用按 4 列显示 52 张牌。在 main()中，先初始化 DeckOfCards 类的对象 player，即生成一个桌牌：

```
DeckOfCards player = new DeckOfCards();
```

并发牌，即调用 player 的 printCards()方法，实现按 4 列显示 52 张牌打印一副扑克牌中每张牌的点数和花色。在 printCards()方法体内部，用 list 调用每个数组元素，并为每个数组元素词用 getCard()返回当前对象所表示一张牌的花色和点数。用格式化方法进行打印，即：

```
System.out.printf("%-19s%s", list.get(i).getCard()
    ((i+1)%4==0) ? " \n" : "");
```

因此，空(1)和空(2)需要表示当前对象的 this.；空(3)需要牌桌上纸牌对象，并将数组元素下标加 1，即数组元素 deck[count++]；空(4)也需要用 list 对象获得纸牌对象的字符串表示，即 list.后的 get(i).getCard()；空(5)处为创建 DeckOfCards 类的对象指针 player 的 new DeckOfCards()；空(6)需要用对象 player 调用打印所有纸牌的 printCards()函数，即 player.

第 12 章
计算机专业英语

12.1 备考指南

12.1.1 考纲要求

根据考试大纲中相应的考核要求，在"计算机专业英语"知识模块中，要求考生掌握以下几方面的内容。

专业英语基础：计算机知识的专业英语应用。以考查词汇为主，兼考语法。

12.1.2 考点统计

"计算机专业英语"知识模块在历次程序员考试试卷中出现的考核知识点及分值分布情况如表 12-1 所示。

表 12-1 历年考点统计表

年 份	题 号	知 识 点	分 值
2017 年下半年	上午题：71~75	计算机领域的简单英文资料	5 分
	下午题：无		
2017 年上半年	上午题：71~75	计算机领域的简单英文资料	5 分
	下午题：无		

续表

年 份	题 号	知 识 点	分 值
2016 年下半年	上午题：71~75	计算机领域的简单英文资料	5 分
	下午题：无		
2016 年上半年	上午题：71~75	计算机领域的简单英文资料	5 分
	下午题：无		
2015 年下半年	上午题：71~75	计算机领域的简单英文资料	5 分
	下午题：无		

12.1.3 命题特点

纵观历年试卷，本章知识点是以选择题的形式出现在试卷中的。本章知识点在历次考试的"综合知识"试卷中，所考查的题量大约为 5 道选择题，所占分值为 5 分 (约占试卷总分值 75 分中的 6.67%)。大多数试题偏重于实践应用，检验考生是否理解相关的理论知识点在英文中的表达方式，考试难度中等。

12.2 考点串讲

程序员考试专业英语

一、常用的计算机技术基本词汇

1.	abbreviate	vt. 缩写，省略		16.	according to	a. 按照，根据	
2.	abbreviation	n. 缩短，省略，简称		17.	accuracy	n. 精确度，准确度	
3.	ability	n. 性能，能力，效率		18.	achieve	vt. 完成，实现	
4.	able	a. 能……的，有能力的		19.	acknowledgment	n. 接收(收妥)，承认	
5.	abort	v. & n. 中断；故障		20.	across	prep. 交叉，越过	
6.	about	ad. 关于，大约，附近		21.	action	n. 操作，运算	
7.	above	a. 在……之上，大于		22.	activate	vt. & n. 使激活；驱动	
8.	aboveboard	ad. & a. 照直，公开的		23.	active	a. 激活的，活动的	
9.	absence	n. 缺少，没有		24.	activity	n. 活力，功率	
10.	accelerator	n. 加速装置，加速剂		25.	actual	a. 实际的，现实的	
11.	accept	vt. 接受，认可，同意		26.	adapter	n. 适配器，转换器	
12.	access	n. 存取，选取，接近		27.	add	v. & n. 加，增加，添	
13.	accessible	a. 可以使用的		28.	addition	n. 加法，增加	
14.	accidentally	ad. 偶然地		29.	additional	a. 附加的，辅助的	
15.	accommodate	v. 调节，适应		30.	additionally	ad. 另外，又	

31.	additive	a. & n. 相加的；附加物
32.	address	vt. & n. 寻址；地址
33.	addressing	n. 寻址
34.	adequate	a. 足够的，充分的
35.	adjust	vt. 调整，调节，控制
36.	administrator	n. 管理人，行政人员
37.	advance	v. & n. 进步，提高；进展
38.	advanced	a. 先进的，预先的
39.	advice	n. 意见，参考说明
40.	affect	vt. 影响，改变，感动
41.	affected	a. 受了影响的
42.	after	prep. & ad. 以后；后面
43.	again	ad. 再，又，重新，也
44.	against	prep. 反对，阻止
45.	agree	v. 符合，相同
46.	aid	n. 帮助，辅助程序
47.	alias	n. 别名，代号，标记
48.	align	v. & n. 定位，对准
49.	aligned	a. 对准的，均衡的
50.	alignment	n. 序列，成直线
51.	all	a. 全，全部；ad. 完全
52.	allocate	vt. 分配
53.	allow	v. 允许，容许
54.	allowable	a. 容许的，承认的
55.	allowed	a. 容许的
56.	ally	v. 联合，与……关联
57.	along	prep. & ad. 沿着
58.	alpha	n. 希腊字母 α，未知数
59.	alphabet	n. 字母，字母表
60.	alphabetical	a. 字母(表)的，字母顺序的
61.	alphabetically	ad. 按字母表顺序
62.	already	ad. 已经，早已
63.	also	ad. & conj. 也，亦，还
64.	alter	v. 改变，修改
65.	alternate	a. 交替的，备用的
66.	alternately	ad. 交替地，轮流地
67.	although	conj. 虽然，即使
68.	always	ad. 总是，一直，始终
69.	American	a. 美国的
70.	among	prep. 在……之中，中间
71.	amount	vt. & n. 总计；合计
72.	ampersand	n. & 号(and)
73.	analyst	n. 分析员
74.	angle	n. 角，角度

75.	announce	vt. 发表，宣布
76.	another	a. 另一个，别的
77.	ansi	n. 美国国家标准协会
78.	answer	n. & v. 响应，回答；答复
79.	anticipate	vt. 预先考虑，抢……先
80.	anytime	ad. 在任何时候
81.	anywhere	ad. 在任何地方
82.	appear	vi. 出现，显现，好像
83.	append	vt. 附加，增补
84.	appendix	n. 附录
85.	apple	n. 苹果
86.	applicable	a. 可适用的，合适的
87.	application	n. 应用
88.	applied	a. 适用的，外加的
89.	apply	v. 应用，适用于，作用
90.	appropriate	a. 适当的，合适的
91.	appropriately	ad. 适当地
92.	architecture	n. 结构，构造
93.	archive	vt. 归档
94.	area	n. (区)域，面积，方面
95.	argument	n. 变元，自变量
96.	arithmetic	n. 算术，运算
97.	around	ad. & prep. 周围，围绕
98.	array	n. 数组，阵列
99.	arrow	n. 箭头，指针
100.	ascending	a. 增长的，向上的
101.	ASCII	n. 美国信息交换标准码
102.	ask	v. 请求，需要
103.	assemble	v. 汇编，装配
104.	assembler	n. 汇编程序
105.	assembly	n. 汇编，安装，装配
106.	assign	vt. 赋值，指定，分派
107.	assigned	a. 指定的，赋值的
108.	assignment	n. 赋值，分配
109.	assist	v. & n. 援助，帮助
110.	assistance	n. 辅助设备，帮助
111.	associate	v. 相联，联想，关联
112.	associated	a. 联合的，相联的
113.	association	n. 结合，协会，联想
114.	assortment	n. 种类，花色品种
115.	assumed	a. 假定的
116.	asterisk	n. 星号(*)
117.	asynchronous	a. 异步的，非同步的
118.	attached	a. 附加的
119.	attempt	vt. & n. 尝试，试验

120.	attention	n. 注意(信号)
121.	attribute	n. 属性,标志,表征
122.	augment	v. 增加,添加,扩充
123.	author	n. 程序设计者,作者
124.	auto	a. 自动的
125.	autoindex	n. 自动变址(数)
126.	automatic	a. 自动的
127.	automatically	ad. 自动地,机械地
128.	avail	v. & n. 有益于;利益
129.	available	a. 可用的
130.	average	n. 平均,平均数
131.	avoid	vt. 避免,取消,无效
132.	aware	a. 知道的,察觉到的
133.	away	ad. 离开,(去)掉
134.	back	n. 背面,反向,底座
135.	background	n. 背景,底色,基础
136.	backspace	v. 退格,回退
137.	backup	n. 备份,后备,后援
138.	backward	ad. 向后,逆,倒
139.	bad	a. 坏的,不良的
140.	bar	n. 条,杆,棒
141.	base	n. 基,底,基地址
142.	basic	n. & a. 基本;基本的
143.	basis	n. 基础,座
144.	batch	n. 批,批量,成批
145.	become	v. 成为,变成,适宜
146.	becoming	a. 合适的,相称的
147.	beep	n. 蜂鸣声,嘀嘀声
148.	before	prep. 以前,前,先
149.	begin	v. 开始,着手,开端
150.	beginning	n. 起点,初
151.	bell	n. 铃,钟
152.	below	a. & prep. 下列的;低于
153.	between	prep. 在……之间,中间
154.	beyond	prep. 超过,那边
155.	big	a. 大的,重要的
156.	binary	n. & a. 二进制;双态的
157.	bios	n. 基本输入/输出系统
158.	bit	n. 比特;(二进制)位
159.	black	a. & n. 黑色的,黑色
160.	blank	n. 空白,间隔
161.	blast	v. & n. 清除;爆炸
162.	blinking	n. 闪烁
163.	block	n.(字,信息,数据)块
164.	blue	a. & n. 蓝(色),青色

165.	board	n. 板,插件板
166.	book	n. 书,手册,源程序块
167.	boot	n. 引导,靴
168.	border	n. 边界,框,界限
169.	both	a. & ad. 两,双,都
170.	bottom	n. & a. 底,基础;底下的
171.	boundary	n. 边界,界限,约束
172.	box	n. 箱,匣,(逻辑)框
173.	bracket	n. (方)括号,等级
174.	bracketed	a. 加括号的
175.	branch	n. 分支,支线;v. 转换
176.	break	v. 断开,撕开,中断
177.	bring	v. 引起,产生,拿来
178.	british	a. & n. 英国的;英国人
179.	brown	a. & n. 褐色(的),棕色
180.	browse	v. 浏览
181.	buffer	n. 缓冲器
182.	build	v. 建造,建立,组合
183.	building	n. 建造,建筑,房屋
184.	bus	n. 总线,信息通路
185.	busy	a. 忙碌的,占线的
186.	but	conj. 但是,可是,除非,不过
187.	button	n. 按钮
188.	buy	v. 买,购买,赢得
189.	by	prep. 凭,靠,沿
190.	bypass	n. 旁路
191.	byte	n. (二进制)字节
192.	cache	n. 高速缓存
193.	cad	n. 计算机辅助设计
194.	calculation	n. 计算,统计,估计
195.	call	v. 调用,访问,呼叫
196.	calling	n. 呼叫,调用,调入
197.	cancel	v. 删除,取消,作废
198.	capability	n. 能力,效力,权力
199.	capitalized	a. 大写的
200.	capture	vt. 俘获,捕捉
201.	card	n. 卡片,插件(板)
202.	care	n. & v. 关心,注意
203.	caret	n. 插入符号
204.	carousel	n. 圆盘传送带
205.	carriage	n. 滑架,托架
206.	carry	v. 进位,带
207.	case	n. 情况,场合
208.	cash	n. 现金

209.	cause	n. 原因，理由
210.	caution	n. & v. 警告，注意
211.	center	n. 中心，中央
212.	central	a. 中央的，中心的
213.	century	n. 世纪
214.	certain	a. 确实的，确定的
215.	certainty	n. 必然，确实
216.	change	v. 更换，改变，变动
217.	chapter	n. 章，段
218.	character	n. 字符，符号，特性
219.	charge	n. 电荷，充电，负荷
220.	charm	n. 吸引力
221.	chart	n. 图(表)
222.	check	v. 校对，检查，核算
223.	choice	n. 选择，精品
224.	choose	v. 挑选，选择，选定
225.	chunk	n. 厚块，大部分
226.	circle	n. 圆，圈，循环，周期
227.	circumstances	情况，环境，细节
228.	city	n. 城市，市区
229.	classify	vt. 分类，分级
230.	clause	n. 条款，项目，字句
231.	clean	a. 清洁的，干净的
232.	clear	v. 清除，弄干净
233.	click	n. "咔嗒"声，插销
234.	client	n. 顾客，买主
235.	clipper	n. 限幅器，钳位器
236.	clock	n. 时钟，计时器，同步
237.	clockwise	a. 顺时针的
238.	close	v. & a. 关闭，闭合；紧密的
239.	closed	a. 关闭的
240.	closely	ad. 精密地，仔细地
241.	code	n. 码，代码，编码
242.	collapse	v. 崩溃，破裂
243.	collection	n. 集合，聚集，画卷
244.	colon	n. 冒号 ":"
245.	color	n. 颜色，色彩，(彩)色
246.	column	n. 列，柱，栏
247.	combination	n. 结合，组合
248.	combine	v. 组合，联合
249.	combo	n. 二进位组合码
250.	come	vi. 来，到，出现
251.	comma	n. 逗号 ","，逗点
252.	command	n. 命令，指令
253.	comment	n. & vi. 注解，注释
254.	commercial	a. 商业的，经济的
255.	common	a. 公用的
256.	communication	n. 通信
257.	compact	a. 紧凑的，压缩的
258.	company	n. & v. 公司；交际，交往
259.	compare	v. 比较，对照，比喻
260.	comparison	n. 比较，对照
261.	compatibility	n. 兼容性，适应性
262.	compatible	a. 可兼容的，可共存的
263.	compile	vt. 编译
264.	compiler	n. 编译程序(器)
265.	complete	v. & a. 完成；完整的
266.	completely	ad. 十分，完全，彻底
267.	complex	a. & n. 复杂的；复数
268.	complexity	n. 复杂性，复杂度
269.	complicated	v. 使复杂化，使混乱
270.	compose	v. 组成，构成，构图
271.	compress	vt. 压缩
272.	compression	n. 压缩，浓缩
273.	comprise	vt. 包括，由……组成
274.	computer	n. 计算机
275.	concatenate	vt. 连接，串联，并置
276.	concept	n. 概念
277.	condition	n. 条件，情况；vt. 调节
278.	conditional	a. 有条件的
279.	confidential	a. 机密的
280.	configuration	n. 配置
281.	configure	vt. 使成形
282.	confirm	vt. 证实，确认
283.	confirmation	n. 认可
284.	conflict	v. 冲突，碰头
285.	conform	vi. 遵从，符合
286.	confuse	vt. 使混乱，干扰
287.	congratulation	n. 祝贺
288.	conjunction	n. 逻辑乘，"与"
289.	connect	v. 连接
290.	connection	n. 连接(法)
291.	connectivity	n. 连通性，联络性
292.	consecutive	a. 连续的，连贯的
293.	consequently	ad. 因此，从而
294.	consider	v. 考虑，认为，设想
295.	consideration	n. 考虑，研究，讨论
296.	considered	a. 考虑过的，被尊重的
297.	consist	vi. 一致，包括

298.	consistent	a. 相容的，一致的
299.	console	n. 控制台，操作台
300.	constant	n. 常数
301.	constantly	ad. 不变地，经常地
302.	consult	v. 咨询，顾问
303.	consume	v. 消耗，使用
304.	contact	n. 接触，触点
305.	contain	vt. 包含，包括
306.	content	n. 含量，容量，内容
307.	context	n. 上下文，来龙去脉
308.	contiguous	a. 相连的，邻接的
309.	continue	v. 连续，继续
310.	continuously	ad. 连续不断地
311.	contrast	n. 反差，对比，对比度
312.	control	v. 控制，支配，管理
313.	controlled	a. 受控制的，受操纵的
314.	controller	n. 控制器
315.	convenience	n. 方便，便利
316.	convenient	a. 方便的，便利的
317.	convention	n. 常规，约定，协定
318.	conventional	a. 常规的，习惯的
319.	convert	v. 转换，变换
320.	converted	a. 转换的，变换的
321.	coprocessor	n. 协同处理器
322.	copy	n. 复制；v. 拷贝
323.	copyright	n. 版权
324.	cord	n. 绳子，电线
325.	corner	n. 角，角落，转换
326.	correct	a. & vt. 正确的；改正
327.	correction	n. 校正，修正
328.	correctly	ad. 正确地
329.	correspond	vi. 通信(联系)
330.	corrupt	v. & a. 恶化；有毛病的
331.	cost	n. 值，价值，成本
332.	count	v. 计数，计算
333.	counter	n. 计数器，计算器
334.	course	n. 过程，航向，课程
335.	cover	vt. 盖，罩，套
336.	CPU	n. 控制处理部件
337.	craze	n. & v. 裂纹；开裂
338.	create	vt. 创立，建立
339.	creation	n. 创造，创作
340.	criterion	n. 标准，判据，准则
341.	critical	a. & n. 临界的；临界值
342.	crop	v. 切，剪切

343.	cross	n. 交叉，十字准线
344.	current	n. 电流
345.	currently	ad. 目前，现在
346.	cursor	n. 光标
347.	custom	a. & n. 常规的；惯例，用户
348.	customer	n. 顾客，客户
349.	customize	vt. 定制，定做
350.	cut	v. 割，切
351.	cycle	n. & v. 周，周期；循环
352.	daily	a. 每日的，日常的
353.	damage	n. & vt. 损伤，故障
354.	data	n. 数据
355.	database	n. 数据库
356.	date	n. 日期
357.	day	n. 日，天，白天，时代
358.	deactivate	vt. 释放，去活化
359.	deal	v. 处理，分配，交易
360.	dearly	ad. 极，非常，昂贵地
361.	death	n. 毁灭，消灭
362.	debug	vt. 调试
363.	debugger	n. 调试程序
364.	decide	v. (使)判定，判断
365.	decimal	n. & a. 十进制；十进制的
366.	decision	n. 判定，决定，决策
367.	declaration	n. 说明，申报
368.	declare	v. 说明
369.	declared	a. 承认的，申报的
370.	decrease	v. 减少，降低，缩短
371.	default	v. 缺省，预置，约定
372.	defective	a. 故障的，有毛病的
373.	definable	a. 可定义的，可确定的
374.	define	vt. 定义，规定，分辨
375.	definition	n. 定义，确实，清晰度
376.	degrade	v. 降低，减少，递降
377.	delay	v. 延迟
378.	delete	vt. 删除，删去，作废
379.	deletion	n. 删去(部分)，删除
380.	delimit	vt. 定界，定义
381.	delimiter	n. 定界符，分界符
382.	demonstrate	v. 论证，证明，证实
383.	demonstration	n. (公开)表演，示范
384.	denote	vt. 指示，意味着，代表
385.	density	n. 密度
386.	department	n. 部门，门类，系

387.	depend	vi. 随……而定, 取决于	431.	disabled	a. 禁止的, 报废的
388.	dependent	a. 相关的	432.	disappear	vi. 消失
389.	depth	n. 深度, 浓度(颜色的)	433.	discard	v. 删除, 废除, 放弃
390.	derelict	vt. 中途淘汰	434.	disconnect	vt. 拆接, 断开, 拆线
391.	descend	v. 下降, 落下	435.	discuss	vt. 讨论, 论述
392.	describe	vt. 描述, 沿……运行	436.	discussion	n. 讨论, 商议, 论述
393.	described	a. 被看到的, 被发现的	437.	disk	n. 盘, 磁盘
394.	description	n. 描述	438.	diskette	n. 软磁盘, 软盘片
395.	design	v. 设计	439.	display	vt. 显示, 显示器
396.	designate	vt. 任命, 标志	440.	disregard	vt. 轻视, 把……忽略不计
397.	designated	a. 指定的, 特指的	441.	distinction	n. 区别, 相异, 特性
398.	desirable	a. 所希望的, 称心的	442.	distinguish	v. 区别, 辨识
399.	desire	v. & n. 期望	443.	distribute	vt. 分布, 配线, 配给
400.	desk	n. 书桌, 控制台, 面板	444.	distribution	n. 分布, 分配
401.	desktop	a. 台式的	445.	divide	v. 除
402.	destination	n. 目的地, 接收站	446.	division	n. 除, 除法, (程序)部分
403.	destroy	vt. 破坏, 毁坏, 打破	447.	do	v. 做, 干; n. 循环
404.	detail	n. 元件, 零件, 细节	448.	document	n. 文献, 资料, 文件
405.	detect	vt. 检测	449.	documentation	n. 文件编制, 文本
406.	deter	vt. 阻止, 拦住, 妨碍	450.	door	n. 舱门, 入口, 孔
407.	determine	v. 确定	451.	DOS	n. 磁盘操作系统
408.	determined	a. 坚决的, 毅然的	452.	dot	n. 点
409.	develop	v. 发展, 研制, 显影	453.	double	a. 两倍的, 成双的
410.	developer	n. 开发者, 显影剂	454.	down	ad. 落下, 降低, 减少
411.	development	n. 开发, 研制, 显影	455.	drag	vt. 拖, 拉, 牵, 曳
412.	device	n. 设备, 器件, 装置	456.	drive	v. 驱动; n. 驱动器
413.	diacritical	a. 区分的, 辨别的	457.	driver	n. 驱动器, 驱动程序
414.	diagonally	ad. 斜(对)	458.	dual	a. 对偶的, 双的
415.	dialog	n. & vt. 对话	459.	due	a. 到期的, 应付(给)的
416.	differ	vi. 不同, 不一致	460.	dump	v. (内存信息)转储
417.	difference	n. 差分, 差	461.	duplicate	vt. 复制, 转录, 加倍
418.	different	a. 不同的, 各种各样的	462.	during	prep. 在……期间
419.	differentiate	v. 区别, 分辨	463.	dynamic	a. 动态的, 动力的
420.	difficult	a. 困难的, 不容易的	464.	each	a. & ad. 各(自), 每个
421.	difficulty	n. 困难, 难点	465.	early	a. & ad. 早期, 初期
422.	digit	n. 数字, 位数, 位	466.	easel	n. 框, (画)架
423.	digital	a. 数字的	467.	easily	ad. 容易地, 轻易地
424.	dimension	n. 尺寸, 尺度, 维(数), 度(数), 元	468.	easy	a. & ad. 容易的; 容易地
			469.	echo	n. 回波, 反射波
425.	dimensional	n. 尺寸的, ……维的	470.	edge	n. 棱, 边, 边缘, 界限
426.	direct	a. 直接的	471.	edit	vt. 编辑, 编排, 编纂
427.	direction	n. 方向, 定向, 指向	472.	editor	n. 编辑程序
428.	directly	ad. 直接地, 立即	473.	effect	n. 效率, 作用, 效能
429.	directory	n. 目录, 索引簿	474.	effective	a. 有效的
430.	disable	vt. 禁止, 停用	475.	efficiently	ad. 有效地

476.	effort	n. 工作,研究计划
477.	either	a. & pron. 任何一个,各
478.	eject	n. 弹出
479.	elapsed	vi. & n. 经过
480.	element	n. 元件,元素,码元
481.	eliminate	vt. 除去,消除,切断
482.	ellipsis	n. 省略符号,省略(法)
483.	else	ad. & conj. 否则,此外
484.	emphasize	v. 强调,着重,增强
485.	employ	vt. 使用,花费
486.	employee	n. 雇员
487.	empty	a. 空,零,未占用的
488.	emulate	v. 仿真,模仿;赶上或超过
489.	emulation	n. 仿真,仿效
490.	emulator	n. 仿真器,仿真程序
491.	enable	vt. 启动,恢复正常操作
492.	enclose	vt. 封闭,密封,围住,包装
493.	encounter	v. & n. 遇到,碰到
494.	end	n. 结束,终点,端点
495.	endeavor	n. & v. 尽力,力图
496.	ending	n. 结束
497.	enhance	vt. 增强,放大,夸张
498.	enjoy	vt. 享受,欣赏,喜爱
499.	enough	a. & ad. 足够的,充足的
500.	ensemble	n. 总体,集合体
501.	enter	v. 输入,送入
502.	entire	a. 完全的;总体
503.	entirely	ad. 完全地,彻底地
504.	entry	n. 输入,项(目),入口
505.	environ	vt. 围绕,包围
506.	environment	n. 环境
507.	environmental	a. 周围的,环境的
508.	equal	vt. & n. 等于,相等;等号
509.	equally	ad. 相等地,相同地
510.	equation	n. 方程,方程式
511.	equipment	n. 设备,装备,仪器
512.	equivalent	a. 相等的,等效的
513.	erase	v. 擦除,取消,删除
514.	error	n. 错误,误差,差错
515.	escape	v. 逃避,逸出,换码
516.	esoteric	a. 深奥的,奥秘的
517.	especially	ad. 特别(是),尤其
518.	essentially	ad. 实质上,本来

519.	evaluate	v. 估计,估算,求值
520.	even	a. & ad. 偶数的;甚至
521.	eventually	ad. 终于,最后
522.	ever	ad. 在任何时候,曾经
523.	every	a. 每个,全体,所有的
524.	exact	a. 正确的
525.	exactly	ad. 正好,完全,精确地
526.	examine	v. 检验,考试,审查
527.	example	n. 例子,实例
528.	exceed	v. 超过,大于
529.	exceeded	a. 过度的,非常的
530.	except	prep. 除……之外,除非
531.	exception	n. 例外,异常,异议
532.	exclamation	n. 惊叹(号)
533.	exclude	vt. 排除,除去
534.	exclusive	a. 排斥,排他性
535.	executable	a. 可执行的
536.	execute	v. 实行,实施
537.	execution	n. 执行
538.	exhaust	v. 取尽,用完
539.	exist	vi. 存在,生存,有
540.	exit	n. & vi. 出口;退出
541.	expand	v. 扩充,扩展,展开
542.	expanding	a. 扩展的,扩充的
543.	expansion	n. 展开,展开式
544.	expect	vt. 期望,期待,盼望
545.	experience	vt. & n. 经验
546.	experiment	n. 实验,试验(研究)
547.	experimentation	n. 实验(工作,法)
548.	expire	v. 终止,期满
549.	explain	v. 阐明,解释
550.	explanation	n. 说明,注解,注释
551.	explanatory	a. 解释(性)的
552.	explicitly	ad. 明显地,显然地
553.	exponent	n. 指数,阶,幂
554.	exponential	a. 指数的,幂的,阶的
555.	express	a. 快速的
556.	expression	n. 表达式
557.	expunge	vt. 擦除,删掉
558.	extend	v. 扩充
559.	extension	n. 扩充,延伸
560.	external	a. 外部的
561.	extra	a. 特别的,额外的
562.	extract	vt. 抽取,摘录,开方
563.	extremely	ad. 极端地,非常

564.	face	n. 面，表面
565.	facility	n. 设施，装备，便利
566.	fact	n. 事实
567.	factory	n. 工厂，制造厂
568.	fail	n. 故障，失效
569.	failure	n. 失效，故障，失败
570.	fall	n. 落下，降落
571.	false	a. 假(布尔值)，错误
572.	familiar	a. 熟悉的，惯用的
573.	familiarize	vt. 使熟悉，使通俗化
574.	fancy	n.& a. 想象(的)，精制的
575.	far	a. 远的，遥远的
576.	fast	a.& ad. 快速的(地)
577.	fastback	n. 快速返回
578.	father	n. 父，上层(树节点的)
579.	feature	n. 特征，特点
580.	feed	v. 馈给，(打印机)进纸
581.	field	n. 字段，域，栏，场
582.	fifth	n.& a. 第五，五分之一
583.	figure	n. 数字；图，图形，形状
584.	file	n. 文件；v. 保存文件
585.	filename	n. 文件名
586.	filing	n. (文件的)整理汇集
587.	fill	v. 填充
588.	filter	n. 滤波器，滤光材料
589.	final	a. 最终的
590.	finally	ad. 终于，最后
591.	financial	a. 财务的，金融的
592.	find	v. 寻找，发现
593.	fine	a.& ad. 微小的，细的
594.	finish	v.& n. 完成，结束
595.	finished	a. 完成的
596.	finisher	n. 成品机
597.	first	a.& ad.& n. 第一，首先
598.	fit	v.& n. 适合；装配
599.	fix	v. 固定，定影
600.	fixed	a. 固定的，不变的
601.	flag	n. 标志(记)，特征(位)
602.	floating	a. 浮动的，浮点的
603.	floppy	n. 软磁盘
604.	flush	v. 弄平，使齐平
605.	fly	v. 飞，跳过
606.	follow	v. 跟随，跟踪
607.	following	a. 下列的，以下的
608.	font	n. 铅字，字形

609.	force	v.& n. 强制；压力，强度
610.	forced	a. 强制的，压力的
611.	foreground	n. 前台
612.	forget	v. 忘记
613.	form	n. 格式，表格，方式
614.	format	n. 格式
615.	formation	n. 构造，结构，形成
616.	formatted	a. 有格式的
617.	formatting	n. 格式化
618.	formed	a.& n. 成形
619.	forth	ad. 向前
620.	forward	a. 正向的
621.	found	v. 建立，创办
622.	fourscore	n. 八十
623.	fragment	n. 片段，段，分段
624.	free	a. 自由的，空闲的
625.	freeze	v. 冻结，结冰
626.	frequently	ad. 常常，频繁地
627.	from	prep. 从，来自，以来
628.	front	a. 前面的，正面的
629.	full	a.& n. 全(的)，满
630.	fully	ad. 十分，完全
631.	function	n. 函数，功能，操作
632.	fundamental	a. 基本的，根本的
633.	future	n.& a. 将来；未来的
634.	gain	n. 增益(系数)
635.	gap	n. 间隙，间隔，缝隙
636.	gather	n. 聚集，集合
637.	general	a. 通用的
638.	generate	vt. 产生，发生，生成
639.	generation	n. (世)代，(发展)阶段
640.	get	v. 得到，获得，取
641.	give	vt. 给出，赋予，发生
642.	glance	n. 闪烁
643.	glass	n. 玻璃
644.	global	n. 全局，全程，全局符
645.	go	vi. 运行，达到
646.	grant	vt. 允许，授权
647.	graphic	n.& a. 图形；图形的
648.	graphically	ad. 用图表表示
649.	greater than	大于
650.	greatly	ad. 大大地，非常
651.	green	n.& a. 绿色；绿色的
652.	grey	n.& a. 灰色；灰色的
653.	group	n. 组，群

654.	growing	n. 分类,分组,成群
655.	guard	v. & n. 防护;防护装置
656.	guide	n. 向导,指南,入门
657.	habit	n. 习惯
658.	half	n. & a. & ad. 一半,半个
659.	halfway	a. 中途的,不彻底的
660.	hand	n. & a. 手;手工(动)的
661.	handle	n. 处理,句柄
662.	handler	n. 处理程序
663.	handling	n. 处理,操纵
664.	hang	v. 中止,暂停,挂起
665.	happen	vi. (偶然)发生,碰巧
666.	happening	n. 事件,偶然发生的事
667.	hard	a. 硬的
668.	hardly	ad. 几乎不,未必
669.	hardware	n. 硬件
670.	header	n. 首部,标题,报头
671.	heading	n. 标题
672.	heap	n. 堆阵
673.	height	n. 高度
674.	hello	int. & v. 喂;呼叫
675.	help	v. & n. 帮助
676.	helpful	a. 有帮助的,有用的
677.	hercules	n. 大力神,大力士
678.	here	ad. 在这里
679.	hex	a. & n. 六角形的;六角形
680.	hexadecimal	a. 十六进制的
681.	hidden	a. 隐藏的,秘密的
682.	hide	v. 隐藏,隐蔽
683.	hierarchical	a. 分级的,分层的
684.	high	a. 高
685.	higher	a. 较高的
686.	highest	a. 最高的
687.	highlight	n. 增强亮度,提示区
688.	history	n. 历史
689.	hit	v. 命中,瞬时干扰
690.	hold	v. 保持
691.	holding	n. 保持,固定,存储
692.	home	n. 家,出发点
693.	horizontal	a. 水平的,横向的
694.	horizontally	ad. 水平地
695.	host	n. 主机
696.	hot	a. 热的
697.	how	ad. 如何,怎样,多么
698.	however	conj. 然而,可是

699.	huge	a. 巨大的,非常的
700.	hundred	n. & a. (一)百,百个
701.	hyphen	n. 连字符,短线
702.	icon	n. 图符,象征
703.	idea	n. 思想,观念
704.	identical	a. 相等的,相同的
705.	identically	ad. 相等,恒等
706.	identify	v. 识别,辨认
707.	if	conj. 如果
708.	ignore	vt. 不管,忽略不计
709.	image	n. 图像,影像,映像
710.	immediately	ad. 直接地
711.	implement	n. & vt. 工具;执行,实现
712.	implicit	a. 隐式的
713.	importance	n. 价值,重要
714.	important	a. 严重的,显著的
715.	include	vt. 包括,包含
716.	inclusive	a. 包括的,内含的
717.	incompatible	a. 不兼容的
718.	incorrect	a. 错误的,不正确的
719.	increase	增加,增大
720.	increment	增量,加1,递增
721.	indefinitely	ad. 无限地,无穷地
722.	indent	v. 缩排
723.	indentation	n. 缩进,缩排
724.	independent	a. 独立的
725.	independently	ad. 独立地
726.	index	n. 索引,变址,指数
727.	indexing	n. 变址,标引,加下标
728.	indicate	vt. 指示,表示
729.	indicator	n. 指示器,指示灯
730.	indirectly	ad. 间接地
731.	individual	a. 个别的,单个的
732.	individually	ad. 个别地,单独地
733.	industry	n. 工业
734.	inexperienced	a. 不熟练的,外行的
735.	infinite	a. 无限的,无穷的
736.	information	n. 信息,情报
737.	inhibit	vt. 禁止
738.	initial	a. 最初的,初始的
739.	initialize	v. 初始化
740.	initially	ad. 最初,开头
741.	initiate	vt. 开创,起始
742.	input	n. 输入,输入设备
743.	insert	vt. 插入

744.	insertion	n. 插入，嵌入，插页
745.	inside	n. & a. 内部，内容；内部的
746.	install	vt. 安装
747.	installation	n. 安装，装配
748.	instance	n. & vt. 例子，情况；举例
749.	instant	a. 立刻的，直接的
750.	instead	ad. (来)代替，当作
751.	instruct	vt. 讲授，命令
752.	instruction	n. 指令，指导
753.	insufficient	a. 不足的，不适当的
754.	insure	v. 保证，保障
755.	integer	n. 整数
756.	integrate	v. 综合，集成
757.	intend	vt. 打算，设计
758.	intense	a. 强烈的，高度的
759.	intensity	n. 强度，亮度
760.	interactive	a. 交互式，交互的
761.	interest	n. 兴趣，注意，影响
762.	interface	n. 接口
763.	interfere	vi. 干涉，干扰，冲突
764.	internal	a. 内部的
765.	internally	ad. 在内(部)
766.	interpret	v. 解释
767.	interpretability	n. 配合动作性
768.	interpretable	a. 彼此协作的
769.	interpreter	n. 解释程序，翻译机
770.	interrupt	v. & n. 中断
771.	interval	n. 间歇，区间
772.	intervene	vi. 插入，干涉
773.	into	prep. 向内，进入
774.	introduce	vt. 引进，引导
775.	introduction	n. 入门，介绍，引进
776.	invalid	a. 无效的
777.	invent	vt. 创造，想象
778.	inverse	a. 反向的，逆的
779.	invoke	vt. 调用，请求
780.	involve	vt. 涉及，卷入，占用
781.	involved	a. 有关的
782.	issue	v. 发行，出版，流出
783.	item	n. 项，项目，条款
784.	iterative	a. 迭代的
785.	job	n. 作业
786.	join	v. & n. 连接，并(运算)
787.	jump	v. & n. 转移

788.	just	ad. 恰好
789.	keep	v. 保持，保存
790.	kernel	n. 内核(核心)程序
791.	key	n. 键，关键字，关键码
792.	keyboard	n. 键盘
793.	keyed	a. 键控的
794.	keypad	n. 小键盘
795.	keyword	n. 关键字(词)
796.	kilobyte	n. 千字节(Kb)
797.	kind	n. 种类，属，级，等
798.	know	v. 知道，了解，认识
799.	label	n. 标签，标号，标识符
800.	labeled	a. 有标号的
801.	landler	n. 兰德勒舞曲
802.	language	n. 语言
803.	large	a. (巨)大的，大量的
804.	last	a. & n. 最后(的)
805.	later	a. 更后的，后面的
806.	latter	a. 后面的，最近的
807.	layer	n. & v. 层，涂层
808.	layout	n. 布置，布局，安排
809.	leading	n. & a. 引导(的)
810.	learn	v. 学习，训练
811.	learning	n. 学问，知识
812.	least	a. & ad. 最小(的)；最少，最小
813.	leave	v. 离开，留下
814.	left	a. & n. 左边(的)
815.	legal	a. 合法的，法律的
816.	lending	n. & a. 借给，出租；借出的
817.	length	n. (字，记录，块)长度
818.	less	a. & ad. 更小，更少
819.	lesson	n. 功课，教训
820.	let	v. 让，允许
821.	letter	n. 字母，信
822.	level	n. 水平，级，层次
823.	lexical	a. 辞典的，词法的
824.	library	n. (程序……)库，图书馆
825.	light	n. & a. 光(波，源)；轻的
826.	lightning	n. 闪电
827.	like	a. 类似的，同样的
828.	limit	n. 极限，限界
829.	limitations	n. 限制，边界
830.	limited	a. 有限的，(受)限制的

831.	limiter	n. 限制(幅)器
832.	limiting	n. (电路参数)限制处理
833.	line	n. (数据，程序)行，线路
834.	link	n. & v. 链接；连接，联络
835.	linker	n. 连接程序
836.	list	n. 列表，显示；v. 打印
837.	listing	n. 列表，编目
838.	literal	a. 文字的
839.	little	a. 小的，少量的
840.	load	n. & v. 装入，负载，寄存
841.	loaded	a. 有负载的
842.	loading	n. 装入，加载，存放
843.	local	a. 局部的，本地的
844.	locate	vt. 定位
845.	locating	n. 定位，查找
846.	location	n. 定位，(存储器)单元
847.	lock	n. & v. 锁，封闭；自动跟踪
848.	locking	n. 锁定，加锁
849.	log	n. & v. 记录，存入
850.	logarithm	n. 对数
851.	logged	a. 记录的，浸透的
852.	logic	n. 逻辑(线路)
853.	logical	a. 逻辑的，逻辑 "或"
854.	long	a. 长的，远的
855.	look	v. 看，查看
856.	loop	n. 圈，环；(程序)循环，回路
857.	lose	n. 失去，损失
858.	loss	n. 损耗，损失
859.	lot	n. 一块(批，组，套)
860.	low	a. 低的，浅的，弱的
861.	lower	a. 下部的，低级的
862.	lowercase	n. 下档，小写体
863.	lowest	a. 最低的，最小的
864.	mach	n. 马赫(速度单位)
865.	machine	n. 机器，计算机
866.	macro	n. 宏，宏功能，宏指令
867.	macros	n. 宏命令(指令)
868.	magenta	n. & a. 深红色(的)
869.	magic	n. 魔术，幻术
870.	main	a. 主要的
871.	mainframe	n. 主机，大型机
872.	maintain	vt. 维护，保养，保留
873.	major	a. 较大的，主要的

874.	make	vt. 制造，形成，接通
875.	making	n. 制造，构造
876.	manage	v. 管理，经营，使用
877.	management	n. 管理
878.	manager	n. 管理程序
879.	manifest	vt. 表明，显示，显现
880.	manipulating	v. 操纵，操作
881.	manner	n. 方法，样式，惯例
882.	manual	a. 手工的，手动的
883.	manually	ad. 用手，手动地
884.	manufacture	vt. & n. 制造(业)，工业
885.	many	a. & n. 许多，多数
886.	map	n. & vt. 图；映射，变址
887.	margin	n. 余量，边缘，边际
888.	mark	n. 标记；vt. 加标记
889.	marked	a. 有记号的
890.	marker	n. 记号，标记，标志
891.	market	n. 市场，行情，销路
892.	marking	n. 标记，记号，传号
893.	masking	n. 掩蔽，屏蔽
894.	master	a. 主要的，总的
895.	match	v. 比较，匹配，符合
896.	matching	n. 匹配，调整
897.	math	n. 数学
898.	matter	n. 物质，内容，事情
899.	maximum	n. & a. 最大(的)，最高
900.	mean	n. & vt. 平均；意味着
901.	meaning	n. 意义，含义
902.	means	n. 方法，手段
903.	medium	n. & a. 媒体；中等的
904.	meet	v. "与"，符合，满足
905.	mega	n. 兆，百万
906.	memo	n. 备忘录
907.	memory	n. 记忆存储，存储器
908.	mention	vt. & n. 叙述，说到
909.	menu	n. 菜单，目录
910.	message	n. 信息，消息，电文
911.	meter	n. 仪表，米
912.	method	n. 方法，方案
913.	micro	a. & n. 微的，百万分之一
914.	middle	a. 中间的
915.	midnight	n. & a. 午夜
916.	mind	n. 愿望，想法，智力
917.	minimum	n. & a. 最小(的)，最低
918.	minus	a. & n. 负的；负数，减

919.	mirror	n. & v. 镜，反射，反映	964.	nest	v. 嵌套，后进先出
920.	mismatch	n. & vt. 失配，不匹配	965.	network	n. & vt. 网络；联网
921.	mistake	n. 错误	966.	never	ad. 绝不，从来不
922.	mixed	a. 混合的	967.	newly	ad. 新近，重新
923.	mixture	n. 混合物	968.	next	n. 下一次；a. 其次
924.	mod	a. & n. 时髦的	969.	nicety	n. 细节，精细
925.	mode	n. 态，方式，模	970.	noninteractive	a. 不相关的，非交互的
926.	model	n. 模型，样机，型号	971.	nor	conj. 也不
927.	modification	n. 改变，修改	972.	normal	a. & n. 正常，标准
928.	modified	a. 修改的，变更的	973.	normally	ad. 正常地，通常
929.	modifier	n. 修改量，变址数	974.	note	n. 注解，注释
930.	modify	vt. 修改，改变，变址	975.	noted	a. 著名的
931.	module	n. 模块(程序设计)	976.	nothing	n. 没有任何东西
932.	moment	n. 矩，力矩，磁矩	977.	now	ad. & n. 此刻，现在
933.	monitor	n. 监视器，监督程序	978.	null	n. & a. 空(的)，零(的)
934.	mono	a. & n. 单音的	979.	number	n. 数字，号码；vt. 编号
935.	monochrome	n. 单色	980.	numeral	n. & a. 数字的，数码
936.	month	n. 月份	981.	numeric	n. & a. 数字的，分数
937.	moreover	ad. 况且，并且，此外	982.	numerical	a. 数量的，数字的
938.	motif	n. 主题，要点，特色	983.	numerous	a. 为数众多的，无数的
939.	mountain	n. 高山，山脉	984.	object	n. 对象，目标，物体
940.	mouse	n. 鼠标	985.	observe	v. 观察，探测
941.	move	v. 移动	986.	obsolete	a. 作废的，过时的
942.	movement	n. 传送，移动	987.	obtain	v. 获得，得到
943.	movie	n. 影片，电影(院)	988.	occasionally	ad. 偶尔(地)，不时
944.	moving	n. & a. 活动的，自动的	989.	occupy	vt. 占有，充满
945.	much	a. & n. 很多，许多，大量	990.	occur	vi. 发生，出现，存在
946.	multi	(词头)多	991.	occurrence	n. 出现，发生
947.	multiple	a. 多次的，复杂的	992.	odometer	n. 里程表，计程仪
948.	multiprocessing	n. 多重处理，多道处理	993.	off	ad. (设备)关着，脱离
949.	murder	n. 弄坏，毁掉	994.	offer	v. 提供，给予，呈现
950.	name	n. 名，名称；vt. 命名	995.	office	n. 办公室，局，站
951.	national	a. 国家的	996.	often	ad. 经常，往往，屡次
952.	natural	a. 自然的	997.	OK	ad. & a. 对，好；全对
953.	nature	n. 自然，天然	998.	omit	vt. 省略，删去，遗漏
954.	navigate	v. 导航，驾驶	999.	on	ad. 接通，导电，开
955.	navigation	n. 导航	1000.	once	ad. & n. 只一次，一旦
956.	near	ad. & prep. 邻近，接近	1001.	ones	n. 二进制反码
957.	nearly	ad. 近乎，差不多，几乎	1002.	on-line	a. 联机的
958.	necessarily	ad. 必定，当然	1003.	only	a. 唯一的；ad. 仅仅
959.	necessary	a. 必要的，必然的	1004.	onto	prep. 向……，到……上
960.	need	v. 必须，需要	1005.	open	v. 打开，开启，断开
961.	negate	vt. 否定，求反，"非"	1006.	opened	a. 开路的，断开的
962.	negative	a. 负的，否定的	1007.	opening	n. 打开，断路，孔
963.	neither	a. & pron. (两者)都不	1008.	operate	v. 操作，运算

1009. operating	a. 操作的，控制的		1054. password	n. 口令，保密字
1010. operation	n. 操作，运算，动作		1055. past	a. 过去的，结束的
1011. operator	n. 操作员，运算符		1056. paste	n. 糊，胶，膏
1012. opinion	n. 意见，见解，判断		1057. path	n. 路径，通路，轨道
1013. opposite	a. & n. & ad. 相反的		1058. pattern	n. 模式
1014. optimize	v. 优选，优化		1059. pause	vi. 暂停
1015. option	n. 任选，选择，可选项		1060. pay	v. 付款，支付
1016. optional	a. 任选的，可选的		1061. payment	n. 支付，付款
1017. order	n. & vt. 指令，次序；排序		1062. penalty	n. 惩罚，罚款，负担
1018. organization	n. 结构，机构，公司		1063. pending	a. 悬而未决的，未定的
1019. organize	v. 组织，创办，成立		1064. people	n. 人们
1020. oriented	a. 有向的，定向的		1065. per	prep. 每，按
1021. original	n. & a. 原文；原(初)始的		1066. perform	v. 执行，完成
1022. originally	ad. 原来，最初		1067. performance	n. 性能，实绩
1023. other	a. 别的，另外的		1068. period	n. 周期
1024. otherwise	ad. & a. 另外		1069. permanent	a. 永久的
1025. out	n. & a. 输出，在外		1070. permanently	ad. 永久地，持久地
1026. outcome	n. 结果，成果，输出		1071. permit	v. 许可，容许
1027. output	n. 输出，输出设备		1072. personal	a. 个人的，自身的
1028. over	prep. 在……上方		1073. pertain	vi. 附属，属于，关于
1029. overall	a. 总共的，全部的		1074. phoenix	n. 凤凰，绝世珍品
1030. overflow	v. 溢出，上溢		1075. phone	n. 电话，电话机，音素
1031. overlay	v. 覆盖，重叠		1076. photograph	n. 照片；v. 照相
1032. override	v. & n. 超越，克服		1077. phrase	n. 短语，成语
1033. overstrike	n. 过打印		1078. physical	a. 物理的，实际的
1034. overview	n. 综述，概要		1079. physically	ad. 物理上，实际上
1035. overwrite	v. 重写		1080. picture	n. 图像，画面
1036. own	a. & v. 自己的；拥有		1081. piece	n. 一块，部分，段
1037. pacific	a. 平稳的，太平(洋)的		1082. pipe	n. 管，导管
1038. pack	n. 压缩，包裹		1083. place	vt. 放，位，地点
1039. package	n. 插件，(软件)包		1084. placement	n. 布局
1040. page	n. 页面，页，版面		1085. plain	n. 明码
1041. pair	n. (一)对，一双		1086. platform	n. 平台，台架
1042. paper	n. 纸，文件，论文		1087. play	v. 玩，奏，放音，放像
1043. paragraph	n. 段(落)，节，短讯		1088. please	v. 请
1044. parallel	a. 并行		1089. plus	prep. 加，加上，外加
1045. parameter	n. 参数，参变量		1090. point	n. 点，小数点，句号
1046. parent	n. 双亲，父代		1091. pointer	n. 指针，指示字
1047. parenthesis	n. 括弧，圆括号		1092. pool	n. & v. 池，坑；共享
1048. parse	vt. (语法)分析		1093. pop	v. 上托，弹出(栈)
1049. part	n. 部分，零件		1094. port	n. 端口，进出口
1050. particular	a. 特定的，特别的		1095. portion	n. & vt. 部分；分配
1051. particularly	ad. 特别，格外，尤其		1096. position	n. 位置；vt. 定位
1052. partition	v. 划分，分区，部分		1097. positioning	n. 定位
1053. pass	v. 传送，传递，遍(数)		1098. positive	a. 正的，阳的，正片

1099. possibility	n. 可能性	1144. program	n. 程序
1100. possible	a. 可能的，潜在的	1145. programmable	a. 可编程的
1101. possibly	ad. 可能地，合理地	1146. programmer	n. 程序设计人员
1102. potentially	ad. 可能地，大概地	1147. programming	n. 程序设计，编程序
1103. power	n. 功率，电源，幂	1148. progress	n. 进度，进展
1104. powerful	a. 强大的，大功率的	1149. project	n. 项目，计划，设计
1105. practice	n. 实习，实践	1150. prompt	n. & v. 提示
1106. precede	v. 先于	1151. proper	a. 真的，固有的
1107. precedence	n. 优先权	1152. properly	ad. 真正地，适当地
1108. preceding	a. 先的，以前的	1153. property	n. 性(质)，特征
1109. predict	vt. 预测，预言	1154. proprietary	a. 专有的
1110. prefer	vt. 更喜欢，宁愿	1155. protect	vt. 保护
1111. prefix	n. 前缀	1156. protection	n. 保护
1112. prepare	v. 准备	1157. protocol	n. 规约，协议，规程
1113. presence	n. 存在，有	1158. provide	v. 提供
1114. present	a. & v. 现行的；提供	1159. pseudo	a. 假的，伪的，冒充的
1115. preserve	vt. 保存，维持	1160. public	a. 公用的，公共的
1116. preset	vt. 预置	1161. publisher	n. 出版者，发行人
1117. press	v. 按，压	1162. purchase	n. & v. 购买
1118. pressed	a. 加压的，压缩的	1163. purge	v. & n. 清除
1119. pressing	n. & a. 压制；紧急的	1164. purpose	n. & vt. 目的，用途；打算
1120. prevent	v. 防止，预防	1165. push	v. 推，按，压，进(栈)
1121. preview	n. & vt. 预映	1166. put	v. 存放(记录)，放置
1122. previous	a. 早先的，上述的	1167. qualified	a. 合格的，受限制的
1123. previously	ad. 以前，预先	1168. quality	n. 质量，性质，属性
1124. price	n. 价格	1169. question	n. 问题
1125. primarily	ad. 首先，起初，原来	1170. queue	v. & n. 排队，队列
1126. primary	a. 原始的，主要的	1171. quick	a. & ad. 快速的，灵敏的
1127. print	v. 打印，印刷	1172. quickly	ad. 快速地，迅速地
1128. printable	a. 可印刷的	1173. quiet	a. & n. 静态；静止的
1129. printer	n. 打印机，印刷机	1174. quietly	ad. 静静地
1130. printout	n. 印出	1175. quit	v. 退出，结束
1131. prior	a. 在先的，优先的	1176. quotation	n. 引证，引用(句)
1132. private	a. 专用的，私人的	1177. quote	n. & v. 引号；加引号
1133. probable	a. 概率的，可能的	1178. RAM	n. 随机存取存储器
1134. probably	ad. 多半，很可能	1179. random	a. 随机的
1135. problem	n. 问题，难题	1180. range	n. 范围，域，区域
1136. procedural	a. 程序上的	1181. rate	n. 比率，速率，费率
1137. procedure	n. 过程，程序，工序	1182. rated	a. 额定的
1138. process	vt. 处理，进程，加工	1183. rather	ad. 宁可，有点
1139. processing	n. (数据)处理，加工	1184. rating	n. 定额，标称值
1140. processor	n. 处理机，处理程序	1185. reach	v. & n. 范围；达到范围
1141. produce	v. 生产，制造	1186. reactivate	v. 使恢复活动
1142. product	n. (乘)积，产品	1187. read	v. 读，读阅
1143. profile	n. 简要，剖面，概貌	1188. readable	a. 可读的

1189. readily	ad. 容易地，不勉强	1234. relative	a. 相对的
1190. reading	n. & a. 读，读数	1235. release	vt. & n. 释放，核发；版
1191. ready	a. 就绪，准备好的	1236. reload	vt. 再装入
1192. real	n. & a. 实数，实的，实型	1237. remain	vi. 剩下，留下，仍然
1193. really	a. 真正地，确实地	1238. remainder	n. 余数，余项，剩余
1194. reappears	vi. 再现，重现	1239. remark	n. 评注，备注
1195. rearrange	v. 重新整理，重新排序	1240. remember	v. 存储，记忆，记住
1196. reason	n. 原因，理由	1241. remove	v. 除去，移动
1197. rebuild	v. 重建，修复，改造	1242. rename	vt. 更名，改名
1198. recall	vt. 撤销，复活，检索	1243. rent	v. & n. 租用；裂缝
1199. receive	v. 接收	1244. reorder	v. (按序)排列，排序
1200. received	a. 被接收的，公认的	1245. reorganization	vt. 重排，改组
1201. recent	a. 近来的	1246. repaint	vt. 重画
1202. recently	ad. 近来	1247. repeat	v. 重复
1203. recognize	v. 识别	1248. repeated	a. 重复的
1204. recommend	vt. 推荐，建议	1249. repeatedly	ad. 重复地
1205. record	n. 记录	1250. repeating	n. 重复，循环
1206. recover	v. 恢复，回收	1251. repetitive	a. 重复的
1207. recoverable	a. 可恢复的，可回收的	1252. replace	vt. 替换，置换，代换
1208. rectangle	n. 矩形	1253. replaceable	a. 可替换的
1209. rectangular	a. 矩形的，成直角的	1254. replacement	n. 替换，置换，更新
1210. recursive	a. 递归的，循环的	1255. replicate	vt. 重复，复制
1211. red	a. & n. 红色(的)	1256. report	vt. & n. 报告，报表
1212. redefine	vt. 重新规定(定义)	1257. represent	v. 表示，表现，代表
1213. redirect	vt. 重定向	1258. representation	n. 表示
1214. redraw	vt. 重画；vi. 刷新屏幕	1259. representative	a. 典型的，表示的
1215. reduce	v. 减少，降低，简化	1260. request	n. & vt. 请求
1216. reduction	n. 简化，还原，减少	1261. require	v. 需要，要求
1217. redundant	a. 冗余的	1262. required	a. 需要的
1218. reenter	v. 重新进入	1263. reread	vt. 重读
1219. refer	v. 访问，引用，涉及	1264. reserve	vt. 保留，预定，预约
1220. reference	n. & a. 参考；参考的	1265. reserved	a. 保留的，预定的
1221. reflect	v. 反射	1266. reset	vt. 复位，置"0"
1222. reflow	v. & n. 回流，逆流	1267. reside	vi. 驻留
1223. reformat	v. 重定格式	1268. resident	a. 驻留的
1224. refresh	v. 刷新，更新，再生	1269. resolution	n. 分辨率
1225. regard	vt. 考虑，注意，关系	1270. resolve	v. 分辨，解像
1226. regardless	a. 不注意的，不考虑的	1271. respect	n. & vt. 遵守，关系
1227. register	n. 寄存器	1272. respectively	ad. 分别地
1228. registration	n. 登记，挂号，读数	1273. respond	v. 回答，响应
1229. regular	a. 正则的，正规的	1274. rest	n. & v. 剩余，休息
1230. reindex	v. & n. 变换(改变)符号	1275. restart	v. 重新启动，再启动
1231. reinstate	vt. 复原，恢复	1276. restore	vt. 恢复，复原
1232. related	a. 相关的	1277. restrict	vt. 约束，限制
1233. relation	n. 关系，关系式	1278. restricted	a. 受限制的，受约束的

1279. restricting	n. & a. 限制(的)
1280. restriction	n. 限制，约束，节流
1281. restructure	vt. 调整，重新组织
1282. result	n. 结果
1283. resulting	a. 结果的，合成的
1284. resume	v. 重(新)开(始)
1285. retain	vt. 保持，维持
1286. retrieve	v. 检索
1287. retry	vt. 再试，复算
1288. return	v. 返回，回送
1289. returned	a. 退回的
1290. reverse	v. & a. 反向的，逆
1291. review	v. & n. (再)检查
1292. revolutionize	vt. 变革，彻底改革
1293. rewrite	vt. 重写，再生
1294. right	a. 右边的，正确的
1295. ring	n. & v. 环，圈；按铃
1296. roll	n. & v. 案卷；卷动，滚动
1297. room	n. 房间，空间
1298. root	n. 根
1299. round	v. 舍入，四舍五入
1300. route	n. 路线，路由
1301. routine	n. 程序，例行程序
1302. row	n. 行
1303. rule	n. 规则，法则，尺
1304. run	v. 运行，运转，操作
1305. running	a. 运行着的，游动的
1306. runtime	n. 运行时间
1307. safe	a. 安全的，可靠的
1308. safely	ad. 安全地，确实地
1309. safety	n. 安全，保险
1310. salary	n. & vt. 薪水；发工资
1311. sale	n. 销售，销路
1312. same	a. 同样的，相同的
1313. sample	n. & v. 样品, 样本; 抽样
1314. save	v. 保存
1315. saving	a. 保存的
1316. say	v. 说，显示，假定
1317. scan	v. 扫描，扫视，搜索
1318. scatter	v. 散射，分散，散布
1319. scattered	a. 分散的
1320. scheme	n. 方案，计划，图
1321. scope	n. 范围，显示器
1322. screen	n. 屏幕，屏；v. 屏蔽
1323. scroll	vt. 上滚(卷)；n. 纸卷

1324. seamless	a. 无缝的
1325. search	v. 检索，查询，搜索
1326. searching	n. 搜索
1327. second	n. & a. 秒；第二(的)
1328. secondary	a. 辅助的，第二的
1329. section	n. 节，段，区域
1330. sector	n. & v. 扇区，段；分段
1331. security	n. 安全性，保密性
1332. see	v. 看，看出，查看
1333. seek	v. 查找，寻找，探求
1334. segment	n. 段，片段，图块
1335. seldom	ad. 不常，很少，难得
1336. select	vt. 选择
1337. selected	a. 精选的
1338. selection	n. 选择
1339. semicolon	n. 分号(；)
1340. send	v. 发送
1341. sensitive	a. 敏感的，灵敏的
1342. sensitivity	n. 灵敏度
1343. sentence	n. 句(子)
1344. separate	v.& a. 分隔，分离；各自的
1345. separated	a. 分开的
1346. separately	ad. 分别地
1347. separator	n. 分隔符
1348. sequence	n. 顺序，时序，序列
1349. sequentially	ad. 顺序地
1350. serial	a. 串行的，串联的
1351. series	n. 序列，系列，串联
1352. service	n. & vt. 服务，业务
1353. session	n. 对话，通话
1354. set	v. 设置；n. 集合
1355. setting	n. 设置，调整
1356. setup	n. 安排，准备，配置
1357. seven	n. & a. 七(个)
1358. several	a. & n. 若干个，几个
1359. share	v. 共享，共用
1360. sheet	n. (图)表，纸，片
1361. shell	n. 壳，外壳
1362. shield	v. 屏蔽，罩，防护
1363. shift	v. 转义，换挡，移位
1364. ship	n. 舰，船
1365. short	a. & n. 短的；短路
1366. shortcut	n. 近路，捷径
1367. should	v. & aux. 应当，该

1368. show	v. 显示，呈现，出示	1413. speech	n. 说话，言语，语音
1369. showing	n. 显示，表现	1414. speed	n. 速度
1370. shut	v. 关闭	1415. spell	v. 拼写
1371. side	n. (旁)边，面，侧(面)	1416. spill	v. 漏出，溢出，漏失
1372. sign	n. 符号，信号，记号	1417. split	v. 分开，分离
1373. signal	n. & v. 信号；发信号	1418. splitting	n. 分区(裂)
1374. significant	a. 有效的，有意义的	1419. spread	v. 展开，传播
1375. similar	a. 相似的	1420. square	n. & a. 正方形；方形的
1376. simple	a. 简单的	1421. squeeze	v. 挤压
1377. simply	ad. 简单地，单纯地	1422. stack	n. 栈，堆栈，存储栈
1378. since	prep. 自从……以来	1423. stamp	n. 图章
1379. single	a. & n. 单个的；一个，单	1424. stand	v. 处于(状态)，保持
1380. sit	v. 位于，安装	1425. standard	n. 标准
1381. situation	n. 情况，状况，势态	1426. star	n. 星星，星号
1382. six	n. & a. 六(个)(的)	1427. start	v. 起动，开始，启动
1383. size	n. 尺寸，大小，容量	1428. starting	a. 起始的
1384. skeleton	n. 骨架，框架	1429. startup	n. 启动
1385. skill	n. 技巧	1430. state	n. & vt. 状态；确定
1386. skip	v. 跳跃(定位)，跳过	1431. stated	a. 规定的
1387. slash	n. 斜线	1432. statement	n. 语句，陈述，命题
1388. slide	v. & n. 滑动；滑动触头	1433. static	a. 静态的，不变的
1389. slow	a. & ad. 慢速的；慢慢地	1434. stationary	a. 静止的，平稳的
1390. slowly	ad. 缓慢地	1435. status	n. 状态，态，状况
1391. small	a. 小的，小型的	1436. stay	v. 停止，停留
1392. smooth	v. & a. 平滑；平滑的	1437. step	n. 步，步骤，步长
1393. snapshot	n. 抽点打印	1438. still	a. & n. & v. 静止的；静；
1394. so	pron. & conj. 如此，这样		平静
1395. social	a. 社会的	1439. stop	v. 停止，停机
1396. socket	n. 插座，插孔，插口	1440. stopping	n. 停止，制动(状态)
1397. soft	a. 软的	1441. storage	n. 存储，存储器
1398. software	n. 软件	1442. store	n. & vt. 存储，存储器
1399. solely	ad. 独自，单独，只	1443. stream	n. 流
1400. solution	n. 解，解法，解答	1444. strike	v. 敲，击
1401. somewhat	pron. & ad. 稍微，有点	1445. string	n. 行，字符串
1402. sort	v. 分类，排序	1446. strong	a. 强的
1403. sound	n. 声音，音响	1447. structural	a. 结构的，结构上的
1404. sounding	a. 发声的	1448. structure	n. 结构，构造，构件
1405. source	n. 源，电源，源点	1449. stuff	n. & vt. 材料；装入
1406. space	n. 空格键，空间	1450. sub-directory	n. 子目录
1407. special	a. 专用的，特殊的	1451. subgroup	n. 分组，子群
1408. specialize	v. (使)专门化	1452. subject	n. 主题，源
1409. specific	a. 特殊的，具体的	1453. subroutine	n. 子程序
1410. specifically	ad. 特别地，逐一地	1454. subscript	n. 脚注，下标
1411. specification	n.说明书，规格说明书	1455. subsequent	a. 后来的，其次的
1412. specify	v. 指定，规定，确定	1456. subsequently	ad. 其后，其次，接着

1457. subset	n. 子集，子设备	1502. technical	a. 技术的，专业的
1458. substantial	a. 实质的，真正的	1503. technology	n. 工艺，技术，制造学
1459. substantially	ad. 实质上，本质上	1504. telephone	n. 电话
1460. substitute	v. 代替，替换，代入	1505. tell	n. 讲，说，教，计算
1461. substitution	n. 代替，替换，置换	1506. template	n. 标准框，样板，模板
1462. subtotal	n. & v. 小计，求部分和	1507. temporarily	ad. 暂时
1463. successful	a. 成功的	1508. temporary	a. 暂时的，临时的
1464. succession	n. 逐次性，连续性	1509. tension	n. 张力
1465. successive	a. 逐次的，相继的	1510. term	n. 项，条款，术语
1466. such	a. & pron. 这样的，如此	1511. terminal	n. 终端，端子
1467. sufficient	a. 充足的，足够的	1512. terminate	v. 端接，终止
1468. suggest	vt. 建议，提议，暗示	1513. terminating	v. 终止，终结，收信
1469. suggestion	n. 暗示，提醒	1514. terminology	n. 术语
1470. suitable	a. 适合的，相适宜的	1515. test	n. & v. 测试
1471. sum	n. 和，合计，总额	1516. text	n. 正文，文本
1472. summary	n. 摘要，汇总，提要	1517. then	ad. & conj. 那时，则
1473. sun	n. 太阳，日	1518. thereafter	ad. 此后，据此
1474. superimpose	vt. 重叠，叠加	1519. therefore	ad. & conj. 因此，所以
1475. supply	vt. & n. 电源；供给	1520. think	v. 考虑，以为，判断
1476. support	vt. 支援，支持，配套	1521. third	a. & n. 第三；三分之一
1477. suppose	v. 假定，推测	1522. though	conj. 虽然，尽管
1478. supposed	a. 假定的，推测的	1523. thousand	n. & a. (一)千；无数的
1479. suppressed	vt. 抑制，取消	1524. three	a. & n. 三(的)
1480. sure	a. 确实的，的确	1525. through	prep. & ad. 通过，直通
1481. surrounding	a. 周围的，环绕的	1526. throughout	prep. 贯穿，整，遍
1482. suspend	v. 中止，暂停，挂起	1527. tick	v; n. 嘀嗒(响); 钩号(√)
1483. suspension	n. 暂停，中止，挂起	1528. time	n. 时间；vt. 计时
1484. swap	v. 交换，调动	1529. times	n. 次数
1485. switch	n. & v. 开关；转换，切换	1530. tiny	a. 微小的，微量的
1486. switching	n. 开关，转接，交换	1531. title	n. 题目，标题
1487. symbol	n. 符号，记号	1532. today	n. & ad. 今天
1488. synchronization	n. 同步	1533. together	ad. 一同，共同，相互
1489. synchronize	v. 使同步	1534. toggle	n. & v. 触发器；系紧
1490. syntax	n. 语法，文法，句法	1535. tone	n. 音调，音色，色调
1491. system	n. 系统	1536. tool	n. 工具，刀
1492. tab	n. 制表键	1537. top	n. 顶，尖端
1493. table	n. 表	1538. topic	n. 题目，论题
1494. tag	n. 特征，标记，标识符	1539. tornado	n. 旋风，龙卷风
1495. take	v. 取，拿	1540. total	n. & v. 总数；总计
1496. talent	n. 才能，技能，人才	1541. touch	v. & n. 按，揿，触；触力
1497. talk	v. 通话，谈话	1542. toward	prep. 朝(着……方向)
1498. tape	n. 磁带，纸带	1543. trace	v. 跟踪，追踪
1499. task	n. 任务; v. 派给……任务	1544. track	n. 磁道，轨道
1500. teach	v. 教，讲授	1545. traditional	a. 传统的，惯例的
1501. team	n. 队，小组	1546. trailing	n. & a. 结尾；尾随的

1547. transaction	n. 事项，事务，学报
1548. transfer	v. 传送，转换，转移
1549. transform	v. & n. 变换，变换式
1550. translate	v. 翻译，转换，平移
1551. translation	n. 翻译，变换，平移
1552. transportable	a. 可移动的
1553. trap	n. & vt. 陷阱；俘获
1554. traverse	v. 横渡，横过，横断
1555. treat	v. 处理，加工
1556. tree	n. 树，语法树
1557. trigger	n. & v. 触发器；触发
1558. trim	n. 区标，微调
1559. trouble	n. 故障
1560. true	a. & n. 真，实，选中
1561. truncate	vt. 截尾，截断
1562. try	n. (尝)试，试验
1563. trying	a. 费劲的，困难的
1564. turn	v. & n. 转，转动；圈，匝
1565. turning	a. 转弯的，旋转的
1566. turnkey	n. 总控钥匙
1567. tutorial	a. 指导的
1568. twentieth	n. & a. 第二十(的)
1569. twice	n. & ad. 两次，两倍于
1570. two	n. & a. 二，两，双
1571. type	n. 型，类型；v. 打印
1572. typewriter	n. 打字机
1573. typical	a. 典型的，标准的
1574. unable	a. 不能的
1575. unavailable	a. 不能利用的
1576. unchanged	a. 不变的
1577. undefined	a. 未定义的
1578. under	prep. 在……下面(之下)
1579. underline	n. 下划线
1580. underlying	a. 基础的，根本的
1581. underscore	vt. 在……下面画线
1582. understand	v. 懂，明白(了)，理解
1583. understanding	n.& a. 了解的，聪明的
1584. undesirable	a. 不合乎需要的
1585. undo	vt. 取消，废除
1586. undone	a. 未完成的
1587. unformatted	a. 无格式的
1588. unfortunately	ad. 不幸地，遗憾地
1589. unique	a. 唯一的，独特的
1590. university	n. (综合性)大学
1591. unknown	a. 未知的，无名的

1592. unless	conj. 除非
1593. unlike	a. 不像的，不同的
1594. unlock	v. 开锁，打开
1595. unmarked	a. 没有标记的
1596. unnecessary	a. 不必要的，多余的
1597. unpack	v. 拆开，卸，分开
1598. unrecognized	a. 未被认出的
1599. unsafe	v. 恢复
1600. unshift	v. 未移动，不移挡
1601. unsigned	a. 无符号的
1602. unsuccessful	a. 不成功的，失败的
1603. until	prep. 到……为止，直到
1604. unused	a. 不用的，空着的
1605. unwanted	a. 不需要的，多余的
1606. up	ad. 上，向上；a. 高的
1607. update	v. 更新，修改，校正
1608. updated	a. 适时的，更新的
1609. upgrade	v. 升级，提高质量
1610. upon	prep. 依据，遵照
1611. upper	a. 上的，上部的
1612. uppercase	n. 大写字母
1613. usage	n. 应用，使用，用法
1614. use	v. 使用，用途
1615. useful	a. 有用的
1616. useless	a. 无用的
1617. user	n. 用户
1618. usually	ad. 通常，平常，一般
1619. utility	n. & a. 实用程序；实用性
1620. valid	a. 有效的
1621. valuable	a. 有价值的，贵重的
1622. value	n. 价值
1623. variable	a. 可变的；n. 变量
1624. variant	n. & a. 变体；易变的
1625. variety	n. 变化，种类，品种
1626. various	a. 不同的，各种各样的
1627. vary	v. 变化，变换
1628. varying	a. 变化的，可变的
1629. verify	vt. 鉴定，检验，核对
1630. version	n. 版本
1631. vertical	a. 垂直的，立(式)的
1632. vertically	ad. 竖直地，直立地
1633. very	ad. 很，非常，最
1634. via	prep. 经过，经由
1635. vice	n. 缺点，毛病，错误
1636. video	n. 视频，电视

1637. view	n. & v. 视图，景象	1667. whose	pron. 谁的
1638. violate	vt. 违犯，妨碍，破坏	1668. why	ad. 为什么
1639. virtual	a. 虚(拟)的，虚拟	1669. wide	a. 宽的，广阔的
1640. virtually	ad. 实际上	1670. widely	ad. 广泛，很远
1641. visible	a. 可见的，明显的	1671. width	n. 宽度
1642. visual	a. 视觉的，直观的	1672. wildcard	n. 通配符
1643. vital	a. 生动的，不可缺少的	1673. window	n. 窗口
1644. volume	n. 卷，册，体积，容量	1674. windowing	n. 开窗口
1645. vowel	n. 元音，母音	1675. wise	a. 聪明的
1646. wait	v. 等待	1676. wish	v. & n. 祝愿，希望
1647. waiting	a. 等待的	1677. with	prep. 用，与，随着
1648. want	v. 需要，应该，缺少	1678. within	prep. 在……以内
1649. ware	n. 仪器，商品	1679. without	prep. 没有，在……以外
1650. warn	vt. 警告，警戒，预告	1680. word	n. 字(词)，单词
1651. warning	n. & a. 报警，预告	1681. wordperfect	a. 一字不错地熟记的
1652. warranty	n. 保证(书)，授权	1682. work	n. 工作
1653. watch	n. & v. 监视，观测	1683. worker	n. 工作人员
1654. way	n. 路线，途径，状态	1684. working	n. 工作，操作，作业
1655. week	n. (一)星期，(一)周	1685. world	n. 世界，全球
1656. welcome	vt. & n. 欢迎	1686. worry	v. & n. (使)烦恼
1657. well	n. & a. 井；好，良好	1687. wrap	v. & n. 包装，缠绕
1658. whatever	pron. & a. 无论什么	1688. write	v. 写，存入
1659. whenever	ad. & conj. 随时	1689. wrong	a. & ad. n. 错误(的)
1660. whereas	conj. 面，其实，既然	1690. year	n. (一)年，年度，年龄
1661. whether	conj. 无论，不管	1691. yellow	a. & n. 黄色(的)
1662. which	pron. 哪个；a. 那一个	1692. yet	ad. 还，仍然，至今
1663. whichever	a. & pron. 无论哪个	1693. zap	v. 迅速离去，击溃
1664. while	conj. 当……的时候	1694. zero	n. 零，零位，零点
1665. white	a. & n. 白色(的)	1695. zoom	v. 变焦距
1666. whole	a. 全部的，整个的		

二、程序员考试英语试题简单分析

　　根据考试大纲的要求，程序员级的英语试题难度一般。要求考生能正确阅读和理解计算机领域的简单英文资料。试题以考查计算机专业英语词汇为主，兼考语法知识。熟悉相关的计算机英文资料将有利于考生解答专业英语试题。

12.3　真题详解

综合知识试题

试题 1（2017 年下半年试题 71）

Almost all ___(71)___ have built-in digital cameras capable of taking images and video.

(71) A. smart-phones   B. scanners   C. comtuter   D. printers

参考答案: (71)A

要点解析: 基本上所有的智能手机都有内嵌的数码相机能够携带图像和视频。

试题2 (2017 年下半年试题 72)

____(72)____ is a massive volume of structured and unstructured data. It is so large that it's difficult to process using traditional datatse or software technique.

(72) A. Data Processing System

     B. Big Data

     C. Date warehouse

     D. DBMS

参考答案: (72) B

要点解析: 大数据是存储大量的结构化和非结构化数据,且用常规的数据库和软件技术难以处理。

试题3 (2017 年下半年试题 73)

The ____(73)____ structure describes a process that may be repeated as long as a certain remains true

(73) A. logic   B. sequential   C. selection   D. loop

参考答案: (73) D

要点解析: 循环结构描述了当特定条件为真的情况下重复执行的过程。

试题4 (2017 年下半年试题 74)

White box testing is the responsibility of the ____(74)____.

(74) A. user

     B. project manager

     C. programmer

     D. system test engineer

参考答案: (74) C

要点解析: 白盒测试是程序员的任务。

试题5 (2017 年下半年试题 75)

The prupose of a network ____(75)____ is to provide a shell around the network which will protect the sywtem connected to the network from various threats.

(75) A. firewall   B. switch   C. router   D. gateway

参考答案: (75) A

要点解析: 网络防火墙的任务是提供一个网络保护壳,保护系统连接网络的时候不受到各种各样的威胁。

试题6 (2017 年上半年试题 71)

____(71)____ accepts documents consisting of text and/or images and converts them to machine-readable form.

(71) A．A printer

B．A scanner

C．A mouse

D．A keyboard

参考答案：(71) B

要点解析：扫描仪通常被用于计算机外部仪器设备，通过捕获图像并将之转换成计算机可以显示、编辑、存储和输出的数字化输入设备。

试题 7　(2017 年上半年试题 72)

___(72)___ operating systems are used for handheld devices such as smart-phones.

(72) A．Mobile　　　B．Desktop　　　C．Network　　　D．Timesharing

参考答案：(72) A

要点解析：移动操作系统用于诸如智能手机的手持设备。

试题 8　(2017 年上半年试题 73)

A push operation adds an item to the top of a ___(73)___.

(73) A．queue　　　B．tree　　　C．stack　　　D．date structure

参考答案：(73) C

要点解析：推动操作将项目添加到栈顶部。

试题 9　(2017 年上半年试题 74)

___(74)___ are small pictures that represent such items sa a computer program or document.

(74) A．Menus　　　B．Icons　　　C．Hyperlinks　　　D．Dialog Boxes

参考答案：(74) B

要点解析：图标是表示诸如计算机程序或文档之类的项目的小图片。

试题 10　(2017 年上半年试题 75)

The goal of ___(75)___ is to provide easy，scalable access to computing resources and IT services.

(75) A．Artificial intelligence

B．big data

C．cloud computing

D．data mining

参考答案：(75) C

要点解析：云计算的目的是为计算资源和 IT 服务提供轻松，可扩展的访问。

试题 11　(2016 年上半年试题 71)

The operation of removing an element from the stack is said to ___(71)___ the stack.

(71) A．pop　　　B．push　　　C．store　　　D．fetch

参考答案：(71) A

要点解析：从栈中删除一个元素称为出栈。

试题 12　(2016 年上半年试题 72)

___(72)___ products often feature games with learning embedded into them.

(72) A．Program　　　B．Database　　　C．Software　　　D．Multimedia

参考答案:(72)D

要点解析:多媒体产品通常呈现寓教于乐的特点。

试题13 (2016年上半年试题73)

When an object receives a ___(73)___, methods contained within the object respond.

(73) A. parameter　　 B. information　 C. message　　 D. data

参考答案:(73)C

要点解析:当对象接收到一个消息时,该对象内所包含的方法就会响应。

试题14 (2016年上半年试题74)

Make ___(74)___ copies of important files, and store them on separate locations to protect your information.

(74) A. back　　　　 B. back-up　　 C. back-out　　 D. background

参考答案:(74)B

要点解析:对重要文件要做备份,并保存于另地,以保护你的信息。

试题15 (2016年上半年试题75)

___(75)___ is a process that consumers go through to purchase products or services over the Internet.

(75) A. E- learning　　　　　　　 B. E-government

　　　 C. Online analysis　　　　　 D. Online shopping

参考答案:(75)D

要点解析:网购是消费者在互联网上购买产品和服务的整个过程。

12.4　强化训练

12.4.1　综合知识试题

试题1

The basic unit of software that the operating system deals with in scheduling the work done by the processor is ___(1)___.

(1) A. a program or subroutine

　　 B. a modular or a function

　　 C. a process or a thread

　　 D. a device or a chip

试题2

___(2)___ is the name given to a "secret" access route into the system.

(2) A. Password　　 B. Firewall　　　 C. Cryptography　　 D. Backdoor

试题 3

The lower-level classes (known as subclasses or derived classes)　__(3)__　state and behavior from the higher-level class(known as a super class or base class).

(3) A. request　　　　　B. inherit　　　　C. invoke　　　D. accept

试题 4

　__(4)__　is exactly analogous to a marketplace on the Internet.

(4) A. E-Commerce　　　B. E-Cash　　　　C. E-Mail　　　D. E-Consumer

试题 5

　__(5)__　are datasets that grow so large that they become awkward to work with on-hand database management tools.

(5) A. Data structures　　B. Relations　　　C. Big data　　D. Metadata

试题 6

　__(6)__　is a list of items that are accessible at only one end of the list.

(6) A. A tree　　　　　　B. An array　　　　C. A stack　　　D. A queue

试题 7

Stated more formally，an object is simply　__(7)__　of a class.

(7) A. a part　　　　　　B. a component　C. an instance　D. an example

试题 8

Many computer languages provide a mechanism to call　__(8)__　provided by libraries such as in .dlls.

(8) A. instructions　　　B. functions　　　C. subprograms　D. subroutines

试题 9

　__(9)__　is a very important task in the software development process，because an incorrect program can have significant consequences for the users.

(9) A. Debugging　　　　B. Research　　　C. Installation　　D. Deployment

试题 10

When paying online，you should pay attention to　__(10)__　your personal and financial

(10) A. reading　　　　　B. writing　　　　C. executing　　D. protecting

12.4.2　综合知识试题参考答案

【试题 1】答案：(1) C

解析：处理机做调度工作时，操作系统调度的软件基本单位是进程或线程。

【试题 2】答案：(2) D

解析：存取系统的秘密途径被称为后门。

【试题 3】答案：(3) B

解析:低层的类(也称子类或派生类)从高层类(也称为超类或基类)中继承了状态和行为。

【试题4】答案:(4) A

解析:电子商务非常类似因特网上的市场。

【试题5】答案:(5) C

解析:大数据是增长得非常大的数据集,以至用现有的数据库管理工具也难以奏效。

【试题6】答案:(6) C

解析:栈是只能在表的一端存取元素的表。

【试题7】答案:(7) C

解析:严格地说,对象只是类的一个实例。

【试题8】答案:(8) B

解析:许多计算机语言提供了一种机制来调用库(如 dll 文件)中的函数。

【试题9】答案:(9) A

解析:诊断排错是软件开发过程中非常重要的任务,因为不正确的程序会对用户造成严重后果。

【试题10】答案:(10) D

解析:在线支付时应注意保护个人信息和账户信息。

第 13 章

计算机应用基础知识

13.1 备考指南

13.1.1 考纲要求

根据考试大纲中相应的考核要求，在"计算机应用基础知识"模块中，要求考生掌握以下几方面的内容。

(1) Windows 操作：Windows 的文件和文件夹、常用的文件类型，Windows 的基本操作。

(2) Word 应用：中文 Word 的基本功能、运行环境、启动和退出。

(3) Excel 应用：电子表格处理软件 Excel 的基本操作、Excel 的启动与退出。

(4) PowerPoint 应用：PowerPoint 的启动和退出；创建一个演示文稿，包括内容提示向导、设计模板、空演示文稿；演示文稿的打开与保存。

13.1.2 考点统计

"计算机应用基础知识"模块在历次程序员考试试卷中出现的考核知识点及分值分布情况如表 13-1 所示。

表 13-1 历年考点统计表

年 份	题 号	知 识 点	分 值
2017 年 下半年	上午题：2~3，24	电子表格基础知识、Windows 文件后缀名	3 分
	下午题：无		0 分

续表

年 份	题 号	知 识 点	分 值
2017年 上半年	上午题：1~4，23、24	Windows 操作系统中的组合按键、电子表格基础知识、Windows 操作系统的用户组权限	6分
	下午题：无		0分
2016年 下半年	上午题：3~4	电子表格基础知识	2分
	下午题：无		0分
2016年 上半年	上午题：1~4，23、24	文字处理基础知识、PowerPoint 的启动和退出	6分
	下午题：无		0分
2015年 下半年	上午题：1~4	文字处理基础知识、电子表格基础知识、PowerPoint 的启动和退出、中文 Word 的基本功能	4分
	下午题：无		0分

13.1.3 命题特点

纵观历年试卷，本章知识点是以选择题的形式出现在试卷中的。本章知识点在历次考试的"综合知识"试卷中，所考查的题量为 4～6 道选择题，所占分值为 4～6 分(占试卷总分值 75 分中的 5.33%～8%)。大多数试题偏重于实践应用，检验考生是否理解相关的理论知识点和实践经验，考试难度中等。

13.2 考点串讲

13.2.1 Windows 基础知识

Windows 基本操作也是近几年经常考的知识点，这部分知识虽然简单但是内容很多，这里主要结合历年考题介绍相关的知识点。

一、Windows 文件

Windows 文件系统的文件名通常由文件主名和扩展名组成，其中文件主名主要用来识别该文件，文件扩展名用来识别文件类型。如果有扩展名就必须在文件名称和扩展名之间用圆点字符"."将它们隔开。

在 Windows 环境下，文件命名必须遵循下列的一些规定。

● 文件名最多可以由 255 个半角字符组成，其中扩展名最多有三个字符。

● 不可使用下列九个字符：\、/、：、*、？、"、<、>、|。

● 文件名如果以空格开头或结尾，系统将自动截去文件名中的头尾空格。

● 在 DOS 操作环境下，文件名的主名不得超过八个字符、扩展名不得超过三个字符，并且除了不可以使用上述九个字符外，还不能使用空格符、点号(.)、加号等。

通常将 Windows 环境下的文件名称为"长文件名"，而 DOS 环境下的文件名称为"短文件名"。Windows 的文件系统在管理文件时，对于每个文件的长文件名都相应地生成并存储了其短文件名，使得用户在对文件进行操作时，在 Windows 环境下使用其长文件名，在 DOS 环境下使用其短文件名。长文件名转换为短文件名的规则如下。

(1) 取长文件名的前六个字符加"～1"。

(2) 如果前六个字符存在同名文件，则第二个文件加"～2"……第 10 个则取"长文件名"的前五个字符加"～10"，以此类推。

(3) 如果长文件名中含有空格，则在短文件名中取消空格再按规则(1)处理。

(4) 如果长文件名中含有点号(非扩展名前的分隔符)，则取点号前的字符加"～1"。

(5) 如果长文件名中含有加号等 DOS 中不可用字符，则将加号换为下划线再按规则(1)处理。另外，在 Windows 环境下用高级语言编程时要使用含空格的文件名需给文件名加引号。

二、文件属性

文件一般分为存档(Archive)、只读(Read-only)、隐藏(Hidden)、系统(System)四种属性。当文件具有系统或隐藏属性，在 DOS 中用 Dir 命令查看文件时，这些文件将不会被显示出来，然而系统却一样对其进行处理，不受属性影响。所以当系统处理具有隐藏或系统属性的文件时，自然要花一定时间，而用户却看不到。在 DOS 中可用 Attrib 命令查看文件属性，也许会发现一些隐藏或系统文件。在 Win 9x 系统中，在"文件夹选项"中设置"显示所有文件"后显示为暗淡的文件即为隐藏或系统文件，可通过右击文件，在弹出的快捷菜单中选择"属性"命令来查看确认。

三、Windows 系统的使用

1. Windows 的基本术语与基本操作

Windows 的基本术语与基本操作主要包括：Windows 概述、特点和功能、配置和运行环境；Windows "开始"按钮、任务栏、菜单、图标等的使用；鼠标操作。

2. Windows 的文件和磁盘管理

Windows 的文件和磁盘管理主要包括：资源管理系统"我的电脑"或"资源管理器"的操作与应用；文件和文件夹的创建、移动、复制、删除、更名、查找、打印和属性的设置。

3. MS-DOS 方式

为了与 MS-DOS 相兼容，运行 MS-DOS 命令和基于 MS-DOS 的应用程序，在 Windows 中提供了 MS-DOS 方式的窗口模拟 MS-DOS 方式环境。在 MS-DOS 方式下，可以执行 DOS 命令和运行大多数 DOS 应用程序。

4. Windows 的系统设置

Windows 的系统设置可以通过控制面板里的工具来完成。其主要包括：桌面、显示器属性设置；字体管理；键盘和鼠标设置；打印机设置和管理；硬件和设备的安装与管理；程序的安装和删除等功能。

13.2.2 文字处理基础知识

一、文字处理的基础知识

文字处理包括文字输入、文字编辑、文字输出三个部分。文字处理离不开文字处理软件，Word 就是一款非常优秀的文字处理软件。

1. Word 2003 的窗口

Word 2003 由标题栏、菜单栏、常用工具栏、格式工具栏、标尺、编辑工作区、视图按钮、运行状态栏等组成。各组成部分的具体含义如下。

- 标题栏：位于 Word 窗口的最顶端，它由控制菜单按钮、Word 文档名、最小化按钮、最大化/还原按钮和关闭按钮组成。
- 菜单栏：位于标题栏的下方，它由文件、编辑、视图、插入、格式、工具、表格、窗口和帮助 9 个菜单组成。操作菜单栏，可以实现 Word 中的所有功能。
- 常用工具栏：位于菜单栏的下方。它提供了 Word 2003 常用的命令按钮，只要单击按钮，就可以实现相应功能的快速操作。
- 格式工具栏：位于常用工具栏的下方。它提供了 Word 2003 中可以快速调整文本外观格式的命令按钮。用户选定所需的字符或段落后，只需单击按钮，就可以完成相应的格式化操作。
- 标尺：Word 提供了水平标尺和垂直标尺两种标尺，水平标尺位于格式工具栏的下方，垂直标尺位于 Word 文档窗口的最左边。标尺用于快速实现设置制表位、缩进选定的段落等操作。用户只需利用鼠标拖动标尺上的小滑块，就可以实现快速调整段落的编排、改变页边距、调整上下边界等功能。
- 编辑工作区：位于文档窗口的中间空白区域，用户可以在这个区域内对文档进行创建、编辑、修改等各种文字处理工作。
- 视图按钮：位于 Word 文档窗口底部水平滚动条的左端，从左至右依次为普通视图按钮、Web 版式视图按钮、页面视图按钮和大纲视图按钮。只要单击其中的任一按钮，就可以进入相应的视图方式。
- 运行状态栏：位于 Word 文档窗口的最下方，用于向用户提供当前操作的有关信息。例如，显示当前页码、节数、当前是第几页/共几页等。

2. Word 的视图方式

Word 提供了四种视图方式，分别是普通视图、Web 版式视图、页面视图和大纲视图。

二、常用操作方法

Word 文档的常用操作包括：Word 文档的基本操作、Word 文档的编辑操作、Word 文档的格式操作。

1. Word 文档的基本操作

Word 文档的基本操作主要包括新建文档、打开文档、保存文档。

用户可以通过操作常用工具栏的某些按钮，或执行"文件"菜单中的命令来进行 Word

文档的基本操作。例如，单击常用工具栏中的"新建"按钮 🗋，或执行"文件"菜单中的"新建"命令，即可新建一个新的文档。考虑到 Word 文档的基本操作方法很简单，这里就不再赘述。

2. Word 文档的编辑操作

Word 文档的编辑操作主要包括输入文本、选定文本、移动文本、剪切文本、复制文本、粘贴文本、删除文本、插入文档、查找和替换文本、保护文档、多窗口和多文档编辑等。

用户可以通过操作常用工具栏的某些按钮，或执行"编辑"菜单中的命令来进行 Word 文档的编辑操作。例如，选定文本，然后单击常用工具栏上的"剪切"按钮 ✂，就可以将选定的文本剪切到剪贴板上。这里介绍选定文本的几种特殊方式。

1)　选定一行

将鼠标定位于一行的左侧选择区内，使光标变成一个指向右边向上的箭头 ⇗，然后单击。

2)　选定连续的多行

选定连续的多行有以下几种方式。

方式 1：选定的文本在当前屏幕内。

(1)　将光标定位于第一行的左侧选择区内，使光标变成一个指向右边向上的箭头 ⇗。

(2)　按住鼠标左键不放，然后向下拖动，直到拖动到所需选定文本的最后一行后，再释放鼠标左键。

方式 2：选定的文本超过了当前屏幕。

(1)　选定第一行。

(2)　单击滚动条，然后将光标移动到所需选定文本的最后一行的左侧选择区内。

(3)　按住 Shift 键不放，然后单击。

3)　选定一个句子

按住 Ctrl 键不放，然后在该句的任一位置单击。

4)　选定一个段落

将光标定位于一个段落的左侧选择区内，使光标变成一个指向右边向上的箭头 ⇗，然后双击。

5)　选定一个矩形区域

(1)　移动光标到该区域的左上角。

(2)　按住 Alt 键不放，然后拖动鼠标到区域的右下角，再释放鼠标左键。

6)　选定全文

选定全文有以下几种方法。

(1)　将光标定位于选择区内，使光标变成一个指向右边向上的箭头 ⇗，然后单击三次。

(2)　按 Ctrl+A 组合键。

(3)　选择"编辑"菜单中的"全选"命令。

3. Word 文档的格式操作

Word 文档的格式操作主要包括字体设置、段落设置、项目符号和编号设置、边框和底纹设置、分栏设置等。

用户可以通过操作格式工具栏中的按钮，或执行"格式"菜单中的命令来进行 Word 文档的格式操作。例如，选定文本，然后单击格式工具栏上的"加粗"按钮 **B**，就可以加粗所选定的文本。几种 Word 文档格式操作的具体内容如下。

1) 字体设置

字体设置包括设置字体、字号、字体颜色、字符间距、文字效果等。其设置方法如下。

(1) 选中所需设置的文字，然后选择"格式"菜单中的"字体"命令，将打开"字体"对话框。

(2) 根据需要进行设置，然后单击"确定"按钮。

2) 段落设置

段落设置包括设置缩进和间距、换行和分页、中文版式等。其设置方法如下。

(1) 选中所需设置的段落，然后选择"格式"菜单中的"段落"命令，打开"段落"对话框。

(2) 根据需要进行设置，然后单击"确定"按钮。

3) 项目符号和编号设置

项目符号和编号设置包括设置项目符号、编号、多级符号等。其设置方法如下。

(1) 选中所需设置的文字，然后选择"格式"菜单中的"项目符号和编号"命令，打开"项目符号和编号"对话框。

(2) 根据需要进行设置，然后单击"确定"按钮。

4) 边框和底纹设置

边框和底纹设置包括设置边框、页面边框、底纹等。其设置方法如下。

(1) 选中所需设置的文字，然后选择"格式"菜单中的"边框和底纹"命令，将打开"边框和底纹"对话框。

(2) 根据需要进行设置，然后单击"确定"按钮。

5) 分栏设置

分栏设置指的是将文字编排成多栏的排版格式。其设置方法如下。

(1) 选中所需设置的文字，然后选择"格式"菜单中的"分栏"命令，将打开"分栏"对话框。

(2) 根据需要进行设置，然后单击"确定"按钮。

13.2.3 电子表格基础知识

一、电子表格处理的基础知识

电子表格处理软件是用于制作表格、编辑表格和分析处理表格数据的软件。目前，Excel 是一款非常优秀、方便的电子表格软件。

1. 工作簿、工作表和单元格的基本概念

Excel 使用工作簿来表示存储和处理数据的文件，其扩展名是.xls。一个工作簿由多个工作表组成，最多包含 255 个工作表，但也可以只包含一个工作表。在默认状态下，每个工作簿会打开 3 个工作表，但用户可以自己创建更多的工作表。

工作表是由行和列组成的电子表格。在默认状态下，系统以 Sheet1、Sheet2、Sheet3、…来命名工作表。在同一个工作簿的所有工作表中，只有一个工作表是当前工作表。每个工作表最多可包含 65 536 行、256 列。

在工作表中，单元格是存储数据的基本单元，是 Excel 的基本操作单位。在单元格中，用户可以输入任何数据，例如，字符串、数字等。每个单元格都有一个固定的地址，它是由列号和行号组成的，并且，列在前行在后。例如，单元格 C7 表示列号是 C、行号为 7，即第 7 行第 C 列的单元格。

2. 单元格地址的概念

Excel 提供了相对地址、绝对地址、混合地址三种单元格地址表示形式。在公式中引用单元格的地址，给计算和修改单元格中的数据带来了极大的方便。

(1) 相对地址：使用列标加行标表示，例如，A3、F15 等。其特点是当将引用了相对地址的公式复制到其他单元格时，其地址会随位置的改变而改变。

(2) 绝对地址：使用在列标和行标前均加一个$来表示，例如，$H$6、$E$8 等。其特点是当将引用了绝对地址的公式复制到其他单元格时，其地址不发生变化。

(3) 混合地址：指的是列标和行标中，一个使用绝对地址，另一个使用相对地址，例如，M$3、$B4 等。其特点是当将引用了混合地址的公式复制到其他单元格时，若行设为绝对地址，则行地址不变，列地址发生相应的改变；若列设为绝对地址，则列地址不变，行地址发生相应的改变。

二、常用操作方法

Excel 的常用操作包括基本操作、格式化操作、数据处理操作等。

1. 基本操作

Excel 的基本操作包括工作簿基本操作、工作表基本操作、单元格基本操作。

工作簿基本操作包括新建工作簿、打开工作簿、保存工作簿、关闭工作簿等。用户可以通过操作常用工具栏的某些按钮，或执行"文件"菜单中的命令来进行工作簿的基本操作。例如，单击常用工具栏中的"打开"按钮，或选择"文件"菜单中的"打开"命令，即可打开一个工作簿。

工作表基本操作包括选定工作表、插入工作表、删除工作表、移动工作表、复制工作表、重命名工作表、保存工作表等。用户可以通过操作工作表底部的标签来实现工作表的基本操作。例如，右击某工作表标签，然后从弹出的快捷菜单中选择"删除"命令，即可删除该工作表。

单元格基本操作包括选定单元格、插入单元格、删除单元格、清除单元格、复制单元格、移动单元格等。选定单元格后，用户可以通过"编辑"菜单来完成单元格的基本操作。例如，选定单元格，然后选择"编辑"菜单中的"复制"命令，即可复制单元格。

2. 格式化操作

格式化操作包括设置行高和列宽、字体、对齐方式、边框、底纹等。用户可以通过格式工具栏或"格式"菜单来进行格式化操作。例如，选定所需设置的单元格，然后选择"格式"菜单中的"单元格"命令，接着切换到"对齐"选项卡，即可进行对齐方式设置。

3. 数据处理操作

在 Excel 中，除了可以进行一般的电子表格处理外，还可以对表格中的数据进行计算和统计分析。对数据进行处理有以下几种形式。

1) 公式

公式由等号、运算符和运算数三部分组成。利用公式计算数据的方法如下：选定单元格；在该单元格中输入"="运算符号，然后输入所需的公式(或直接在编辑栏中输入所需的公式)；按下 Enter 键。

2) 排序

排序指的是按不同类型的关键字(如：数值、日期等)对数据进行升序或降序排序。实现数据排序的方法如下。

(1) 单击数据清单中所需排序的任一单元格。

(2) 选择"数据"菜单中的"排序"命令，打开"排序"对话框。

(3) 根据需要进行关键字和递增/递减设置(或单击"选项"按钮进行自定义排序)，然后单击"确定"按钮。

3) 筛选

筛选指的是将满足条件的数据显示在工作表上，而将不满足条件的数据暂时隐藏起来。数据筛选有自动筛选和高级筛选两种方式。实现数据筛选的方法如下。

(1) 单击工作表中的任一单元格。

(2) 选择"数据"菜单中的"筛选"命令，然后从弹出的下级子菜单中，根据需要选择一种筛选方式，此处以选择"自动筛选"命令为例。

(3) 在工作表中每一个字段名旁边都出现一个下三角按钮，单击其中的任一个下三角按钮，然后从弹出的下拉列表框中，选择一个筛选条件，立即筛选出符合条件的数据。

13.3 真题详解

综合知识试题

试题 1 (2017 年下半年试题 24)

在 Windows 系统中，扩展名___(24)___表示该文件是批处理文件。

(24) A. com   B. sys   C. html   D. bat

参考答案：(24) D

要点解析：Windows 操作系统中，bat 扩展名是批处理文件。com 扩展名为 DOS 可执行命令文件。sys 扩展名为系统文件。Html 扩展名为网页文件。

试题 2 (2017 年下半年试题 3)

在 Excel 中，设单元格 F1 的值为 38，若在单元格 F2 中输入公式"= IF(AND(38<F1, F1<100), "输入正确", "输入错误")"，则单元格 F2 显示的内容为___(3)___。

(3) A. 输入正确   B. 输入错误   C. TRUE   D. FALSE

参考答案：(3) B

要点解析：本题考查 Excel 的函数及表达式。

F1 的值为 38，不满足 if 条件，取表达式中最后一项，所以为输入错误。

试题 3 （2017 年下半年试题 4）

在 Excel 中，设单元格 F1 的值为 56.323，若在单元格 F2 中输入公式"TEXT(F1, ￥0.00)"，则单元格 F2 值为___(4)___。

(4)　A.￥56　　　　B.￥56.323　　　　C.￥56.32　　　　D.￥56.00

参考答案：(4) C

要点解析：TEXT(F1, ￥0.00)表明对于 F1 内的数值将其转化为小数格式，并保留小数点后两位。

试题 4 （2017 年上半年试题 1）

在 Windows 资源管理中，如果选中某个文件，再按 Delete 键可以将该文件删除，但需要时还能将该文件恢复。若用户同时按下 Delete 和___(1)___组合键时，则可以删除此文件且无法从"回收站"恢复。

(1)　A. Ctrl　　　　　　B. Shift　　　　　　C. Alt　　　　　　D. Alt 和 Ctrl

参考答案：(1) B

要点解析：Delete 键删除是把文件删除到回收站，需要手动清空回收站处理掉。shift + Delete 删除是把文件删除但不经过回收站，不需要再手动清空回收站。

试题 5 （2017 年上半年试题 3~4）

某公司 2016 年 10 月员工工资表如下所示。若要计算员工的实发工资，可先在 J3 单元格中输入___(3)___，再向垂直方向拖动填充柄至 J12 单元格，则可自动算出这些员工的实发工资。若要将缺勤和全勤的人数统计分别显示在 B13 和 D13 单元格中，则可在 B13 和 D13 中分别填写___(4)___。

2016年10月份员工工资表

编号	姓名	部门	基本工资	全勤奖	岗位	应发工资	扣款1	扣款2	实发工资
1	赵莉娜	企划部	1650.00	300.00	1500.00	3450.00	100.00	0.00	
2	李学君	设计部	1800.00	0.00	3000.00	4800.00	150.00	50.00	
3	黎民星	销售部	2000.00	300.00	2000.00	4300.00	100.00	0.00	
4	胡慧敏	企划部	1950.00	0.00	2000.00	3950.00	100.00	0.00	
5	赵小勇	市场部	1900.00	300.00	1800.00	4000.00	150.00	50.00	
6	许小龙	办公室	1650.00	300.00	1800.00	3750.00	100.00	0.00	
7	王成军	销售部	1850.00	300.00	2600.00	4750.00	200.00	100.00	
8	吴春红	办公室	2000.00	0.00	2000.00	4000.00	150.00	50.00	
9	杨晓凡	市场部	1650.00	300.00	3000.00	4950.00	0.00	0.00	
10	黎志军	设计部	1950.00	300.00	2800.00	5050.00	100.00	0.00	

(3)　A.　=SUM(D$3:F$3)-(H$3:I$3)　　　　B.　=SUM(D$3:F$3)+(H$3:I$3)

　　　C.　=SUM(D3:F3)-SUM(H3:I3)　　　　D.　=SUM(D3:F3)+SUM(H3:I3)

(4)　A.　=COUNT(E3:E12,>=0)和=COUNT(E3:E12,=300)

　　　B.　=COUNT(E3:E12,">=0"和 COUNT(E3:E12,"=300")

　　　C.　=COUNTIF(E3:E12,>=0)和 COUNTIF(E3:E12,=300)

　　　D.　=COUNTIF(E3:E12,"=0")和 COUNTIF(E3:E12,"=300")

参考答案：(3)C　　(4)D

要点解析： 本题考查 Excel 的函数及表达式。属于基本题型。

试题6 (2017年上半年试题23~24)

在 Windows 系统中对用户组默认权限由高到低的顺序是　__(23)__。如果希望某用户对系统具有完全控制权限，则应该将该用户添加到用户组　__(24)__　中。

(23) A. everyone→administrators→power users→users

　　 B. administrators→power users→users→everyone

　　 C. power users→users→everyone→administrators

　　 D. users→everyone→administrators→powerusers

(24) A. Evetyone　　　　　　　　　　B. users

　　 C. power users　　　　　　　　　D. administrators

参考答案： (23) B　　　　(24) D

要点解析： Windows 中系统对用户的默认权限情况。

administrators 中的用户对计算机/域有不受限制的完全访问权。

power users：高级用户组可以执行除了为 administrators 组保留的任务外的其他任何操作系统任务。

users：普通用户组，这个组的用户无法进行有意或无意的改动。

Everyone：所有的用户，这个计算机上的所有用户都属于这个组。

guests：来宾组，来宾组跟普通组 uasers 的成员有同等访问权，但来宾账户的限制更多。

管理员组，默认情况下，administrators 中的用户对计算机/域有不受限制的完全访问权。分配给该组的默认权限允许对整个系统进行完全控制。

试题7 (2016年下半年试题3)

在 Excel 中，假设单元格 A1、A2、A3 和 A4 的值分别为 23、45、36、18，B1、B2、B3、B4 的值分别为 29、38、25、21，在单元格 C1 中输入":SUM(MAX(A1:A4),MIN(B1:B4))"(输入内容不含引号)并按 Enter 后，C1 单元格显示的内容为　__(3)__。

(3) A. 44　　　　B. 66　　　　C. 74　　　　D. 84

参考答案： (3) B

要点解析： 本题考查 Excel 的函数及表达式。

表达式的意思是：取 A1 到 A4 中的最大值和 B1 到 B4 中的最小值，并求二者的和输出。

试题8 (2017年上半年试题4)

在 Excel 中，若在单元格 A6 中输入"Sheet1!D5+Sheet2!B4:D4+Sheet3!A2:G2"，则该公式　__(4)__。

(4) A. 共引用了 2 张工作表的 5 个单元格的数据

　　 B. 共引用了 2 张工作表的 11 个单元格的数据

　　 C. 共引用了 3 张工作表的 5 个单元格的数据

　　 D. 共引用了 3 张工作表的 11 个单元格的数据

参考答案： (4) D

要点解析： 本题考查 Excel 的基本操作。

Sheet1 至 Sheet3 共有 3 张工作表。Sheet1 工作表中只有 D5 一个单元格数据。Sheet2 工作表中有 B4、C4、D4 3 个单元格数据。Sheet3 工作表中有 A2、B2、C2、D2、E2、F2、G2 7 个单元格数据。因此，该公式共引用了 3 张工作表的 11 个单元格数据。

13.4　强化训练

13.4.1　综合知识试题

试题 1

某公司员工技能培训课程成绩表如下所示。若员工笔试成绩、技能成绩和岗位实习成绩分别占综合成绩的 25%、20% 和 55%、那么可先在 E3 单元格中输入　(1)　，再向垂直方向拖动填充柄至 E10 单元格，则可自动算出这些员工的综合成绩。若要将及格和不及格的人数统计结果显示在 B11 和 E11 单元格中，则应在 B11 和 E11 中分别填写　(2)　。

	A	B	C	D	E
1	员工培训成绩表				
2	姓名	笔试成绩	技能成绩	岗位实习成绩	综合成绩
3	李小钢	78	80	90	85
4	王军华	82	85	88	86
5	李丽萍	71	83	86	82
6	武军君	62	76	70	69
7	辛晓敏	70	78	80	77
8	张丽丽	58	53	68	63
9	张小铮	65	62	76	70
10	黄建建	50	54	60	56
11	合格人数：	7		不合格人数：	1

(1) A．=B$3*0.25+C$3*0.2+D$3*0.55

　　B．=B3*0.25+ C3 *0.2+ D3*0..55

　　C．=SUM (B$3*0.25+C$3*0.2+D$3*0.55)

　　D．= SUM (B3*0.25+ C3 *0.2+ D3*0.55)

(2) A．=COUNT(E3:E10,>= 60)和=COUNT(E3:E10,< 60)

　　B．=COUNT(E3:E10,">= 60")和=COUNT(E3:E10,"< 60")

　　C．=COUNTIF(E3:E10,>= 60)和=COUNTIF(E3:E10,< 60)

　　D．=COUNTIF(E3:E10,">= 60")和=COUNTIF(E3:E10,"< 60")

试题 2

在 Word 2007 的编辑状态下，需要设置表格中某些行列的高度和宽度时，可以先选择这些行列，再选择　(3)　，然后进行相关参数的设置。

(3) A．"设计"功能选项卡中的"行和列"功能组

　　B．"设计"功能选项卡中的"单元格大小"功能组

　　C．"布局"功能选项卡中的"行和列"功能组

　　D．"布局"功能选项卡中的"单元格大小"功能组

试题 3

在 Excel 工作表中，若用户在 A1 单元格中输入=IF("优秀"<>"及格", 1, 2)，按回车键后，则 A1 单元格中的值为 __(4)__ 。

(4)　A．TRUE　　　　　B．FALSE　　　　C．1　　　　　　D．2

试题 4

假设 Excel 工作表的部分信息如下所示，如果用户在 A3 单元格中输入"=SUM(MAX(A1:D1),MIN(A2:D2))"，则 A3 单元格中的值为 __(5)__ 。

	A	B	C	D
1	12	23	28	16
2	17	37	28	11
3				

图 13-1　Excel 工作表部分信息

(5)　A．27　　　　　B．39　　　　　C．40　　　　　D．49

试题 5

以下关于打开扩展名为 docx 的文件的说法中，不正确的是 __(6)__ 。

(6)　A．通过安装 Office 兼容包就可以用 Word 2003 打开 docx 文件

　　　B．用 Word 2007 可以直接打开 docx 文件

　　　C．用 WPS 2012 可以直接打开 docx 文件

　　　D．将扩展名 docx 改为 doc 后可以用 Word 2003 打开 docx 文件

试题 6

Windows 系统的对话框中有多个选项卡，下图所示的"鼠标属性"对话框中 __(7)__ 为当前选项卡。

(7)　A．鼠标键　　　　B．指针　　　　C．滑轮　　　　D．硬件

试题 7

某公司有几个地区销售业绩如下表所示，若在 B7 单元格中输入 __(8)__ ，则该单元格的值为销售业绩为负数的地区数。若在 B8 单元格中输入 __(9)__ ，则该单元格的值为不包含南部的各地区的平均销售业绩。

(8)　A．=COUNTIF(B2:B6，"<=0")　　　B．COUNTA(B2:B6，"<=0")

　　　C．=COUNTIF(B2:B6，"<=0")　　　D．=COUNTA(B2:B6，"<=0")

(9)　A．AVERAGEIF(A2:A6, "<>南部", B2:B6)

　　　B．=AVERAGEIF(A2:A6, "<>南部", B2:B6)

　　　C．=AVERAGEIF(A2:A6, "IN(东部，西部，北部，中西部)", B2:B6)

　　　D．= AVERAGEIF(A2:A6, "IN(东部，西部，北部，中西部)", B2:B6)

试题 8

　　在 Word 编辑状态下，若要显示或隐藏编辑标记，则单击__(10)__按钮；若将光标移至表格外右侧的行尾处，按下 Enter 键，则__(11)__。

(10) A. ↿↾　　　　　B. ☰▾　　　　　C. ↵　　　　　D. 🔤

(11) A. 光标移动到上一行，表格行数不变

　　　 B. 光标移动到下一行，表格行数不变

　　　 C. 在光标的上方插入一行，表格行数改变

　　　 D. 在光标的下方插入一行，表格行数改变

试题 9

　　在 Excel 中，若在 A1 单元格中输入=SUM(MAX(15,8), MIN(8,3))，按 Enter 键后，则 A1 单元格显示的内容为__(12)__；若在 A2 单元格中输入 "=3=6"(输入不包含引号)，则 A2 单元格显示的内容为__(13)__。

(12) A. 23　　　　　B. 16　　　　　C. 18　　　　　D. 11

(13) A. =3=6　　　 B. =36　　　 C.TRUE　　　 D. FALSE

13.4.2　综合知识试题参考答案

　　【试题 1】答案：(1) B　(2) D

　　解析：相对引用的特点是将计算公式复制或填充到其他单元格时，单元格的引用会自动随着移动位置的变化而变化，所以根据题意应采用相对引用。选项 B 采用相对引用，故在 E3 中单元格中输入选项 B "B3*0.25+C3*0.2+D3*0.55"，并向垂直方向拖动填充柄至 E10 单元格，则可自动算出这些员工的综合成绩。

　　"COUNT"是无条件统计函数，故选项 A 和 B 都不正确，"COUNTIF"是条件统计函数，其格式为：COUNTIF(统计范围，"统计条件")，对于选项 C 统计条件未加引号格式不正确。

　　【试题 2】答案：(3) D

　　解析：本题考查 Word 基本操作。在 Word 2007 的编辑状态下，利用"布局"功能选项卡中的"单元格大小"功能组区可以设置表格单元格的高度和宽度。

　　【试题 3】答案：(4) C

　　解析：本题考查 Excel 基础知识。

　　IF()函数是条件判断函数，格式为 IF(条件表达式，值 1，值 2)，其功能是执行真假判断，并根据逻辑测试的真假值返回不同的结果。若为真，则结果为值 1；否则结果为值 2。显然，公式 "=IF("优秀"<>"及格"，1，2)" 中，字符串"优秀"不等于字符串"及格"，所以输出结果为1。

　　【试题 4】答案：(5) B

　　解析：本题考查 Excel 基础知识。

　　SUM 函数是求和，MAX 函数是求最大值，MIN 函数是求最小值，所以 =SUM(MAX(A1:D1),MIN(A2:D2))的含义是求单元格区域 A1:D1 中的最大值 28 和单元格区

域 A2:D2 中的最小值 11 之和,结果应为 39。

【试题 5】答案:(6) D

解析:扩展名为 docx 的文件是 Word 2007 及后续版本采用的文件格式,扩展名为 doc 的文件是 Word 2003 采用的文件格式,这两种文件的格式是不同的,如果将扩展名 docx 改为 doc 后是不能用 Word 2003 打开的。但如果安装 Office 兼容包就可以用 Word 2003 打开 docx 文件。另外,WPS 2012 兼容 docx 文件格式,故可以直接打开 docx 文件。

【试题 6】答案:(7) C

解析:在 Windows 系统的一些对话框中,选项分为两个或多个选项卡,但一次只能查看一个选项卡或一组选项。当前选定的选项卡将显示在其他选项卡的前面。显然"滑轮"为当前选项卡。

【试题 7】答案:(8) C (9) B

解析:本题考查 Excel 基本操作及应用。

(8)的正确选项为 C。Excel 规定公式以等号(=)开头,选项 A 和选项 B 没有"=",因此不正确。选项 D 是错误的,因为 COUNTA 函数计算中区域不为空的单元格的个数。选项 C 是计算 B2:B6 单元格区域中小于等于 0 的单元格的个数,结果等于 2。

(9)的正确选项为 B。函数 AVERAGEIF 的功能是计算某个区域内满足给定条件的所有单元格的平均值(算术平均值),本题要求查询"不包含南部的各地区的平均销售业绩"意味着应在 A2:A6 单元格区域中查询"<>南部"的各地区的平均销售业绩。

【试题 8】答案:(10) C (11) D

解析:本题考查计算机基本操作。

(10)的正确答案为C。在Word编辑状态下,若要显示或隐藏段落标记,则单击"⚓"按钮;"⇅"按钮可以便捷地将单级项目符号列表或编号列表中的文本按字母顺序排列;"≣·"按钮可以创建编号列表;"⌫"按钮可以清除所选内容的所有格式,只保留纯文本。

(11)的正确答案为 D。将光标移至表格外右侧的行尾处并按下 Enter 键时,会在光标的下方插入一行,表格行数改变。

【试题 9】答案:(12) C (13) D

解析:本题考查 Excel 基础知识方面的知识。

SUM 函数是求和,MAX 函数是求最大值,MIN 函数是求最小值,所以 SUM(MAX(15.8),MIN(8,3))的含义是求 15 和 8 中的最大值 15 与 8 和 3 中的最小值之和,结果为 18(15+3)。

(13)正确的答案为选项 D。因为,公式"=3=6"中 3 等于 6 不成立,因此 A2 单元格显示的的内容为 FALSE。

第 14 章

考前模拟卷

14.1　模拟试卷

14.1.1　模拟试卷一

一、上午试题

●使用 Word 时，若要创建每页都相同的页脚，则可以通过___(1)___按钮，切换到页脚区域，然后输入文本或图形。要将 D 盘中当前正在编辑的 Wang1.doc 文档复制到 U 盘，应当使用___(2)___。

(1) A. "编辑"菜单中的
    B. "工具"菜单中的
    C. "文件"菜单中的
    D. "视图"菜单的"页眉和页脚"工具栏上的

(2) A. "文件"菜单中的"保存"命令
    B. "文件"菜单中的"另存为"命令
    C. "文件"菜单中的"新建"命令
    D. "编辑"菜单中的"替换"命令

●___(3)___是 Excel 工作簿的最小组成单位。若用户需要对某个 Excel 工作表的 A1:G1 的区域快速填充星期一、星期二、……、星期日，可以采用的方法是在 A1 单元格填入"星期一"并___(4)___拖动填充柄至 G1 单元格。

(3) A. 工作表　　　　B. 行　　　　　　C. 列　　　　　　　D. 单元格

(4) A. 向垂直方向　　　　　　　　B. 向水平方向
    C. 按住 Ctrl 键向垂直方向　　　　D. 按住 Ctrl 键向水平方向

● ___(5)___ 是正确的 E-mail 地址。

(5) A. mailto:Webmaster@ceiaec.org   B. Wmailto:master@ceiaec.org

     C. http:\\www.ceiaec.org   D. http://www.ceiaec.org/

●如果计算机断电,则___(6)___中的数据会丢失。

(6) A. ROM   B. EPROM   C. RAM   D. 回收站

●某计算机内存按字节编址,内存地址区域从 44000H 到 6BFFFH,共有___(7)___K,若采用 16K×4bit 的 SRAM 芯片,构成该内存区域共需___(8)___片。

(7) A. 128   B. 160   C. 180   D. 220

(8) A. 5   B. 10   C. 20   D. 32

●计算机指令系统中采用不同寻址方式可以提高编程灵活性,立即寻址是指___(9)___。

(9) A. 操作数包含在指令中   B. 操作数的地址包含在指令中

     C. 操作数在地址计数器中   D. 操作数在寄存器中

●评价一个计算机系统时,通常主要使用___(10)___来衡量系统的可靠性,使用___(11)___来度量系统的效率。

(10) A. 平均响应时间   B. 平均无故障时间(MTBF)

     C. 平均修复时间   D. 数据处理速率

(11) A. 平均无故障时间(MTBF)和平均修复时间(MTTR)

     B. 平均修复时间(MTTR)和故障率

     C. 平均无故障时间(MTBF)和吞吐量

     D. 平均响应时间、吞吐量和作业周转时间等

●我国知识产权具有法定保护期限,但___(12)___受法律保护的期限是不确定的。

(12) A. 发明专利权   B. 商标权   C. 商业秘密   D. 作品发表权

●甲程序员为乙软件设计师开发的应用程序编写了使用说明书,并已交付用户使用,___(13)___该应用软件的软件著作权。

(13) A. 甲程序员享有   B. 乙软件设计师享有

     C. 甲程序员不享有   D. 甲程序员和乙软件设计师共同享有

●著作权法中,计算机软件著作权保护的对象是___(14)___。

(14) A. 硬件设备驱动程序   B. 计算机程序及其开发文档

     C. 操作系统软件   D. 源程序代码

●以下关于 DoS 攻击的描述中,正确的是___(15)___。

(15) A. 以传播病毒为目的

     B. 以窃取受攻击系统上的机密信息为目的

     C. 以导致受攻击系统无法处理正常用户的请求为目的

     D. 以扫描受攻击系统上的漏洞为目的

●在网络安全技术中,属于被动防御保护技术的是___(16)___。

(16) A. 数据加密   B. 权限设置   C. 防火墙技术   D. 访问控制

●在获取与处理音频信号的过程中,正确的处理顺序是___(17)___。

(17) A. 采样、量化、编码、存储、解码、D/A 变换

     B. 量化、采样、编码、存储、解码、A/D 变换

C. 编码、采样、存储、解码、量化、A/D 变换

D. 采样、编码、存储、解码、量化、D/A 变换

● __(18)__ 不是图像输入设备。

(18) A. 彩色摄像机　　B. 游戏操作杆　　C. 彩色扫描仪　　D. 数码照相机

●在某次通信中，发送方发送了一个 8 位的数据(包含一个奇校验位)，若传输过程中有差错，则接收方可检测出该 8 位数据 __(19)__ 。

(19) A. 奇数个位出错　　　　　　B. 偶数个位出错

C. 出错的位置　　　　　　D. 出错的位数

●某微型机字长 16 位，若采用定点补码整数表示数值，最高 1 位为符号位，其他 15 位为数值部分，则所能表示的最小整数为 __(20)__ ，最大负数为 __(21)__ 。

(20) A. +1　　　　B. −215　　　　C. −1　　　　D. −216

(21) A. +1　　　　B. −215　　　　C. −1　　　　D. −216

●某逻辑电路有两个输入端分别是 X 和 Y，其输出端为 Z。当且仅当两个输入端 X 和 Y 同时为 0 时，输出 Z 才为 0，则该电路输出 Z 的逻辑表达式为 __(22)__ 。

(22) A. X·Y　　　　B. $\overline{X·Y}$　　　　C. X⊕Y　　　　D. X+Y

●在 Windows 操作系统中，选择一个文件图标，执行"剪切"命令后，"剪切"的文件放在 __(23)__ 中；选定某个文件夹后， __(24)__ ，可删除该文件夹。

(23) A. 回收站　　　　B. 硬盘　　　　C. 剪贴板　　　　D. 软盘

(24) A. 在键盘上单击 BackSpace 键

B. 右击打开快捷菜单，再选择"删除"命令

C. 在"编辑"菜单中选用"剪切"命令

D. 将该文件属性改为"隐藏"

●在操作系统的进程管理中，若某资源的信号量 S 的初值为 2，当前值为-1，则表示系统中有 __(25)__ 个正在等待该资源的进程。

(25) A. 0　　　　B. 1　　　　C. 2　　　　D. 3

●用户进程 A 从"运行"状态转换到"阻塞"状态可能是由于 __(26)__ 。

(26) A. 该进程执行了 V 操作　　　　B. 某系统进程执行了 V 操作

C. 该进程执行了 P 操作　　　　D. 某系统进程执行了 P 操作

●在分页存储管理系统中，地址由页号和页内地址组成。如下图所示的页式管理的地址结构中， __(27)__ 。

(27) A. 页面的大小为 1K，最多有 16M 个页　B. 页面的大小为 2K，最多有 8M 个页

C. 页面的大小为 4K，最多有 1M 个页　D. 页面的大小为 8K，最多有 2M 个页

31		12　11		0
页号		页内地址		

● __(28)__ 不是 C 语言的关键字。

(28) A. do　　　　B. else　　　　C. fopen　　　　D. static

●程序员一般用 __(29)__ 软件编写和修改程序。

(29) A. 预处理　　B. 文本编辑　　C. 链接　　D. 编译

● __(30)__ 是运行时把过程调用和响应调用需要的代码加以结合的过程。

(30) A. 词法分析　　　B. 静态绑定　　　C. 动态绑定　　　D. 预编译

● 为某个应用而使用不同高级语言编写的程序模块经分别编译产生 __(31)__ ，再经过 __(32)__ 处理后形成可执行程序。

(31) A. 汇编程序　　　B. 子程序　　　C. 动态程序　　　D. 目标程序

(32) A. 汇编程序　　　B. 目标程序　　　C. 连接程序　　　D. 模块化

● 以下关于程序语言的叙述，正确的是 __(33)__ 。

(33) A. Java 语言不能用于编写实时控制程序

　　 B. Lisp 语言只能用于开发专家系统

　　 C. 编译程序可以用汇编语言编写

　　 D. XML 主要用于编写操作系统内核

● 函数 f()、g() 的定义如下所示，调用函数 f() 时传递给形参 x 的值为 5，若采用传值(call by value)的方式调用 g(a)，则函数 f() 的返回值为 __(34)__ ；若采用传引用(call by reference) 的方式调用 g(a)，则函数的返回值为 __(35)__ 。

```
f(int x)                    g(int y)
int a=2*x-1                 int x;
g(a);                       x=y-1;y=x+y;
return a+x;                 return;
```

(34) A. 14　　　　　B. 16　　　　　C. 17　　　　　D. 22

(35) A. 15　　　　　B. 18　　　　　C. 22　　　　　D. 24

● 若 push、pop 分别表示入栈、出栈操作，初始栈为空且元素 1、2、3 依次进栈，则经过操作序列 push、push、pop、pop、push、pop 之后，得到的出栈序列为 __(36)__ 。

(36) A. 321　　　　　B. 213　　　　　C. 231　　　　　D. 123

● 设数组 a[1,...,10,5,...,15] 的元素以行为主序存放，每个元素占用 4 个存储单元，则数组元素 a[i,j](1≤i≤10，5≤j≤15) 的地址计算公式为 __(37)__ 。

(37) A. a−204+2i+j　　B. a−204+40i+4j　　C. a−84+i+j　　D. a−64+44i+4j

● 设数组 a[1,...,3,1,...,4] 中的元素以列为主序存放，每个元素占用 1 个存储单元，则数组元素 a[2,3] 相对于数组空间首地址的偏移量为 __(38)__ 。

(38) A. 6　　　　　B. 7　　　　　C. 8　　　　　D. 9

● 若线性表采用链式存储结构，则适用的查找方法为 __(39)__ 。

(39) A. 随机查找　　　B. 散列查找　　　C. 二分查找　　　D. 顺序查找

● 若某二叉树的前序遍历序列和中序遍历序列分别为 PBECD、BEPCD，则该二叉树的后序遍历序列为 __(40)__ 。

(40) A. PBCDE　　　B. DECBP　　　C. EBDCP　　　D. EBPDC

● 若需将一个栈 S 中的元素逆置，则以下处理方式中正确的是 __(41)__ 。

(41) A. 将栈 S 中元素依次出栈并入栈 T，然后栈 T 中元素依次出栈并进入栈 S

　　 B. 将栈 S 中元素依次出栈并入队，然后使该队列元素依次出队并进入栈 S

　　 C. 直接交换栈顶元素和栈底元素

　　 D. 直接交换栈顶指针和栈底指针

● 无向图的邻接矩阵一定是 __(42)__ 。

(42) A. 对角矩阵　　　　B. 稀疏矩阵　　　　C. 三角矩阵　　　　D. 对称矩阵

●从未排序的序列中依次取出一个元素与已排序序列中的元素进行比较，然后将其放在已排序序列的合适位置上，该排序方法称为　(43)　。

(43) A. 插入排序　　　　B. 选择排序　　　　C. 希尔排序　　　　D. 归并排序

●程序中凡是引用　(44)　对象的地方都可以使用　(45)　对象代替。

(44) A. 基类　　　　　　B. 派生类　　　　　C. 基本类型　　　　D. 用户定义类型

(45) A. 基类　　　　　　B. 派生类　　　　　C. 抽象类　　　　　D. 用户定义类型

●面向对象程序设计语言中提供的集成机制可以将类组织成一个　(46)　结构，以支持可重用性和可扩充性。

(46) A. 栈　　　　　　　B. 星型　　　　　　C. 层次　　　　　　D. 总线

●　(47)　不是面向对象设计的主要特征。

(47) A. 封装　　　　　　B. 多态　　　　　　C. 继承　　　　　　D. 结构

●下列关于面向对象程序设计的叙述，正确的是　(48)　。

(48) A. 对象是类的模板　　　　　　　　B. "封装"就是生成类库的标准

　　　C. 一个类至少有一个实例　　　　　D. 一个类可以继承其父类的属性和方法

●常见的软件开发模型有瀑布模型、演化模型、螺旋模型、喷泉模型等。其中，　(49)　适用于需求明确或很少变更的项目，　(50)　主要用来描述面向对象的软件开发过程。

(49) A. 瀑布模型　　　B. 演化模型　　　C. 螺旋模型　　　D. 喷泉模型

(50) A. 瀑布模型　　　B. 演化模型　　　C. 螺旋模型　　　D. 喷泉模型

●按照 ISO/IEC 9126 软件质量模型的规定，软件的适应性是指　(51)　。

(51) A. 软件运行于不同环境中的故障率

　　　B. 软件运行于不同环境中的安全等级

　　　C. 将一个系统耦合到另一个系统所需的工作量

　　　D. 将软件运行于不同环境的能力

●进行软件测试的目的是　(52)　。

(52) A. 尽可能多地找出软件中的缺陷　　　B. 缩短软件的开发时间

　　　C. 减少软件的维护成本　　　　　　　D. 证明程序没有缺陷

●软件测试中的 α 测试由用户在软件开发者的指导下完成，这种测试属于　(53)　阶段的测试活动。

(53) A. 单元测试　　　B. 集成测试　　　C. 系统测试　　　D. 确认测试

●系统测试计划应该在软件开发的　(54)　阶段制订。

(54) A. 需求分析　　　B. 概要设计　　　C. 详细设计　　　D. 系统测试

●在软件开发的各个阶段中，对软件开发成败影响最大的是　(55)　。

(55) A. 需求分析　　　B. 概要设计　　　C. 详细设计　　　D. 编码

●以下关于编程风格的叙述中，不应提倡的是　(56)　。

(56) A. 使用括号以改善表示式的清晰性

　　　B. 用计数方法而不是文件结束符来判断文件的结束

　　　C. 一般情况下，不要直接进行浮点数的相等比较

　　　D. 使用有清晰含义的标识符

●关系代数运算是以集合操作为基础的运算,其五种基本运算是并、差、__(57)__、投影和选择,其他运算可由这些运算导出。为了提高数据的操作效率和存储空间的利用率,需要对__(58)__进行分解。

(57) A. 交　　　　　B. 连接　　　　　C. 笛卡儿积　　　　D. 自然连接

(58) A. 内模式　　　B. 视图　　　　　C. 外模式　　　　　D. 关系模式

●商品关系 P(商品名, 条形码, 产地, 价格)中的__(59)__属性可以作为该关系的主键。查询由"北京"生产的"185 升电冰箱"的 SQL 语句应该是:

```
SELECT 商品名, 产地
    FROM P
    WHERE 产地='北京' AND  (60) ;
```

将价格小于 50 的商品上调 5%的 SQL 语句应该是:

```
UPDATE P
   (61)
    WHERE 价格 <50;
```

(59) A. 商品名　　　　B. 条形码　　　　C. 产地　　　　　D. 价格

(60) A. 条形码 =185 升电冰箱　　　　　　B. 条形码 ='185 升电冰箱'

　　　C. 商品名 =185 升电冰箱　　　　　　D. 商品名 ='185 升电冰箱'

(61) A. SET 价格 ='价格*1.05'　　　　　　B. SET 价格=价格*1.05

　　　C. Modify 价格 ='价格*1.05'　　　　　D. Modify 价格=价格*1.05

●职员关系模式为 E(Eno,Ename,Dept,Eage,Eaddr),其中,Eno 表示职员号,Ename 表示职员名,Dept 表示职员所在部门,Eage 表示年龄,Eaddr 表示职员的家庭住址。建立"开发部(DS 表示开发部)"职员的视图 DS_E 如下,要求进行修改、插入操作时保证该视图只有开发部的职员。

```
CREATE VIEW DS_E
    AS SELECT Eno,Ename,Dept,Eage,Eaddr
    FROM
    WHERE   (62)
```

如下 SQL 语句可以查询开发部姓"王"职员的姓名和家庭住址。

```
SELECT Ename,Eaddr
FROM DS_E
WHERE   (63) ;
```

(62) A. Dept=DS　　　　　　　　　　　B. Dept=DS　　WITH CHECK OPTION

　　　C. Dept='DS'　　　　　　　　　　D. Dept='DS'　　WITH CHECK OPTION

(63) A. Ename='王%'　　　　　　　　　B. Ename LIKE '王%'

　　　C. Ename='王*'　　　　　　　　　D. Ename LIKE '王*'

●从 5 本不同的书中任意取出两本,结果有__(64)__种。

(64) A. 10　　　　　B. 14　　　　　C. 20　　　　　D. 25

● 某工作站无法访问域名为 www.test.com 的服务器，此时使用 ping 命令按照该服务器的 IP 地址进行测试，发现响应正常。但是按照服务器域名进行测试，发现超时。此时可能出现的问题是 (65) 。

(65) A. 线路故障　　　B. 路由故障　　　C. 域名解析故障　　　D. 服务器网卡故障

● 浏览器与 WWW 服务器之间传输信息时使用的协议是 (66) 。

(66) A. HTTP　　　B. HTML　　　C. FTP　　　D. SNMP

● 在一个办公室内，将 6 台计算机用交换机连接成网络，该网络的物理拓扑结构为 (67) 。

(67) A. 星型　　　B. 总线型　　　C. 树型　　　D. 环型

● 在 TCP/IP 体系结构中， (68) 协议实现 IP 地址到 MAC 地址的转化。

(68) A. ARP　　　B. RARP　　　C. ICMP　　　D. TCP

● 当网络出现连接故障时，一般应首先检查 (69) 。

(69) A. 系统病毒　　　B. 路由配置　　　C. 物理连通性　　　D. 主机故障

● 甲方和乙方采用公钥密码体制对数据文件进行加密传送，甲方用乙方的公钥加密数据文件，乙方使用 (70) 来对数据文件进行解密。

(70) A. 甲的公钥　　　B. 甲的私匙　　　C. 乙的公钥　　　D. 乙的私匙

● (71) : The process of identifying and correcting errors in a program.

(71) A. Debug　　　B. Bug　　　C. Fault　　　D. Default

● (72) : A location where data can be temporarily stored.

(72) A. Area　　　B. Disk　　　C. Buffer　　　D. File

● Every valid character in a computer that uses even (73) must always have an even number of 1 bits.

(73) A. parity　　　B. check　　　C. test　　　D. compare

● Integration (74) is the process of verifying that the components of a system work together as described in the program design and system design specifications.

(74) A. trying　　　B. checking　　　C. testing　　　D. coding

● In C language, a (75) is a series of characters enclosed in double quotes。

(75) A. matrix　　　B. string　　　C. program　　　D. stream

二、下午试题

试题一(15 分，每小问 3 分)

阅读以下说明和流程图，回答问题 1～3，将解答填入答题纸的对应栏内。

【说明】

信息处理过程中经常需要将图片或汉字点阵作旋转处理。一个矩阵以顺时针方向旋转 90° 后可以形成另一个矩阵，如下图所示。

A	B	C	D
E	F	G	H
I	J	K	L
M	N	O	P

M	I	E	A
N	J	F	B
O	K	G	C
P	L	H	D

流程图(a)描述了对 n*n 矩阵的某种处理。流程图(b)是将矩阵 A 顺时针旋转 90° 形成矩阵 B 的具体算法。

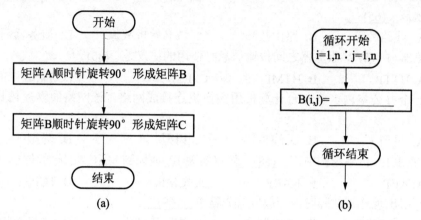

(a)   (b)

【问题1】
请写出以下 3*3 单位矩阵沿顺时针方向旋转 90° 后所形成的矩阵。

$$\begin{bmatrix} 1 & 0 & 0 \\ 0 & 1 & 0 \\ 0 & 0 & 1 \end{bmatrix}$$

【问题2】
如果以下 3*3 矩阵沿顺时针方向旋转 90° 后所形成的矩阵就是原来的矩阵。

$$\begin{bmatrix} a & b & * \\ * & c & * \\ * & * & * \end{bmatrix}$$

其中，位于*处的元素需要考生填写。请完整地写出该矩阵。

【问题3】
在上述流程图(a)和(b)所示的算法中:
(1) 矩阵 A 第 i 行第 j 列的元素 A(i，j)被复制到矩阵 B 中的哪个位置?
(2) A(i，j)后来又被复制到矩阵 C 中的哪个位置?
(3) 填补流程图(b)中的空缺。

试题二(15分，每空3分)
阅读以下函数说明和 C 语言函数，将应填入 ＿＿ 处的字句写在答题纸的对应栏内。

【说明1】
函数 int factors(int n)的功能是判断整数 n(n>=2)是否为完全数。如果 n 是完全数，则函数返回 0，否则返回-1。
所谓"完全数"是指整数 n 的所有因子(不包括 n)之和等于 n 自身。例如，28 的因子为 1，2，4，7，14，而 28=1+2+4+7+14，因此 28 是"完全数"。

【C 函数1】

```
int factors(int n)
{  int i,s;
```

```
for(i=1,s=0;i<=n/2;i++)
if (n%i==0)  __(1)__ ;
if(  __(2)__  ) return 0;
rerurn -1;
}
```

【说明 2】

函数 int maxint(int a[],int k)的功能是用递归方法求指定数组中前 k 个元素的最大值，并作为函数值返回。

【C 函数 2】

```
int maxint(int a[],int k)
{ int t;
    if( __(3)__ ) return __(4)__ ;
    t = maxint(a+1, __(5)__ );
    return (a[0]>t) ? a[0] : t;
}
```

试题三(15 分，每空 3 分)

阅读以下函数说明和 C 语言函数，将应填入 ____ 处的字句写在答题纸的对应栏内。

【说明】

已知一棵二叉树用二叉链表存储，t 指向根节点，p 指向树中任一节点。下列算法为输出从 t 到 p 之间路径上的节点。

【C 程序】

```
#define MaxSize 1000
typedef struct node{
    TelemType data;
    struct node *lchild,*rchild;
}BiNode, *BiTree;
void Path(BiTree t, BiNode *p)
{ BiTree *stack[Maxsize],* stack1[Maxsize],*q;
  int tag[Maxsize], top=0, top1;
  q=t;
   /* 通过先序遍历发现 P */
  do{ while(q!=NULL && q!=p)
   /* 扫描左孩子，且相应的节点不为 p */
    { __(1)__ ;
      stack[top]=q;
      tag[top]=0;
      __(2)__ ;
    }
    if(top>0)
    { if(stack[top]==P) break;    /*找到p,栈底到栈顶为 t 到 p */
      if(tag[top]==1) top--;
        else { q=stack[top];
               q=q->rchild;
               tag[top]=1;
             }
    }
```

```
    }    (3)   ;
    top--;     top1=0;
    while(top>0) {
        q=stack[top];         /* 反向打印准备 */
        top1++;
        (4)   ;
        top--;
    }
    while(   (5)   ) {              /* 打印栈的内容 */
        q=stack1[top1];
        printf(q->data);
        top1--;
    }
}
```

试题四(15分,每空3分)

阅读以下函数说明和C语言函数,将应填入____处的字句写在答题纸的对应栏内。

【说明】

设一个环上有编号为0~n-1的n粒颜色不尽相同的珠子(每粒珠子颜色用字母表示,n粒珠子的颜色由输入的字符串表示)。从环上的某两粒珠子间剪开,则环上珠子形成一个序列然后按以下规则从序列中取走珠子:首先从序列左端取走所有连续的同色珠子;然后从序列右端在剩下的珠子中取走所有连续的同色珠子,两者之和为该剪开处可取走珠子的粒数。在不同位置剪开,能取走的珠子也不尽相同。

本程序所求的是在环上哪个位置剪开,按上述规则可取走的珠子粒数最多。程序中用数组存储字符串。例如,10粒珠子颜色对应字符串为aaabbbadcc,在0号珠子前剪开,序列为aaabbbadcc,从左端取走3粒a色珠子,从右端取走2粒c色珠子,共取走5粒珠子。若在3号珠子前剪开,即bbbadccaaa,共取走6粒珠子。

【C函数】

```
int count(char *s,int start,int end)
{   int i,c=0,color=s[start],step=(start>end)?-1:1;
    for(i=start;s[i]==color;i+=step){
        if(step>0 && i>end ||   (1)   )   break;
        (2)   ;
    }
    return c;
}
void main()
{   char t,s[120];
    int i,j,c,len,maxc,cut=0;
    printf( "请输入环上代表不同颜色珠子字符串:" );
    scanf( "%s",s );
    len=strlen(s);
    for(i=maxc=0;i<len;i++){     /*尝试不同的剪开方式*/
        c=count(s,0,len-1);
        if(c<len) c+=count(   (3)   );
        if(c>maxc){ cut=i;maxc=c; }
```

```
/* 数组 s 的元素循环向左移动一个位置 */
t=s[0];
for(j=1;j<len;j++)    (4)   ;
    (5)   ;
}
printf( "在第%d 号珠子前面剪开,可以取走%d 个珠子.\n",cut,maxc );
}
```

从下列的两道试题(试题五至试题六)中任选一道解答。如果解答的试题数超过一道,则题号小的一道解答有效。

试题五(15 分,每空 3 分)

阅读以下说明和 C++程序,将应填入____处的字句写在答题纸的对应栏内。

【说明】

下面程序实现十进制向其他进制的转换。

【C++程序】

```
#include "iostream.h"
#include "math.h"
#include <conio.h>

typedef struct node{
    int data;
    node *next;
}Node;

class Transform
{
public:
    void Trans(int d,int i);     //d 为数字;i 为进制
    void print();
private:
    Node *top;
};

void Transform::Trans(int d,int i)
{
    int m,n=0;
    Node *p;
    while(d>0)
    {
         (1)   ;
        d=d/i;
        p=new Node;
        if(!n){
            p->data=m;
             (2)   ;
             (3)   ;
            n++;
        }
        else{
```

```
        p->data=m;
          (4)  ;
          (5)  ;
      }
    }
}

void Transform::print()
{
    Node *p;
    while(top!=NULL)
    {
        p=top;
        if(p->data>9)
            cout<<data+55;
        else
            cout<<data;
        top=p->next;
        delete p;
    }
}
```

试题六(15 分，每空 3 分)

阅读以下说明和 Java 程序，将应填入____处的字句写在答题纸的对应栏内。

【说明】

下面程序实现十进制向其他进制的转换。

【Java 程序】

```
class Node{
    int data;
    Node next;
}
class Transform{
    private Node top;
    public void print(){
        Node p;
        while(top != null){
            p = top;
            if(p.data > 9)
                System.out.print((char)(p.data+55));
            else
                System.out.print(p.data);
            top = p.next;
        }
    }
    public void Trans(int d, int i){ //d 为数字;i 为进制
        int m;
          (1)   n = false;
        Node p;
        while(d > 0){
```

```
    (2)  ;
    d=d/i;
    p = new Node();
    if(   (3)   ){
        p.data = m;
         (4)  ;
        top = p;
        n = true;
    }
    else{
        p.data = m;
         (5)  ;
        top = p;
    }
}
}
}
```

14.1.2 模拟试卷二

一、上午试题

●在 Word 中，使用 __(1)__ 菜单中的相应命令，可以方便地输入特殊符号、当前日期时间等内容；在 Word 编辑状态下，对已经输入的文档设置首字下沉，需要使用的菜单是 __(2)__ 。

(1) A. 文件　　　　B. 工具　　　　C. 格式　　　　D. 插入

(2) A. 编辑　　　　B. 视图　　　　C. 格式　　　　D. 工具

●在 Excel 2003 表处理中，假设 A1=2，A2=2.5，选择 A1:A2 单元格区域，并将鼠标指针放在该区域右下角的填充柄上，拖动至 A10，则 A10=__(3)__，SUM(A1:A10)=__(4)__。

(3) A. 5.5　　　　　B. 6　　　　　C. 6.5　　　　　D. 7

(4) A. 30　　　　　B. 42.5　　　　C. 46.5　　　　D. 48.5

●在以下关于电子邮件的叙述中，"__(5)__"是不正确的。

(5) A. 打开来历不明的电子邮件附件可能会传染计算机病毒

　　 B. 在网络拥塞的情况下，发送电子邮件后，接收者可能过几个小时后才能收到

　　 C. 在试发电子邮件时，可向自己的 E-mail 邮箱发送一封邮件

　　 D. 电子邮箱的容量指的是用户当前使用的计算机上分配给电子邮箱的硬盘容量

●若八位二进制数 $[X_1]_原$=01010110，$[Y_1]_原$=00110100，$[X_2]_补$=10100011，$[Y_2]_补$=11011010，则进行运算$[X_1]_原$ +$[Y_1]_原$，$[X_2]_补$+$[Y_2]_补$会产生的结果是__(6)__。

(6) A. 前者下溢，后者上溢　　　　　　B. 两者都上溢

　　 C. 两者都不会产生溢出　　　　　　D. 前者上溢，后者下溢

●将十进制数 106.4375 转换为二进制数为__(7)__。

(7) A. 0101011.0111　 B. 1101010.111　 C. 1101010.0111　 D. 0101011.111

●下列数中最小的数为__(8)__。

(8) A. $(00100110)_2$　 B. $(01010010)_{BCD}$　　 C. $(85)_{16}$　　 D. $(125)_8$

●下列总线中__(9)__是一种通常用于远程通信的串行总线。

(9) A. ISA　　　　B. USB　　　　C. RS-232C　　　D. EISA

●计算机多媒体技术处理的对象主要是以__(10)__等各种形式表达的信息。

(10) A. 磁盘、光盘、磁带　　　　B. 文字、图像、声音

　　　C. 传真、电话、电视　　　　D. 键盘、摄像机、话筒

●多媒体计算机中的彩色图像一般采用__(11)__彩色空间表示。

(11) A. RGB　　　　B. CMY　　　　C. YUV　　　　D. YIQ

●甲将自己的发明在我国申请了专利,国人乙和美国人丙未经甲的同意就在美国使用甲的专利,则__(12)__。

(12) A. 乙和丙同时违反了我国的专利法

　　　B. 乙违反了我国的专利法,丙违反了美国的专利法

　　　C. 乙和丙同时违反了美国的专利法

　　　D. 乙和丙的行为没有违反专利法

●计算机软件著作权的保护期满后,除__(13)__以外,其他权利终止。

(13) A. 发表权　　　B. 开发者身份权　　　C. 使用权　　　D. 发行权

●某高校学生解密了一播放软件,并将解密后的软件制成了光盘,在网上和学校周围进行销售,破坏了正常的秩序,该学生应当担负的法律责任为__(14)__。

(14) A. 民事责任　　　B. 行政责任

　　　C. 民事责任以及行政责任

　　　D. 如果销售数额巨大,不仅要承担行政责任,还要承担刑事责任

●下列关于计算机病毒的描述中,正确的是__(15)__。

(15) A. 只要不上网,计算机就不会染上病毒

　　　B. ROM 是不会被感染病毒的

　　　C. 安装任何一种杀毒软件都可以发现系统中所有的病毒

　　　D. 病毒程序都是寄生于文件中的

●目前,防火墙的功能不包括__(16)__。

(16) A. 过滤数据包　　　B. 清除病毒　　　C. 线路过滤　　　D. 应用层代理

●视频文件要达到较高的压缩比,一般是通过__(17)__方法进行的。

(17) A. 增加每秒播放的帧数　　　B. 帧内压缩

　　　C. 分隔图像　　　　　　　　D. 帧间压缩

●一数码相机的分辨率为 1024 像素×768 像素,颜色深度为 16,若不采用压缩存储技术,则 64MB 的存储卡最多可以存储__(18)__张照片。

(18) A. 5　　　　B. 42　　　　C. 84　　　　D. 22

●对于字长为 16 位的计算机,若堆栈指针 SP 的初值为 2000H,累加器 AX=3000H,执行一次入栈指令 PUSH AX 后,SP 的值为__(19)__。

(19) A. 1998　　　B. 1999　　　C. 2001　　　D. 2002

●将十六进制有符号数 82A0H 与 9F40H 相加后,溢出标志位 OF 和符号标志位 SF 的值分别为__(20)__。

(20) A. 0 和 0　　　B. 0 和 1　　　C. 1 和 0　　　D. 1 和 1

●某计算机有 4MB 的内存，并按字节编址，为了能存取其中的内容，地址寄存器至少需要 __(21)__ 位。平时，程序员所使用的地址为 __(22)__ 。

(21) A. 12　　　　　　B. 16　　　　　　C. 20　　　　　　D. 22

(22) A. 物理地址　　　B. 逻辑地址　　　C. 指令地址　　　D. 程序地址

●在操作系统中，对信号量 S 的 P 原语操作定义中，__(23)__ 是使进程进入相应等待队列的条件。

(23) A. S<0　　　　　B. S=0　　　　　C. S>0　　　　　D. S<>0

● __(24)__ 能够实现对内外存进行统一管理，为用户提供一种宏观上似乎比实际内存容量大得多的存储器。

(24) A. 交换技术　　　B. 覆盖技术　　　C. 虚拟存储技术　　D. 物理扩充

●若计算机系统中的进程在"就绪""运行"和"等待"三种状态之间转换，进程不可能出现 __(25)__ 的状态转换。

(25) A. "就绪"→"运行"　　　　　　B. "运行"→"就绪"

　　 C. "运行"→"等待"　　　　　　D. "就绪"→"等待"

●下列作业调度算法中有最短作业平均周转时间的是：__(26)__ 。

(26) A. 先来先服务　　B. 短作业优先　　C. 最高响应比优先　　D. 优先数法

●在 __(27)__ 中，用户一般不直接操纵计算机，而是将作业提交给系统操作员。由操作员将作业成批装入计算机，然后由操作系统按照一定的原则执行作业，并输出结果。最后由操作员将作业运行结果交给用户。

(27) A. 批处理操作系统　　B. 分时系统　　C. 实时系统　　D. 网络操作系统

●C 语言源程序中存在死循环，该错误会在 __(28)__ 时体现出来。

(28) A. 编译　　　　　B. 汇编　　　　　C. 链接　　　　　D. 运行

●一般，程序设计语言的定义都涉及 __(29)__ 三个方面，分为高级语言和低级语言两大类，负责高级程序语言翻译任务的是 __(30)__ 。

(29) A. 词法、语法、语义　　　　　B. 词法、语义、语用

　　 C. 语法、语义、语用　　　　　D. 语法、语义、语句

(30) A. 汇编程序　　B. 解释程序　　C. 编译程序　　D. 语言处理程序

●下列程序设计语言中，__(31)__ 是用于人工智能的函数式语言。

(31) A. PROLOG　　B. LISP　　　　C. SQL　　　　D. SMALLTALK

●下列不合法的 C 语言用户标识符是 __(32)__ 。

(32) A. My_name　　B. num1　　　　C. world　　　　D. 21str

●从功能上说，程序语言的语句大体可分为执行性语句和 __(33)__ 语句两大类。

(33) A. 编译性　　　B. 说明性　　　C. 解释性　　　D. 伪

●在下列程序代码中，主程序内调用函数 change() 时，若参数传递采用传值方式，则主函数输出为 __(34)__ ；若参数传递采用引用方式，则主函数的输出为 __(35)__ 。

main program

```
a:=1;
b:=0;
change(a);
write(a+b);
```

procedure change(x)

```
b:=x+2;
x=x+3;
return;
```

(34) A. 1　　　　　B. 2　　　　　C. 3　　　　　D. 4

(35) A. 1　　　　　B. 4　　　　　C. 6　　　　　D. 7

●线性表采用链式存储时，__(36)__。

(36) A. 其地址必须是连续的　　　　B. 其地址一定是不连续的

　　　C. 其部分地址必须是连续的　　D. 其地址连续与否均可以

●稀疏矩阵一般的压缩存储方法有两种，即__(37)__。

(37) A. 二维数组和三维数组　　　　B. 三元组表和散列

　　　C. 三元组表和十字链表　　　　D. 散列和十字链表

●顺序存储的方法是将完全二叉树中的所有节点逐层存放在数组 R[1，…，n]中，节点 R[1]若有左子女，则左子女是节点__(38)__。

(38) A. R[2i+1]　　　B. R[2i]　　　C. R[i/2]　　　D. R[2i-1]

●关键在待排序的元素序列基本有序的前提下，效率最高的排序方法是__(39)__。

(39) A. 直接插入排序　　B. 选择排序　　C. 快速排序　　D. 归并排序

●队列是限定在__(40)__处进行删除操作的线性表。

(40) A. 端点　　　　B. 队头　　　　C. 队尾　　　　D. 中间

●在一个图中，所有顶点的度之和等于所有边数的__(41)__倍；在一个有向图中，所有顶点的入度之和等于所有顶点出度之和的__(42)__倍。

(41) A. 1/2　　　　B. 1　　　　　C. 2　　　　　D. 4

(42) A. 1/2　　　　B. 1　　　　　C. 2　　　　　D. 4

●若需将一个栈 S 中的元素逆置，则以下处理方式中正确的是__(43)__。

(43) A. 将栈 S 中元素依次出栈并入栈 T，然后栈 T 中元素依次出栈并进入栈 S

　　　B. 将栈 S 中元素依次出栈并入队，然后使该队列元素依次出队并进入栈 S

　　　C. 直接交换栈顶元素和栈底元素

　　　D. 直接交换栈顶指针和栈底指针

●下列程序语言中，__(44)__是一种纯面向对象的语言，适用于因特网上的信息系统开发。

(44) A. Java　　　　B. C　　　　　C. VC++　　　　D. SQL

●面向对象程序设计语言是基于__(45)__概念，它所具有的基本特点中不包括下列选项中的__(46)__。

(45) A. 对象和类　　B. 函数　　　C. 动作　　　D. 形式逻辑

(46) A. 支持数据封装　　　　　　　B. 通过发送消息来处理对象

　　　C. 任何时候都不允许破坏封装性　D. 支持动态联编

●经过结构化分析后得到系统需求说明书，它一般包括__(47)__、数据字典和一组小说明。

(47) A. 结构图　　　B. 层次图　　　C. IPO 图　　　D. 数据流图

●在面向对象设计中，基于父类创建的子类具有父类所有的属性与方法，这一特点成为类的__(48)__。

(48) A. 封装性　　　B. 多态性　　　C. 重用性　　　D. 继承性

●软件工程中，描述生命周期的瀑布模型一般包括项目计划、__(49)__、设计、编码、测试、维护等几个阶段。

(49) A. 需求调查　　B. 需求分析　　C. 问题定义　　D. 可行性分析

●软件测试是软件开发过程中重要的阶段，其步骤很多，而测试过程的多种环节中最基础的是　(50)　。

(50) A．单元测试　　　B．组装测试　　　C．确认测试　　　D．系统测试

●下面不属于软件生命周期其中任何一个阶段的是　(51)　。

(51) A．运行维护　　　B．软件开发　　　C．软件定义　　　D．用户签收认可

●UML 叫作统一建模语言，它把 Booch、Rumbaugh 和 Jacobson 等各自独立的 OOA 和 OOD 方法中最优秀的特色组合成一个统一的方法。UML 允许软件工程师使用由一组语法的语义的实用的规则支配的符号来表示分析模型。在 UML 中用五种不同的视图来表示一个系统，这些视图从不同的侧面描述系统。每一个视图由一组图形来定义。其中：

　(52)　使用实例(use case)来建立模型，并用它来描述来自终端用户方面的可用的场景。

　(53)　对静态结构(类、对象和关系)模型化。

　(54)　描述了在用户模型视图和结构模型视图中所描述的各种结构元素之间的交互和协作。

(52) A．环境模型视图　　　　　　　B．实现模型视图
　　　C．结构模型视图　　　　　　　D．用户模型视图

(53) A．环境模型视图　　　　　　　B．实现模型视图
　　　C．结构模型视图　　　　　　　D．行为模型视图

(54) A．环境模型视图　　　　　　　B．实现模型视图
　　　C．结构模型视图　　　　　　　D．行为模型视图

●标准化对象一般可分为两大类：一类是标准化的具体对象，即需要制定标准的具体事物；另一类是　(55)　，即各种具体对象的总和所构成的整体，通过它可以研究各种具体对象的共同属性、本质和普遍规律。

(55) A．标准化抽象对象　　　　　　B．标准化总体对象
　　　C．标准化虚拟对象　　　　　　D．标准化面向对象

●结构化分析过程中，一般认为首先应该考虑的问题应是进行　(56)　。

(56) A．效益分析　　　B．数据分析　　　C．目标分析　　　D．环境分析

●E-R 图是表示数据模型的常用的方法，其中用椭圆表示　(57)　。

(57) A．实体　　　　　B．联系　　　　　C．属性　　　　　D．多值属性

●关系数据库有多种操作，其中从一个关系中选取某些属性的操作为　(58)　。

(58) A．投影　　　　　B．选择　　　　　C．连接　　　　　D．交

●SQL 的语言功能很强，通过以下的动词　(59)　可以完成数据定义的功能。

(59) A．SELECT　　　　　　　　　　B．GRANT、REVOKE
　　　C．CREATE、DROP、ALTER　　　D．INSERT、UPDATE、DELETE

●从表 R 中删除所有姓"李"的学生记录，其中 NAME 表示学生姓名，下列语句中正确的是　(60)　。

(60) A．DELETE FROM R WHRER NAME LIKE '李%'
　　　B．DELETE ALL FROM R WHERE NAME='李'
　　　C．DELETE WHERE NAME='李'
　　　D．REVOKE ALL FROM R WHERE NAME LIKE '李'

●某公司的客户联系的关系模式为 C(CN、CA、CT)，CN 为客户名称、CA 为客户地址、

CT 为客户电话。将客户名称为"飞儿摄影"的电话号码改为 13858625616：UPDATE C __(61)__ WHERE CN='飞儿摄影'.

(61) A．WITH CT=' 13858625616'　　　　B．INSERT CT='13858625616'

　　　C．SET CT='13858625616'　　　　D．VALUES CT='13858625616'

●下列语句是要向表中增加一条记录"牛牛书店 南京孝陵卫 12545755588"。INSERT INTO C __(62)__ 。

(62) A．HAVING '牛牛书店'　'南京孝陵卫'　'12545755588'

　　　B．VALUES(牛牛书店，南京孝陵卫，12545755588)

　　　C．HAVING ('牛牛书店', '南京孝陵卫', '12545755588')

　　　D．VALUES ('牛牛书店', '南京孝陵卫', '12545755588')

●在一棵度为 3 的树中，度为 3 的节点个数为 2，度为 2 的节点个数为 1，则度为 0 的节点个数为 __(63)__ 。

(63) A．4　　　　　　B．5　　　　　　C．6　　　　　　D．7

●在含 n 个顶点和 e 条边的无向图的邻接矩阵中，零元素的个数为 __(64)__ 。

(64) A．e　　　　　B．2e　　　　　C．n^2-e　　　　D．n^2-2e

●假设一个有 n 个顶点和 e 条弧的有向图用邻接表表示，则删除与某个顶点 vi 相关的所有弧的时间复杂度是 __(65)__ 。

(65) A．O(n)　　　B．O(e)　　　　C．O(n+e)　　　　D．O(n*e)

●要实现 IP 地址的动态分配，网络中至少要求将一台计算机的网络操作系统安装为 __(66)__ 。

(66) A．PDC 主域控制器　　　　　B．DHCP 服务器

　　　C．DNS 服务器　　　　　　D．IIS 服务器

●在 Windows 2000 本机模式域的域控制器上，不可以创建的安全组为 __(67)__ 。

(67) A．本地域组　　B．本地组　　　C．全局组　　　D．通用组

●OSI 参考模型可以分为 7 层。数据的压缩、解压缩、加密和解密工作都是 __(68)__ 负责。

(68) A．应用层　　　B．网络层　　　C．传输层　　　D．表示层

●下列 IP 地址中，合法的是 __(69)__ 。

(69) A．222.18.32.256　　　　　B．202,202,22,31

　　　C．221.221.221.221　　　　D．110.110.110

●利用 __(70)__ 可以很方便地实现虚拟局域网。

(70) A．路由器　　　B．以太网交换机　　C．中继器　　D．网卡

● __(71)__ : A collection of related information, organized for easy retrieval.

(71) A. Data　　　　B. Database　　　C. Buffer　　　D. Stack

●Computer __(72)__ is a complex consisting of two or more connected computing units, it is used for the purpose of data communication and resource sharing.

(72) A. storage　　　B. device　　　C. network　　　D. processor

●Each program module is compiled separately and the resulting __(73)__ files are linked together to make an executable application.

(73) A. assembler　　B. source　　　C. library　　　D. object

●Firewall is a __(74)__ mechanism used by organizations to protect their LANs from the Internet.

(74) A. reliable　　　　B. stable　　　　C. peaceful　　　　D. security

●A floating constant consists of an integer part, a decimal point, a fraction part, an e or E, and an optionally signed integer ___(75)___.

(75) A. exponent　　　　B. order　　　　C. superfluous　　　　D. superior

二、下午试题

试题一(15 分，每空 3 分)

阅读以下说明和流程图，回答问题将解答填入答题纸的对应栏。

【说明】

下面的流程图，用来完成求字符串 t 在 s 中最右边出现的位置。其思路是：做一个循环，以 s 的每一位作为字符串的开头和 t 比较，如果两字符串的首字母是相同的，则继续比下去；如果一直到 t 的最后一个字符也相同，则说明在 s 中找到了一个字符串 t；如果还没比较到 t 的最后一个字符，就已经出现字符串不等的情况，则放弃此次比较，开始新一轮的比较。当在 s 中找到一个字符串 t 时，不应停止寻找(因为要求的是求 t 在 s 中最右边出现位置)，应先记录这个位置 pos，然后开始新一轮的寻找，若还存在相同的字符串，则更新位置的记录，直到循环结束，输出最近一次保存的位置。如果 s 为空或不包含 t，则返回-1。

注：返回值用 pos 表示。

【问题】

将流程图的(1)～(5)处补充完整。

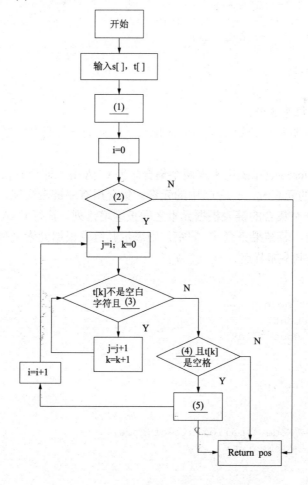

试题二(15 分，每空 3 分)

阅读以下函数说明和 C 语言函数，将应填入 ____ 处的字句写在答题纸的对应栏内。

【说明 1】

函数 void convert(char *a,int n)是用递归方法将一个正整数 n 按逆序存放到一个字符数组 a 中，例如，n=123，在 a 中的存放为'3'、'2'、'1'。

【C 函数 1】

```c
void convert(char *a,int n)
{ int i;
  if((i=n/10)!=0)  convert(__(1)__,i);
  *a= __(2)__ ;
}
```

【说明 2】

函数 int index(char *s, char *t)检查字符串 s 中是否包含字符串 t，若包含，则返回 t 在 s 中的开始位置(下标值)，否则返回-1。

【C 函数 2】

```c
int index(char *s, char *t)
{   int i,j=0;k=0;
    for(i=0;s[i]!='\0';i++)
    { for (__(3)__;(t[k]!='\0')&&(s[j]!='\0')&&(__(4)__);j++,k++);
      if(__(5)__)   return (i);
     }
     return (-1);
}
```

试题三(15 分，每空 3 分)

阅读以下函数说明和 C 语言函数，将应填入____处的字句写在答题纸的对应栏内。

【说明】

函数 Node *difference(A,B)用于求两个集合之差 C=A-B，即当且仅当 e 是 A 中的一个元素，但不是 B 中的元素时，e 是 C 中的元素。集合用有序链表实现，用一个空链表表示一个空集合，表示非空集合的链表根据元素之间按递增排列。执行 C=A-B 之后，表示集合 A 和 B 的链表不变，若结果集合 C 非空，则表示其链表根据元素之值按递增排列。函数 append()用于在链表中添加节点。

【C 函数】

```c
typedef struct node{
      int element;
      struct node *link;
}Node;
Node *A,*B,*C;
Node *append(last,e)
Node *last;
int e;
{ last->link=(Node *)malloc(sizeof(Node));
  last->link->element=e;
```

```
      return(last->link);
    }
Node *difference(A,B)
Node *A,*B;
{  Node *c,*last;
   C=last=(Node *)malloc(sizeof(Node));
   while(  ___(1)___  )
     if(A->element < B->element){
       last=append(last,A->element);
       A=A->link;
     }
     else if(  ___(2)___  ) {
       A=A->link;
       B=B->link;
     }
     else
       ___(3)___  ;
     while(  ___(4)___  ) {
       last=append(last,A->element);
       A=A->link;
     }
       ___(5)___  ;
     last=C;
     C=C->link;
     free(last);
     return (C);
}
```

试题四(15 分，每空 3 分)

阅读以下函数说明和 C 语言函数，将应填入____处的字句写在答题纸的对应栏内。

【说明】

为参加网球比赛的选手安排比赛日程。

设有 n(n=2^k)位选手参加网球循环赛，循环赛共进行 n-1 天，每位选手要与其他 n-1 位选手赛一场，且每位选手每天赛一场，不轮空。试按此要求为比赛安排日程。

设 n 位选手被顺序编号为 1,2,…,n。比赛的日程表是一个 n 行 n-1 列的表，i 行 j 列的内容是第 i 号选手第 j 天的比赛对手。用分治法设计日程表，就是从其中一半选手(2^{m-1} 位)的比赛日程，导出全体(2^m 位)选手的比赛日程。从只有 2 位选手的比赛日程出发，反复这个过程，直到为 n 位选手安排好比赛日程为止。

【C 函数】

```c
#include <stdio.h>
#define MAXN  64
int a[MAXN+1][MAXN];
void main()
{  int twom1,twom,i1,j,m,k;
   printf("指定 n(n=2 的 k 次幂)位选手，请输入 k。\n");
   scanf("%d",&k);
   a[1][1]=2;       /*预设 2 位选手的比赛日程*/
```

```
        a[2][1]=1;
        m=1;twom1=1;
        while(m<k){
           (1) ;
          twom1+=twom1;          /*为2m位选手安排比赛日程*/
           (2) ;
          /*填日程表的左下角*/
          for(i1=twom1+1;i1<=twom;i1++)
            for(j=1;j<=twom1-1;j++)
              a[i1][j]=a[i1-twom1][j]+twom1;
           (3) ;
          for(i1=2;i1<=twom;i1++)  a[i1][twom1]=a[i1-1][twom1]+1;
            for(j=twom1+1;j<twom;j++){
               for(i1=1;i1<twom1;i1++)   a[i1][j]=a[i1+1][j-1];
                 (4) ;
            }
          /*填日程表的右下角*/
          for(j=twom1;j<twom;j++)
            for(i1=1;i1<=twom1;i1++)
               (5) ;
            for(i1=1;i1<=twom;il++){
              for(j=1;j<twom;j++)
                printf("%4d",a[i1][j]);
              printf("\n");
            }
          printf("\n");
        }
    }
```

从下列的两道试题(试题五至试题六)中任选一道解答。如果解答的试题数超过一道，则题号小的一道解答有效。

试题五(15分)

阅读以下说明和 C++代码，将解答写在答题纸的对应栏内。

【说明】

已知类 SubClass 的 getSum 方法返回其父类成员 i 与类 SubClass 成员 j 的和，类 SuperClass 中的 getSum 为纯虚拟函数，程序中的第 23 行有错误，请修改该错误并给出修改后的完整结果，然后完善程序中的空缺，分析程序运行到第 15 行且尚未执行第 15 行的语句时成员变量 j 的值，最后给出程序运行后的输出结果。

【C++代码】

```
01  #include <iostream>
02  using namespace std;
03  class SuperClass {
04    private:
05    int i;
06  public:
07    SuperClass(){ i = 5;}
08    virtual iht getValueO { return i; }
09    virtual int getSum()=0;
```

```
10   };
11   class SubClass:public SuperClass{
12     int j;
13   public:
14     SubClass(int j) :j(0){
15       ____(1)____ =j;       //用参数 j 的值更新数据成员
16     };
17     int getValue(){return j;}
18     int getSum(){
19       return ____(2)____ getValue() + j;
20     }
21   };
22   void main(void) {
23     SuperClass s = new SubClass(-3);
24     cout << s->getValue() << " ";
25     cout << s->getSum() << endl;
26     delete s;
27   }
```

试题六(15 分)

阅读以下说明和 Java 代码，将解答写在答题纸的对应栏内。

【说明】

已知类 SubClass 的 getSum 方法返回其父类成员 i 与类 SubClass 成员 j 的和；类 SuperClass 中的 getSum 为抽象函数，程序中的第 14 行有错误，请修改该错误并给出修改后的完整结果，然后完善程序中的空缺，当程序运行到第 22 行且尚未执行第 22 行语句时成员变量 i 的值，最后给出程序运行后的输出结果。

【Java 代码】

```
行号  代码
01   public class UainJava{
02     public static void main(String[]args){
03       SuperClass s=new SubClass();
04       System.out.println(s.getValue());
05       System.out.println(S.getSum());
06     }
07   }
08   abstract class SuperClass{
09     private int i;
10     public SuperClass(){i=5; }
11     public int getValue(){
12       return i;
13     }
14     public final abstract int getSum();
15   }
16   class SubClass extends SuperClass{
17     int j;
18     public SubClass(){
19       this(-3);
20     }
```

```
21      public SubClass(int j){
22          (1)  .j=j;
23      }
24      public int getValue(){return j; }
25      public int getSum(){
26          return  (2)  .getValue()+j;
27      }
28
```

14.2 模拟试卷参考答案

14.2.1 模拟试卷一参考答案

一、上午试题

●答案：(1)D (2)B

解析：本题考查 Word 文档的基本操作及应用。在 Word 编辑状态下，若要创建每页都相同的页脚，则可以通过利用"视图"菜单的"页眉和页脚"工具栏中的 ⿴ 来实现，所以，试题(1)正确答案为 D。若要将 D 盘中当前正在编辑的 Wang1.doc 文档复制到 U 盘中，可以使用"文件"菜单中的"另存为"命令。但不能使用保存、新建和替换命令。所以，试题(2)正确答案为 B。

●答案：(3)D (4)B

解析：在工作表中，单元格是存储数据的基本单元，是 Excel 的基本操作单位。在单元格中，用户可以输入任何数据，例如，字符串、数字等。每个单元格都有一个固定的地址，它是由列号和行号组成的，并且，列在前行在后。向水平方向和垂直方向拖动填充柄都可以实现自动填充，题目中要求从 A1 到 G1，所以要向水平方向。

●答案：(5)A

解析：本题考查电子邮件的基本知识。电子邮件地址是由字符串组成的，且各字符之间不能有空格。电子邮件地址的一般格式为用户名@域名。前面是机器名和机构名，后面是地域类型或地域简称。所以只有 A 选项符合要求。

●答案：(6)C

解析：内存储器分为 ROM 和 RAM 两种类型。ROM 是 Read Only Memory 的缩写。ROM 的内容只能读出不能改变，断电后其中的内容不会丢失。EPROM(erasable programmable read only memory)是可擦除、可编程的只读存储器，其中的内容既可以读出，也可以由用户写入，写入后还可以修改。RAM 是 Random Access Memory 的缩写，既能从中读取数据也能存入数据，一旦掉电，则存储器所存信息也随之丢失。

●答案：(7)B (8)C

解析：将 6BFFFH 加 1，减去 44000H，得 28000H，即 160K。由于内存按字节编址，每 16K 个内存单元需要两片 SRAM 芯片。因此一共需要 20 片。

●答案：(9)A

解析：常见的寻址方式有立即寻址、直接寻址、间接寻址、寄存器寻址、寄存器间接寻址、相对寻址和变址寻址等。其中，在立即寻址方式中，操作数包含在指令中；在直接寻址方式中，操作数存放在内存单元中；在寄存器寻址方式中，操作数存放在某一寄存器中；在间接寻址方式中，指令中给出了操作数地址的地址；在相对寻址方式中，在指令地址码部分给出一个偏移量(可正可负)；在变址寻址方式中，操作数地址等于变址寄存器的内容加偏移量。

●答案：(10)B　(11)D

解析：平均无故障时间(MTBF)是指系统多次相继失效之间的平均时间，该指标用来衡量系统可靠性，所以，试题(10)的正确答案为 B。

平均修复时间(MTTR)和修理率主要用来衡量系统的可维护性。平均响应时间、吞吐量和作业周转时间三项指标通常用来度量系统的效率。试题(11)的正确答案为 D。

●答案：(12)C

解析：商业秘密权受保护的期限是不确定的，一旦该秘密为公众所知悉，即成为公众可以自由使用的知识。

●答案：(13)D

解析：著作权法保护的是计算机程序及其有关文档，计算机软件主要有两种权利：人身权(精神权利)和财产权(经济权利)。软件著作人还享有发表权和开发者身份权。

甲程序员编写的是使用说明书，乙软件设计师开发的是应用程序，都属于软件著作权的保护对象，他们应该共享应用软件的著作权。

●答案：(14)B

解析：计算机软件的客体指著作权法保护的计算机软件著作权的范围，根据《著作权法》第三条和《计算机软件保护条例》第二条的规定，著作权法保护的是计算机程序及其有关文档。据《计算机软件保护条例》第六条的规定，除计算机软件的程序和文档外，著作权法不保护计算机软件开发所用的思想、概念、发现、原理、算法、处理过程和运算方法。

●答案：(15)C

解析：DoS 攻击以导致受攻击系统无法处理正常用户的请求为目的。所以本题正确答案为 C。

●答案：(16)C

解析：防火墙技术是建立在内外网络边缘上的过滤封锁机制，它认为内部网络是安全和可信赖的，而外部网络是不安全和不可信赖的。防火墙的作用是防止不希望的、未经授权的进出被保护的内部网络，通过边界控制强化内部网络的安全策略。

●答案：(17)A

解析：声音信号的数字化即用二进制数字的编码形式来表示声音。最基本的声音信号数字化方法是采样—量化法，可以分成以下三个步骤：采样、量化、编码。量化过程有时也称为 A/D 转换(模数转换)。编码后的声音信号可以存储起来，使用的时候经过解码完成 D/A 变换。

●答案：(18)B

解析：彩色摄像机、彩色扫描仪和数码照相机都具备图像输入能力，是常见的图像输入设备。游戏操作杆是记录动作的方向、大小等位置信息的输入设备。

●答案：(19)A

解析：采用奇校验后，可以检测代码中奇数位出错的编码，但不能发现偶数位出错的情况。本题答案为A。

●答案：(20)B　(21)C

解析：字长 16 位，采用定点补码整数表示数值，所能表示的最小的整数的编码应为8000H，所能表示的数值为-215。最大负数的编码为FFFFH，所表示的数值为-1。

●答案：(22)D

解析：满足条件的是 X+Y。或(+)操作的定义是全 0 输出 0，有 1 输出 1。与(·)操作是全 1 输出 1，有 0 输出 0；异或(⊕)是相同输出 0，相异输出 1。

●答案：(23)C　(24)B

解析：在 Windows 操作系统中，选择一个文件图标，执行"剪切"命令后，"剪切"的文件放在剪贴板中。选定某个文件夹后，右击打开快捷菜单，再选择"删除"命令，可删除该文件夹。

●答案：(25)B

解析：信号量是一个整型变量 S，在 S 上定义两种操作：P 操作和 V 操作。执行一次 P操作，信号量 S 减 1，S≥0 时，调用 P 操作的进程继续执行；S<0 时，该进程被阻塞，并且被插入到等待队列中。执行一次 V 操作，信号量 S 加 1，当 S≥0 时，调用 V 操作的进程继续执行；S<0 时，从信号量 S 对应的等待队列中选出一个进程进入就绪状态。当 S<0 时，其绝对值表示等待队列中进程的数目，当前值为-1，说明有 1 个在等待该资源的进程。

●答案：(26)C

解析：本题考查的是操作系统进程管理中进程调度状态及 P 操作和 V 操作方面的知识。用户进程 A 从"运行"状态转换到"阻塞"状态可能是由于该进程执行了 P 操作。

●答案：(27)C

解析：分页系统的地址机构由两部分组成，页号 P 和偏移量 W(即页内地址)。地址长度为 32 位，其中 0～11 位为页内地址(每页大小为 4KB)，12～31 位为页号，所以允许的地址空间大小最多为 1M 个页。

●答案：(28)C

解析：do 是与 while 匹配的关键字；else 是与 if 匹配的关键字；fopen 是标准输入输出库中用于文件打开操作的函数名，不是关键字；static 是表明静态存储类别的关键字。

●答案：(29)B

解析：程序员编写的源程序是文本文件，可以使用文本编辑软件编写和修改程序。

●答案：(30)C

解析：词法分析、预编译和静态绑定都是在程序的编译过程中或编译前，只有动态绑定发生在程序运行过程中。

●答案：(31)D　(32)C

解析：编译程序将高级语言编写的程序翻译成目标程序后保存在另一个文件中，该目标程序经连接处理后可脱离源程序和编译程序而直接在机器上反复运行。解释程序是将翻译和运行结合在一起进行，翻译一段源程序后，紧接着就执行它，不保存翻译的结果。

●答案：(33)C

解析：使用某种高级语言编写出来的程序被称为该语言的源程序。计算机不能直接识别用高级语言编写的程序指令，必须将高级语言程序"翻译"成计算机可以直接识别的机器语言程序。然而，用人工进行这样的"翻译"实际上是不可能的。因此，人们在创造高级语言的同时还要编写出用计算机自身将高级语言程序"翻译"成机器语言程序的软件。这样的"翻译"软件叫作高级语言的编译软件(程序)。在编辑和执行高级语言程序的时候都需要有该种语言的编译软件的参与。编译程序可以用汇编语言编写。

●答案：(34)A　　(35)C

解析：引用调用和值调用是函数调用时实参和形参间传递信息的两种基本方式。在函数首部声明的参数称为形式参数，简称形参；在函数调用时的参数称为实在参数，简称实参。以值调用方式进行参数传递时，需要先计算出实参的值并将其传递给对应的形参，然后执行所调用的函数，在函数执行时对形参的修改不影响实参的值。**引用调用时首先计算实际参数的地址，并将该地址传递给被调用的函数，然后执行该函数，在调用过程中既得到了实参的值又得到了实参的地址。引用调用的方式下对形参的修改将反映到对应的实参上。**

●答案：(36)B

解析：栈的运算特点是先入后出，第一个 push 操作将元素 1 入栈，接着的 push 将元素 2 入栈，pop 将元素 2 出栈，pop 将元素 1 出栈，第三个 push 将元素 3 入栈，pop 将元素 3 出栈，最终的出栈序列为 2，1，3。

●答案：(37)D

解析：以行为主序存储时，先存储第一行的元素，之后存储第二行的元素，之后第三行，以此类推。$a[i, j]=a+((i-1)*11+(j-5))*4=a-64+44i+4j$。

●答案：(38)B

解析：二维数组可以按照两种方式存储：以行为主序或以列为主序。以行为主序存储时，先存储第一行的元素，之后存储第二行的元素，之后第三行，以此类推。以列为主序时情况相似，先存储第一列的元素，再第二列，再第三列……题目中数组以列为主序存储，$a[2, 3]$在第二行，第一行有 4 个元素，第二行 $a[2, 3]$前有 $a[2, 1]$，$a[2, 2]$，所以 $a[2, 3]$ 相对于首地址偏移了 7。

●答案：(39)A

解析：随机查找表中元素时，访问表中任一元素所需时间与元素的位置和排列次序无关。以散列方式存储和查找数据时，元素的存储位置与其关键字相关。二分法查找只能在有序顺序表中进行。由于链表中的元素只能通过取得元素所在的节点的指针进行，因此只能顺序查找表中的元素。

●答案：(40)C

解析：本题考查二叉树的遍历运算特点。根据前序序列确定根节点，然后依据中序遍历序列划分左、右子树，反复使用该规则，即可将每个节点的位置确定下来。最终可得出后序遍历序列为 EBDCP。

●答案：(41)B

解析：本题考查栈和队列的基本运算。

对于选项 A，栈 S 中的元素以原次序放置，不能实现栈 S 中元素逆置的要求。选项 C 和 D，不符合栈结构的操作要求，也不能实现栈 S 中元素逆置的要求。

●答案：(42)D

解析：在无向图中，若存在边(Vi，Vj)，则一定存在边(Vj，Vi)，因此，无向图的邻接矩阵一定是对称矩阵。

●答案：(43)A

解析：插入排序是将一个记录插入已排好序的有序表中，选择排序是指通过 n-1 次关键字间的比较，从 n-i+1 个记录中选出关键字最小的记录并与第 i 个记录交换，希尔排序是先将整个记录分成若干个子序列分别排序，然后堆全体记录进行排序，归并排序是指将两个或两个以上的有序表组合成一个新的有序表。

●答案：(44)A；(45)B

解析：任何一个派生类的对象都是一个基类的对象，所以凡是引用基类对象的地方都可以用派生类对象代替。

●答案：(46)C

解析：类是一组具有相同属性和相同操作的对象的集合。一个类中的每个对象都是这个类的一个实例。由于在有些类之间存在一般和特殊关系，即一些类是某个类的特殊情况，某个类是某些类的一般情况，可以用层次结构来表示类。

●答案：(47)D

解析：多态性、继承性和封装性是面向对象设计的三个主要特征。

●答案：(48)D

解析：类是一组具有相同属性和相同操作的对象的集合。一个类中的每个对象都是这个类的一个实例。继承是类间的一种基本关系，是在某个类的层次关联中不同的类共享属性和操作的一种机制。在"is-a"的层次关联中，一个父类可以有多个子类，这些子类都是父类的特例，父类描述了这些子类的公共属性和操作。一个子类可以继承它的父类(或祖先类)中的属性和操作，这些属性和操作在子类中不必定义，子类中还可以定义它自己的属性和操作。类是一组具有相同属性和相同操作的对象的集合。

●答案：(49)A；(50)D

解析：在常见的软件开发模型中，瀑布模型适用于需求明确，且很少发生较大变化的项目；喷泉模型是以面向对象的软件开发方法为基础，主要用来描述面向对象的软件开发过程。

●答案：(51)D

解析：适应性：与一软件无须采用有别于为该软件准备的处理或手段就能适应不同的规定环境有关的软件属性。

●答案：(52)A

解析：软件测试的目的是尽可能多地发现软件产品(主要是指程序)中的错误和缺陷。

●答案：(53)D

解析：软件测试通常分为单元测试、集成测试、确认测试和系统测试等几个阶段。其中确认测试是指通过一系列黑盒测试案例来证明软件的功能和需求是一致的，它需要用户的参与。α测试和β测试都是确认测试的一种应用。

●答案：(54)A

解析：测试计划在需求分析阶段开始制订，在设计阶段细化和完善。

●答案：(55)A

解析：在软件开发的各个阶段中，对软件开发成败影响最大的是需求分析阶段。需求分析影响软件质量和项目开发费用，甚至影响整个项目的成败。

●答案：(56)B

解析：在编写输入/输出程序段时，遇到需要计数的情况，应使用数据结束标记，而不应要求用户输入数据的个数。在计算机内部，浮点数采用科学计数法表示。应尽量避免两个浮点数的直接比较运算。

●答案：(57)C　(58)D

解析：关系代数运算是以集合操作为基础的运算，其五种基本运算是并、差、笛卡儿积、投影和选择。为了提高数据的操作效率和存储空间的利用率，需要对关系模式进行分解。

●答案：(59)B　(60)D　(61)B

解析：(59)题的正确答案是 B。条形码是由宽度不同、反射率不同的长形条和空并按照一定的编码规则(码制)编制而成的，每个商品的条形码都是唯一的，所以，本题商品关系中条形码属性可以作为该关系的主键。

查询由"北京"生产的"185 升电冰箱"的 SQL 语句应该是：

SELECT 商品名,产地 FROM P WHERE 产地='北京' AND　商品名= '185L 电冰箱' ;

将价格小于 50 的商品上调 5%的 SQL 语句应该是：

UPDATE　P SET 价格=价格*1.05 WHERE 价格 <50;

●答案：(62)D　(63)B

解析：在开发部职员视图 DS_E 中，Dept 是字符类型，因此 WHERE Dept='DS',加入 WITH CHECK OPTION，表示对视图进行修改、插入操作时需要满足视图定义中的条件，即保证对该视图的修改、插入只针对开发部的职员。WHERE 子句中字符串匹配用 LIKE 和两个通配符%和下划线_。其中，%代表任意长度的字符串，_代表任意单个字符。B 选项符合条件。

●答案：(64)A

解析：从 5 本书中任意取出 2 本，结果为 $\dfrac{5!}{3! \times 2!}$ =10。

●答案：(65)C

解析：Internet 上计算机的地址格式有两种：域名格式和 IP 地址格式。IP 地址是连入互联网中的所有计算机由授权单位分配的地址号码。为了实现连接到该虚拟网络上的节点之间的通信，互联网为每个节点(入网的计算机)分配一个互联网地址(简称 IP 地址)，并且应当保证这个地址是全网唯一的。域名地址是按名字来描述的。DNS(域名系统)将用户指定的域名映射到负责该域名管理的服务器的 IP 地址，从而可以和该域名服务器进行通信，获得域内主机的信息。本题中按照 IP 地址测试响应正常，问题可能出现在域名解析上。

●答案：(66)A

解析：超文本传输协议 HTTP 是 WWW 客户机与 WWW 服务器之间的应用层传输协议，是一种面向对象的协议。WWW 服务器的数据文件由超文本标记语言(HTML)描述，HTML 利用统一资源定位器 URL 的指标是超媒体链接，并在文本内指向其他网络资源。提供 FTP 服务的计算机称为 FTP 服务器，通常是互联网信息服务提供者的计算机，它负责管理一个文件仓库，互联网用户成功登录后可以通过 FTP 客户机从文件仓库中取文件或向文件仓库中存入文件，客户机通常是用户自己的计算机。

●答案：(67)A

解析：计算机网络拓扑是通过网中节点与通信线路之间的几何排序来表示网络的结构，反映各节点之间的结构关系。

常用的网络拓扑结构有：总线型、星型、环型、树型及分布式等。在一间办公室内将 6 台计算机用交换机连接成网络，该网络的拓扑结构为星型结构。总线型结构是所有的节点都通过相应的网卡直接连接到一条作为公共传输介质的总线上。在环型拓扑结构中，节点通过点—点通信线路连接成闭合环路。环中数据将沿一个方向逐站传送。树型拓扑结构可以看成是星型拓扑的扩展。在树型拓扑结构中，节点按层次进行连接，信息交换主要在上、下节点之间进行，相邻及同层节点之间一般不进行数据交换或数据交换量小。

●答案：(68)A

解析：在 TCP/IP 体系结构中，ARP 协议数据单元封装在以太网的数据帧中进行传输，实现 IP 地址到 MAC 地址的转换。

●答案：(69)C

解析：当网络出现连接故障时，一般应首先检查物理连通性。

●答案：(70)D

解析：按照加密和解密密钥的不同有两种密钥体制：对称加密体制和非对称加密体制。非对称加密体制又称为公开密钥加密体制，其加密和解密使用不同的密钥，一般若甲用乙的公钥密码加密，则乙用自己的私匙解密。

●答案：(71)A

参考译文：调试：在程序中找出并纠正错误的过程。

●答案：(72)C

参考译文：缓冲区：临时存放数据的地方。

●答案：(73)A

参考译文：计算机中采用偶校验的每个字符一定含有偶数个 1。

●答案：(74)C

参考译文：集成测试就是验证一个系统各个组成部分能否按程序设计和系统设计说明书所描述的方式一起工作的过程。

●答案：(75)B

参考译文：在 C 语言中，字符串(string)是用双引号括起来的一系列字符。matrix 是指矩阵，program 是指程序，stream 是指数据流。

二、下午试题

●试题一

答案：【问题1】$\begin{bmatrix} 0 & 0 & 1 \\ 0 & 1 & 0 \\ 1 & 0 & 0 \end{bmatrix}$ 【问题2】$\begin{bmatrix} a & b & a \\ b & c & b \\ a & b & a \end{bmatrix}$

【问题3】(1) B(j，n-i+1)　　　　(2) C(n-i+1，n-j+1)　　　　(3) A(n-j+1，i)

解析：对于【问题1】很容易得到矩阵沿顺时针方向旋转90°后所形成的矩阵为

$$\begin{bmatrix} 1 & 0 & 0 \\ 0 & 1 & 0 \\ 0 & 0 & 1 \end{bmatrix} \rightarrow \begin{bmatrix} 0 & 0 & 1 \\ 0 & 1 & 0 \\ 1 & 0 & 0 \end{bmatrix}$$

对于【问题2】根据顺时针方向旋转90°保持矩阵不变，可以逐步推断出一些元素的值：

$$\begin{bmatrix} a & b & * \\ * & c & * \\ * & * & * \end{bmatrix} \rightarrow \begin{bmatrix} a & b & a \\ * & c & b \\ * & * & * \end{bmatrix} \rightarrow \begin{bmatrix} a & b & a \\ * & c & b \\ * & b & a \end{bmatrix} \rightarrow \begin{bmatrix} a & b & a \\ b & c & b \\ a & b & a \end{bmatrix}$$

对于【问题3】根据上述流程图中的算法，不难发现，矩阵 A 第 i 行第 j 列的元素 A(i,j) 被复制到 B 的第 n-i+1 列第 j 行，即 B(j，n-i+1)。A(i,j)后来又被复制到矩阵 C 中的第 n-i+1 行第 n-j+1 列，即 C(n-i+1，n-j+1)。流程图 b 中，循环开始后，应该是将 A(n-j+1，i)赋给 B(i，j)。

●试题二

答案：(1) s+= i　(2) n== s　(3) k==1 或 k-1==0　(4) a[0]或*a 或 a[k-1]　(5) k-1 或--k

解析：对于函数 1，是判断整数 n(n>=2)是否为完全数。首先用 for 循环求该整数的所有因子之和，所以(1)填 "s += i"。若其和等于整数本身，则为完全数，返回值为 0，则(2)填 "n == s"；否则返回值为-1。

对于函数 2，是用递归方法找出数组中的最大元素。该递归的出口条件为 k=1，即(3)填 "k == 1" 或 "k-1 == 0"；只有一个数时，它本身就是最大的，(4)填 "a[0]" 或 "*a" 或 "a[k-1]"；对于多个数的情况，在剩下的 k-1 个元素中找到最大的，并与首元素值比较，返回最大的一个，所以(5)填 "k-1" 或 "-k"。

●试题三

答案：(1) top++　(2) q=q->lchild　(3) while(top>0)　(4) stack1[top1]=q　(5)top1>0

解析：本题本质上是对二叉树的先序遍历进行考核，但不是简单地进行先序遍历，而是仅遍历从根节点到给定的节点 p 为止。本题采用非递归算法来实现，其主要思想是：①初始化栈；②根节点进栈，栈不空则循环执行以下步骤直到发现节点 p；③当前节点不为空且不为 P 进栈；④栈顶为 p，则结束，否则转③；⑤若右子树访问过，则栈顶的右孩子为当前节点，转③。

扫描左孩子，当相应的节点不为 P 时进栈，所以(1)填 "top++"，(2)填 "q=q->lchild"。在栈不为空时则一直在 do while 循环中查找，因此(3)填 "while(top>0)"。在进行反向打印准备时，读取 stack[top]的信息放到 stack1[top1]中，即(4)填 "stack1[top1]=q"。打印栈中所有内容，所以(5)填 "top1>0"。

●试题四

答案： (1) step<0 && i<end (2) ++c (3) s,len-1,c (4) s[j-1]=s[j] (5) s[len-1]=t

解析： 依据取珠子个数最多的规则，count 函数每次从左或从右取出相同颜色的珠子，因此从右到左的条件为 step<0 && i<end，即(1)应填 "step<0 && i<end"。当是同色珠子时，计数值加 1，所以(2)填 "++c"。从右到左计算时，函数 count 调用的实参次序为 s,len-1,c。即(3)应填 "s,len-1,c"。在尝试不同的剪开方式时，数组 s 的元素要循环向左移动一个位置，则(4)填 "s[j-1]=s[j]"，(5)填 "s[len-1]=t"。

●试题五

答案： (1) m=d%i (2) top=p (3) top->next=NULL (4) p->next=top (5) top=p

解析： 本题考查 C++编程，主要考查了链表的使用。

所有的问题只出在函数 Trans 中，它的功能是完成将十进制数 d 转换为任意进制 i 的数，并存在数组中。函数中首先定义了一个指向链表节点的指针，然后开始进行转换，进制转换应该是一个很常见的问题，就是不断地求模运算，所以(1)处应填入 "m=d%i"。然后，我们要把求模的结果保存到链表节点中，并使链表首指针指向该节点，节点中指向下一个节点的指针设为空，所以(2)处应填入 top=p，(3)处应填入 top->next=NULL。由于求模运算是从低位到高位逐位求出的，所以在进行完第二次求模运算后，应该将第二次运算的结果放到链表首位，所以(4)处应填入 p->next=top，(5)处应填入 top=p。

●试题六

答案： (1) boolean (2) m=d%i (3) !n (4) top->next=null (5) p->next=top

解析： 本题考查 Java 编程，主要考查了链表的使用。

所有的问题只出在函数 Trans 中，它的功能是完成将十进制数 d 转换为任意进制 i 的数，并存在数组中。变量 n 被赋值为 false，说明 n 是布尔型变量，Java 中布尔型变量关键字为 boolean。故(1)应填 "boolean"。函数中首先定义了一个指向链表节点的指针(实为链栈)，然后开始进行转换，进制转换应该是一个很常见的问题，就是不断地求模运算，所以(2)处应填入 "m=d%i"。然后，我们要把求模的结果保存到链栈中。对于链栈，第一个节点比较特殊，需要特殊处理，从 if 块中的语句 "n = true" 可知，此处正是处理第一个节点的特殊情况，故(3)应填 "!n"，(4)处应填入 "top->next=null"。这里采用的链栈，所以(5)处应填入 "p->next=top"。

14.2.2　模拟试卷二参考答案

一、上午试题

●**答案：** (1)D；(2)C

解析： 对于特殊符号的输入可以通过 "插入|符号" 命令输入，对于当前日期时间的输入可以通过"插入|时期和时间"命令输入。

在报纸、杂志之类的文档中，经常会看到 "首字下沉" 的例子，即一个段落的头一个字放大并占据 2 行或 3 行。要实现首字下沉或悬挂效果，首先选择要下沉或悬挂的文本，然后执行"格式|首字下沉"命令。

●答案：(3)C；(4)B

解析：本题考查电子表格 Excel 的基本操作及应用。

试题(3)正确答案为 C。因为在 Excel 2003 表处理中，假设 A1=2，A2=2.5，选择 A1:A2 单元格区域，并将鼠标指针指向该区域右下角的填充柄，将会在 A1:A10 区域形成一个递增的等差数列，相邻两个数的差值为(2.5-2)=0.5，所以可以推出 A10=6.5。试题(4)正确答案为 B。因为 SUM(A1:A10)是 A1 到 A10 单元的内容相加的总和，结果为 42.5。

●答案：(5)D

解析：电子邮件系统是网络提供的服务，它的空间由网络服务提供商提供，与本地磁盘没有关系。

●答案：(6)D

解析：对于 8 位二进制数，用原码进行运算时，结果小于-127 或者大于+127 就发生溢出；用补码运算时，若结果小于-128 或者大于+127 就溢出。如果是正数超过表示范围，则称"上溢"，负数超出表示范围就称"下溢"。

对于补码判断是否产生溢出，通常有两种方法。一是采用双符号位，用"11"表示负，"00"表示正。若两个符号位相同，则无溢出，若为"10"则为下溢，为"01"则为上溢。若采用该方法，$[X_1]_原$ $+[Y_1]_原$(正数的原码等于补码)的双符号位由"00"变为"01"，产生了上溢；$[X_2]_补+[Y_2]_补$的双符号由"11"变为"10"，产生了下溢。另外一种方法是使用单符号位，用最高位向前的进位与次高位向前的进位相异或，如果结果为 0 表示无溢出，结果为 1 有溢出。当结果的最高位为 0 时为下溢，最高位为 1 时为上溢。

●答案：(7)C

解析：本题考查十进制数转换为二进制数的方法：十进制数的整数部分不断用 2 去除，逐次得到的余数就是二进制整数部分由低到高的逐项的系数 K_i，即 K_0，K_1，…，K_n；十进制小数部分不断用 2 去乘，每次得到的整数即为二进制数小数部分的系数 K_{-1}，K_{-2}，…，K_{-m}。

●答案：(8)A

解析：首先将各个选项中的数转换为十进制数。$(00100110)_2=2+4+32=38$，$(01010010)_{BCD}=52$，$(85)_{16}==8×16+5=128+5=133$，$(125)_8=1×8^2+2×8+5=85$，4 个数中最小数为 $(00100110)_2$。

●答案：(9)C

解析：RS-232C 是一种串行总线，用于实现 CPU 与一台设备串行传输数据，通过调制解调器支持通过电话线进行远程通信。

●答案：(10)B

解析：多媒体技术利用计算机技术把文本、图形、图像、声音、动画和视频等多种媒体结合起来，使多种信息建立逻辑连接，并能对它们进行获取、压缩、加工处理、存储，集成为一个具有交互性的系统。磁盘、光盘、磁带是用来存储多媒体信息，传真、电话、电视、键盘、摄像机、话筒是用来表现多媒体信息的(用来进行信息输入或输出)。

●答案：(11)A

解析：彩色空间是指彩色图像所使用的颜色描述方法。在多媒体系统中，表示图形和图像的颜色常常涉及不同的彩色空间。

RGB 彩色空间：计算机中的彩色图像一般都用 R、G、B 分量表示，彩色显示器通过发射三种不同强度的电子束，使屏幕内侧覆盖的红、绿、蓝荧光材料发光而产生色彩。

CMY 彩色空间：用青、品红、黄三种颜色的油墨或颜料按不同比例混合成任何一种颜色，这种颜色为相减混色，因为它吸收了人眼识别颜色所需要的反射光。彩色打印的纸张不能发射光线，只能通过吸收特定光波而反射其他光波的油墨或颜料来实现。

YUV 彩色空间：彩色电视系统中一般采用的方法。Y 是亮度信号，U 和 V 是色差信号。发送端将这三个信号分别进行编码，用同一信道发送出去。

YIQ 彩色空间：美国国家电视标准委员会采用的电视广播标准。Y 为亮度，I 为橙色向量，Q 为品红向量，各分量近似正交。

●**答案**：(12)D

解析：专利权为一种知识产权，具有严格的地域特性，各国主管机关依照本国法律授予的知识产权只能在其本国领域内受法律保护。我国专利局授予的专利权只能在我国领域内受保护，其他国家不给予保护。在我国领域外使用我国专利局授权的发明专利，不侵犯我国专利权。

●**答案**：(13)B

解析：根据《著作权法》和《计算机软件保护条例》的规定，计算机软件著作权的权力自软件开发完成之日起完成，保护期为 50 年，保护期满，除开发者身份权外，其他权利终止。一旦计算机软件著作权超出保护期，软件就进入公用领域。

●**答案**：(14)D

解析：根据《计算机软件保护条例》第二十四条规定，未经著作权人或者其合法受让者的许可，复制或部分复制著作权人软件的；向公众发行、出租、通过信息网络传播著作权人的软件的；故意避开或者破坏著作权人为保护其软件而采取技术措施的；故意删除或者改变软件权利管理电子信息的；许可他人形式或者转让软件著作权人的软件著作权的侵权行为，将承担相应的行政责任，如果销售数据巨大，行为严重的将构成侵犯著作权罪、销售侵权复制品罪，要承担刑事责任。

●**答案**：(15)B

解析：计算机病毒是一种程序，它可以修改别的程序，使得被修改的程序也具有这样的特性。病毒程序的存在不是独立的，总是附在磁盘系统区或是文件中，在启动系统或者打开文件的时候会被感染病毒。计算机硬盘可读可写，由于贴写保护签，容易被感染，而 ROM 是只读存储器，不能修改其中的程序，因此不会感染病毒。病毒传播的方式有多种，网络系统中的数据通信往往成为病毒传播的途径，像在网上下载文件、传送电子邮件等。病毒也可以通过使用软盘、U 盘等已感染病毒的设备传送文件时把病毒复制到计算机中。安装杀毒软件，有利于查杀计算机内的病毒，一般很难发现系统中所有的病毒。

●**答案**：(16)B

解析：防火墙技术有多种，如包过滤、应用网关、状态检测等。包过滤是运行在路由器中的一个软件，包过滤防火墙对收到的所有 IP 包进行检查，依据制定的一组过滤规则判定该 IP 包被正常转发还是被丢弃。线路过滤、应用层代理也是防火墙的功能，但目前的防火墙还没有清除病毒的功能。

●**答案**：(17)D

解析：视频是连续的静态图像，数据量大，所以要对数字视频信息进行压缩编码处理，在尽可能保证视觉效果的前提下减少视频数据率。

帧内压缩也称空间压缩，当压缩一帧视频时，仅考虑本帧的数据而不考虑相邻帧之间的冗余信息，压缩后的视频数据仍可以以帧为单位进行编码。帧内压缩一般达不到很好的压缩效果。

帧间压缩是鉴于相邻帧之间有很大的相关性，信息变化很小，这就是说相邻帧之间具有冗余信息，压缩帧间冗余信息可以进一步提高压缩量。帧间压缩也称时间压缩，它通过比较时间轴上不同帧之间的数据进行压缩。帧间压缩可以大大减少数据量，提高数据压缩比。

●**答案**：(18)B

解析：图像的数据量=图像总像素×图像深度/8(B)

图像总像素=图像水平方向像素数×垂直方向像素数。

根据题意，一张照片的数据量为：1024×768×16/8=1536KB=1.5MB，故 64MB 的存储卡可以存储的照片张数为：64/1.5=42。

●**答案**：(19)A

解析：在进行入栈操作时，将操作数压入堆栈的顶部，而每个存储单元为一个字节，故对 16 位操作数入栈的执行步骤为：SP=SP-2;[SP]=操作数的低八位；[SP+1]=操作数的高八位。

●**答案**：(20)C

解析：在 16 位算术运算中，带符号数的运算结构超出了 16 位带符号数所能表达的范围时，就将溢出标志位置位。当运算结果的最高位为 1 时，符号位置位。

题目中 82A0H+9F40H=21E0H，并且最高位产生进位，显然结果溢出且运算结果的最高位为 0。因此，OF=1,SF=0。

●**答案**：(21)C (22)B

解析：内存容量为 4MB，即 2^{22}B 存储空间，需要 20 位二进制编码才能表示其全部地址空间，因此地址寄存器需要 20 位。程序员所用的地址为逻辑地址，不需要知道代码指令的具体存储位置，便于编程。

●**答案**：(23)A

解析：信号量是表示资源的物理量，它只能供 P 操作和 V 操作使用，利用信号量 S 的取值表示共享资源的使用情况，或用它来指示进程之间交换的信息。在具体使用中，把信号量 S 放在进程运行的环境中，赋予其不同的初值，并在其上实施 P 操作和 V 操作，以实现进程间的同步和互斥。P、V 操作是定义在信号量 S 上的两个操作原语：

P(S)：①S←S-1;

②若 S≥0，则调用 P(S)的这个进程继续被执行；

③若 S<0，则调用 P(S)的这个进程被阻塞，并将其插入等待信号量 S 的阻塞队列中。

V(S)：①S←S+1;

②若 S>0,则调用 P(S)的这个进程继续被执行；

程序员考试同步辅导——
考点串讲、真题详解与强化训练(第3版)

③若 S≤0，则先从等待信号量 S 的阻塞队列中唤醒队首进程，然后调用 V(S)的
这个进程继续执行。

信号量 S>O 时的数值表示某类资源的可用数量，执行 P 操作意味着申请分配一个单位
的资源，故执行 S 减 1 操作，若减 1 后 S<0，则表示无资源可用，这时 S 的绝对值表示信
号量 S 对应的阻塞队列中进程个数。执行一次 V 操作则意味着释放一个单元的资源，故执
行 S 增 1 操作，若增 1 后 S≤0，则表示信号量 S 的阻塞队列中仍有被阻塞的进程，故应唤
醒该队列上的第一个阻塞进程。

●答案：(24)C

解析：由于有时进程所要求的内存空间超过了内存总容量，或大量进程要求并发运行
时，内存容量不足以容纳所有进程，只能部分进程先执行，其他进程在外存等待。虚拟存
储技术所要解决的正是这一问题。虚拟存储技术基于局部性原理，一个进程在运行时不必
将其全部装入内存，而仅将当前要执行的那部分页面装入内存，其余部分暂时留在磁盘上，
当要访问的那部分页面不在内存时，再将它调入内存。这样便可以使一个大程序在较小的
内存空间中运行，也可以使内存中同时装入更多的进程并发执行。从用户角度看，系统具
有的内存容量要比实际大得多，所以人们将这样的存储区称为虚拟存储器。

●答案：(25)D

解析：进程间的状态可以进行转换：进程运行时，当所需要的某个条件不满足就主动
放弃 CPU 而进入等待态；当等待态进程等待的事件发生时，由当前正在运行的进程来响应
这个外界事件的请求，唤醒对应的等待态进程并将其转换为就绪态；进程由等待态到运行
态，必须经过就绪态而不能直接转换到运行态；由运行态转为就绪态仅在分时操作系统中
出现,而放弃 CPU 的进程仅仅是没有了 CPU 控制权而其他资源并不缺少,因而转入就绪态。

●答案：(26)B

解析：参见知识点作业调度算法部分。

●答案：(27)A

解析：在批处理操作系统中，用户一般是将作业提交给系统操作员。由操作员将作业
装入计算机处理，并将作业运行结果交给用户。

●答案：(28)D

解析：程序中的死循环在词法、语法上都无错误，不会在编译过程中发现；只有在程
序运行中才会陷于死循环，这是一种动态的语义错误。

●答案：(29)C；(30)D

解析：程序设计语言是用以书写计算机程序的，它包括语法、语义、语用三个方面。
语法是指由程序基本符号组成程序中的各个语法成分的一组规则；语义是程序语言中按语
法规则构成的各个语法成分的含义，可分为静态语义和动态语义；语用表示了构成语言的
各个记号和使用者的关系。

由于计算机只能理解和执行由 0、1 序列构成的机器语言，因此高级语言需要有翻译，
担任这一任务的程序称为语言处理程序，它大致可分汇编程序、解释程序和编译程序。

●答案：(31)B

解析：LISP 是 1958 年为人工智能应用而设计的语言，而函数式程序设计语言的基本概
念来自 LISP，LISP 是函数式语言的代表。PROLOG、SQL 都是数据库查询语言，属于逻辑

型程序设计语言。SMALLTALK 是一种面向对象的程序设计语言。

●**答案**：(32)D

解析：C 语言中的标识符是以字母或下划线开始的字母、数字以及下划线组成的字符序列，第一个字符必须是字母或下划线。选项 D 以数字开头，故不符合标识符的定义，不能作为标识符。

●**答案**：(33)D

解析：从功能上说，程序语言的语句大体可分为执行性语句和说明性语句。说明性语句是对程序的注解。

●**答案**：(34)D (35)D

解析：若实参 a 与形参 x 间信息传递采用传值方式，执行语句 b:=x+2，b 的值变为 3，执行语句 x=x+3，x 的值变为 4，但并没有改变 a 的值，a 依然为 1，故输出 a+b=1+3=4。

若实参 a 与形参 x 间信息传递采用引用方式，执行语句 b:=x+2，b 的值变为 3，执行语句 x=x+3，x 的值变为 4，由于引用调用传递的是实参的地址，那么改变 x 的值相当于修改 a 的值，故输出 a+b=4+3=7。

●**答案**：(36)D

解析：本题考查线性表的存储结构，当线性表采用链式存储时，它是用节点来存储数据元素的，节点的空间可以是连续的，也可以是不连续的，因此，存储数据元素的同时必须存储元素之间的逻辑关系。

●**答案**：(37)C

解析：本题考查稀疏矩阵的存储方式，在一个矩阵中，若非零元素的个数远远小于零元素的个数，且非零元素的分布没有规律，则称之为稀疏矩阵。对于稀疏矩阵，存储非零元素时必须同时存储其位置，所以用三元组来唯一确定矩阵 A 中的元素。矩阵三元组表的顺序存储结构称为三元组顺序存储，而它的链式存储结构是十字链表。

●**答案**：(38)B

解析：本题考查完全二叉树的性质，对一棵有 n 个节点的完全二叉树的节点按层次自左至右进行编号，则对任一节点 i 有，若 i>1，则其双亲为[i/2]。其左子女是 2i(若 2i<=n，否则 i 无左子女)，右子女是 2i+1(若 2i+1<=n，否则 i 无右子女)。

●**答案**：(39)A

解析：本题考查各种排序方法，直接插入排序是将第 i 个元素插入已经排序好的前 i-1 个元素中；选择排序是通过 n-i 次关键字的比较，从 n-i+1 个记录中选出关键字最小的记录，并和第 i 个记录交换，当 i 等于 n 时所有记录都已有序排列；快速排序是通过一趟排序将待排序的记录分割为独立的两部分，其中一部分记录的关键字均比另一部分记录的关键字小，然后再分别对这两部分记录继续进行排序，以达到整个序列有序；归并排序是把一个有 n 个记录的无序文件看成由 n 个长度为 1 的有序子文件组成的文件，然后进行两两归并，得到[n/2]个长度为 2 或 1 的有序文件，再两两归并，如此重复，直至最后形成包含 n 个记录的有序文件为止。

通过上面的分析，可知，在待排序元素有序的情况下，直接插入排序不再需要进行比较，而其他三种算法还要分别进行比较，所以效率最高为直接插入排序。

●答案：(40)B

解析：本题考查队列的基本概念，队列是一种先进先出(FIFO)的线性表，它只允许在表的一端插入元素，而在表的另一端删除元素。在队列中，允许插入元素的一端称为队尾，允许删除元素的一端称为队头。

●答案：(41)C　(42)B

解析：本题考查的是图的度的性质。设无向图中含有 n 个顶点，e 条边，则所有顶点的度之和等于边数的两倍。在有向图中，顶点的度分为入度和出度，由于弧从一个顶点指向另一个顶点，所以一个顶点的入度，必为另一顶点的出度，即，有向图中顶点的入度和等于所有顶点的出度和。

●答案：(43)B

解析：对于选项 A，栈 S 中的元素以原次序放置，不能实现栈 S 中元素逆置的要求。选项 C 和 D，不符合栈结构的操作要求，也不能实现栈 S 中元素逆置的要求。

●答案：(44)A

解析：Java 语言的设计目的是达到"一次编写、随处运行"的平台无关性，它是一个纯面向对象的程序设计语言，其最大的特点是一种半解释型语言，编译程序先将源程序编译为本机代码，然后再由 Java 虚拟机解释这些代码。由于 Java 具有强大的跨平台性，因此十分适用于互联网上的信息系统开发。

●答案：(45)A　(46)C

解析：面向对象程序设计语言的三大要素是对象、类和继承，它是基于对象和类的概念发展起来的。面向对象的特点很多，支持数据封装(将数据和对数据的合法操作的函数封装在一起作为一个类的定义)，通过向对象发送消息来处理对象，允许函数名和运算符重载、支持继承性、动态联编，同时允许使用友元破坏封装性。类中的私有成员一般是不允许该类外面的任何函数访问的，但是，友元可以打破这条禁令，能够访问该类的私有成员。友元可以是在类外面定义的函数，也可以是在类外定义的类。友元打破了类的封装性，这是面向对象的一个重要特征。

●答案：(47)D

解析：需求说明书一般包括一套分层的数据流图、一本数据字典、一组小说明。数据流图以分层方式描述数据在系统内部的逻辑流向，表达系统的逻辑功能和数据的逻辑交换。数据字典主要用于描述数据流图中的数据流、数据存储、处理逻辑和外部项；小说明则详细地表达系统中的每个处理的细节。

●答案：(48)D

解析：继承是父类和子类之间共享数据和方法的机制。一个父类可以有多个子类，这些子类都是父类的特例，父类描述了这些子类的公共属性和操作。一个子类可以继承它的父类的属性和方法，这些属性和方法在子类中不必定义，子类中还可以定义自己的属性和操作。

●答案：(49)B

解析：瀑布模型把软件生命周期的各项活动规定为按固定次序间接的若干阶段的工作，具体划分为软件定义、软件开发、软件维护三个时期。软件定义时期通常又进一步划分为问题定义、可行性研究和需求分析三个阶段。软件开发时期通常进一步划分为总体设计、详细设计、编码和测试四个阶段。而软件定义时期中的问题定义和可行性研究也可以概括为软件项目计划阶段，而软件总体设计和详细设计也可以成为软件设计阶段。这样，就可以把软件开发的生命周期划分为软件项目计划、需求分析、软件设计、编码、测试和维护等 6 个阶段。

●答案：(50)A

解析：单元测试的主要内容是：模块内局部数据结构、模块间的接口、模块内的重要通路特别是错误处理的通路，测试的目的是要检验模块是否能够独立地正确执行，这是测试过程的基础。

●答案：(51)D

解析：软件生命周期由软件定义、软件开发和运行维护三个时期组成。

●答案：(52)D

解析：略。

●答案：(53)C

解析：略。

●答案：(54)D

解析：略。

●答案：(55)B

解析：略。

●答案：(56)D

解析：结构化分析过程中，一般认为首先应该考虑的问题应是进行环境分析。

●答案：(57)C

解析：概念模型中最常用的方法是实体—联系方法，简称 E-R 方法，用非常直观的 E-R 图来表示数据模型。在 E-R 图中，用矩形表示实体，描述实体的属性用椭圆表示，实体间的联系用菱形表示。

●答案：(58)A

解析：投影运算是从关系的垂直方向进行，是从一个关系中选取满足条件的属性。选择运算是从关系的水平方向进行运算，是从一个关系中选择满足给定条件的元组。连接运算是从两个关系的笛卡儿集中选取满足条件的元组。

●答案：(59)C

解析：SQL 语言功能极强，完成核心功能只用了九个动词。

数据查询：SELECT

数据定义：CREATE、DROP、ALTER

数据操纵：INSERT、UPDATA、DELETE

数据控制：GRANT、REVOKE

●答案：(60)A

解析：本题考查 SQL 语句的基本操作。DELETE 为删除操作，要删除的对象是姓"李"的学生记录，通过"LIKE '李%'"学生的姓名，然后进行删除。

●答案：(61)C；(62)D

解析：本题考查 SQL 的插入和修改操作。插入记录：insert into <表名> values <属性

值表>；修改记录：update <表名> set {<列名>=<表达式>} where <条件>

●答案：(63)C

解析：设 n 为总的节点个数，n_0 为度为 0 的节点个数，n_1 为度为 1 的节点个数，n_2 为度为 2 的节点个数，n_3 为度为 3 的节点个数，则：n= $n_0+n_1+n_2+n_3$。

又因，树中除了根节点不是孩子节点外，其余的都是孩子节点，而 n_1 个度为 1 的节点有 n_1 个孩子，n_2 个度为 2 的节点有 $2*n_2$ 个孩子，n_3 个度为 3 的节点有 $3*n_3$ 个孩子，即孩子节点数 $n-1 = n_1+2n_2+3n_3$。

由此可得：$n_0+n_1+n_2+n_3 = n_1+2n_2+3n_3+1$，推导出 $n_0=n_2+2n_3+1 = 1+2*2 +1=6$。

●答案：(64)D

解析：n 个顶点的图的邻接矩阵共有 n^2 个元素，而该无向图有 e 条边，反映在邻接矩阵中有 2e 个元素，因此，邻接矩阵中,零元素的个数为 n^2-2e。

●答案：(65)C

解析：略。

●答案：(66)B

解析：DHCP 为动态主机配置协议。要实现 IP 地址的动态配置，必须装有该协议。DNS 服务器是实现对域名的分析。IIS 服务器是互联网信息服务器，可以利用 IIS 服务构建 FTP 服务器、SNMP 服务器等。

●答案：(67)B

解析：Windows 2000 的域分为混合模式和本机模式。Windows 2000 混合模式域的域控制器上，只能创建本地域组和全局组；而 Windows 2000 本机模式域的域控制器上，可以创建本地域组、全局组和通用组。

●答案：(68)D

解析：在 OSI 参考模型中，表示层负责数据的压缩、解压缩、加密和解密工作。

●答案：(69)C

解析：IP 地址使用 32 位，分为四段，每段之间用点号隔开而不是逗号隔开，而且每段的数值在 0～255 之间。

●答案：(70)B

解析：虚拟局域网可以覆盖多个网络设备，允许处于不同地理位置的网络用户加入到一个逻辑子网中。使用以太网交换机可以方便地实现虚拟局域网。虚拟局域网是通过纯软件管理布线，要改变虚拟局域网，只要改变相应的软件配置就可以实现。虚拟局域网与以太网的帧格式不一样。虚拟局域网能够限制接收广播信息的工作站数，使得网络不会因为传播过多的广播信息而引起性能恶化。

●答案：(71)B

参考译文：数据库：相关信息的集合，组织起来使其易于检索。

●答案：(72)C

参考译文：计算机网络是由两个或两个以上的计算装置组成的复合体，旨在为了实现数据通信和资源共享。

●答案：(73)D

参考译文：每个程序模块都单独编译并生成目标(object)文件，目标文件经连接生成可执行文件。assembler file 是指汇编文件，source file 是指源文件，library file 是指库文件。

●答案：(74)D

参考译文：防火墙是一种用于保护局域网安全(security)的机制。reliable 是指可靠的，stable 是指稳定的、固定的，peaceful 是指和平的。

●答案：(75)A

参考译文：浮点数由整数部分、小数点、小数部分、e(或 E)以及可以带符号的整数阶码(exponent，指数)组成。order 是指顺序、命令，superfluous 是指过剩的，superior 是指高级。

二、下午试题

●试题一

答案：(1)pos=-1　　(2)s[i]!='\0'　　(3)s[j]=t[k]　　(4)k>0　　(5)pos=i

解析：本试题考查流程图。

题目中说明，如果 s 中不包含 t，则返回-1，由流程图可以看出，如果(2)的条件不满足，流程图会直接跳到最后 Return　pos，所以，在开始进行查找之前，就要先将 pos 置-1，所以(1)填入 "pos=-1"。循环开始，(2)保证的条件应该是 s[i]不是空的，即(2)填入 "s[i]!='\0'"。下面就开始进行比较，由于要输出的是最右边出现的位子，所以当第一次比较到相同的字符时不能输出，只要暂时保存着，即(5)填入 "pos=i"，然后进行下一次循环，当又出现相同的字符串时，就将 pos 的值更新，如果一直到最后都没有再次出现相同的字符串，就把 pos 输出。当比较到第一个相同的字符时，要继续比较下去，看是不是 t 和 s 的每一个字符完全相同，所以(3)应填入 "s[j]=t[k]"。在什么情况下能说明 t 和 s 完全相同呢？就是当 t 一直比较到最后一个字符即空格时，并且 k 大于 0(因为如果 k 等于 0，则说明第一个字母就不相同，根本没有开始比较)，所以(4)应填入 "k>0"。

●试题二

答案：(1)A+1　　(2)n%10+'\0'　　(3)j=i, k=0　　(4)t[k]==s[j]　　(5)t[k]== '\0' 或!t[k]

解析：函数 1 采用递归方法将一个正整数 n 按逆序存放到一个字符数组 a 中，递归调用为 convert(a+1,i)，所以(1) "a+1"。按逆序输出字符保存在数组 a 中为*a= n%10+'\0'，即(2)填 "n%10+'\0'"。

函数 2 检查字符串 s 中是否含有字符串 t 是在 for 循环中实现的。空(3)应填 "j=i, k=0"。如果两个字符串中含有相同的字符，则字符串 s 和字符串 t 都指向下一个字符，循环继续，直到字符串 t 结束。所以空(4)应填 "t[k]=s[j]"，空(5)应填 "t[k]='\0'" 或 "!t[k]"。

●试题三

答案：(1)B->link　　(2)A->element==B->element　　(3)B=B->link

(4)A->link!=NULL　　(5)last->link=NULL

解析：本题用链表表示集合，通过比较链表的元素值判断集合的元素之间的关系。第一个 while 循环的条件是链表 B 指针不指向空，即空(1)应填 "B->link"。由于 A,B 两集合都是按递增排列的，则如果 A 中的元素小于 B 中的元素，A 中元素直接放入集合 C 中，集合 A 指向其下一个元素；如果 A 中的元素等于 B 中的元素，集合 A,B 分别指向下一个元素，即空(2)填 "A->element == B->element"；如果 A 中的元素大于 B 中的元素，集合 B 指向其下一个元素,即空(3)填"B=B->link"。第二个循环的条件是链表 A 指针不指向空时,将 A 中元素直接加入到 C 中,即空(4)填"A->link!=NULL"。将链表 C 最后节点指针指向空,即空(5)填"last->link=NULL"。

●试题四

答案:(1)m++ (2)twom+=2*twom1 (3)A[1][twom1]=twom1+1
(4)A[twom1][j]=a[1][j-1] (5)A[a[i1][j]][j]=i1

解析:分别有 2 位、4 位、8 位选手参加比赛时的日程表。若 1~4 号选手之间的比赛日程填在日程表的左上角(4 行 3 列),5~8 号选手之间的比赛日程可填在日程表的左下角(4 行 3 列),而左下角的内容可由左上角对应项加上数 4 得到。至此剩下的右上角(4 行 4 列)是为编号小的 1~4 号选手与编号大的 5~8 号选手之间的比赛安排日程。程序的思路是:由 2 位选手的比赛日程得到 4 位选手的比赛日程;依次得到 8 位选手的比赛日程。

●试题五

答案:(1)this->j (2)SuperClass::

错误更正结果为:SuperClass *s=new SubClass(-3);

变量 j 的值为 0

运行结果为-3,2

解析:本题主要考查了 C++程序语言中类成员变量的初始化、父类成员方法的调用、对象的构造等。(1)处要求用参数 j 的值更新数据成员,为避免与同名变量 j 冲突,应加 this 前缀,所以(1)处应为"this->j";(2)处要求调用父类方法 getValue(),但为了和子类方法相区别,应加前缀,所以(2)处应为"SuperClass::"。23 行中,SuperClass s 已经定义了一个对象,后面不能再使用 new 再分配一个指针。程序运行到第 15 行之前 j 的值应为 0,最后程序输出的结果应为-3 和 2。

●试题六

答案:(1) this (2) super

错误更正结果为:public abstract int getSum();

变量 i 的值为 5

运行结果为:

-3

2

解析:本题主要考察了 Java 程序语言中类成员变量的初始化、父类成员方法的调用、对象的构造等。(1)处要求用参数 j 的值更新数据成员,为避免与同名变量 j 冲突,应加 this 前缀,所以(1)处应为 this,(2)处要求调用父类方法 getValue(),但为了和子类方法相区别,应加前缀 super,所以(2)处应为 super。程序 14 行 getSum 函数是一个抽象函数,在 SubClass 子类中将被继承实现,所以该函数不可以被定义为 final 类型,因此应该去掉 final 关键字;当程序运行到 22 行之前时父类构造函数已执行,所以 i 值为 5。最后程序输出的结果应为-3 和 2。